# 简单易学
## 玩转 Arduino

▍孙德军　主编　▍周玉翠　刘美静　副主编

化学工业出版社
·北京·

本书基于 Arduino 平台，针对 Arduino 入门者透彻讲解了 Arduino 开发必备的基础知识和实例、工具，详细介绍了 Arduino 编程所需的硬件、编程环境和 Arduino 上的编程方法；重点说明了 Arduino 硬件与开发板、各种传感器的应用、远程通信与控制（如蓝牙等）的实现技巧，列举了机器人的制作等丰富的应用实例，引导读者触类旁通，举一反三，快速提高开发技能。

本书适合于对硬件编程感兴趣的技术人员及广大电子爱好者、电子技术人员阅读，也可作为学校电子及自动化相关专业师生用书。

**图书在版编目（CIP）数据**

简单易学　玩转 Arduino / 孙德军主编. —北京：化学工业出版社，2016.8

ISBN 978-7-122-27467-0

Ⅰ. ①简⋯　Ⅱ. ①孙⋯　Ⅲ. ①单片微型计算机－程序设计
Ⅳ. ①TP368.1

中国版本图书馆 CIP 数据核字（2016）第 145224 号

| | | |
|---|---|---|
| 责任编辑：刘丽宏 | | 文字编辑：吴开亮 |
| 责任校对：吴　静 | | 装帧设计：刘丽华 |

出版发行：化学工业出版社（北京市东城区青年湖南街 13 号　邮政编码 100011）
印　　装：三河市延风印装有限公司
787mm×1092mm　1/16　印张 24¾　字数 620 千字　2016 年 10 月北京第 1 版第 1 次印刷

购书咨询：010-64518888（传真：010-64519686）　售后服务：010-64518899
网　　址：http://www.cip.com.cn
凡购买本书，如有缺损质量问题，本社销售中心负责调换。

定　　价：89.00 元

# 前 言

  Arduino是一款便捷灵活、方便上手的开源电子原型平台，是嵌入式、远程通信、物联网等的优选开发平台，借用电子爱好者的评价——Arduino 火的很大一点在于，让不懂硬件电路的软件工程师（程序员），玩上硬件了。它基本透明掉了硬件电子部分，只剩下软件部分，通过把电子部分包装成黑箱，使得大量 IT 人士、普通人、甚至小学生也能玩的来。具体来讲，Arduino 包含硬件（各种型号的 Arduino 板）和软件（Arduino IDE）。Arduino 能通过各种各样的传感器来感知环境，通过控制灯光、电机和其他的装置来反馈、影响环境。板子上的微控制器可以通过 Arduino 的编程语言来编写程序，编译成二进制文件，烧录进微控制器。对 Arduino 的编程是利用 Arduino 编程语言及开发环境来实现的。

  本书基于 Arduino 平台，针对 Arduino 入门者透彻讲解了 Arduino 开发必备的基础知识和实例、工具，详细介绍了 Arduino 编程所需的硬件、编程环境和 Arduino 上的编程方法；重点说明了 Arduino 硬件与开发板、各种传感器的应用、远程通信与控制，列举了机器人的制作等丰富的应用实例；全书内容基础起点低，语言通俗易懂，图文并茂，易于初学者入门并快速提高。

  本书由孙德军主编，由周玉翠、刘美静副主编，参加编写的还有孟健杰、彭思文、任振生、苏玉志、孙富财、王胜军、王顺利、王先成、吴家盘、武燕兵、许海洋、杨勇、杨兴成、杨长生、张彦、张俊坡、赵继军、房琼、邓江林等，全书由张伯虎统稿。编写过程中得到了许多同行和专家的帮助，在此表示衷心的感谢！

  限于水平有限，书中不足之处难免，敬请读者批评指正。

编者

# 目 录

# 第1章
## 基础知识

## 1.1 Arduino 硬件与开发板

### 1.1.1 Arduino 硬件与主控芯片

（1）**Arduino 硬件** Arduino 其实说白了，就是 AVR 单片机的最小系统加一些稳压电路、USB 转串口电路、LED，初看来也没有什么特别的，但是 Arduino 是有它的优势的。

① Arduino 是开放性的系统，不管是硬件电路，还是软件开发平台都是开源的，这样就会有 N 多第三方的爱好者来扩展硬件以及软件，这样 Arduino 的外围资源就非常丰富了。

② Arduino 容易上手，由于主体硬件已经搭建好，能用 USB 下载程序（驱动在 IDE 软件目录中，为自带程序）编程平台封装了很多底层函数，通俗易用。

③ Arduino 的设计初衷就是让广大的爱好者，不必拘泥于技术的细节，而是充分地发挥想象力和创造力，体验其中的乐趣。

（2）**ATmega 系列芯片** 目前 Arduino 的主流控制芯片就是 ATMEL 公司的 AVR 单片机，AVR 单片机是时下非常流行的单片机，当然它的优势是非常明显的。

① 简便易学，费用低廉 首先，对于非专业人员来说，选择 AVR 单片机的最主要原因，是进入 AVR 单片机开发的门槛非常低，只要会操作电脑就可以学习 AVR 单片机的开发。单片机初学者只需一条 ISP 下载线，把编辑、调试通过的软件程序直接在线写入 AVR 单片机，即可以开发 AVR 单片机系列中的各种封装的器件。AVR 单片机因此在业界号称"一线打天下"。

其次，AVR 单片机便于升级，AVR 程序写入是直接在电路板上进行程序修改、烧录等操作的，这样便于产品升级。

再次，AVR 单片机费用低廉。学习 AVR 单片机可使用 ISP 在线下载编程方式（即把 PC 机上编程好的程序写到单片机的程序存储器中），不需购买伪真器、编程器、擦抹器和芯片适配器等，即可进行所有 AVR 单片机的开发应用，这可节省很多开发费用。程序存储器擦写可达 10000 次以上，不会产生报废品。

② 高速、低耗、保密 首先，AVR 单片机是高速嵌入式单片机：

a. 哈佛结构，具备 IMIPS/MHz 的高速运行处理能力，超功能精简指令集（RISC），快速的存取寄存器组，单周期指令系统，大大优化了目标代码的大小，执行效率，部分型号 FLASH 非常大，特别适用于使用高级语言进行开发。

b. 多累加器型，数据处理速度快。AVR 单片机具有 32 个通用工作寄存器，相当于有 32 架立交桥，可以快速通行。

c. 中断响应速度快。AVR 单片机有多个固定中断向量入口地址，可快速响应中断。

其次，AVR 单片机耗能低。对于典型功耗情况，WDT 关闭时为 100nA，更适用于电池供电的应用设备。有的器件最低 1.8V 即可工作。

再次，AVR 单片机保密性能好。它具有不可破解的位加密锁 LockBit 技术，保密位单元深藏于芯片内部，无法用电子显微镜看到。

③ I/O 口功能强，具有 A/D 转换等电路

a. AVR 单片机的 I/O 口是真正的 I/O 口，能正确反映 I/O 口输入/输出的真实情况。工业级产品，具有大电流（灌电流）10～40mA，可直接驱动晶闸管或继电器，节省了外围驱动器件。

b. AVR 单片机内带模拟比较器，I/O 口可用作 A/D 转换，可组成廉价的 A/D 转换器，ATmega48/8/16 等器件具有 8 路 10 位 A/D。

c. 部分 AVR 单片机可组成零外设元件单片机系统，使该类单片机无外加元器件即可工作，简单方便，成本又低。

d. AVR 单片机可重设启动复位，以提高单片机工作的可靠性，有看门狗定时器实行安全保护，可防止程序走乱（飞），提高了产品的抗干扰能力。

到目前为止 Arduino 用到的处理器有：ATmega168A-PU、ATmega328P-PU、ATmega1280-16AU、ATmega2560-16AU。

表 1-1 是各型号主要参数对比。

表 1-1　各型号主要参数对比

| 项目 | ATmega168 | ATmega328 | Atmega1280 | Atmega2560 | STC89C52RC | STC12C5A60S2 |
|---|---|---|---|---|---|---|
| 价格（参考） | 20RMB | 25RMB | 40RMB | 45RMB | 4RMB | 7RMB |
| VCC | 2.7～5.5V | 2.7～5.5V | 1.8～5.5V | 1.8～5.5V | 3.3～5.5V | 3.3～5.5V |
| FLASH | 16kB | 32kB | 128kB | 256kB | 4kB | 60kB |
| DI/DO | 23 | 23 | 54 | 54 | 35/39 | 36/40 |
| AI | 6 | 6 | 16 | 16 | — | 8 |
| PWM | 6 | 6 | 14 | 14 | — | 2 |
| T/C | 3 | 3 | 6 | 6 | 3 | 4/2 |
| 处理速度 | 16MIPS | 16MIPS | 16MIPS | 16MIPS | | |
| 时钟频率 | 16MHz | 16MHz | 16MHz | 16MHz | | |

### （3）ATmega 芯片引脚

① ATmega168/328 引脚

a. 引脚排列。如图 1-1 所示。

b. 引脚功能。

VCC：数字供电电源。

GND：地。

端口 B（PB7：0）：端口 B 为 8 位双向 I/O 端口，并具有可编程的内部上拉电阻（每个选定位）。其输出缓冲器具有对称的驱动特性，可以输出和输入大电流。作为输入使用时，若内部上拉电阻使能，则端口被外部电路拉低时将输出电流。芯片复位时端口 B 为三态，即不稳定状态。

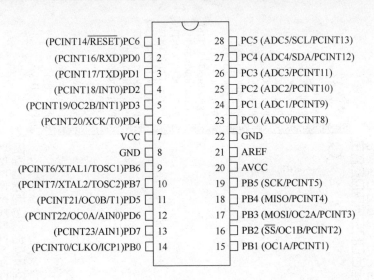

图 1-1 ATmega168/328 引脚

根据不同的时钟选择熔丝设置，PB6 可以作为反相振荡放大器和内部时钟工作电路的输入端。

根据不同的时钟选择熔丝设置，PB7 可作为振荡放大器的反向输出端，如果内部标定 RC 振荡器作为芯片时钟源，PB6/PB7 可以作为 T/C1、T/C2 比较模块的输出。

端口 C（PC5：0）：端口 C 为 8 位双向 I/O 端口，并具有可编程的内部上拉电阻（每个选定位）。其输出缓冲器具有对称的驱动特性，可以输出和输入大电流。作为输入使用时，若内部上拉电阻使能，则端口被外部电路拉低时将输出电流。芯片复位时。端口 C 为三态，即不稳定态。

PC6/$\overline{\text{RESET}}$：如果 RSTDISBL 位被编程，PC6 作为一个 I/O 引脚，请注意，PC6 的电气特性与端口 C 的其他引脚不同。

如果 RSTDISBL 熔丝位未编程，PC6 作为复位输入，该引脚上的低电平持续时间大于最小脉冲长度将产生复位，即使系统时钟没有运行。

端口 D（PD7：0）：端口 D 为 8 位双向 I/O 端口，并具有可编程的内部上拉电阻（每个选定位）。其输出缓冲器具有对称的驱动特性。可以输出和输入大电流。作为输入使用时，若内部上拉电阻使能，则端口被外部电路拉低时将输出电流。芯片复位时端口 D 为三态，即不稳定状态。

AVCC：AVCC 为内部 A/D 转换器供电电源引脚。

AREF：为内部 A/D 转换器模拟参考电源（基准）引脚。

② ATmega1280/2560 引脚　ATmega1280/2560 各引脚功能和 ATmega168/328 基本相同，其引脚排列图如图 1-2 所示。

## ■ 1.1.2　Arduino 开发板

**（1）Arduino Duemilanove 开发板（主控芯片 ATmega168/328 2 种）**　Arduino Duemilanove 开发板实物图如图 1-3 所示。

① 微控制器核心：AVRmega328P-PU(处理速度可达 20Mbps)。

② 工作电压：+5V。

③ 外部输入电压：+7～+12V（建议）。

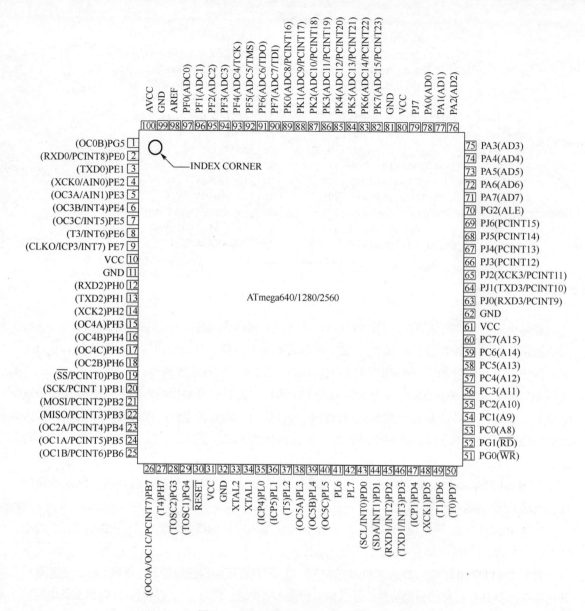

图 1-2　ATmega1280/2560 引脚排列图

图 1-3　Arduino Duemilanove 开发板实物图

④ 外部输入电压（极值）：$+6V \leqslant U_{in} \leqslant +20V$。

⑤ 数字信号 I/O 接口：14（其中有 6 个 PWM 输出接口）。

⑥ 模拟信号输入接口：6。

⑦ DC I/O 接口电流：40mA。

⑧ SRAM 静态存储容量：1KB。

⑨ EEPROM 存储容量：512B。

⑩ 时钟频率：16MHz。

**（2）Arduino Nano 开发板（主控芯片 ATmega168/328 2 种贴片式）** Arduino Nano 开发板实物图如图 1-4 所示。

① 12 个数字输入/输出端口 D2～D13。

② 8 个模拟输入端口 A0～A7；

③ 1 对 TTL 电平串口收发端口 RX/TX。

④ 6 个 PWM 端口，D3、D5、D6、D9、D10、D11。

⑤ 采用 AtmelAmega328P-AU 单片机。

⑥ 支持 USB 下载及供电。

⑦ 支持外接 5～12V 直流电源供电。

⑧ 支持 9V 电池供电。

⑨ 支持 ISP 下载。

**（3）Arduino UNO 开发板（主控芯片 ATmega328）** Arduino UNO 开发板实物图如图 1-5 所示。

图 1-4　Arduino Nano 开发板实物图　　　　图 1-5　Arduino UNO 开发板实物图

　　Arduino UNO 是 Arduino 官方于 2010 年末新推出的一款易用型开源控制器，作为原有 Arduino Duemilanove 的升级版。主要的改进体现在：USB 转串口电路部分，Arduino UNO 采用的是一块 ATMega8U2 单片机，相比较原来 Duemilanove 所有的 FT232RL，Atmega8U2 单片机除了提供传统的 USB 转串口功能外，还可以让用户自己编程定义其他的功能，比如说可以把 USB 口配置成鼠标、键盘、游戏摇杆，摄像头等，当然，这些应用还有待 Arduino 团队来公布具体的实施方案。

（4）**Arduino Mega2560 开发板（主控芯片 ATmega2560）**　Arduino Mega2560 开发板实物图如图 1-6 所示，Arduino Mega 是一块以 ATmega2560 为核心的微控制器开发板，本身具有 54 组数字 I/O input/output 端（其中 14 组可作 PWM 输出），16 组模拟比输入端，4 组 UART（hardware scrial ports），使用 16MHz crystal oscillator。由于具有 bootloader，因此能够通过 USB 直接下载程序而不需经过其他外部烧写器。供电部分可选择由 USB 直接提供电源，或者使用 AC- to-adaopter 及电池作为外部供电。

图 1-6　Arduino Mega2560 开发板

由于开放原代码，以及使用 Java 概念（跨平台）的 C 语言开发环境，Arduino 的周边模块以及应用可迅速地成长，而吸引 Artist 使用 Arduino 的主要原因是可以快速使用 Arduino 语言与 Flash 或 Processing 等软件通信，作出多媒体互动作品。Arduino 开发 IDE 界面基于开放原代码原则，可以让用户免费下载使用电源设计。

Arduino Mega 的供电系统有两种选择，USB 直接供电或外部供电。电源供应的选择将会自动切换。外部供电可选择 AC-to-DC adapter 或者电池，此控制板的极限电压范围为 6～12V，但倘若提供的电压小于 6V。I/O 口有可能无法提供到 5V 的电压，因此出现不稳定；倘若提供的电压大于 12V，稳压装置则会有可能发生过热保护，更有可能损坏 Arduino Mega。因此建议的操作供电为 6.5～12V，推荐电源为 7.5V 或 9V。

### ■ 1.1.3　Arduino UNO 开发板的认识

图 1-7 是一张 Arduino UNO 主板的照片，在照片旁边注释了 Arduino 主板最为重要的组成部分。下面将会逐一解释它们的功能和作用。

首先需要了解 USB 接口。若要将 Arduino 主板连接到电脑，只需要一根 USB 连接线。同时，还可以用建立起来的 USB 连接完成不同的工作。

① 上传新的程序到主板。

② 负责 Arduino 主板和电脑之间的通信。

③ 为 Arduino 主板供电（5V）。

作为一个电子设备，Arduino 主板需要电源供给。一种方法是将它连接到电脑的 USB 口上，不过这在某些情况下并非是一个好的解决方法。有些项目并不需要一台电脑，如果仅仅是为了给 Arduino 主板提供电源而在边上摆放一台开着的电脑，则很浪费。并且，USB 口仅仅能够提供 5V 的电源，在很多情况下，可能需要更高的工作电压。

在这种情况下，最好的解决方法是利用一个直流电源，如图 1-8 所示，用一个直流电源给 Arduino 主板提供 9V 电源（一般而言，建议电压范围为 7～12V），只要电源的接头信号为 DC2.1mm，中间的针为正极即可，把插头插到 Arduino 主板的电源插座上，Arduino 主板就会立即开始工作，即便它并未被连接到电脑上。值得一提的是，即便在插入插头时 Arduino 主板已经和电脑连接起来，它还是会自动切换到外接电源供电模式。

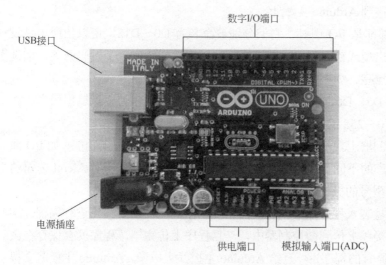

图 1-7　Arduino 主板中最为重要的组成部分

图 1-8　9V 直流电源

注意

老版本的 Arduino 主板（Arduino-NG 和 Diecimila）并不能在 USB 供电和外接电源供电两种模式之间自动切换。它们是通过一个电源跳线（跳线边上印有文字 PWR-SEL）来进行切换的。遇到这种主板，需要手动通过跳线的方式来设定它究竟是采用 EXT（外接电源）还是 USB（USB 电源）方式来供电，如图 1-9 所示。

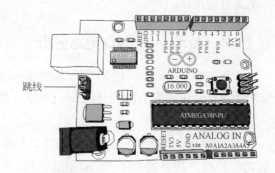

图 1-9　较老版本的 Arduino 主板有一个电源选择跳线

Arduino 主板有两种电源供电模式，并且，Arduino 主板还可以给其他的设备提供电源。有一些小"插座"，在它的边上标注了"电源供给引脚"（后面会称它们为引脚群或排母，因为这些排母都是直接连接到单片机的各个引脚上的）。

① 从排母中标注为 3V3 和 5V 的引脚连接引线出来，可以分别给 3.3V 和 5V 的电子设备、元器件供电。

　　② 从两个标注了 GND 的引脚连接引线出来，可以连接到电子设备、元器的 GND，以使得它们能够和 Arduino 主板共地。

　　③ 有一些项目是可移动的，所以它们需要一个可移动的电源，如电池，可以把移动电源的正负极连接到 Arduino 主板的 Vin 和 GND 引脚上。

　　如果通过 Arduino 的电源插座供电，而接头却损坏了，那么还可以直接把电源输出线的正极连接到 Vin，负极连接到 GND。

　　在主板的右下方可以看到 6 个模拟输入引脚，它们分别被命名为 A0～A5，可以将模拟传感器的 signal 引脚连接到它们上面。这些引脚可以让 Arduino 主板获得模拟传感器的模拟值（0～5V 的电压值），然后根据模拟值，由低（0V）到高（5V）转换成 0～1023 的某个值。可使用这些引脚，将一个温度传感器连接到 Arduino 主板上。

　　主板顶端的 14 个引脚全部都是 I/O 引脚，它们分别被命名为 D0～D13，可以依照项目设计的需要将这些引脚设置为输出型或输入型，也就是说，可以用它们读取一个拨码开关、按键开关的开启、关闭状态，或者点亮、熄灭一个 LED 灯。

　　它们中的 6 个引脚（D3、D5、D6、D9、D10 和 D11）还能够同时作为模拟输出引脚。在模拟输出模式下，它们可以将 0～255 的值转换成一个模拟电压输出。

　　所有的引脚都连接到微控制器上，一个微控制器内包含了 CPU 及一些外围功能，如 I/O 通道。市面上有大量不同厂商生产的不同类型的微控制器，不过 Arduino 经常使用 Ateml 公司的 Atmega328 和 Atmega168 两个型号的微控制器。这两个都是 8 位的微控制器。

　　现代计算机一般都是从硬盘装入程序然后执行，而微控制器则往往需要预先进行编程。这意味着需要将程序通过一根连接线上传到微控制器中，一旦程序上传完毕，程序就会保存在微控制器中，并覆盖微控制器中原有的程序，一旦给 Arduino 主板插上电源，Arduino 主板就会根据上传并保存在微控制器中的程序立即自动运行。有些时候，需要让 Arduino 从头开始执行程序，以可以通过按下主板中央偏右的 Reset 按钮让板子重置，重置后，Arduino 会从程序的第一行重新开始执行。

## ■ 1.1.4　Arduino UNO 电路分析

　　大概了解了 Arduino UNO 开发板的基本结构后，下面来深入地介绍一下 Arduino UNO 开发板的电路组成，图 1-10 为 Arduino UNO 开发板的电路原理图。

　　**（1）处理器电路**

　　① 处理器　Arduino 的主要组成以 2 个芯片为主，第 1 个是 Atmel 公司生产的 ATMEGA8 系列单片机，较新的版本为 ATMEGA328（或 ATMEGA32U4），旧版本有 ATMEGA8 和 ATMEGA168。这几个单片机的架构都一样，只是内存大小不同而已。当然，价钱上也有所差异，因此在商品化的过程中，就要考虑内存的大小，选择适合的系列。

　　由表 1-2 可以看到，差异比较大的是 FLASH 部分。

　　② 处理器功耗　Atmega328 和 Atmega2560 都只能承受最大 6V 的输入电压。根据 Atmel 的器件手册，甚至只是接近这个最大电压时，芯片的运作都"可能影响可靠性"。正常的供电电压是 1.8V 到 5.5V。较低的电压会降低最大可以工作的时钟速度。

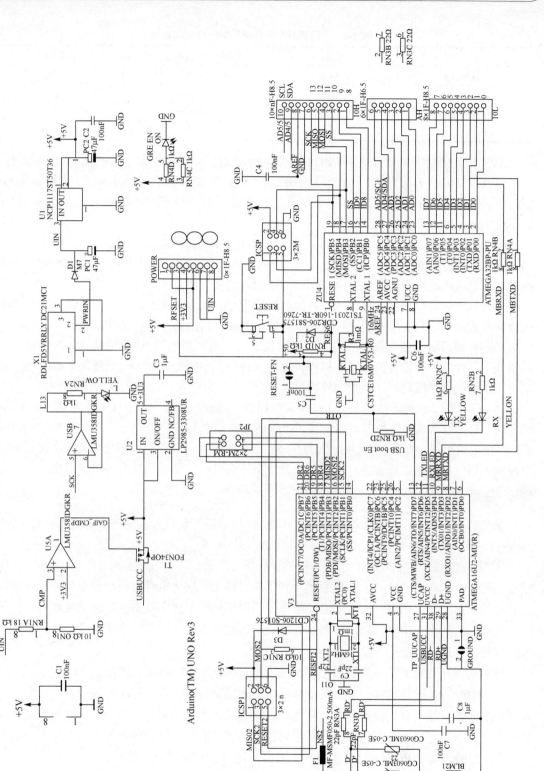

图 1-10 Arduino 组成电路图（Arduino UNO Rev3）

表 1-2 ATMEGA 系列单片机内存空间比较

| 项 目 | FLASH | EEPROM | RAM |
|---|---|---|---|
| ATMEGA8 | 8KB | 512B | 1KB |
| ATMEGA168 | 16KB | 512B | 1KB |
| ATMEGA828 | 32KB | 1KB | 2KB |
| ATMEGA32U4 | 32KB | 1KB | 2.5KB |

AVR 消耗的功率主要取决于 CPU 的工作频率。时钟频率越高，电流消耗越大。16MHz 的正常模式（Active Mode）中，Atmega328 需要 5.0V 上的 10mA（0.010A）电流，也就是 1/20W；空闲模式（Idle Mode）下只需要不到 2.5mA（0.0025A）的电流；而掉电模式（Power-down Mode）就不到 1μA（0.000001A）了。

Arduino Mega2560 上用的大芯片 AtmelAVR Atmega2560 只比较小的 ATMega328 在 5V/16MHz 时的耗电多一倍，即 20mA（0.020A）。它的待机电流小于 6mA（0.006A），而掉电模式在室温或接近室温下不到 1μA（0.000001A），温度升高到 85℃时耗电提高到 3μA。

时钟速度和其他影响功耗的选项，比如看门狗定时器和掉电检测机制，是通过芯片的配置熔丝来设置的。这些选项不能通过软件来控制，需要专门的芯片编程器来改变。

当芯片被设置为睡眠和停机时进入省电模式（待机和掉电）。这两种模式的区别是，在空闲模式下，片内外围设备仍然正常运作，可以通过产生中断把处理器带离睡眠状态；而掉电模式下为了达到它的低功耗，会关闭外围设备。

③ I/O 驱动　两种芯片的每个 I/O 脚可以拉出（source）或灌入（sink）最多 40mA（0.04A）的电流，这足以与大多数外部电路衔接了，包括点亮几个 LED，但是不以驱动哪怕是小型的电机、风扇或电磁阀。线圈电阻超过 125Ω 的 5V 继电器可以直接驱动，但是需要在线圈上并联一个反向二极管以防止磁场衰落时（当继电器线圈掉电时）产生对芯片有害的逆向电压。

⚒ 注意

要记住所有 I/O 的总电流是 200mA（0.2A），所以不可能同时在所有 I/O 线上输出 40mA。

④ 复位信号　在 Arduino 上，AVR 的重启信号连接到了好几个元件上。来自串口的 DTR 信号通过一个 100nF（0.1μF）的电容耦合到了重启线上。这个电容使得信号电平的变化可以触发芯片的重启，又避免串口线上的电平始终使芯片在重启不运作状态。在重启线和+5V 之间接了一个 10kΩ 的上拉电阻，以防止偶尔的电噪声误触发重启电路。一个人工重启按钮也可以把重启线短路到地，引起芯片重启。

重启信号还连接到了电源扩展插座和在线串行编程(ICSP)插座上。

⑤ 时钟　AVR 通过接一个石英晶体或一个陶瓷谐振器来提供稳定和精确的时间基准。根据元件的不同，还需要一些其他的分立元件。石英晶体一般需要容量很小的负载电容接在两个脚和地之间。这些电容给振荡电路在起振时提供足够的负载，其容量一般只有几十个皮法（常见的是 22pF），而且 PCB 上信号走线产生的容抗通常足够保证运行的稳定。

陶瓷谐振器一般需要高阻值的电阻（常见的是 1MΩ 或更高）跨在两个脚上，以稳定其工作，降低不需要的谐波。

⑥ 去耦电容　Arduino UNO 有一个 100nF（0.1μF）的去耦电容 $C_6$，安装的位置靠近处理器芯片，用以过滤掉电源总线上由处理器芯片本身产生的噪声，也给芯片提供一个微型的电源缓冲，芯片的功耗在不同的时钟周期会有波动并产生尖峰。

Arduino Mega2560 有 3 个类似的去耦电容 $C_4$、$C_5$ 和 $C_6$，也在比较靠近 Atmea2560 芯片的地方，其功用是相同的。

Arduino UNO 和 Arduino Mega2560 在模拟参考电压（AREF）和地之间都有一个 100nF（0.1μF）的电容，以稳定给模拟数字转换电路（ADC）外围设备使用的模拟参考电压。

⑦ 指示灯　Arduino UNO 和 Arduino Mega2560 都有一个专门的 LED，接在 D13（Arduino Umo 的 PB5 和 Arduino Mega2560 的 PB7）上，通过一个 1kΩ 的电阻接到地上。这个 LED 又叫做可编程 LED，因为它的功能是由软件决定的，与之相反，那个绿色的 LED 指示灯只要电路板有电就会亮。USB 接口芯片上还接了 TA AC 的 LED 来表示串口上的动作。

**（2）供电电路**　最早的 Arduino I/O 电路板有非常简单的电源电路。尽管简单，这个电路还是具有很多功能的，可以接稳压的或未稳压的电源，可以把电源供应给插到扩展插座上的任何盾板（shield）。图 1-11 所示为最初的 Arduino 电路图电源部分。

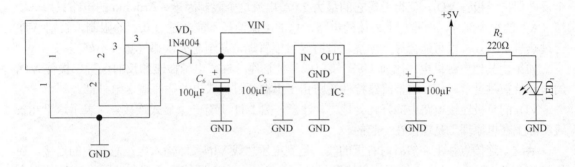

图 1-11　最初的 Arduino Serial 电路图的电源部分

① 电源插座　图 1-11 中左边没有标记的方块是用于 DC（Direct Current，直流）输入的柱式电源插座。这个符号的外形大概类似于柱式电源插座本身侧视图，不过引脚排列和实际排列并不一致。在 Arduino Serial 和现在的 Arduino UNO 的电路图上用的符号是一样的，不过都没有正确反映厂家的引脚编号和实体连接器本身，也不是业界标准的符号。

连到柱式电源插座的两根线（连到电脑图上的标着 1 和 3 脚的）连到地上。电源插座本身没有标识极性，由电路设计者负责安排极性并画在图上。

柱式电源插座在圆形开口的中央有一根针，其直径应该是 2.1mm，开口的内径是 5.5mm。在开口的底部是一个弹簧端子，当插头插入时顶住插头的外围。这两个端子实现与插头的电气和物理连接。在开口底部还有一个端子，当没有插头插入时和前面说的弹簧端子接触，当插头插入时则与之断开。这个端子可以用来在插入或拔出插头时将电源在内部电源和外部电源之间做切换。Arduino 没有用这个端子。

这种是非常常用的低压直流电源插座，很多厂家都在生产。随着厂家和型号的不同，插座可以承受 16～24V 的电压，通过 2.5～4.0A 的电流。当需要向外部电路供电时，得考虑这些参数。至今为止，所有 Arduino 产品的外形设计上都保留了这个柱式电源插座。

② 电源输入电路　柱式电源插座上的第二个脚是电源正极，直接连到 $VD_1$ 的正极，$VD_1$ 在这里所起的作用是整流（rectifier）。整流器允许电流按一个方向流动，阻止另一个方向的流动。$VD_1$ 的作用是在接错了输入电源的极性时，完全阻止电流流动。这是个很棒的产品安全特性，事半而功倍。

二极管的电路图符号像个箭头一样，这有助于读者辨别它允许或期望电流流动的方向。在实际的元件上，负极端往往印着一条线，以帮助在装配时对准正确的极性。不过，它标识的是人们平时说的电流方向，与实际的电子流动方向正好相反。电子（在铜线这样的金属中的载荷子）带的是负电荷，实际上是从负极向正极流动的。

输入端的整流器 $VD_1$ 在最初的图纸上标的是 1N4004，是很多厂家都生产的一种 1.0A（最大）的整流二极管。1N4004 是编号从 1N4001 到 1N4007 这一大类相似的二极管中的一种。不同型号编号的区别主要是最大直流反向电压（VR），从 1N4001 的 50V 到 1N4007 的 1000V，1N4004 是 400V 的。

400V 的反向电压对于这个应用程序是绰绰有余的，但许多这样的设计决定是基于元件的可靠性和成本的，而不是刚刚好够用就行。厂家生产的产品种类非常丰富，价格、供货能力和关键参数都有很多可选。考虑到电源插座的最高输入电压，这个系列的任何一种二极管都可以胜任。

现在的 Arduino UNO 在这个位置上放的是一个贴片的 1N4007（型号是 M7）。既然装了这个反向保护二极管 $VD_1$，就得考虑它的最大 1.0A 电流这个限制因素。Arduino 的电路只用一安培（A）的很少部分，但是加上外接的电路，总的电流消耗不能超过 1.0A 的限制，否则 $VD_1$ 会过热直至失效，很可能会导致燃烧，有时候可能冒烟，甚至起火，那气味很不好闻。

如果由其他电源供电，比如 USB 接口或其他插座，柱式电源插座和反向保护二极管 $VD_1$ 的限制就被跳过了。$VD_1$ 的整流器特性还防止了电源通过柱式电源插座输送给外部。

$VD_1$ 的负极连接电路中的好几处地方。注意，图 1-11 上有一个显式连接点，表示这里几条线实际上在电原理上是连接在一起的。

从这个连接点往上，然后向右折的线，是到电压总线 VIN（即输入电压总线）的连接。在最初的 Arduino Serial 上，这根线只连到另外一个地方；在电源扩展插座上也标着 VIN 的那个脚。这个连接使得未稳压的输入电压可以供给扩展板。另外，它也可以使外部未稳压的电源输入给 Arduino 板，绕过柱式电源插座和反向保护二极管 $VD_1$。

在后来的 Arduino 电路板上，VIN 信号还用来帮助决定选择使用哪个电源来给电路板供电，这牵涉到更多的电路原理。

在二极管之后，电源信号连接到两个不同类型的电容上：$C_6$ 和 $C_5$。尽管两个电容的符号是类似的（两个分开的平板，简明地描述了电容的构造），它们有一个微小但是重要的区别：$C_6$ 是有极性的电解电容，正极在电路图上标了一个小加号（"+"）。有趣的是，实际的电容元件上一般在负极上做记号。反之，$C_5$ 是无极性的，无论哪边朝哪个方向都可以安装到电路板上。把 $C_6$ 装反会使元件失效，可能引致电容膨胀，甚至使外壳裂开。

$C_6$ 和 $C_5$ 这两个电容构成了一个滤波器，就像一个小型的电荷水库，过滤掉从电源输入进来的电噪声。

电路图上没有标的是两个电容的最大工作电压，这是电容的极限参数。若给电容施加的电压超过标称的工作电压则会损坏电容，最终使其内部的电解质（在电容内部隔离两个金属层的材料）绝缘失效。工作电压越低，电容就可以做得越小，精明的设计工程师会指定选择元件的耐压值刚好高过电路安全的要求，又足够低以避免占用过多的空间或增加成本，一般电解电容的工作电压范围是 $4\sim50V$。在 Arduino UNO 上起这个作用的两个电容 $PC_1$ 和 $PC_2$ 标着 47μF/25V。

③ 稳压器　现在，该把输入进来的电压稳定（regulate）后提供给 Arduino 电路的其他部分使用了。IC2 是一颗三脚固定正电压稳压器芯片。在最初的电路图上没有给出型号编号。因为最初的 Arduino 是靠口耳相传的，是由每个个人在制作电路板时根据自己的需求，可用资源和判断决定要用什么元件的。

这个地方常用的是 LM7805 固定正电压稳压器。这个芯片在业余爱好者圈子里被广泛使用，随处可见。尽管国内已经不再生产它了，但很多其他厂家还在做。国内提供了它的详细的器件手册；这个元件有几种固定电压输出，包括 5V、12V 和 15V。5V 的 LM7805 需要至少 7V 输入才能保证稳定的 5V 输出。电流额定值在有正确散热条件下可略超过 1A。

最初的 Arduino 文档推荐输入电压为 7～12V。这种精神面貌型的稳压器叫做线性稳压器（linear regulator），因为输入的电压直接通过元件，超过的电压要以热的形式耗散掉，因此当输入电压提高或输出电流消耗提高时，这个热会产生一些问题。

对于 TO-220 封装来说（LM7805 还有更大的 TO-3 的封装），热阻（thermal resistance，半导体结到环境的热阻）是 50℃/W。对于最小 7V 输入，只有 0.5A 电流使用的情况，这就要算到 1W（7V–5V=2V，2V×0.5A=1W）的能量耗散了，也就是使芯片上的温度比周围环境高 50℃，这就很热了！大幅提高输入电压或输出电流，就会使芯片进入热关闭（thermal shutdown）的自我保护，直到温度回归合理程度。

稳压器的输出应该是 5V，误差是 5%，也就是 4.75～5.25V。5V 输出连到另一个滤波电容 $C_7$ 上。$C_7$ 和 $C_6$ 是一样的，是一个标着 100μF 的有极性的电解电容，且其功能也相同，就是滤掉来自电源的瞬变和毛刺。在最初的 Arduino Serial 上，+5V 的电源总线接到电源扩展插座（标着+5V 的脚）上，使稳压的电源可以供给附加的电路。+5V 的总线还直接给 Atmega8 单片机和 RS-232/TTL 电平转换电路供电，后面再详加叙述。

电路图上还可以看到稳压的 5V 连接了作为电源指示的 $LED_1$。一个 220Ω 的限流电阻 $R_2$ 串在回路中，以控制流经这个 LED 的电流。只要 Arduino 有电，这个 LED 就会一直亮着。

如果外面有稳压的+5V 电源，Arduino 也可以直接由电源扩展插座的+5V 脚供电。

④ 电源电路的演变　现在的 Arduino UNO 和 Arduino Amega2560 的电源输入和调整电路与以前的版本基本上是相同的。Arduino UNO 把 100nF 电容从稳压器的输入端移到了输出端，而 Arduino Mega2560 没有做这个改动。

型号发展过程中有一些有趣的事情。看下 UNO 或 Mega2560 的电路图，上面的电路里有两个 5V 稳压器。这是为了在 PCB 上能够放多个元件封装（component footprint）而采取的技术，最终只会有一个稳压器实际焊在 PCB 上。为了防止混淆，可以给两个元件定相同的编号，但是使用不同的后缀。比如，如果直插和贴片两种封装的电阻都画在了图上，可以把一个标为 $R_{1A}$，而另一个标为 $R_{1B}$。如果生产时某种封装的元件没有，就可以直接用另一种封装来替换，而不需要修改 PCB 或返工。相同的技术也用在了 Arduino UNO SMD 的贴片 Atmega328 处理器芯片上。

当 USB 接口引入，换掉老的 RS-232 接口的时候，人们对电源电路做了更多的变动。USB 标准让接口在通信的同时可以提供有限的经过整流的电力给设备。USB 插座直接取稳压的 5V 供给整个电路。第一个 USB 型号需要正确地插好跳线来连接电源部分，后续的型号用了一个模拟比较器和一个低阻抗金属氧化物半导体场效应管（MOSFET）开关来智能地选择最高可用的电压。另外，在 USB 电源转接头上接了一个 500mA 自恢复保险丝，以避免 Arduino 或外接电路的故障对主机 PC 造成任何损害。自恢复保险丝（resettable fuse）通常有非常低的电阻，可以通过 500mA（0.5A）的电流。如果流过的电流超过这个值，保险丝就会变热，增加其内部的阻值，从而降低能够流过它的电流。一旦电流降下来，保险丝就会凉下来，从而其内部的阻值就降下来了。要注意的是，这个过程不可能无限重复，因为保险丝的热应力最终会失效。

最早的几个版本的 USB 电路板用了一个 FTDIUSB 接口芯片，里面有一个 5～3.3V 的稳压器。如果有需要，这个稳压器可以给其他电路提供最高 50mA 电流的 3.3V 电源。低于 5V 的电压正越来越流行，因为电子设备需要更低的功率消耗。

Arduino UNO 和 Arduino Mega2560 去掉了 FTDIUSB 接口芯片，换成另一个 AVR 单片机，专门用来做 USB 通信。它们还在电路板上加了一个 3.3V 稳压芯片，以代换掉原有的 USB 接口芯片里的稳压器功能。国半的 LP2985 低压差稳压器可以在 3.3V 上提供最高 150mA 的电流，是之前的 3 倍。

从图 1-12 可以看出，Arduino 电源部分没有大的变化，图 1-12 是 Arduino Mega2560 的部分电路图，Arduino UNO 把 $C_2$ 从 $IC_2$ 的输入移到了输出，其他地方和图 1-12 是一样的。

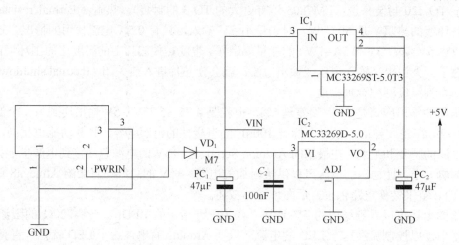

图 1-12　Arduino Mega2560 的电源部分

电源 LED 指示灯没有出现在图 1-11 中，它现在的限流电阻（RN3C）是 1kΩ。没有用分离（独立）的电阻，现在的 Arduino 用了排阻（resistor network），里面有几个相同的电阻。这样就更易于自动装配，只需要安装一个元件，而不是一堆元件。

图 1-13 画出了新增的电源电路，包括智能电压选择电路和 3.3V 稳压器。自恢复熔丝没有画在图上，它包含在从 USB 插座来的 USBVCC 电源总线上。

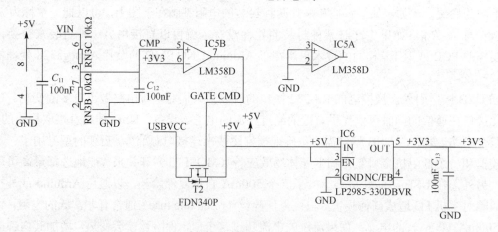

图 1-13　时新 Arduino 中新增的电源电路

（3）USB 接口　正如第一代 Arduino I/O 板用了 RS-232 插座和阻排电路进行对话，现在的 Arduino 用上了流行的 USB 接口。USB 接口是一个工业标准，由 USB 实施者论坛公司（USB Implementers Forum）维护。

从 RS-232 到 USB 的转变恐怕是不可避免的，多数现在的 PC 和笔记本电脑都把一度流行的 RS-232 接口换成了更小的 USB 端口，可以把老的 Arduino 硬件和新的 PC 连起来。

从 Arduino UNO 和 Arduino Mega2560 开始，USB 接口由另一个 AtmelAVR 芯片 Atmeg8U2 提供。它有内置的全速 USB 外围设备，而 Atmega328 和 Atmeg2560 没有。

# 1.2　Arduino 开发环境（Arduino IDE）

## 1.2.1　获取 Arduino IDE

Arduino 的开发环境（Arduino IDE）是完全免费而且是绿色开源的，无需安装，下载完成并解压缩后就可以直接打开使用了，在 Arduino 的网站 http://www.arduino.cc 的 Download 页面内提供有压缩包的下载链接，如图 1-14 所示。

图 1-14　Arduino IDE 下载页面

## 1.2.2　安装驱动

Arduino IDE 可以运行于所有的较新和最新的 Windows 操作系统中，如 Windows XP，XPWindows Vista 和 Windows7。安装 IDE 软件包非常简单，因为它是一个自解压的 ZIP 文件，所以，甚至不需要执行任何安装动作，只需要下载 IDE Windows 版本的 ZIP 包，然后根据喜好把它解压到指定的文件夹中即可。

在第一次启动 Arduino IDE 之前，还需要安装 Arduino 主板的 USB 驱动。驱动的选择需要根据手头持有的 Arduino 主板的具体型号以及电脑中 Windows 的具体版本来进行。并且，每次插一块新的 Arduino 主板到电脑的 USB 上时，都需要安装一次驱动。

下面介绍一下安装驱动的步骤。

（1）首先连接下载程序用的下载线。

将数据线的圆口一端插在 Arduino328 板子上，如图 1-15 所示。

（2）将数据线的扁口一端插在电脑的 USB 接口上，如图 1-16 所示。

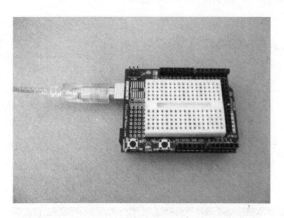
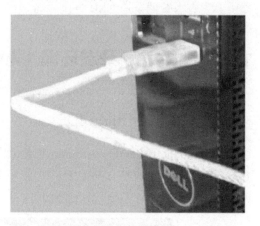

图 1-15　将 USB 线连接至 Arduino UNO 开发板　　　图 1-16　数据线扁口连接至电脑的 USB 接口

插好后，Arduino328 控制板上的电源指示灯会被点亮，电脑上会出现一个对话框，如图 1-17 所示。

图 1-17　选择自动安装软件

（3）选择从列表或指定位置安装，点击下一步，出现如图 1-18 所示的对话框。

（4）点击下一步，会出现如图 1-19 所示的对话框。

（5）这时只需等待即可，稍后会出现如图 1-20 所示的对话框。

（6）点击完成，这样驱动就安装好了，下次再将数据线插到电脑上就不会出现安装驱动对话框了，插上数据线就可以下载程序了。

### 1.2.3　程序烧录

通过上述过程，驱动已经安装完成了，下面来讲解一下程序的烧录过程。

（1）先确认 ARDUINO 板子连接电脑的默认 COM 位置，如图 1-21 所示。

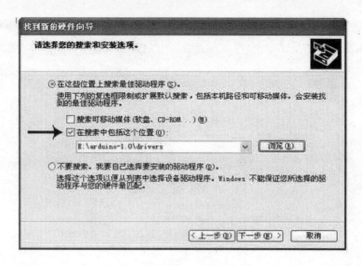

图 1-18　选择安装选项

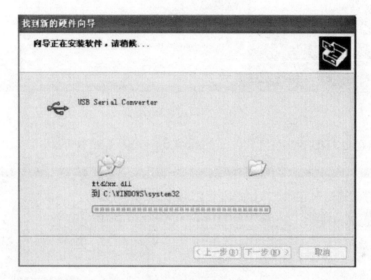

图 1-19　正在安装

图 1-20　完成安装

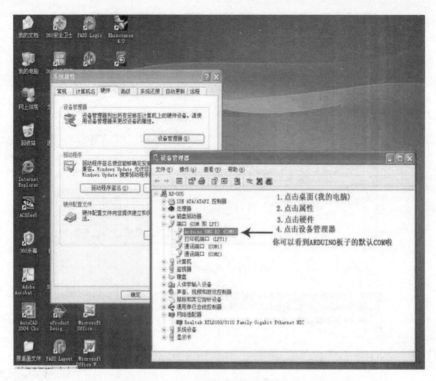

图 1-21 确认 COM 位置

（2）点击启动 ARDUINO 系统软件(arduino-1.0)，如图 1-22 所示。

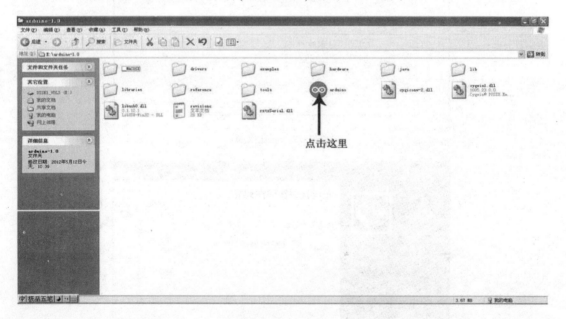

图 1-22 启动软件

（3）ARDUINO 板子选 COM，与 ARDUINO 板子连接电脑 USB 默认 COM 一致，点击确认，如图 1-23 所示。

（4）选择 ARDUINO UNO R3 板子的型号，点击确认，如图 1-24 所示。

（5）选择编写好的程序，这里用一个已经编写好的闪灯程序来进行演示，如图 1-25 所示。

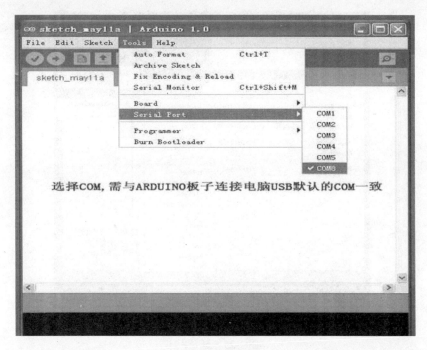

图 1-23　选择 COM

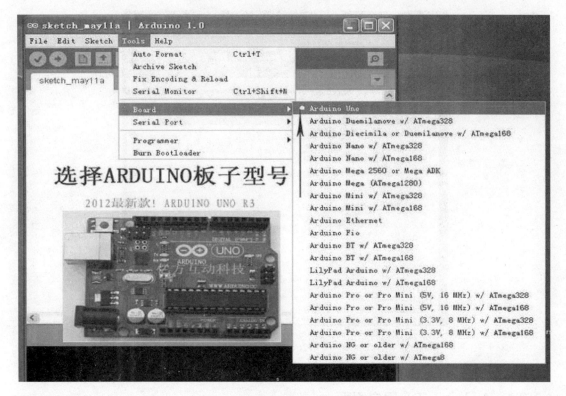

图 1-24　选择型号

（6）点击 Upload 键，烧录软件到 ARDUINO 板子上，如图 1-26 所示。

（7）如图 1-27 所示，ARDUINO 板子上有 2 个 LED 灯(TX、RX)，当软件完成烧录后，这 2 个 LED 灯会同时闪几秒钟。

图 1-25 选择程序

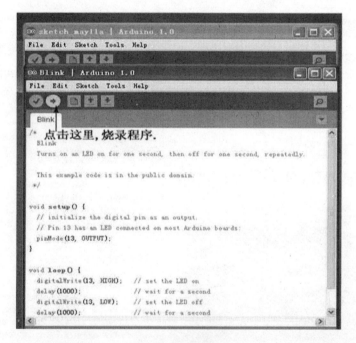

图 1-26 烧录程序

## ■ 1.2.4 Arduino IDE 用户界面

IDE 软件打开后，会自动创建一个空的程序，这个程序会临时以当前日期来命名。在保存这个程序的时候，还可以给它命名一个更合适的名字。图 1-28 展示的是打开了一个程序的 IDE界面。

图 1-27　LED 灯闪烁

图 1-28　Arduino IDE 用户界面

（1）File（文件）菜单　对以文件保存在计算机上的操作系统中的程序进行操作时，要使用 File 菜单。File 菜单中的常见项有 New（新建）、Open（打开）、Save（保存）、Save As（另存为）、Close（关闭）和 Print（打印），它们的功能和常见软件中的完全一样。Page Setup

（页面设置）菜单项设置打印输出的最基本的页面组合选择，包括页边距和方向（垂直或水平），以及根据当前选择的系统打印机可以做的一些选择，比如打印纸的大小。Upload（上传）、New、Open 和 Save 菜单项和菜单下面工具条里对应的图是完全一样的。

File 菜单如图 1-29 所示。

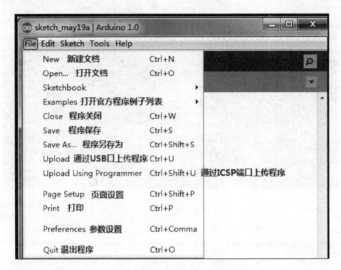

图 1-29　File 菜单

在 File 菜单中还有到 Arduino 程序集的快捷方式，以及打开一系列示例程序的快捷方式。此外还能找到 Upload 和 Upload Using Programmer（用编程器上传）菜单项。Upload 是对大多数支持的 Arduino I/O 电路板使用传统的 Arduino 引导装载程序来上传；新的"用编程器上传"是使用在之前简单提到的 Tools（工具）菜单里选择的编程器，跳过引导装载程序，直接把程序写到 AVR 芯片里。

Preferences（偏好设置）和 Quit（退出）菜单项可能不容易找到合适的放置地方，所以它们也在 File 菜单里。在 Preferences 菜单项中打开 Preferences 对话框，修改软件的通用设置。Arduino 程序库可以设置在计算机文件系统的任何地方，字体的大小可以在编辑器窗口中设置，但是不能改变字体。

Preferences 对话框升级了，允许显示指定输出报表详细选项，而不再是用未公开的工具条图标的 Shift 修饰方法，也不再是编辑隐藏在 Preferences.txt 文件中的选项。

Preferences 对话框的其他内容和之前的版本一样，包括设置文件后缀关联。但是文件名后缀从".pde"换成了".ino"，Arduino 在继承得来的软件框架中更重视自己的文化和符号。

 注意

Arduino 程序现在用".ino"后缀代替之前用过的".pde"后缀。

**（2）Edit（编辑）菜单**　点击 Edit 菜单后会出现如图 1-30 所示的界面。

Edit 菜单的"典型民众"有 Undo（撤销）、 Redo（重做）、 Cut（剪切）、 Copy（复制）、Psate（粘贴）和 Find（搜索）。这些工作和其他任何文本编辑软件中的都差不多。

Arduino 软件还有一些不错的菜单项，包括 Copy for Forum（复制到论坛）和 Copy as HTML（作为 HTML 复制），它们能在文本中插入恰当的格式命令以保持编辑器中的文本格式和高亮。

Edit 菜单中还有之前版本就已经出现的程序编辑器功能，包括 Increase Indent（增加缩进）

和 Decrease Indent（减少缩进）。另外， Comment（注释）/Uncomment （取消注释）可以在选中的每一行前面加上两个斜线的注释符号，来把选中的大片代码对编译器隐藏起来，很方便。

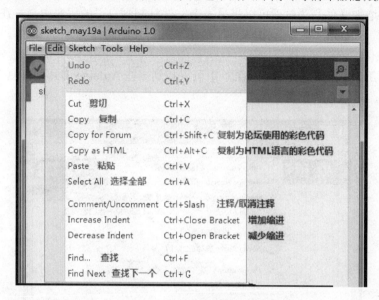

图 1-30　Edit（编辑）菜单

Edit 菜单没有 Microsoft Windows 应用程序中常见的键盘快捷方式，不过编辑器本身实现了 Ctrl+X（剪切）、Ctrl+C（复制）和 Ctrl+V（粘贴）快捷方式。

在编辑器窗口中单击右键就能打开编辑关联菜单，弹出 Eidt 菜单的标准编辑菜单项，没有了 Unod 和 Redo 菜单项，但是加入了很方便的 Find in Reference（在手册中查找）项，能在超文本文档中搜索选中的关键词，并在系统默认浏览器中打开文档。

**（3）Sketch（程序）菜单**　在 Sketch 菜单中可以找到和程序相关的不长的功能列表，如图 1-31 所示。

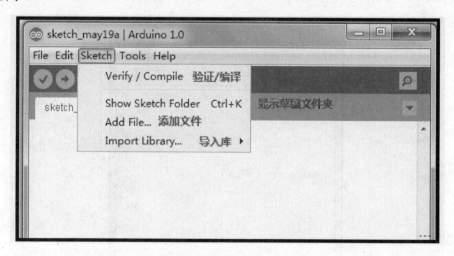

图 1-31　Sketch（程序）菜单

Verify/Compile（检查/编译）菜单项和工具条里的 Verify（检查）图标有重复。Stop（停止）菜单项已经连同工具条里对应的图标一起不见了。

Show Sketch Folder（显示程序文件夹）会打开一个与操作系统相关的文件系统资源管理器

应用程序，显示由软件自动创建的文件所在工作目录的内容。当需要这些文件的时候，这样做是更简单、快速和方便的方法，而不用从编译器的详细输出中梳理出这些文件的位置。

Add File（增加文件）菜单项可以将另一个文件复制到自己的程序中，并在编辑器窗口的新选项卡中打开。Import Library（引入库）菜单项针对使用的任何 Arduino 库，可以在代码中插入正确的格式化的#include 指令。

**（4）Tools（工具）菜单**　在 Tools 菜单中可以找到一些 Arduino 专用的工具及相关的设置，如图 1-32 所示。

图 1-32　Tools 菜单

Auto Format（自动格式化）用于整理代码的格式，强化一致的缩进，尽可能地排列好大括号，这些确实是写程序时的大问题。

Archive Sketch（程序打包）菜单项会把程序文件夹里所有的文件打包进一个适合操作系统的压缩文件，当想和其他人分享自己的程序时，这个功能用着很方便。

Arduino 的串口监视器（Serial Monitor）是非常有用的串口通信工具，可以用上传程序的那个串口和 Arduino 交谈。它使用的是在 Serial Port（串口）选择菜单项中选择的串口，如图 1-33 所示。

图 1-33　Arduino 的串口监视器窗口（图中文字 Autosero 意为
"自动滚卷"，"No line ending" 意为 "无行结束符"，9600baud 指 "9600 波特率"）

这不是像 Minicom 或 Tera Term Pro 那样的实时交互串口终端，想给 Arduino 发送字符，要在串口监视器窗口顶部的输入框里打字，然后单击 Send（发送）按钮来发送文字。从 Arduino 收到的任何信息都列在那个更大的、占据中心区域的、不能交互的文字框里。

如果 Arduino 看起来在发送些无意义的符号，或干脆什么都不发送，可以用窗口右下角的下拉列表控件来确认 Arduino 和电脑设置的波特率是否相同。

串口监视器也可以用工具条最右边的图标来启动。在上传新程序的时候，如果串口监视器窗口突然不见了，别惊讶，毕竟只有一个串口，上传程序和串口监视器用的是同一个串口，且同一时间只有一个功能可以使用这个串口。

Board （电路板）选择菜单可以告诉 Arduino 软件自己所用 Arduino 电路板的类型，这样它就可以做出正确的选择来编译和上传程序了。如果需要，也可以在这里加入自己的电路板。

Serial Port（串口)菜单可以指出使用系统中哪个待用的串口。每次在电脑上插入或拔出一个装备了 USB 的 Arduino 电路板时，这个菜单中的菜单项都会自动更新。插拔时通知所有的程序会花点儿时间，所以别着急，请耐心等待。

Arduino 软件之前版本的 Tools 菜单中有一个 Bum Bootloader（烧录引导装载程序）菜单项，它有一个层叠子菜单来选择芯片编程器。在 Arduino1.0 版中，它被重新安排了，分成了一个 Programmers （编程器）选择菜单中的一个 Bum Bootloader 菜单项。

Bum Bootloader 菜单项用选择的编程器配置一个空的 AVR 芯片，使之可以通过 Arduino 的引导装载程序利用串口上传程序。这需要一片编程器来做事，而不是任何形式的"烧"。Arduino 电路板就可以用来做芯片的编程器。

（5）功能按钮　Arduino 开发环境菜单栏下方是最常用的 5 个功能按钮。读者需要了解一下这 5 个功能按钮，如图 1-34 所示。这 5 个功能按钮依次是：Verify（校验）、Upload（上传）、New（新建）、Open（打开）、Save（保存）。

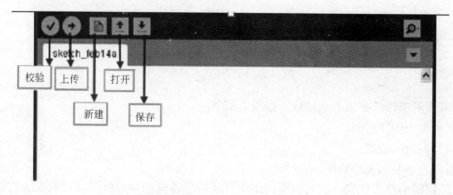

图 1-34　Arduino 开发环境菜单栏下方的 5 个按钮

各按钮的具体功能如下：

 Verify（校验），用以完成程序的检查与编译。

Upload（上传），将编译后的程序文件上传到 Arduino 板中。

New（新建），可新建一个程序文件。

Open（打开），打开一个存在的程序文件，Arduino 开发环境下的程序文件后缀名为".pde"。

Save（保存），保存当前程序文件。

（6）屏幕下方窗口　主屏幕下方有两个窗口。第一个窗口提供了状态信息和反馈，第二个窗口用于在校验和烧写程序时提示相关信息，编码的错误也会在这里显示，如图 1-35 所示。

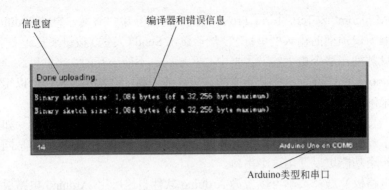

图 1-35　用户界面下方窗口

# 1.3　软件基础

## ■ 1.3.1　流程图

（1）流程图基本符号　美国国家标准化协会（American National Standards Institute，ANSI）规定了一些常用的流程图符号，目前已被世界各国的多个领域普遍采用，如图 1-36 所示。

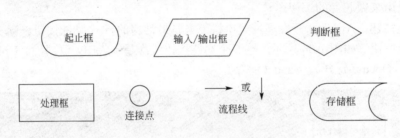

图 1-36　流程图基本符号

一个流程图应该包括以下几部分，如图 1-37 所示。

① 表示相应操作的框。

② 带箭头的流程线。

③ 框内外必要的文字说明。

（2）流程图的基本结构　起初流程图用流程线指出各框的执行顺序，对流程线的使用没有严格的规定，流程线在程序中随意地连接，流程图也就没有实现使程序直观形象、简单清晰的目的，同样，编写的程序也是逻辑混乱，难以理解。

为了提高流程图及程序的逻辑性，使其更容易理解、更方便阅读，必须限制流程线的使用，不允许流程线无规律地连接，而是按照一定顺序和条件进行连接。于是，1966 年，Bohra 和 Jacopin 提出了三种基本结构，用这三种基本结构作为表示一个良好算法的基本单元。

① 顺序结构　如图 1-38 所示，虚线框内是一个顺序结构，其中 A 和 B 两个框是顺序执行的。顺序结构是最简单的一种基本结构。

② 选择结构　如图 1-39 所示，虚线框内是一个选择结构，此结构中包含一个判断框，根据条件是否成立而选择执行 A 还是 B，执行完成后，经过 b 点脱离选择结构。

③ 循环结构　如图 1-40 所示，虚线框内是一个循环结构。此结构中也有一个判断框用来

决定是否跳出循环结构。有两种循环结构：判断框成立跳出循环的称为 untril 型循环；判断框不成立跳出循环的称为 while 型循环。

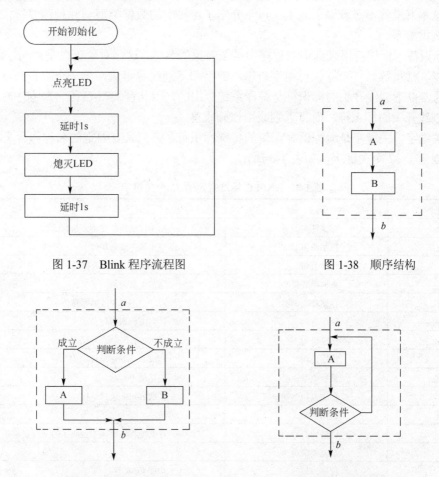

图 1-37　Blink 程序流程图　　　　　　　　　　　图 1-38　顺序结构

图 1-39　选择结构　　　　　　　　　　　图 1-40　循环结构

以上三种基本结构的特点：结构内的每一部分都有机会被执行到。结构内不存在无法跳出的循环。只有一个入口，即图中的 $a$ 点。只有一个出口，即图中的 $b$ 点。

 注意

一个判断框有两个出口，而一个选择结构只有一个出口，不要将二者混为一谈。

这三种基本结构可解决任何复杂的问题，由基本结构所构成的程序流程不存在无规律的转向，只在本基本结构内才允许存在分支和跳转。

## 1.3.2　C 语言基础

Arduino 的程序语言类似于 C/C++的语法，随着 IDE 的更新，包含了许多基本常用的函数库，可以在"Sketch—Import Library"里看到，如 EEPROM、以太网（Ethernet）、舵机控制（Servo）、步进电机控制（Stepper）等。

有了这些函数库，可以省下大量的时间，只要了解函数的应用以及参数的设定后，很快可以写出想要的功能程序。

由于 Arduino 开发环境的语言是比较接近 C/C ++的，甚至加入了一些 JAVA 的用法，所以在程序架构、循环以及函数方面若有不甚了解的地方，都可以在网络上或是书本上找到介绍或范例，在这本书里就不多着墨于此了。以下介绍了可接受的数据类型与几种运算符，还有循环的基本范例供参考。

（1）**标识符** 标识符用来标识源程序中某个对象的名字，这些对象可以是语句、数据类型、函数、变量、常量等。一个标识符由字符串、数字和下划线等组成，第一个字符必须是字母或下划线，通常以下划线开头的标识符是编译系统专用的，因此在编写 C 语言源程序时一般不要使用以下划线开头的标识符，而将下划线用作分段符。

（2）**关键字** 关键字是编程语言保留的特殊标识符，它们具有固定的名称和含义，ANSI C 标准一共规定了 32 个关键字，如表 1-3 所示。

表 1-3　ANSI C 标准规定的 32 个关键字

| 关 键 字 | 用 途 | 说 明 |
| --- | --- | --- |
| auto | 存储种类说明 | 用于说明局部变量，为默认值 |
| break | 程序语句 | 进出最内层循环体 |
| case | 程序语句 | switch 语句中的选择项 |
| char | 数据类型说明 | 字符型数据 |
| const | 存储种类说明 | 程序中不可更改的常量值 |
| coutinue | 程序语句 | 转向下一次循环 |
| default | 程序语句 | switch 语句中的失败选择项 |
| do | 程序语句 | 构成 do-while 循环结构 |
| double | 数据类型说明 | 双精度浮点数 |
| else | 程序语句 | 构成 if-else 选择结构 |
| enum | 数据类型说明 | 枚举 |
| extern | 存储种类说明 | 在其他程序模块中说明了的全局变量 |
| float | 数据类型说明 | 单精度浮点数 |
| for | 程序语句 | 构成 for 循环结构 |
| goto | 程序语句 | 构成 goto 转移结构 |
| if | 程序语句 | 构成 if-else 选择结构 |
| int | 数据类型说明 | 整型数 |
| long | 数据类型说明 | 长整型数 |
| register | 存储种类说明 | 使用 CPU 内部寄存器的变量 |
| retern | 程序语句 | 函数返回 |
| short | 数据类型说明 | 短整型数 |
| signed | 数据类型说明 | 有符号数，二进制数据中最高位为符号位 |
| sizeof | 运算符 | 计量表达式或数据类型的字节数 |
| static | 存储种类说明 | 静态变量 |
| struct | 数据类型说明 | 结构类型数据 |
| switch | 程序语句 | 构成 switch 选择结构 |
| typedef | 数据类型说明 | 重新进行数据类型定义 |
| union | 数据类型说明 | 联合类型数据 |
| unsigned | 数据类型说明 | 无符号数据 |
| void | 数据类型说明 | 无类型数据 |
| volatile | 数据类型说明 | 该变量在程序执行中可被隐含地改变 |
| while | 程序语句 | 构成 while 和 do-while 循环结构 |

（**3）运算符**　逻辑运算符通常用于 if 语句的判断，若运算符"&&"前后的两个变量或回传值皆为真，运算的结果则为真；在使用"‖"运算符时，只要判断两个变量或回传值其中一个为真，结果就会为真。简单的范例：

（5>0&&8>10）—True　　//前后两个运算皆为真，故结果为真。
（5>0‖8>10）—True　　//前后两个运算有一个为真，结果便为真，见表 1-4。

**表 1-4　逻辑运算符**

| && | AND | ‖ | OR | ! | NOT |
|---|---|---|---|---|---|

通常，会用真值表来表示上述结果，表 1-5 列出了 AND 和 OR 的真值表。

**表 1-5　AND 和 OR 的真值表**

| AND | T | F | OR | T | F |
|---|---|---|---|---|---|
| T | T | F | T | T | T |
| F | F | F | F | T | F |

在真值表中，T 表示真（True），F 表示假（False）。对于 AND 的运算情况，两者皆为 T，结果才为 T；OR 的情况下，两者有一个为 T，结果就为 T。一般程序当中，以 True 表示数字 1，False 表示数字 0。

刚刚看到的逻辑运算符都是用两个重复的符号来表示的，如果不小心只打成一个的时候呢？这时候的运算变成了位运算，必须从每个运算位中逢 2 进位，见表 1-6。

**表 1-6　位运算符**

| 位运算符 | 说明 | 范例 |
|---|---|---|
| & | AND | 10110010　字节 1<br>01110110　字节 2<br>————<br>00110010　字节 1 & 字节 2 结果<br><br>两者皆为 1，结果才为 1 |
| \| | OR | 10110010　字节 1<br>01110110　字节 2<br>————<br>11110110　字节 1 \| 字节 2 结果<br><br>两者有 1 个为 1，结果就为 1 |
| ~ | NOT | 10110010　字节 1<br>————<br>01001101　～字节 1<br><br>0 和 1 对调 |
| ^ | XOR | 10110010　字节 1<br>01110110　字节 2<br>————<br>11000100　字节 1^字节 2 结果<br><br>两者不一样，结果就为 1 |
| > > | 位右移 | — |
| < < | 位左移 | — |

　　位运算的结果不单为真或假（True 或 False），经过运算后会得到不同的结果，因此不要粗心把逻辑运算符和位运算符搞混了。后面有章节会需要相关的运算，到时候可以借程序进一步了解其使用的方式及时机。

　　比较运算符多半用在数学运算上，因此这里就不多做介绍了，表 1-7 只列出常用的部分供参考，有兴趣的可以在程序中看到实际的应用。

**表 1-7　比较运算符**

| == | 等于 | < | 小于 | <= | 小于等于 |
|----|------|---|------|-----|---------|
| != | 不等于 | > | 大于 | >= | 大于等于 |

　　表 1-8 列出了 C 语言常用的运算符。

**表 1-8　C 语言常用的运算符**

| 类型 | 运算符 | 说　明 |
|------|--------|--------|
| 算术运算符 | + | 加或取正值运算符 |
| | − | 减或取负值运算符 |
| | * | 乘运算符 |
| | / | 除运算符 |
| | % | 模运算符 |
| 关系运算符 | > | 大于 |
| | < | 小于 |
| | >= | 大于或等于 |
| | <= | 小于或等于 |
| | == | 测试等于 |
| | != | 测试不等于 |
| 逻辑运算符 | \|\| | 逻辑或 |
| | && | 逻辑与 |
| | ! | 逻辑非 |
| 赋值运算符 | += | 加法赋值运算符 |
| | −= | 减法赋值运算符 |
| | *= | 乘法赋值运算符 |
| | /= | 除法赋值运算符 |
| | %= | 取模赋值运算符 |
| | >>= | 右移位赋值运算符 |
| | <<= | 左移位赋值运算符 |
| | &= | 逻辑与赋值运算符 |
| | \|= | 逻辑或赋值运算符 |
| | −= | 逻辑非赋值运算符 |
| | ^= | 逻辑异或赋值运算符 |
| 自增和自减运算符 | ++ | 自增运算符 |
| | − − | 自减运算符 |
| 逗号运算符 | , | 将多个表达式连接起来，依次执行 |
| 条件运算符 | ?: | |
| 位运算符 | − | 取反 |
| | << | 左移 |
| | >> | 右移 |
| | & | 与 |
| | ^ | 异或 |
| | ! | 或 |
| 求字节运算符 | sizeof | 求取数据类型，变量以及表达式的字节数的运算符 |

**注意**

sizeof 是一种特殊的运算符，它不是一个函数。实际上，字节数的计算在编译时就完成了，而不是在程序执行的过程中才计算出来的。

（4）**分隔符**    C 语言中采用的分隔符有逗号和空格两种。逗号主要用在类型说明和函数参数表中，用于分隔各个变量。空格多用于语句各单词之间作间隔符。在关键字、标识符之前必须要有一个以上的空格符作间隔。

（5）**常量**    常量就是在程序运行过程中，其值不能改变的数据，有时候也可以用一些有意义的符号来代替常量的值，称为符号常量。符号常量在使用之前必须先定义，其一般形式如下：

```
#define    标识符    常量
```

（6）**注释符**    C 语言的注释符包括两种：

以 "/*" 开头并以 "/*" 结尾的字符串。在 "/*" 与 "/*" 之间的内容即为注释。

以 "//" 后面的字符串。

程序在编译时，不对注释做任何处理。注释可出现在程序的任何位置。编程时添加适当的注释对于程序员读懂该程序非常有用。

## ■ 1.3.3  控制语句

在程序的执行过程中，往往需要根据某些条件来决定执行哪些语句，这就需要选择型控制语句 if 和 switch 来实现选择结构程序，某些情况下还会不断地重复执行某些语句，这就需要循环型控制语句 for 和 while 来完成循环结构程序。

（1）**if 语句**    用 if 语句可以实现选择结构。它根据给定的条件进行判断，以决定执行某个分支程序段。if 语句有 3 种基本形式。

第一种基本形式：

```
if（表达式）
    语句
```

功能描述：如果表达式的值为真，则执行其后的语句；否则，跳过该语句。

第二种基本形式：

```
if（表达式）
    语句1
else
    语句2
```

功能描述：如果表达式的值为真，则执行语句 1；如果表达式的值为假，则执行语句 2。

第三种基本形式：

```
if（表达式1）
    语句1
else if（表达式2）
    语句2
else if（表达式3）
    语句3
    ……
else if（表达式n）
    语句n
else
    语句m
```

功能描述：如果表达式 1 的结果为真，则执行语句 1，然后退出 if 选择语句，不执行下面的语句；否则，判断表达式 2，如果表达式 2 的结果为真，则执行语句 2，然后退出 if 选择语句，不执行下面的语句；同样如果表达式 2 的结果为假则判断表达式 3，依次类推，最后，如果表达式 $n$ 不成立，则执行 else 后面的语句 $m$。

在使用 if 语句时还要注意以下问题：

在 3 种基本形式中，if 关键字后面均为表达式。该表达式通常是逻辑表达式或关系表达式，也可以是一个变量。

在 if 语句中，条件判断表达式必须用括号括起来。在语句之后必须加分号，如果是多行语句组成的程序段，则要用花括号括起来。

**（2）switch 语句** switch 语句可实现多分支的选择结构，在这种情况下，判断条件表达式的值是由几段组成的或不是一个连续的值，每一段或每一个值对应一段分支程序。switch 语句的一般形式为：

```
switch（表达式）
{
    case 常量表达式 1：
            语句 1
    case 常量表达式 2：
            语句 2
……
    case 常量表达式 n：
            语句 n：
    default：
            语句 m
}
```

switch 语句的流程图如图 1-41 所示。

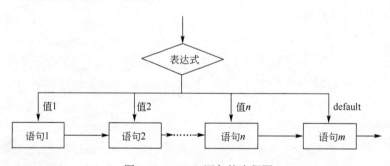

图 1-41 switch 语句的流程图

功能描述：计算表达式的值，并逐个与其后的常量表达式的值进行比较。当表达式的值与某个常量表达式的值相等时，即执行其后的语句，然后不再进行判断，继续执行所有 case 后面的语句。如果表达式的值与所有 case 后的常量表达式均不相等，则执行 default 后的语句。

在使用 switch 语句时要注意以下问题：

① 表达式的计算结果必须是整型或者字符型，也就是常量表达式 1 到常量表达式 $n$ 必须是整型或字符型常量。

② 每个 case 的常量表达式必须互不相同，但各个 case 出现的次序没有顺序。case 语句标号后面的语句可以省略不写，在关键字 case 和常量表达式之间一定要有空格。

③ 当表达式的值与某个常量表达式的值相等并执行完其后的语句时，如果不想继续执行所有 case 后面的语句，则要在语句后面加上"break"，以跳出 switch 结构。

**（3）while 语句** while 语句能够实现"当型"循环结构，其一般形式为：

while（表达式）语句

功能描述：计算表达式的值，当值为真时，执行循环体语句；当表达式的值为假时，跳出循环体，结束循环。其中，表达式是循环条件，语句是循环体。

while 语句的流程图如图 1-42 所示。

在使用 while 语句时要注意以下几点。

不要混淆 while 语句构成的循环结构与 if 语句构成的选择结构。while 的条件表达式为真时，其后的循环体将被重复执行，而 if 的条件表达式为真时，其后的语句只执行一次。

在循环体中应有使循环趋于结束的语句。如果没有，则会进入死循环。在编写嵌入式应用程序时，经常会用到死循环。

循环体若包含一个以上的语句，应使用大括号括起来。

（4）**do-while 语句**　do-while 语句用来实现"直到型"循环，其特点是先执行循环体，然后判断循环条件是否成立，其一般形式为：

```
do
      语句
while （表达式）
```

do-while 语句流程图如图 1-43 所示。

功能描述：由于 do-while 循环为"直到型"循环，它先执行循环体中的语句，然后判断表达式是否为真，如果为真则继续循环；如果为假则终止循环。因此，do-while 循环至少执行一次循环体语句。

 注意

do-while 语句在使用时除了要注意循环体至少执行一次的问题外，在使用时还要注意它是以 do 开始，以 while 结束的，while（表达式）后的分号不能省。

（5）**for 语句**　for 语句的使用极为灵活，可以完全取代 while 语句，它既可以用于循环次数确定的情况 ，又可以用于循环次数不确定而只是给出循环条件的情况。for 语句的一般形式为：

for （表达式 1；表达式 2；表达式 3）语句

for 语句的流程图如图 1-44 所示。

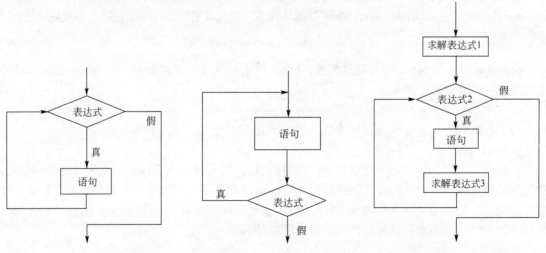

图 1-42　while 语句的流程图　　图 1-43　do-while 语句流程图　　图 1-44　for 语句的流程图

功能描述：先求解表达式 1，一般情况下，表达式 1 为循环结构的初始化语句，给循环计数器赋初值。然后求解表达式 2，若其值为假，则终止循环；若其值为真，则执行 for 语句中的内嵌语句。内嵌语句执行完后，求解表达式 3；最后继续求解表达式 2，根据求解值进行判断，直到表达式 2 的值为假。

for 语句最简单也是最典型的形式如下：

for（循环变量赋初值；循环条件；循环变量增量）语句

循环变量赋初值总是一个赋值语句，用来给循环控制变量赋初值。循环条件是一个关系表达式，决定什么时候退出循环。循环变量的增量用来定义循环控制变量每次循环后按什么方式变化。这 3 个部分之间用分号分开。

for 循环语句的一般形式可用 while 语句进行解释，如下所示。

表达式 1：
```
while（表达式 2）
{      语句
       表达式 3；
}
```
或者用 do-while 语句解释，如下所示。

表达式 1：
```
do{
    语句
    表达式 3
}while（表达式 2）；
```
在使用 for 语句时要注意以下几点：

① for 循环中的表达式 1、表达式 2 和表达式 3 都是选择项，但是分号不能省略。

② 若 3 个表达式都省略，则 for 循环变成 for（;;），相当于 while（1）死循环。

③ 表达式 2 一般是关系表达式或逻辑表达式，但也可以是数值表达式或字符表达式，只要其值非零，就执行循环体。

（6）**break 语句** break 语句通常在循环语句和 switch 语句中。当 break 用在 switch 语句中时，可使程序跳出 switch 而执行 switch 以后的语句。

当 switch 语句用在 do-while、for、while 循环语句中时，可使程序终止循环而执行循环后面的语句。通常 break 语句总是与 if 语句连在一起，即满足条件时便跳出循环。

（7）**continue 语句** continue 语句的作用是跳过循环体中剩余的语句而强行执行下一次循环。continue 语句只用在 do-while、for、while 等循环体中，常与 if 语句连在一起使用，用来加速循环。

🏃 注意 - - - - - - - - - - - - - - - - - - - - - - - - - - - - - - - - - - - -

continue 语句与 break 语句的区别是，break 语句结束整个循环过程，而 break 语句只结束本次循环，不终止整个循环。

- - - - - - - - - - - - - - - - - - - - - - - - - - - - - - - - - - - - - - - - - - -

（8）**goto 语句** goto 语句是一个无条件转向语句，它的一般形式如下。

goto 语句标号：

功能描述：语句标号是一个冒号"："的标识符，用于标语句的地址。当执行跳转语句时，使程序跳转到标识符指向的位置继续执行。将 goto 语句和 if 语句连在一起使用，可以构成一个循环结构。一般常见的是采用 goto 语句来跳出多重循环。注意，只能用 goto 语句从内层循环跳到外层循环，而不允许从外层循环跳到内层循环。

### ■ 1.3.4 程序结构

一般情况下在 C 语言中要求一个源程序不论由多少个文件组成，都必须有一个主函数，即

main 函数，且只能有一个主函数，C 语言程序执行是从主函数开始的。但在 Arduino 中，主函数 main 在内部定义了，使用者只需要完成以下两个函数就能够完成 Arduino 程序的编写，这两个函数分别负责 Arduino 程序的初始化部分和执行部分。

```
void setup ()
void loop()
```

两函数均为无返回值的函数，setup()函数用于初始化，一般放在程序开头，主要工作是用于设置一些引脚的输出/输入模式，初始化串口等，该函数只在上电或重启时执行一次；loop()函数用于执行程序，它是一个死循环，其中的代码将被循环执行，用于完成程序的功能，如读入引脚状态，设置引脚状态等。

结合流程图，看看这两个函数的作用。

```
void setup()
{
    //注释:初始化 Arduino 的引脚 13 为输出,Arduino 板上自 LED 连接在引脚 13 上 pinMode(13,
    OUTPUT)
}
void loop()
{
    digitalwrite(13.HIGH);//引脚 13
置高, 输出+5V 电压, LED 点亮
    delay(1000);//等待 1000ms
    digitalWrite(13.LOW);//引脚 13
置低, 输出 0V 电压, LED 熄灭
    delay(1000);//等待 1000ms
}
```

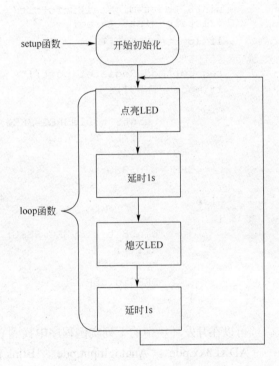

在 setup 函数中设置连接 LED 的引脚 13 为输出，以控制 LED 亮或灭，这个操作只在上电或重启时执行一次，之后就没有必要执行了。

在 loop 函数中有 4 条语句，分别执行的操作是：

① 设置引脚 13 输出高电平，LED 点亮；

② 等待 1s；

③ 设置引脚 13 输出低电平，LED 熄灭；

④ 等待 1s。

由于 loop()函数中的代码将被循环执行，所以在第 4 步执行完成后，将回到第 1 步继续执行，程序不断循环，就看到了 LED 闪烁的效果。

setup 函数和 loop 函数与流程图的对应关系如图 1-45 所示。

图 1-45　setup 函数和 loop 函数与流程图的对应关系

## 1.4　Arduino 基本函数

在上一节中已经对 Arduino 程序有了初步的了解，它的易用性、自由性和交互性深受广大爱好者所喜爱。然而它真正吸引众多爱好者的原因是其提供了大量的基础函数，包括 I/O 控制、时间函数、数学函数、三角函数等，使用者可对板上的资源进行控制。另外 Arduino 还提供了

许多关于这些基础函数的示例程序，这些示例可以在 Arduino 开发的"File-Examples"菜单中找到，从而大大地降低了初学者的学习难度，缩短了单片机系统开发周期。

## ■ 1.4.1　数字 I/O 口相关函数

（1）**pinMode（pin,mode）**　pinMode 函数用以配置引脚为输出或输出模式，它是一个无返回值函数。

pinMode 函数有两个参数——pin 和 mode。pin 参数表示要配置的引脚，以 Arduino UNO 为例，它的范围是数字引脚 0～13，也可以把模拟引脚（A0～A5）作为数字引脚使用，此时编号为 14 脚（对应模拟引脚 0）到 19 脚（对应模拟引脚 5）。mode 参数表示设置的模式——INPUT（输入）或 OUTPUT(输出)，其中 INPUT 用于读取信号，OUTPUT 用于输出控制信号。

由于 Arduino 项目是完全开源的，所以 pinMode（pin,mode）函数原型可直接在 Arduino 开发环境目录下的 hardware\arduino\core\arduino 文件夹里的 wiring_digital.c 文件中查看。

```
pinMode (pin,mode) 函数原型:
void pinMode(uint8_t pin,uint8_t mode)
{
    uint8_t bit=digitalPinToBitMask(pin);
    uint8_tport=digitalPinToPort(pin);
    volatile uint8_t*reg;
    if (port==NOT_A_PIN)
    return;
    reg=portModeRegister(port);
    if(mode==INPUT)
    {
            uint8_t oldSREG=SREG;
            cli();
        *reg&=-bit;
         SREG=oldSREG;
    }
    else
    {
            uint8_t oldSREG=SREG;
        cli();
        *reg|=bit;
        SREG=oldSREG;
    }
}
```

可以在开发环境中的下列实例程序中找到 pinMode 函数的应用:

ADXL3xx.pde 、 AnalogInput.pde 、 Blink.pde 、 Blinkwithout Delay.pde 、 Button.pde 、Calibration.pde、Debunce.pde、Dimmer.pde、Knck.pde、Loop.pde、Melody.pde、Memsic2125.pde、PhysicalPixel.pde、Ping.pde。

（2）**digitalWrite（pin,value）**　digitalWrite 函数的作用是设置引脚的输出电压为高电平或低电平，也是一个无返回值函数，在使用该函数设置引脚之前，需要先用 pin mode 将引脚设置为 OUTPUT 模式。

digitalWrite 函数有两个参数——pin 和 value，pin 参数表示所要设置的引脚，value 参数表示输出的电压——HIGH（高电平）或 LOW（低电平）。

digitalWrite(pin,value)函数原型同样也可以在 wiring-digital.c 文件中找到，函数原型如下:

```
void digitalWrite(uint8_tpin,uint8_t val)
{
    uint8_t timer=digitalPinToTimer(pin);
    uint8_t bit=digitalPinToBitMask(pim);
    uint8_tport=digtalPinToPort(pin);
    volatile uint8t*out;
    if (port==NOT_A_pin)return;

    //if the pin that support PWM output,we need to turn it off
    //before doing a digital write.
    if(timer i=NOT_ON_timer)turnoffPWM(timer);

    out=portoutputReginter(port);
    if(val==LOW)
    {
            uint8_t oldSREG=SREG
            cli();
            *out &=_bit;
            SREG=oldSREG;
    }
    else
    {
            uint8t_oldSREG=SREG;
            cli();
            *out|_bit;
            SREG=oldSREG;
    }
}
```

可以在开发环境的下列实例程序中找到 digitalwrite 函数的应用：ADXL3xx.pde、AnalogInput.pde、Blink.pde、Blinkwithout Delay.pde、Button.pde、Calibration.pde、Debunce.pde、Dimmer.pde、Knck.pde、Loop.pde、Melody.pde、Memsic2125.pde、PhysicalPixel.pde、Ping.pde。

（3）**digitalRead（pin）**　digitalRead 函数的作用是获取引脚的电压情况，该函数返回值为 in 型——HIGH（高电平）或者 LOW（低电平），在使用该函数设置引脚之前，需要先用 pinmode 将引脚设置为 INPUT 模式。

digitalRead 函数只有一个参数——pin，它表示所要获取电压情况的引脚号，如果引脚没有连接到任何地方，那么将随机返回 HIGH（高电平）或者 LOW（低电平）。

函数原型如下：

```
int digitalRead(uint8_t pin)
{
    uint8_t timer=digitalPinToTimer(pin);
    uint8_t bit=digitalPinToBitMask(pin);
    uint8_t port=digitalPinToPort(pin);

    if (port==NOT_A_PIN)return LOW;
    //if the pin that support PWM output we need to turn it off
    //before qetting a digital reading.
    if (timer 1=NOT_ON_TIMER)turn off PWM(timer);

    if(*port Input Register(port)&bit)return HIGH;
    return LOW;
}
```

可以在开发环境的下列实例程序中找到 digitalRead 函数的应用：

Button.pde、Debounce.pde。

## ■ 1.4.2 模拟 I/O 口相关函数

（1）**analogReference（type）** analogReference 函数的作用是配置模拟引脚的参考电平，在嵌入式应用中引脚获取模拟电压值之后，将根据参考电压将模拟值转换到 0～1023。该函数为无返回值函数，参数为 type 类型，type 的选项有 DEFAULT/INTERNAL/INTERNAL1V/INTERNAL2V56/EXTERNAL，其具体含义如下。

DEFAULT：默认 5V 或 3.3V 为基准电压（以 Arduino 板的电压为准）。

INTERNAL：低电压模式，使用片内基准电压源（Arduino Mega 无此选项）。

INTERNAL1V1：低电压模式，以 1.1V 为基准电压（此选项仅针对 Arduino Mega）。

INTERNAL256：低电压模式，以 2.56V 为基准电压（此选项仅针对 Arduino Mega）。

EXTERNAL：扩展模式，以 AREF 引脚（0～5V）的电压作为基准电压，其中 AREF 引脚的位置如图 1-46 所示。

图 1-46 AREF 引脚的位置

设置模拟输入引脚的基准电压为默认值的语句如下：

```
analogReference(DEFAULT);
```

 注意

使用 AREF 引脚上的电压作为基准电压时，需接一个 5kΩ 的上拉电阻，以实现外部和内部基准电压之间的切换。但总阻值会发生变化，因为 AREF 引脚内部有一个 32kΩ 的电阻，接上拉电阻后会产生分压作用，因此，最终 AREF 引脚上的电压为 $\dfrac{32U_{AREF}}{32+5}$，$U_{AREF}$ 为 AREF 引脚的输入电压。

（2）**analogRead（pin）** analogRead 函数的作用是从指定的模拟引脚读取值，读取周期为 100μs，即最大读取速度可达每秒 10000 次，参数 pin 表示读取的模拟输入引脚号，返回值为 int

型（范围为 0～1023）。

　　Arduino UNO 主板有 6 个通道（Mega 有 16 个）10 位 A/D（模数）转换器，即精度为 10 位，返回值是 0～1023，也就是说输入电压为 5V 的读取精度为 5V/1024 个单位，约等于每个单位 0.0049V。输入范围和进度可通过 analogReference()进行修改。

　　如输入电压为 $a$，那么获取模拟输入引脚 3 的电压值的示例程序如下：

```
int potpin=3;
int value=0;
void setup()
{
  serial.begin(9600);
}
  void loop()
{
  value=analogRead(potpin)*a+1000/1023;    //输入电压是 a
  serial\printin(value);                    //输出电压值的单位为 mV
{
```

 **注意**

　　对 Arduino UNO 而言，函数参数的 pin 范围是 0～5，对应板上的模拟口 A0～A5，其他型号的 Arduino 控制板以此类推。

　　可以在开发环境中的下列实例程序中找到 analogRead 函数的应用：ADXL3xx.pde、AnalogInput.pde、Calibration.pde、Graph.pde、Knock.pde、Smoothing.pde、VirtualColorMixer.pde。

　　（3）**analogWrite（pin,value）**　analogWrite 函数通过 PWM 的方式在引脚上输出一个模拟量，较多地应用在 LED 亮度控制、电机转速控制等方面。

　　PWM（Pulse Width Modulation，脉冲宽度调制）方式是通过对一系列脉冲的宽度进行调制，来等效地获得所需要的波形或电压。脉冲宽度调制是一种模拟控制方式，其根据相应载荷的变化调制晶体管栅极或基极的偏置，来实现开关稳压电源输出晶体管或晶体管导通时间的改变，这种方式能使电源的输出电压在工作条件变化时保持恒定，是利用微处理器的数字输出来对模拟电路进行控制的一种非常有效的技术。图 1-47 是一种简单的 PWM 波示意图。

　　其中，$U_{CC}$ 是高电平值，$T$ 是 PWM 波的周期，$D$ 是高电平的宽度，$D/T$ 是 PWM 波的占空比，当上述 PWM 波通过一个低通滤波器后，波形中调频在的部分被滤掉得到所需的波形，其平均电压为 $U_{CC}D/T$。因此，可通过调节 $D$ 的大小来改变占空比，产生不同的平均电压；同样，调节 PWM 波的周期 $T$ 也可以改变占空比，从而得到不同的平均电压值。

　　在 Arduino 中执行该操作后，应该等待一定时间后才能对该引脚进行下一次操作。Arduino 中的 PWM 的频率大约为 490Hz。该函数支持以下引脚：3、5、6、9、10、11。在 Arduino 控制板上引脚号旁边标注的是可用作 PWM 的引脚，如图 1-48 所示。

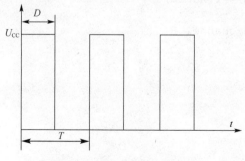

图 1-47　PWM 波形示意图

图 1-48　Arduino 板上 PWM 引脚的标识

analogWrite 函数为无返回值函数，有两个参数 pin 和 value，参数 pin 表示所要设置的引脚，只能选择函数支持的引脚，参数 value 表示 PWM 输出的占空比，范围在 0～255 之间，对应的占空比为 0～100%，函数原型如下：

```
void analogWrite(uint8_t pin,int val)
{
    if (digitalPinToTimer(pin)==TIMERIA)
    {
    //connect PWM to pin on timer 1,channel A
    sbi(TCCRIA,COM1A1);
    //set pwm duty
    OCRIA=val;
}
else if (digital PinToTimer(pin)==TIMERIB)
{
    //connect PWM to pin on timer 1,channel B
sbi(TCCR1A,COM1B1);
//set PWM duty
OCR1B=val
}
else if(digitalPin To Timer(pin)==TIMER0A)
{
    if(val==0);
    {

      digitalWrite(pin,LOW);
    }
    else
    {
       //connect PWM to pin on timer 0,channel A
        sbi(RCCR0A,COM0A1);
       //set PWM duty
       OCR0A=val;
    }
  }
else if (digitalPinToTimer(pin)==TIMER2A)
{
    //connect PWM to pin on timer 2,channel A
     sbi(TCCR2A,COM2A1);
    //set PWM duty
    OCR2A=val;
}
    else if (digital PinToTimer(pin)==TIMER2B)
{
    //connect PWM to pin on timer 2,channel B
     sbiTCCR2A,COMB1;
    //ocR2B=val;
}
else if (val<12B)
    digitalWrite(pin ,LOW);
else
   digitalWrite(pin,HIGH);
}
```

注意

引脚 5 和 6 的 PWM 输出将产生高于预期的占空比。这是因为 millis() 和 delay() 函数共享同一个内部定时器，使内部计时器在处理 PWM 输出时分心。这种情况一般出现在低占空比设置时，如 0~10 的情况下。还有些情况是占空比为 0 时，引脚 5 和 6 并没有关闭输出。

可以在开发环境的下列实例程序中找到 analogWrite 函数的应用：
Calidration.pde、Dimmer.pde、Fading.pde。

## 1.4.3  高级 I/O

（1）**shiftOut**（**dataPin,clockPin,bitOrder,val**）  shiftOut 函数的作用是将一个数据的一个字节一位一位地移出，它是一个无返回值函数。从最高有效位（最左边）或最低有效位（最右边）开始，依次向数据脚写入每一位，之后时钟脚被拉高或拉低，指示刚才的数据有效。

shiftOut 函数包括 4 个参数：dataPin、clockPin、bitOrder、val，其具体含义如下。

dataPin：输出每一位数据的引脚，引脚需配置成输出模式。

clockPin：时钟脚，当 dataPin 有数据时，此引脚电平会发生变化，引脚需配置成输出模式。

bitOrder：输出位的顺序，有最高位优先（MSBFIRST）和最低位优先（LSBFIRST）两种方式。

val：所要输出的数据值，该数据值将以 Byte 形式输出。

函数原型在 wiring_shift.c 文件中，如下所示。

```
void shitout(uint8_t dataPin,uint8_t clockPin,uint8_t bitOrder,uint8_t val)
{
        uint8_t i;
        for(i=0;i<0;i++)
        {
          if (bitOrder==LSBFIRST)
              digitalWrite(dataPin,!!(val &(1<<i)));
            else
                digitalWrite(dataPin,!!(val &(1<<(7-i))));
                digitalWrite(clockPin,HIGH);
                digitalWrite(colckPin,LOT);
        }
    }
```

另外还有 shiftIn 函数用于通过串行的方式从引脚上读入，其函数定义如下：

```
uint8_t shiftIn(uint8_t dataPin,uint8_t clockPin,uint8_t bitOrder)
{
    uint8_t value=0;
    uint8_t i;
    for (i=0;i<8;++i)
    {
            digitalWrite(clockPin,HIGH);
            if (bitOrder==LSBFIRST)
                    value|=digitalRead(dataPin))<<i;
            else
                     value|=digitalRead(dataPin)<<(7-i);
            digitalWrite(clockPin,LOW);
    }
    retrun value;
}
```

**注意**

- - - - - - - - - - - - - - - - - - - - - - - - - - - - - - - - - - - - - - - - - - - - - - - - - - -

shiftOut 目前只能输出 1 个字节（8 位），所以如果输出值大于 255 需要分两步。

- - - - - - - - - - - - - - - - - - - - - - - - - - - - - - - - - - - - - - - - - - - - - - - - - - -

**（2）pulseln（pin,state,timeout）** Pulseln 函数用于读取指定引脚的脉冲持续的时间长度，该函数返回值类型为无符号长整型（unsigned long），单位为 ms，如果超时没有读到的话，则返回 0。

Pulseln 函数包含 3 个参数 pin、state、timeout。参数 pin 代表脉冲输入的引脚；参数 state 代表脉冲响应的状态，脉冲可以是 HIGH 或者 LOW，如果是 HIGH，则 pulseln 函数将先等引脚变为高电平，然后开始计时，一直到变为低电平；参数 timeout 代表超时时间。

函数原型在 wiring_pulse.c 中，如下所示。

```
unsigned long pulsein(uint8_t pin,uint8_t state,unsigned long timeout)
{
    uint8_t bit=digitalPinTobiTMask(pin);
    uint8_t port=digitalPinToPort(pin);
    uint8_t stateMask=(state?bit:0);
    unsigned long width=0;
    //keep initializatuon out of time critical area
    unsigned long numloops=0;
    unsigned long maxloops=microsecodstoclockcycles(timeout)/16;
    //wait for any prenious pulse to end
while((*portinputregister(port)&bit)==statenask)
        if(numloops++==maxloops)
        return 0;
//wait for the pulse to start
while ((*potyinpuytrrhodyrt(port)&bit) 1-stateask)
      if(numloops++==maxloops)
    trturn 0;
//wait for the pulse to stop
while((*portinputregoister(port)&bit)==statemask)
      width++;
return clockcyclestomicroseconds(width*10+16);
}
```

可以在开发环境的下列实例程序中找到 Pulseln 函数的应用：Memsic2125.pde、Ping.pde。

### ■ 1.4.4 时间函数

**（1）millis()** millis 函数用于获取单片机通电到现在运行的时间长度，单位是 ms，该函数返回值类型为无符号长整型（unsigned long）。系统最长的记录时间为 9 小时 22 分，如果超出将从 0 开始。

millis 是一个无参数函数，适合作为定时器使用，不影响单片机的其他工作，而使用 delay 函数期间无法做其他工作。

延时 10s 后自动点亮接在引脚 13 上的 LED 的示例程序清单如下：

```
int led=13;
unsigned long i,j;
void setup()
{
    pinMode(led,output);
    i-millis();  //读入初始值
```

```
}
void loop()
{
    j=millis();    //不断读入当前时间值
    if((j-i)>10000)  //如果延时超过 10s,点亮 LED
    digitalWrite(LED,HIGH);
    else
    digitalWrite(LED,LOW);
}
```

 **注意** --------------------------------------------------------

函数返回值为 unsigned long 型，如果用 int 型保存时间将得到错误结果。

--------------------------------------------------------

可以在开发环境的下列实例程序中找到 Millis 函数的应用：Blink WithoutDelay.pde、Calbration.pde、ebounce.pde。

**（2）delay（ms）** delay 函数是一个延时函数，参数表示延时时长，单位是 ms。函数无返回值，原型如下：

```
void delay(unsigned long ms)
{
    uint16t_start=(uint16_t)micros();
    while(ms>0)
    {
        if((uint16_t)micros()-start)>=1000)
        {
            ms--;
            start+=1000;
        }
    }
}
```

可以在开发环境的下列实例程序中找到 delay 函数的应用：ADXL3xx.pde、AnalogInput.pde、Blink.pde、Fading.pde、Graph.pde、Knock.pde、Loop.pde、Melody.pde、Memsic2125.pde、Ping.pde。

**（3）delaymicroseconds（us）** delaymicroseconds 函数也是延时函数，可以产生更短的延时，参数是延时的时长，单位是μs（微秒），其中 1s=1000ms=1000000μs。

函数原型如下：

```
void deaymicroseconds(unsigned int us)
{
    //for a one -microsecond delay,simply return.
    //the overhead of the function call yields a delay of
    //approximately 1 1/8 μs.
    if(--μs==0)
    return;
    //the following loop takes a quarter of a microsecond (4 cycles)
    //per iteration,so execute it four times for each
    //microsecong of delay requested.
    μs<<=2;
    //busy wait
    -asm- -volatile-(
        "1:sbiw %0,1""""\n\t"//2 cycles
        "brne 1b":"=w"(μs):"0"(μs)//2 cycles
    );
}
```

可以在开发环境中的下列实例程序中找到 delaymicroseconds 函数的应用：Melody.pde、Ping.pde。

（4）**micros()**　micros 函数用于返回开机到现在运行的微秒值，该函数的返回值类型为无符号长整型（unsigned long），70min 将溢出。

显示当前的微秒值的示例程序清单如下：

```
unsigned long time;
void setup()
{
  serial,bigin(9600);
}
void loop()
{
  serial,print("time: ");
  time=micros();//读取当前的微秒值
  serial.println(time);//打印开机到目前运行的微秒值
  delay(1000);//延时 1s
}
```

## ■ 1.4.5　中断函数

单片机的中断可概述为：由于某一随机事件的发生，单片机暂停原程序的运行，转去执行

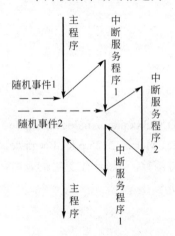

图 1-49　中断发生的过程

另一程序（随机事件），处理完毕后又自动返回原程序继续运行，其发生过程如图 1-49 所示，其中中断源、主程序、中断服务程序简述如下。

中断源：引起中断的原因，或能发出中断申请的来源。

主程序：单片机现在运行的程序。

中断服务程序：处理中断事件的程序。

（1）**interrupts()** 和 **noInterrupts()**　interrupts 和 noInterrupts 函数在 Arduino 中负责打开和关闭总中断，函数无返回值，无参数，同样可在文件 wiring.h 中查看到函数原型，如下：

#define interrupts()sei()

#define noInterrupts()cli()

（2）**attachInterrupt(interrupt,function,mode)**　AttachInterrupt 函数用于设置外部中断，函数有 3 个参数：interrupt、function 和 mode，分别表示中断源、中断处理函数、触发模式。参数中断可选值为 0 或 1，在 Arduino 中一般对应 2 号和 3 号数字引脚；参数中断处理函数用来指定中断的处理函数，参数值为函数的指针，触发模式有 4 种类型：LOW（低电平触发）、CHANGE（变化时触发）、RISNG（低电平变为高电平触发）、FALLING（高电平变为低电平触发）。

下面的例子是通过外部引脚触发中断函数，然后控制 13 号引脚的 LED 的闪烁。

```
int pin =13
volatile int state=LOW
void setup()
{
  pinMode(pin,OUTPUT);
  attachInterrupt(0,blink,CHANGE);//中断源:1
                    //中断处理函数:blink()
```

```
                        // 触发模式:CHANGE(变化时触发)
}
void loop()
{
    digitalWrite(pin,state);
}
//中断处理函数
void blink()
{
state=lstate;
}
```

在使用 attachInterrupt 函数时要注意以下几点：

① 在中断函数中 delay 函数不能使用。

② 使用 millis 函数始终返回进入中断前的值。

③ 读取串口数据的话，可能会丢失。

④ 中断函数中使用的变量需要定义为 volatile 型。

attachInterrupt 函数的函数原型可在文件 WInterrupts.c 中找到，如下所示：

```
void attachInterrupt(uint8_t interruptnum,void (*userfunc)(void),int mode)
{
    if(interruptnum<EXTERNAL_NUM_INTERRUPTS)
    {
        intfunc(interruptnum)=userfunc;
        switch(interruptnum)
        {
        case 0:
            EICRA=(EICRA &_((1<<ISC00)
                |(1<<isc11)))|(MODE<<ISC10);
            EIMSK|(1<<INT1):
            break;
        }
    }
}
```

另外，还有 detachInterrupt 函数用于取消中断，参数 interrupt 表示所要取消的中断源，函数的定义如下：

```
void detachInterrupt(uint8_t interruptnum)
{
    if(interruptnum<EXTERNAL_NUM_INTERRUPTS)
    {
        switch (interruptnum)
        {
            case 0:
                EIMSK&_(1<<INT0);
                break;
            case 1:
                EIMSK&_(1<<INT0);
                break;
        }
        intfunc[interruptnum]=0;
    }
}
```

（3）**datachInterrupt(interrupt)**　datachInterrupt 函数用于取消中断，参数 interrupt 表示所

要取消的中断源。

## ■ 1.4.6 串口通信函数

Arduino 中串口通信是通过 HardwareSerial 类来实现的，在 HardwareSerial.h 中定义了一个 HardwareSerial 类的对象 Serial，直接使用类的成员函数来简单地实现串口通信。

（1）**serial.begin()** serial.begin 函数用于设置串口的波特率，波特率是指每秒传输的比特数，除以 8 可得到每秒传输的字节数。一般的波特率有 9600Baud、19200Baud、57600Baud、115200Baud 等。

（2）**serial.available()** serial.available 函数用来判断串口是否收到数据，该函数返回值为 int 型，不带参数。

（3）**serial.print()** serial.print 函数用于从串口输出数据，数据可以是变量，也可以是字符串。

（4）**serial.read()** serial.read 函数的功能与 serial.print 函数类似，都是从串口输出数据，只是 serial.printIn 函数多了回车换行功能。

（5）**程序举例** 下面以一个串口调光器的程序为例进行介绍。

HardwareSerial 类几个较常用的公有成员函数，程序清单如下：

```
/*
Dimmer(调光器)
计算机发送数据控制 LED 灯的亮度，单字节数据发送，数据范围为 0～255，使用具有 PWM 功能的
9 号引脚
conat int ledpin=9;//the pun that the LED is attached to voif setup()
{
    //设置串口波特率
    serial.begin(9600);      //1
    //设置 LED 控制引脚
    pinMode(ledpin,OUTPUT);
}
void loop()
{
  byte brightness;
  //查询串口是否收到数据
  if(serial,available())    //2
  {
        //获取数据
  brightness=serial,read(); //3
        //控制 LED 亮度
   analogWrite(ledpin,brightness);
  }
}
```

串口通信相关语句分析解释。

① serial.begin(9600) 该语句的功能是设置串口通信波特率为 9600Baud，其函数原型如下：

```
void mareware serial::begin(long baud)
{
  uint16_t baud_setting;
  bool use _u2x;
  //u2x mode is needed for baud rates higer than(CPU Hz/16)
  if(bavd>F-CPU/16)
  {
      use_u2x=true;
```

```
    }
    else
    {
            //figure out if u2x mode would allow for a better commection
            //calculate the percent difference bettween the baud-rate
            specified and
            //the real baud rate for both U2x and non-U2x mode
            uint 8_t nonu2x_baud_error=abs(9int)(255-
                    ((F -CPU/(16*(((F-CPU/8/baud-1)/2)+1))+255)/baud));
            uint8_t u2x baud error=abs((int)(255-
                    ((F -CPU/(8*(((F-CPU/8/baud-1)/2)+1))+255)/baud));
            //prefer non _u2x mode because it handles clock skew better
            use-u2x=(non_u2x_baud_error>u2x_baud_error);
    }
    if(use_u2x)
    {*_ucsra=1<<_u2x;
        baud_setting=(F-CPU/4/baud-1)/2;
    }
    else
    {
        _ucara=0;
        baud_setting=(F-CPU/8/baud-1)/2;
    }
    //assign the baud setting,a.l.a.ubbr(USART Baud rate register)
    *_ubrrh=baud_setting>>8;
    *_ubrr1=baud_setting;
    sbi(*_ucsrb,_rxen);
    sbi(*_ucsrb,_rxen);
    sbi(*_ucsrb,_rxcie);
```

② if（serial.available()） 该语句用来判断 Arduino 串口是否收到数据，函数 serial.available()
返回值为 int 型，不带参数。函数原型如下：

```
int hardwareserial::available(void)
{
return(rx buffer size+_rxbuffer_>bead_rxbuffer_>tail)%RX_BUFFER_SIZE;
}
```

③ brightness=serial.read()

该语句的功能是将串口数据读入到变量 brightness 中，函数 serial.read()也不带参数，返回
值为串口数据，int 型。函数原型如下：

```
int hardwareserual::read(void)
{
    //if the head isn't ahead of the tail,we bon't have any characters
    if(_rx_buffer_>head==_rx_buffer_>tail)
    {
        return-1;
    }
    else
    {
        unsigned char c=_rx_buffer_>buffer (_rx_buffer_>tail);
        _rx_buffer_>tail=(_rx_buffer_>tail+1)%RX_BUFFER_STZE;
        return c;
    }
}
```

### ■ 1.4.7 数学库

（1）**min(x,y)**  min(x,y)函数的作用是返回 $x$、$y$ 两者中较小的，函数原型为：
```
#define min(a,b)   ((a)<(b)?(a):(b))
```
（2）**max(x,y)**  max(x,y)函数的作用是返回 $x$、$y$ 两者中较大的，函数原型为：
```
#define max(a,b)   ((a)<(b)?(a):(b))
```
（3）**abs(x)**  abs(x)函数的作用是返回 $x$ 的绝对值，函数原型为：
```
#define abs(x)   ((x)>0?(x):-(x))
```
（4）**constrain(amt,low,high)**  constrain（amt,low,high）函数的工作过程是，如果值 amt 小于 low，则返回 low；如果 amt 大于 high，则返回 high；否则，返回 amt。该函数一般可以用于将值归一化到某个区间内。函数原型为：
```
#define constrain(amt,lowm,high)
                ((amt)<(low)?(low):((amt)>(high)?(high):(amt)))
```
（5）**map(x_in_min,in_max,out_min,out_max)**  map（x_in_min,in_max,out_min,out_max）函数的作用是将[in_min,in_max]范围内的 $x$ 等比映射到[out_min,out_max]范围内。函数返回值为 long 型，原型为：
```
Long map(long x,long in_min,long in_max,long out_min,long out_max)
{
    Return(x_in_min)*(out_max-out_min)/(in_max-in_min)+out_min;
}
```
（6）**三角函数**  三角函数包括 sin(rad)、cos(rad)、tan(rad)，分别得到 rad 的正弦值、余弦值和正切值。返回值都为 double 型。

### ■ 1.4.8 随机数

（1）**randomseed(seed)**  randomseed（seed）函数用来设置随机数种子，随机种子的设置对产生的随机序列有影响。函数无返回值，原型如下：
```
void randomseed(unsigned int seed)
{
    if (seed 1=0)
    {
        srandom(seed);
    }
}
```
（2）**random(howsmall,howbig)**  应用 random 函数可生成一个随机数，两个参数 howsmall 和 howbig 决定了随机数的范围，函数的参数及返回值均为 long 型，原型如下：
```
long random(long howsmall,long howbig)
{
    if(howmall>=howbig)
    {
        return howsmall;
    }
    long diff=howbig-howsmall;
    return random(diff)+howsmall;
}
```

### ■ 1.4.9　位操作（SPI 口）

位操作用于设置或读取字节中某一位或几位，包括 bitRead()、bitSet()、bitClear()等，具体定义及功能可以参考文件 wiring.h。

```
#define lowbyte(w)   ((uint8_t) ((w) & 0xff))        //低字节
#define lowbyte(w)   ((uint8_t) ((w) >>8))           //高字节
//读 bit 位的值,即保留 bit 位,其他位均清零
#define bitRead(value,bit)  (((value)>>(bit))  & 0x01)
//置 bit 位的值,即 bit 位置 1
#define bitSet(value,bit)   (((value) |= (1UL<<(bit))
//清除 bit 位,即 bit 位置 0
#define bitClear(value,bit)   (((value)  &=_(1UL<<(bit)))
//写 bit 位的值,1 或者 0
#define bitWrite(value,bit,bitvalue)(bitvalue?bitSet(value,bit):bitClear
(value,bit))
```

（1）**概述**　SPI(Serial Peripheral Interface)是由摩托罗拉公司提出的一种同步串行外设接口总线，它可以使 MCU 与各种外围设备以串行方式进行通信以及交换信息，总线采用 3 根或 4 条数据线进行数据传输，常用的是 4 条线，即两条控制线（芯片 CS 和时钟 SCLK）以及两条数据信号线 SDI 和 SDO。

SPI 是一种高速、全双工、同步的通信总线。在摩托罗拉公司的 SPI 技术规范中，数据信号线 SDI 称为 Master-In-Slave-Out，主入从出，数据信号线 SDO 称为 MOSI(Master-Out-Slave-In，主出从入)，控制信号线 CS 称为 SS（Slave-Select，从属选择），将 SCLK 称为 SCK（Serial-Clock，串行时钟）。在 SPI 通信中，数据是同步进行发送和接收的。数据传输的时钟基于来自主处理器产生的时钟脉冲，摩托罗拉公司没有定义任何通用的 SPI 时钟规范。

（2）**SPI 口数据传输**　SPI 是以主从方式工作的，其允许一个主设备和从设备进行通信，主设备通过不同的 SS 信号线选择不同的从设备进行通信。其典型应用示意图如图 1-50 所示。

当主设备选中某一个从设备后，MISO 和 MOSI 用于串行数据的接收和发送，SCK 提供串行通信时钟，上升沿发送，下降沿接收。在实际应用中，未选中的从设备的 MOSI 信号线需处于高阻状态，否则会影响主设备与选中从设备间的正常通信。

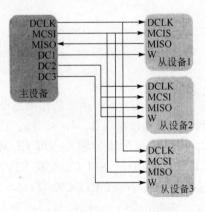

图 1-50　SPI 总线应用示意图

（3）**SPI 类函数**　Arduino 中的 SPI 通信是通过 SPIClass 类来实现的，使用 SPIClass 类能够方便地将 Arduino 作为主设备与其他从设备通信。SPIClass 类提供了 6 个成员函数供使用者调用，如下所示。

```
begin()
setBitOrder()
setClockDivider()
setDataMode()
transfer()
end()
```

begin 函数用于初始化 SPI 总线，函数原型如下：

```
void spicLASS::begin()
```

```
{
    //Set direction register for SCK and MOST pin.
    //MISO pin automatically overrides to INPUT.
    //When the ss pin ios set as OUTPUT,it can be used as
    //a poeneral purpuse output port(it doesn't influence
    //SPIoperations).
    pinMode(SCK,OUTPUT);
    pinMode(MOSI,OUTPUT);
    pinMode(SS,OUTPUT);

    digitalWrite(SCK,LOW);
    digitalWrite(MOSI,LOW);
    digitalWrite(SS,HIGH);
    //warnig:if the  ss pin ever becomes a LOW INPUT then SPI
    //automatically switches to Slave,so the data direction of
    //the ss pin NUST be kept as OUTPUT.
    SPCR|=-BV(MSTR);
    SPCR|=-BV(SPE);
}
```

setBitOrder 的作用是在设置串行数据传输时决定是先传输低位还是先传输高位，函数有一个 type 类型的参数 bitOrder，有 LSBFIRST（最低位在前）和 MSBFIRST（最高位在前）两种类型可选。函数无返回值，原型如下：

```
void SPICLass::setBitOrder(uint8_t bit order)
{
    if(bit order==KSVFURST)
    {
            SPCR|=BC(DORD);
    }
    else
    {
            SPCR &=-(-BV(DORD));
    }
}
```

setClockDivder 函数的作用是设置 SPI 串行通信的时钟，通信时钟是由系统时钟分频而得到的，分频值可选 2、4、8、16、32、64 及 128，有一个 type 类型的参数 rate，有 7 种类型，对应 7 个分频值分别为 SPI_CLOCK_DIV2、SPI_CLOCK_DIV4、SPI_CLOCK_DIV8、SPI_CLOCK_DVI16、SPI_CLOCK_DIV32、SPI_CLOCKL_DVI64 和 SPI_CLOCK_DVI128。函数默认参数设置是 SPI_CLOCK_DVI4，设置 SPI 串行通信时钟为系统时钟的 1/4。函数原型如下：

```
void spiclass::setClockDivider(uint8_t rate)
{
    SPCR=(SPCR& _SPI_CLOCK_MASK)|(rate & SPI_CLOCK_MASK);
    SPCR=(SPCR& _SPI_2xCLOCK_MASK)|(rate & SPI_2xCLOCK_MASK);
}
```

setDataMode 函数的作用是设置 SPI 的数据模式，由于在 SPI 通信中没有定义任何通用的时钟规范，所以在具体应用中有的在上升沿采样，有的在下降沿采样，由此 SPI 存在 4 种数据模式，如表 1-9 所示。

setDataMode 函数的 type 类型的参数 mode 有 4 种类型可选，分别是 SPI_MODE0、SPI_MODE1、SPI_MODE2 和 SPI_MODE3。函数原型如下：

```
viod spiclass::setDataMode(uint8_t mode)
{
```

```
    SPCR=(SPCR & _SPI_MODE_MASK)|mode;
}
```

表 1-9　SPI 通信数据模式

| 模　式 | 说　明 | | |
|---|---|---|---|
| 模式 0 | 上升沿采样 | 下降沿置位 | SCK 闲置时为 0 |
| 模式 1 | 上升沿置位 | 下降沿采样 | |
| 模式 2 | 下降沿采样 | 上升沿置位 | SCK 闲置时为 1 |
| 模式 3 | 下降沿置位 | 上升沿采样 | |

transfer 函数用来传输一个数据，由于 SPI 是一种全双工、同步的通信总线。所以传输一个数据实际上会发送一个数据，同时接收一个数据。函数的参数为发送的数据值，返回的参数为接收的数据值。函数原型如下：

```
byte spiclass::transfer(bytre_data)
{
    SPDR= _data;
    while(1(SPSR &~BV(SPIF)));
    return SPDR;
}
```

end 函数停止 SPI 总线的使用，函数原型如下：

```
void SPIClass::end()
{
    SPCR  &=_BV(SPE));
}
```

# 1.5　串口通信

## ■ 1.5.1　通信协议

（**1**）**同步通信与异步通信**　在了解串行端口通信之前，先来认识同步通信（Synchronous Communication）和异步通信（Universal Asynchronous Reeier/Transmitter，UART）。这个分类是依据两个设备间收发数据时，时序同步的方式来区分的，也就是怎么确定数据传输的开始跟结束。同步通信内的整个数据序列以连续的位方式传，且以较高的速率传输大数据区块，但因同步传输的单位是数据框，所以位错误的概率会较大。而异步通信主要用于数据的不定期传输，通常用千位产生的速度不确定或以较低的速度传输位，为了确定能接收到位，在每个位前后会被起始位及结束位包住，以确定传输的有效性，此方式错误率较低。异步通信包含了 RS-232、RS-499、RS-423、RS-422 和 RS-485 等接口标准规范和总线标准规范。

（**2**）**全双工和半双工**　全双工（Full-Duplex）和半双工（Half-Duplex）的区别类似于一心多用。当两个人在说话时，你可以在说话的同时听到并了解对方在说什么，对方也可以跟你用这样的方式沟通，这就是全双工，设备的收发数据是可以同时进行的。而半双工则是接收数据和传送数据在同一时间只能选择一样来做。不同的设备，有的是全双工，有的则是半双工。一样的数据流，全双工会比较省时，半双工则多了些信号判断来决定是否传送结束、是否可以换另一方传送。在下面的引脚介绍中，可以看到这样的引脚。

再举一个简单的例子，对讲机就是半双工的一种，因为两个人同时只能其中一个人说话，另一个人听，电视则是全双工，你从麦克风说话的同时也可以从听筒里听到对方的声音。

## 1.5.2 RS-232

**（1）概述** RS-232 通信协议一开始是为调制解调器设计的，所有与之连接的设备可以略分为数据终端设备（DTE,Data Terminal Equipment）和数据通信设备（DCE,Data Communication Equipment）两种。接口部分也有几种不同的形式，目前最常见的是 9 个引脚的 DB-9，见图 1-51和表 1-10，计算机后面的 COM1 和 COM2 就是 RS-232 的标准接口。由于线路的损耗与噪声干扰，RS-232 传输距离的建议值为十几米。

数字信号皆是由 0 和 1 组合而成的，对于硬件电路来说，就是电位的切换；对于计算机来说，电压的变化是±15V；对于单片机嵌入式系统而言，则是 0～3V 或 0～5V，这取决于单片机的驱动电压，所以在做 RS-232 的通信时，千万要小心这样的不同之处，一个疏忽可能会让单片机受到严重伤害。而为解决转换信号电压的问题，最简单的方法是使用以晶体管为主的简单电路，其优点是组件采购方便，多见于评估板或自行测试的面包板，Arduino 的专属版本中也有这样的使用。市面上也有专用于电位转换的 IC，如 HIN232、MAX232 等，这些类型的芯片可以满足大部分场合的基本需求，只是需要考虑使用时的系统电压、需要的转换数、芯片封装方式等。

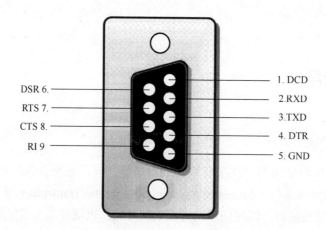

图 1-51　DB-9 引脚示意图

表 1-10　RS-232 引脚定义（以 DB-9 为例）

| 名　称 | 全　名 | 说　明 |
|---|---|---|
| GND | Ground | 信号接地，提供电路参考电位 |
| TXD | Transmitted Data | 数据发送引脚 |
| RXD | Recceived Data | 数据接收引脚 |
| RTS | Repuest ToSend | 请求发送数据 |
| CTS | Cleat To Send | 清除发送 |
| DSR | Data SetReady | 数据准备好 |
| DTR | Data Terrminal Ready | 数据终端准备好 |
| DCD | Data Carrier Detect | 确认调制解调器载波 |
| RI | Ring Indication | 振铃指示 |

（2）**RS-232 通信协议**　有时候虽然一样是 RS-232 的接口，但是两样设备连接起来就是到不到正确的数据，很好奇是不是买错了。别担心，不是买错，而是搞错了，RS-232 通信有一定的通信格式，如图 1-52 所示。

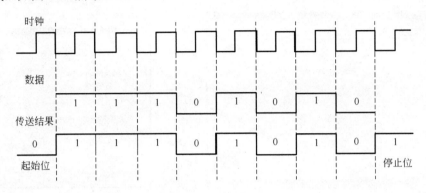

图 1-52　数据格式

在 1 组数据中（通常指的是 1B），会先有起始位，接着是 8 个数据位（低位在前、高位在后），最后一位是奇、偶同位，接着是以高电位表示的停止位。这样的格式让 RS-232 在传输时只需要一条线路便可以将数据一个一个地传送出去。

| START | D0 | D1 | D2 | D3 | D4 | D5 | D6 | D7 | P | STOP |
|-------|----|----|----|----|----|----|----|----|----|------|
| 起始位 | 数据位 | | | | | | | | 奇、偶位 | 停止位 |

起始位（START BIT）：表示之后的位为数据位，以图 1-52 的例子可知，起始位为 0（低电位）。

数据位（DATA BIT）：可以选择数据大小为 7 个或 8 个位。

（奇偶）同位检查（PARITY BIT）：这是一个比较有意思的设定，意思是指包含在起始位和停止位中间的数据必须要有偶数个或是奇数个 1。举个例子：如果数据 D0～D7 为 0110100，这时共有 3 个 1，如果是偶数位，则 P 为 1，这样才可以凑成偶数个的 1；如果为奇数位，则 P 为 0 即可。

停止位（STOP BIT）：停止位数有 1 个和 2 个两种选择，通常设定为 1 个。因此在进行信号交换之前，双方设备需采用相同的格式设定和数据传输速率（Baud Rate，或称速率），这些必须在系统初始化时就设定完成。

速率：数据传输速率常见为 1200 的倍数，如 1200、2400、4800、9600、38400、57600、115200 等，单位是 bps。请记住，在传送数据时，英文字和数字等标准 ASCII 码的字，1 个字节是 1B（等于 8bit），这样的传输速率在现在来说相当慢，USB、1394 等新一代的接口速度皆远大于此，不过在一般的工业设备或感测模块中，RS-232 还是相当普通的，像全球定位系统 GPS 模块也采用 232 协议。

如果使用计算机连接设备来做测试或数据传输，那么目前 Windows XP 有内建超级终端（"开始—程序—附件—通信"，图 1-53），可以在设定（图 1-54）完成后与硬件设备连接进行测试。

不过在 Windows VISTA 之后的版本中已经把超级终端从系统中移除了，无法使用。解决的方法有两种：一种是从 XP 将超级终端机的程序复制到 VISTA 中使用；另一种是在网络中寻找相关的免费软件，不过这种类型的程序有的因为功能不是很完善，导致使用上不方便，有的甚至在处理较大速率的庞大数据时，会有数据延迟的现象，因此在网络上找寻相关程序时，还是看看其他使用者的反馈信息，或是在刚开始测试时，先观察是否能实时显示信息。

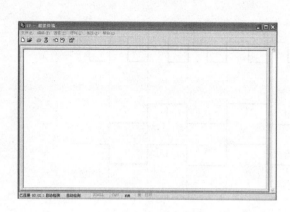

图 1-53　超级终端界面

图 1-54　超级终端设定

ComMonitor 串口调试软件是一款功能强大的串口测试程序，其具有全中文界面和各种串口测试功能，并且还支持在计算机上监控某个串口的功能，可以随时监测在这个 COM 内进出的所有数据，ComMonitor 串口调试软件的主界面如图 1-55 所示。

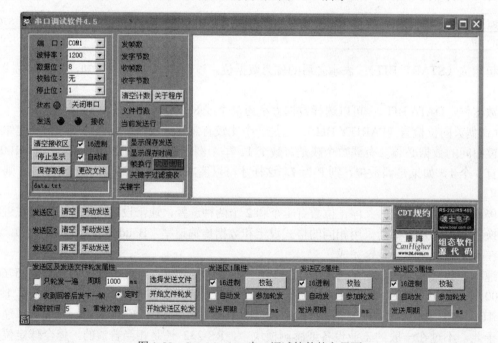

图 1-55　ComMonitor 串口调试软件的主界面

## 1.6　Arduino 的应用

### ■ 1.6.1　串口的应用

AVR 单片机的串行通信口（RXD 和 TXD）除了接在 USB 到串行数据的转换芯片上之外，

还作为 Arduino 的 0 号和 1 号引脚，在板上有明确的标识，如图 1-56 所示。

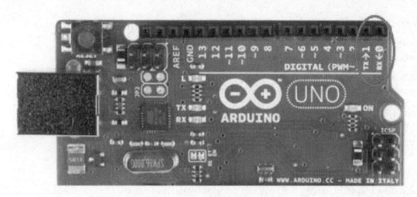

图 1-56 Arduino 板上的串行通信口

本节实例采用两条杜邦线将两块 Arduino 板的通信口交叉连起来，其中一块 Arduino 每隔 1s 发送一个值为 0x55 的字节，另一块 Arduino 收到该字节后控制 13 号引脚的 LED 转换状态。

**（1）硬件连接** 本实验硬件连接非常简单，直接将一块开发板的 TX0 连接另一块板的 TX1，而 TX1 连接另一块板的 TX0，如图 1-57 所示。

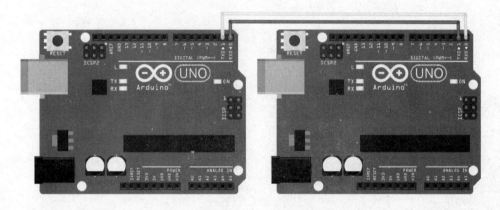

图 1-57 串口通信实例电路

**（2）程序代码** 由于实例用到了两块 Arduino，因此程序设计分为发送端和接收端两部分，先来看看发送端的程序，实例要求发送端每隔 1s 发送一个值为 0x55 的字节。

```
/**************************************************
串行通信实例程序——发送端
每隔 1s 发送一个值为 0x55 的字节
            初始化部分 setup()函数
**************************************************/
void setup()
{
    serial.begin(9600);//设置串口波特率为 9600Baud
}
/**************************************************
            执行部分——（loop）函数
**************************************************/
void loop()
{
    delay(1000);//延时 1s
```

```
        serial.print(0x55,BYTE);//输出 0x55
}
```

接收端程序的任务是收到 0x55 后转换 13 号引脚的状态，代码如下：

```
This example code is in the public domain.
*****************************************************/
int ledflag;  //LED 状态
/*****************************************************
        初始化部分 estup()函数
*****************************************************/
void setup()
{
    serial.begin(9600);//设置串口波特率为9600Baud
    pinMode(13,OUTPUT);//设置13号引脚为输出
}
/*****************************************************
        执行部分——（loop）函数
*****************************************************/
void loop()
{
    byte rxdata;
    if(serial.availablew())
    {
            RXDate=Serial,read();//获取收到的数据
            if(RXData==0x55)//判断收到的数据是否是 0x55
            {
                    if(ledflag==0)//判断 LED 状态
                    {
                            ledflag=1;
                            digitalWrite(13, HIGH);
                    }
                    else
                    {
                            ledflag=0;
                            digitalWrite(13,LOW);
                    }
            }
    }
}
```

读者在开始学习 Arduino 串口通信时，可以用计算机与 Arduino 进行通信，原理上是一样的。在 Arduino 开发环境下带有 Serial Monitor(串口监视窗)功能  。可方便地进行串口通信调试，界面如图1-58 所示。

### ■ 1.6.2  数字 I/O 口的应用

13 号引脚的 LED 控制就属于数字 I/O 口输出控制，本节介绍数字 I/O 口输入的使用。

**（1）实验原理**  本节实例是在 2 号引脚加一个按键开关，当按下按键时，13 号引脚的 LED 点亮，同时通过串口发送合计的按键次，当松开按键时，LED

图 1-58  Serial Monitor（串口监视窗）界面

熄灭。

（2）硬件连接　将按键的一端接 2 号引脚，另一端接地。同时为保持 2 号引脚输入状态稳定，加 1 个 5.1kΩ 的上位电阻在 2 号引脚。另外不要忘了把 Arduino 连接在电脑上，实例电路如图 1-59 所示。

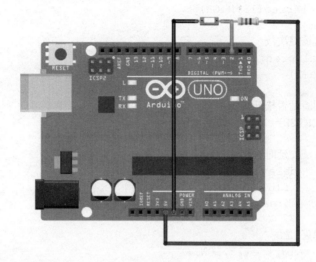

图 1-59　数字 I/O 口实例电路

**（3）程序代码**

```
/*************************************************
数字 I/O 口实例程序
按键在 2 号引脚
按下按键时，13 号引脚的 LED 点亮，同时通过串口发送合计的按键次数，当松开按键时，LED 熄灭

This example code is in the public domain.
*************************************************/
int keysum=0;                        //按键次数
/*************************************************
                    初始化部分——setup()函数
*************************************************/
void setup()
{
        //设置串口波特率为9600Baud
        serial.begin(9600);
        //设置13号引脚为输出
        pinMode(13,OUTPUT);
        //设置2号引脚为输入
        pinMode(2,INPUT);
}
/*************************************************
            执行部分——loop()函数
*************************************************/
void loop()
{
        //判断按键是否按下
        if(LOW==digitalRead(2))
        {
```

```
//延时去抖
delay(50);
if(LOW==digitalRead(2))
{
//点亮 LED
digitalWrite(13,HIGH)
keySum++;
//发送按键次数
 serial.pront(keySum,DEC);
 while(1)
  {
  //判断是否松开按键
   if(HIGH==digitalRead(2))
 {
     //延时去抖
      delay(50);
      if(HIGH==digitalRead(2))
       break;
   }
  //熄灭 LED
  digitalWrite(13,LOW);
  }
   }
 }
```

### ■ 1.6.3　模拟 I/O 口的应用

Arduino 的 6 个模拟量引脚实际上是连接 AVR 单片机的 6 个具有 ADC 功能的引脚，所以

Arduino 的模拟量输入功能就是通过单片机的 ADC 接口实现的，该 ADC 接口的特点：10 位采样精度，0.5LSB 的非线性度，±2LSB 的绝对精度，13～260μs 的转换时间，最高分辨率时采样率高达 15kbps，0～5V 的 ADC 输入电压范围，本节就利用 ADC 接口实现模拟量的输入。

（1）**实验原理**　本节实例是在 0 号模拟口连接电位器，通过调整电位器改变输入模拟量的大小。Arduino 板每 1s 进行一次 A/D 转换，并将结果传给计算机。

（2）**硬件连接**　将 Arduino 的 0 号模拟口接至电位器的中点，电位器另外两端分别连接+5V 和地，USB 口连接至计算机用于传送数据，模拟 I/O 口实例电路如图 1-60 所示。

图 1-60　模拟 I/O 口实例电路

（3）**程序代码**　该试验程序代码如下所示。

```
/************************************************
模拟 I/O 实例程序
在 0 号模拟口连接电位器
每 1s 进行一次 A/D 转换并将结果发送给计算机
This example code is in the public domsin.
************************************************/
```

```
/***********************************************
            初始化部分——setup()函数
***********************************************/
void setup()
        //设置串口波特率为9600Baud
        serial.begin(9600);
}
/***********************************************
            执行部分——loop()函数
***********************************************/
void loop()
{
    delay(1000);//延时1s
    serial/print(analogARead(0),DEC);//进行A/D转换并传输数据
}
```

# 第2章

# Arduino 入门实训

## 2.1　LED 灯试验

### 2.1.1　LED 基础知识

**（1）LED 发光原理**　LED 是半导体二极管的一种，可以把电能转化成光能。LED 与普通二极管一样是由一个PN 结组成的，也具有单向导电性，即正向导通特性、反向截止特性和击穿特性。在一定条件上，它还具有发光特性。

LED 通常是由Ⅲ-V 族化合物半导体（直接带隙）发光材料（如 GaAs、GaN-InN-AIN 和 GaP 等）制成的。如果在硅（Si）单晶的一半中渗入Ⅲ族元素镓（Ga），则可形成 P 型半导体材料；而在硅单晶的另一半掺杂了 V 族元素砷（As），则形成 N 型半导体材料。Ga 被称为是受主杂质，而 As 则被称作施主杂质。两块材料结合在一起，就得到了 PN 结。N 型半导体中有多余的电子，P 型半导体中有多余的空穴，如图 2-1 所示。电子会从 N 区扩散的 P 区，空穴则从 P 区扩散到 N 区，电子和空穴相互扩散的结果，是在 PN 结处形成一个耗尽层。耗尽层具有一定的势垒，能阻止电子和空穴的进一步扩展，于是使 PN 结处于平衡状态。

如果给 PN 结外加一个正向偏置电压，PN 结的势垒将会减小，N 型半导体中的电子将会注入到 P 型半导体中，P 型半导体中的空穴将会注入到 N 型半导体中，从而出现非平衡状态。这些注入的电子和空穴在 PN 结处相遇发生复合，复合时将多余的能量以光能的形式释放出来，从而可以观察到 PN 结发光。这就是 PN 结发光的机理，如图 2-2 所示。当电子和空穴发生复合时，还有一些能量以热能的形式散发出来。

如果给 PN 结加反向电压，PN 结的内部电场被增强，电子（负电荷粒子）与空穴（正电荷粒子）难以注入，故不发光。

通过电子（负电荷粒子）与空穴（正电荷粒子）的复合发光原理制作的二极管，就是常说的发光二极管，即 LED。调节电流，便可以调节光的强度，通过调整材料的能带结构和带隙，可以改变发光颜色。

图 2-2 中的 $E_g$ 为势垒高度，亦称禁带宽度，单位是电子伏（eV），光的波长 $\lambda$ 与选用的半导体材料的 $E_g$ 有关，并可以表示为 $\lambda=1239/E_g$。

可见光的波长一般在 380～780nm 之间，相应的材料 $E_g$ 为 3.26～1.63eV。人眼感受和观察到的可见光分为红、橙、黄、绿、青、蓝和紫 7 种颜色，这些光均为单色光。白光并不是一种单色光，在可见光的光谱中是不存在白光的。白光 LED 发出的白光，是数种颜色的单色光混合而成的一种复合光。

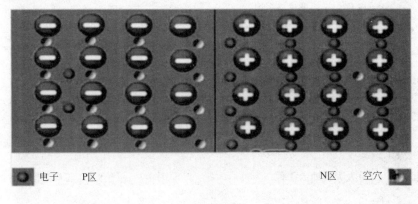

（a）空穴和电子

（b）PN 结和内电场

图 2-1　PN 结

LED 也可以发出不可见光（其波长范围为 850～1550nm）。这类 LED 被称为不可见光 LED。像波长在 850～950nm 范围内的红外线 LED，就是一种不可见光 LED。

**（2）LED 基本结构**

① LED 芯片结构　图 2-3 所示为彩色 LED 芯片的结构。芯片两端是金属电极（阳极和阴极），底部是衬底材料，在基片上通过外延工艺生长一定厚度的 N 型层、发光层和 P 型层。当芯片工作时，P 型半导体和 N 型半导体中的空穴和电子分别注入到发光层并发生复合而产生光。图示中的彩色 LED 芯片结构是一种经简化的抽象的示意图，实际的 LED 芯片因制造工艺不同，结构也存在一些差别。

蓝光和紫外光 LED 芯片需加配 YAG 荧光粉或三基色荧光粉才能获得白光，也可将红（R）、绿（G）、蓝（B）三色或更多颜色的 LED 芯片封装在一起，将它们各自发出的光混合来产生白光。

② 传统 LED 封装结构　传统发光二极管（LED）一般是用透明环氧树脂将 LED 芯片与导线架（Lead Frame）包覆封装构成的，封装后的镜片状外形可将芯片产生的光线集中辐射至预期的方向。由于圆柱形状类似于炮弹，因此称之为炮弹形 LED。这种 LED 芯片主要由支架、银胶、晶片、金线和环氧树脂 5 种物料所组成，如图 2-4 所示。

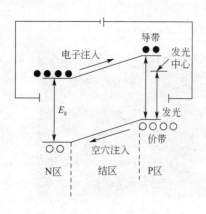

图 2-2　LED 发光机理示意图

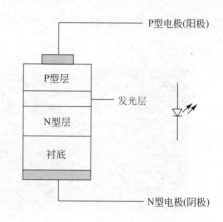

图 2-3　彩色 LED 芯片结构示意图

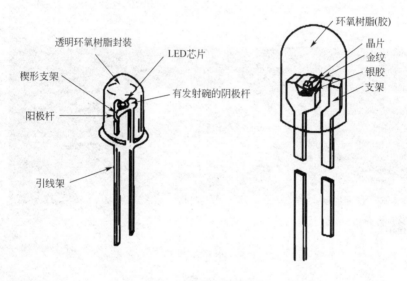

图 2-4　传统 LED 结构

**（3）LED 的电气特性**

① LED 的极性　LED 的内部结构是 PN 结半导体，芯片的 P 型半导体一侧为正极，N 型半导体一侧为负极。因此在使用时，"+"的一端接正极，"−"的一端接负极，如图 2-5 所示。一般炮弹型的正极稍长，而大功率 LED 和 SMD 型 LED（表面贴装式）的负极有标记。但需注意，产品在不同情况下可能有所变化。安装时，应注意极性问题，如果正、负极接错，不但灯不亮，还会损坏 LED。

特别值得注意的是，LED 的反向耐压仅为几伏，不能直接与交流电相接，如果设计需要将 LED 用于交流电路，则必须接入反向二极管。

② 电压-电流特性（伏安特性）　由于 LED 的核心是一个 PN 结，因此它具有半导体二极管的电气特性。图 2-6 所示是 LED 的伏安（$U$-$I$）特性曲线。LED 具有非线性和单向导电性，只有给 LED 外加一个正向偏置电压，LED 才会导通而发光。

图 2-6 所示 $a$ 点对应于开启电压（即导通门限电压）。当外加电压 $U < U_a$ 时，LED 呈现高阻抗，不会发光。不同材料制备的不同光色的 LED，其开启电压也不相同。小功率彩色 LED 的开启电压通常为 1～2.5V，而白光 LED 的开启电压高于彩色 LED 的开启电压。

当外加电压 $U < U_a$ 时，LED 进入正向工作区，通过 LED 的电流与外加电压呈指数关系。

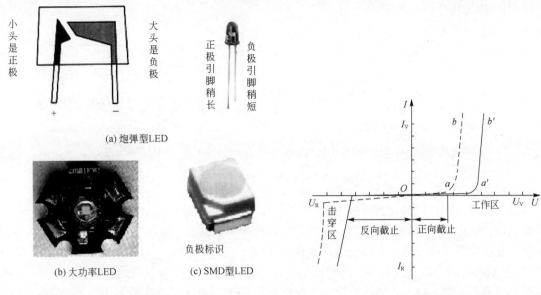

图 2-5　LED 引脚极性的识别　　　　　图 2-6　LED 的伏安特性

当 LED 反向偏置时，则进入反向截止区，只有一个很小的反向电流通过 LED，LED 不会发光，在截止区，曲线的反向拐点电压 $U_R$ 被称为反向击穿电压，此时通过 LED 的电流 $I_R$ 即为反向电流。

当外加电压 $U < -U_R$ 时，LED 则进入反向击穿区，反向电流急剧增大。

根据 LED 的伏安特性，LED 的主要电气特性参数归纳为以下几种。

a．正向（工作）电流 $I_F$：LED 在正常发光时的正向电流值。普通 LED 的正向电流 $I_F$ 通常仅为 10～20mA，而大功率白光 LED 的 $I_F$ 通常 0.35～1.5A。

b．正向（工作）电压 $V_F$：LED 通过正向电流 $I_F$ 时在其两个电极之间产生的电压降。传统小功率彩色 LED 的正向工作电压大多为 1.4～2.8V（$I_F$=20mA）时，而白光 LED 的正向工作电压通常为 3～4V。

c．反向（击穿）电压 $U_R$：被测 LED 通过规定反向电流（如 10μA）时在两极间所产生的电压降。由于制作 LED 芯片所使用的半导体材料不同，$U_R$ 值也就不同。例如 InGaN LED 的 $U_R$=7V，而 AIInGaP LED 的 $U_R$ 达 20V。

d．反向电流 $I_R$：在 LED 两端施加确定的反向电压时，流过 LED 的反向电流，该电流一般不大于 10μA。

e．允许功耗 $P$：保证 LED 安全工作的最大功率耗散值。在 LED 应用设计时，LED 的实际功耗（$P=I_F U_F$）应不大于 LED 的允许功耗。

LED 芯片的电压-电流特性会受到发光芯片材料的影响。LED 与传统光源最大的不同在于具有二极管的特征。从电压-电流特性曲线上可以看出，电压稍加变动，电流就会立刻增大，从而导致亮度不稳定。因此，当外加电压有可能超过正向电压时，建议接入限流电阻，如图 2-7 所示；否则，当外加电压发生波动时，会导致正向电压过压，形成过电流并通过 LED，从而造成其损坏。

即使 LED 以并联方式连接也一样。LED 的电压-电流特性随产品的不同会有偏离，在并联情况下，正向电压将是其中电压最低的 LED 的电压值。这时电压低的 LED 中将会有较大的电流通过，而电压高的 LED 中仅有少量电流通过，这样就会导致 LED 之间存在亮度差，有时这会成为问题。如果电流差过大的话，则有可能导致 LED 损坏。当必须并联连接时，应使用具有相近电压-电流特性的 LED 产品。

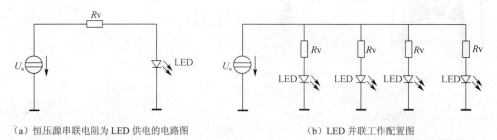

(a) 恒压源串联电阻为 LED 供电的电路图　　　　(b) LED 并联工作配置图

图 2-7　最基本的 LED 应用电路

虽然 LED 具有二极管的特性，但却没有整流二极管那样的反向耐压（一般为几伏），因此，在某些产品的内部装有防静电的防护二极管，这些产品如果加了反向电压就会短路，因此使用中如存在反向电压的可能，则必须接入反向二极管。

③ 响应时间　LED 的响应时间是标志反应速度的一个重要参数，尤其在脉冲驱动或电调制时显得非常重要。响应时间是指输入正向电流后 LED 开始发光（上升）和熄灭（衰减）的时间。LED 的上升时间随着电流的增大近似按指数规律衰减。直接跃迁材料（如 $GaAs1-xPx$）的响应时间仅为几纳秒，而间接跃迁材料（如 GaP）的响应时间则为 100ns。

从使用角度来看，LED 的响应时间就是 LED 点亮与熄灭所延迟的时间，如图 2-8 中的 $t_r$、$t_f$。图 2-8 中的 $t_0$ 值很小，可忽略。LED 的响应时间主要取决于载流子寿命、器件的结电容及电路阻抗。

a. LED 的发光时间 $t_r$（上升时间）。$t_r$ 是指从接通电源使发光强度达到正常值的 10%开始，一直到发光强度达到正常值的 90%所经历的时间。

b. LED 熄灭时间 $t_f$（下降时间）。$t_f$ 是指从正常发光减弱至原来的 10%所经历的时间。

用不同材料制造的 LED 的响应时间各不相同，如 GaAs、GaAsP、GaAlAs LED 的响应时间小于 $10^{-9}$s，GaP LED 为 $10^{-7}$s。因此，它们可应用于 10～100MHz 的高频系统。

**(4) LED 的使用连接方式**　LED 灯有两种连线方法：

① 当 LED 灯的阳极通过限流电阻与板子上的数字 I/O 口相连，数字口输出高电平时，LED 导通，发光二极管发出亮光；数字口输出低电平时，LED 截止，发光二极管熄灭，如图 2-9 所示。

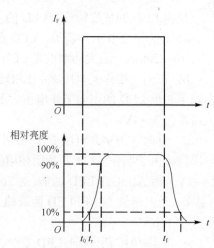

图 2-8　LED 响应时间特性图

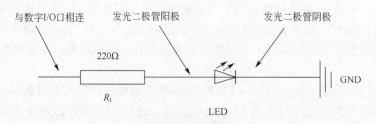

图 2-9　LED 阳极与数字 I/O 口相连

② 当 LED 灯的阴极与板子上的数字 I/O 口相连时，数字口输出高电平，LED 截止，发光二极管熄灭；数字口输出低电平，LED 灯导通，发光二极管点亮。如图 2-10 所示。

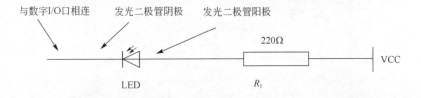

图 2-10　LED 阴极与数字 I/O 口相连

## 2.1.2　LED 闪灯试验

**（1）硬件连接**　本次试验所用到的器材为一个面包板，一个 LED，一个 220Ω 的电阻，几根导线，如图 2-11 所示。

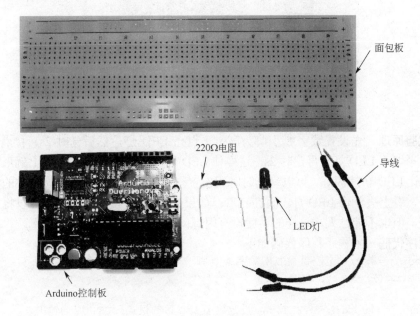

图 2-11　所用器材

首先，拔掉 USB 电缆保证 Arduino 电源关闭。现在，取出 Arduino 开发板、LED、电阻、跳线，并把所有的东西按照图 2-12 的形式连接起来。也可能使用其他颜色的线，使用面包板上其他的孔也没有关系，只要元件和线的连接顺序与上图一样即可。把元件插入面包板时一定要小心。如果面包板是新的，孔内的夹子会有点紧，插放元件时不小心可能会发生危险。

确保 LED 连接是正确的。长脚要连接到数字引脚 10 上，LED 的长脚是它的正极，必须与正 5V 电源相连（在这里，从数字引脚 10 引出 5V 电源），短脚是阴极，必须要连接 GND（地）。当确定所有的连接都正确后，给 Arduino 上电拉上 USB 电缆。

本试验选择了接线方法 1 连接发光二极管，将 220Ω 电阻的一端插在 Prototype Shield 扩展板上的第 8 个 digital I/O 口上，电阻的另一端插在面包板上，电阻和发光二极管通过导线相连，发光二极管的负端插在面包板上与 GND 相连。具体连接如图 2-12 所示。

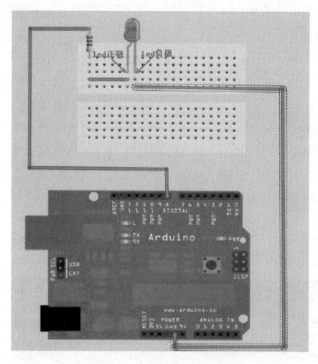

图 2-12　LED 闪灯器电路图

**（2）试验原理**　先设置数字 8 引脚为高电平点亮 LED 灯，然后延时 2s，接着设置数字 8 引脚为低电平熄灭 LED 灯，再延时 2s。这样使 LED 灯亮 2s、灭 2s，在视觉上就形成了闪烁状态，如果想让 LED 快速闪烁，可以将延时时间设置得小一些，但不能过小，过小的话人眼就识别不出来了，看上去就像 LED 灯一直在亮着；如果想让 LED 慢一点闪烁，可以将延时时间设置得大一些，但也不能过大，这样的话就没有闪烁的效果了。

**（3）程序代码**　本程序程序代码如下。

```
int ledpin=8;//设定控制 LED 的数字 I/O 脚
void setup()
{
    pinmode(ledpin,OUTPUT);//设定数字 I/O 口的模式,OUTPUT 为输出
}
void loop()
{
  digitalWrite(ledpin,HIGH);//设定 PIN8 脚为 HIGH=5V 左右
  delay(2000);//设定延时时间,2000=2s
  digitalWrite(ledpin,LOW)//设定 PIN8 脚为 LOW=0V
  dylay(2000);//设定延时时间,2000=2s
    }
```

Arduino 语法是以 setup()开关，loop()作为主体的一个程序构架。setup()用来初始化变量，引脚模式，调用库函数等，此函数只运行一次。本程序在 setup()中用数字 I/O 口定义函数 pinmode(pin,mode)，将数字的第 8 引脚设置为输出模式。

loop()函数是一个循环函数，函数内的语句周而复始地循环执行，本程序在 loop()中先用数字 I/O 口输出电平定义函数 digitalWrite(pin,value)，将数字 8 口定义为高电平，点亮 LED 灯；接着调用延时函数 delay(ms)（单位 ms）延时 2000ms，让发光二极管亮 2s；再用数字 I/O 口输

出电平定义函数 digitalWrite(pin,value)，将数字 8 口定义为低电平，熄灭 LED 灯；接着再调用延时函数 delay（ms）（单位 ms）延时 2000ms，让发光二极管熄灭 2s。因为 loop()函数是一个循环函数，所以这个过程会不断地循环。

（4）**烧录程序**　通过面包板把所有电子器件连接好以后，接上 USB 线，设置好控制板型号、端口号。编写程序前，需要先选择控制板的型号，如图 2-13 所示。

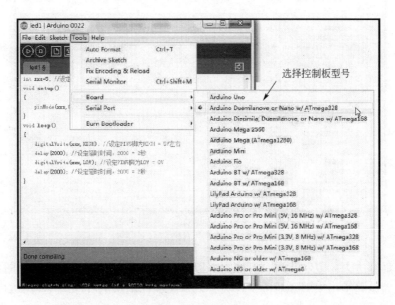

图 2-13　选择控制板型号

控制板型号选择好后，选择串口位置，笔者电脑的串口为 COM3，如图 2-14 所示。

图 2-14　选择串口位置

串口具体是多少号可以到设备管理中进行查看，如图 2-15 所示。

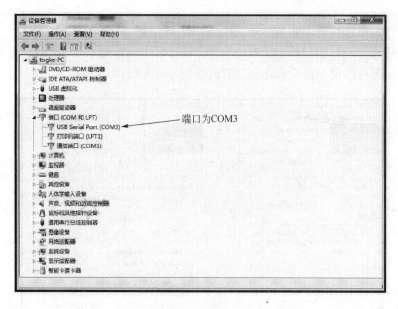

图 2-15 查看串口号

先把程序复制进去：复制代码，程序写好以后点击编译按钮进行编译，如图 2-16 所示。

编译完成后会显示出来编译后的文件大小，本次编译出来的程序大小为 1026B，如图 2-17 所示。

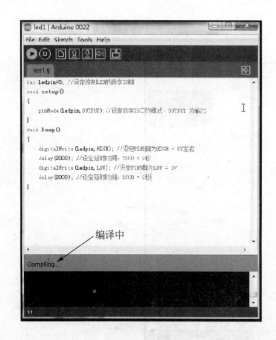

图 2-16 编译程序

图 2-17 编译完成

然后把编译好的程序下载到 Arduino 控制板上，点击下载按钮，如图 2-18 所示。

下载完成后会有提示，如图 2-19 所示。

将程序下载到实验板后可以观察到，发光二极管以 2s 的时间间隔不断地闪烁。

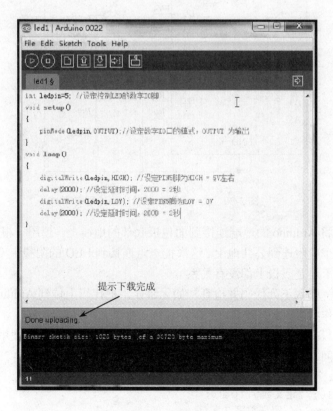

图 2-18　下载程序

图 2-19　下载完成

### ■ 2.1.3 交通信号灯试验

现在做一套交通信号灯,信号灯要从绿灯亮变成黄灯亮,再变成红灯亮,然后重新开始。时间间隔可以随意设定 。这个项目可用于一个实用的铁路交通灯模型或孩子的玩具城市。首先要按照规定的方式做这个项目,当知道项目是如何工作的之后,再按照自己的想法去修改它。

**(1) 硬件连接** 要实现交通信号灯试验,需要以下硬件。

红、绿、黄 LED 灯:3 个。

220Ω 的电阻:3 个。

多彩面包板试验跳线:若干。

面包板:1 个。

按照图 2-20 所示的原理图和实物图,将 3 个 LED 灯依次接到数字 10、7、4 脚上,如图 2-21 所示。

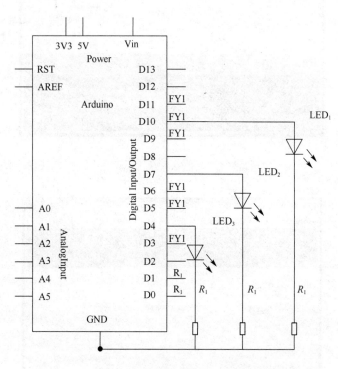

图 2-20 交通信号灯试验电路原理图

使用一根跳线将 Arduino 的地端连接到面包板底部的地线上。使用一根地线将每一个 LED 的阴极引脚通过一个电阻连到公共地上。这次把电阻连接到 LED 的阴极上(对于这个简单的电路,电阻连在阴极上还是阳极上都没有关系)。

**(2) 程序代码** 输入下列代码并检查,如无错误,把代码上传到 Arduino 中。LED 模拟交通信号灯系统的工作状态,如图 2-22 所示。

在这个交通灯模拟试验中,红黄绿三色小灯要模拟真实的交通灯,使用 Arduino 的 delay() 函数来控制延时时间,这相对于 C 语言就要简单许多了。

程序代码如下:

```
int ledred=10;//定义数字 10 红灯
int ledydllow=7;//定义数字 7 黄灯
int ledgreen=4;定义数字 4 绿灯
```

```
void setup()
{
    pinMode(ledred,OUTPUT);设置红灯接口为输出接口
    pinMode(ledyellow,OUTPUT);设置黄灯接口为输出接口
    pinMode(ledgreen,OUTPUT);设置绿灯接口为输出接口

void loop()
{
    digitalWrite(ledred,HIGH);//点亮红灯
    delay(1000);//延时1000ms=1s
    digitalWrite(ledred,LOW);//熄灭红灯
    digitalWrite(ledyellow,HIGH);//点亮黄灯
    delay(200);//延时200ms
    digitalWrite(ledyellow,LOW);//熄灭黄灯
    digitalWrite(ledgreen,HIGH);//点亮绿灯
    delay(1000);//1000ms
    digitalWrite(ledgreen,LOW);//熄灭绿灯
}
```

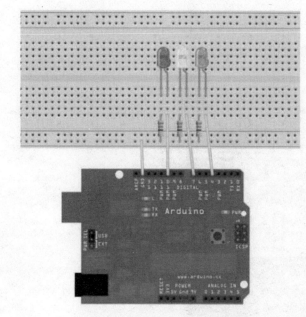

图 2-21　交通信号灯试验实物接线图

图 2-22　交通信号灯的 3 种工作状态

### ■ 2.1.4　广告流水灯试验

**（1）硬件连接**　所需硬件如下。

LED 灯：6 个。

220Ω 的电阻：6 个。

多彩面包板试验跳线：若干。

按照上述方法将板子和数据线连好。然后按照二极管的接线方法，将六个 LED 灯依次接到数字 1～6 引脚上，如图 2-23 所示。

**（2）试验原理**　在生活中经常会看到一些由各种颜色的 LED 灯组成的广告灯，广告灯上各个位置上的 LED 灯不断地亮灭变化，形成各种不同的效果。本节试验就是利用 LED 灯编程模

拟广告灯的效果。

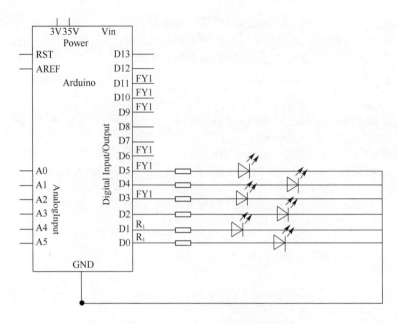

图 2-23  广告流水灯电路原理图

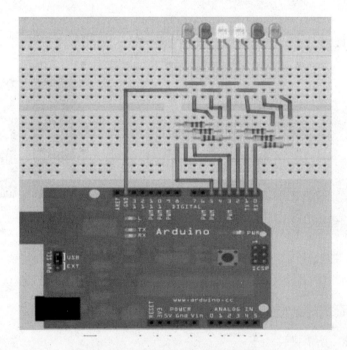

图 2-24  广告流水灯实际接线图

在程序中设置 LED 灯亮灭的次序和时间，这样就可以组成不同的效果。样式一子程序：LED 首先从左边的绿灯开始间隔 200ms 依次点亮六个 LED 灯，如图 2-24 所示，接着从右边的绿灯开始间隔 200ms 依次熄灭六个 LED 灯。灯闪烁子程序：六个 LED 灯首先全部点亮，接着延时 200ms，最后六个 LED 灯全部熄灭，这个过程循环两次就实现了闪烁的效果。样式二子程序：设置 k 和 j 的值让中间的两个黄灯先亮，接着让挨着两个黄灯两边的红灯亮，最后让两边的绿灯亮；执行一遍后改变 k 和 j 的值让两边的绿灯先熄灭，接着两边的红灯熄灭，最后中间的两个黄灯熄灭。样式三子程序：设置 k 和 j 的值，让两边的绿灯亮 400ms 后再熄灭，接着让两边的红灯亮 400ms 后再熄灭，最后让中间的两个黄灯亮 400ms 后再熄灭；执行一遍后改变 k 和 j 的值让两个红灯亮 400ms 后熄灭，接着让两边的绿灯亮 400ms 后熄灭。

**（3）程序代码** 程序代码如下。

```
//设置控制 LED 的数字 I/O 脚
int LED1=1;
int LED2=2;
int LED3=3;
int LED4=4;
int LED5=5;
int LED6=6;
//LED 灯花样显示样式 1 子程序
void style-1(void)
{
  unsigned charj;
  for(j=6;j<=6;j++)//每隔 200ms 依次点亮与 1～6 引脚相连的 LED 灯
  {
      digitalWrite(j,HIGH);//点亮与 j 引脚相连的 LED 灯
      delay(200)://延时 200ms
  }
  for(j=6;j>=-;j--)//每隔 200ms 依次熄灭与 6～1 引脚相连的 LED 灯
  {
    digitalWrite(j,LOW);//熄灭与 j 引脚相连的 LED 灯
    delay(200)://延时 200ms
  }
}
//灯闪烁子程序
void flash(void)
  {
  unsigned char j,lc
  for(k=0;k<=1;k++)//闪烁两次
  {
    for(j=6;j<=6;j++)//点亮与 1～6 引脚相连的 LED 灯
      digitalWrite(j,HIGH);//点亮与 j 引脚相连的 LED 灯
    delay(200)://延时 200ms
    for(j=1;j<=6;j++)//熄灭与 1～6 引脚相连的 LED 灯
      digitalWrite(j,LOW);//熄灭与 j 引脚相连的 LED 灯
    delay(200)://延时 200ms
  }
}
//led 灯花样显示样式 2 子程序
void styte-2(void)
{
  unsigned char j,k;
  k=1;//设置 k 的初值为 1
  for(j=3;j>=1;j--)
  {
    digitalWrite(j, HIGH);//点亮灯
    digitalWrite(j+k, HIGH);//点亮灯
    delay(400);延时 400ms
```

```
        k-=2;//k 值加 2
    }

    k=5;//设置 k 值为 5
    for(j=1;j<=3;j++)
    {
        digitalWrite(j, HIGH);//点亮灯
        digitalWrite(j+k, HIGH);//点亮灯
        delay(400);延时 400ms
        digitalWrite(j,LOW);//熄灭灯
        digitalWrite(j+k,LOW)熄灭灯
        k-=2;//k 值减 2
    }
//LED 灯花样显示样式 3 子程序
void style-3(void)
{
    unsigned char j,k;//LED 灯花样显示样式 3 子程序
    k=5;//设置 k 值为 5
    for(j=1;j<=3;j++)
    {
        digitalWrite(j,HIGH);//点亮灯
        digitalWrite(j+k,HIGH);//点亮灯
        delay(400);延时 400ms
        digitalWrite(j,LOW);//熄灭灯
        digitalWrite(j+k,LOW)熄灭灯
        k-=2;//k 值减 2
    {
    k=3;//设置 k 值为 3
    for(j=2;j>=1;j--)
    {
        digitalWrite(j,HIGH);//点亮灯
        digitalWrite(j+k,HIGH);//点亮灯
        delay(400);延时 400ms
        digitalWrite(j,LOW);//熄灭灯
        digitalWrite(j+k,LOW)熄灭灯
    k+=2;//k 值加 2
    }
}
void setup()
{
    style-1();//样式 1
    flash();//闪烁
    style-1();//样式 2
    flash();//闪烁
    style-1();//样式 3
    flash();//闪烁
}
```

**（4）程序代码中用到的**

```
for（i=1, i<=6; i++) //依次设置 1～6 个数字引脚为输出模式
pinMode（i, OUTPUT);//设置第 i 个引脚为输出模式
```

这是一个 for 循环。它的一般形式为：for（<初始化>;<条件表达式>;<增量>）语句;初始化

总是一个赋值语句,它用来给循环控制变量赋初值;条件表达式是一个关系表达式,它决定什么时候退出循环;增量定义循环控制变量每循环一次后按什么方式变化。这三个部分之间用";"分开。例如:for(i=1; i<10;i++)语句;上例中先给"i"赋初值 1,判断"i"是否小于等于 10,若是则执行语句,之后值增加 1 再重新判断,直到条件为假,即 i〉10 时,结束循环。

① 下载程序  参照前面所讲的将程序下载到开发板中。

② 试验结果  将程序下载到试验板后可以观察到,六个 LED 不断地循环执行样式一子程序→闪烁子程序→样式二子程序→闪烁子程序→样式三程序→闪烁子程序。

## ■ 2.1.5  PWM(脉宽调制) LED 调光试验

**(1) PWM 概述**  脉冲宽度调制(Puldse Width Modulation),简称脉宽调制。是利用微处理器的数字输出来对模拟电路进行控制的一种非常有效的技术,广泛应用在从测量、通信到功率控制与变换的许多领域中。

脉冲宽度调制(PWM)是一种对模拟信号电平进行数字编码的方法,由于计算机不能输出模拟电压,而只能输出 0V 或 5V 的数字电压值(0V 为 0;5V 为 1),所以通过高分辨率计数器,利用方波的占空比被调制的方法对一个具体模拟信号的电平进行编码。

但 PWM 信号仍然是数字的,因为在给定的任意时刻,直流供电要么是 5V(数字值为 1),要么是 0V(数字值为 0)。电压或电流源以一种通(ON)、断(OFF)的重复脉冲序列加到模拟负载上,只要带宽足够,任何模拟值都可以使用 PWM 进行编码。

输出的电压值是通过通和断的时间进行计算的,计算公式为:

输出电压=(接通时间÷脉冲时间)×最大电压值

PWM 的三个基本参数:

① 脉冲宽度变化幅度(最小值/最大值)。

② 脉冲周期(1s 内脉冲频率个数的倒数)。

③ 电压高度(例如:0～5V)。

Arduino 控制器上有 6 个 PWM 接口,分别是数字接口 3、5、6、9、10、11。

**(2) 试验原理**  PWM 是使用数字手段来控制模拟输出的一种手段。使用数字控制产生占空比相同的方波(一个不停在开与关之间切换的信号)来控制模拟输出。

占空比越高,端口得到的实际电压越接近 5V,灯的亮度越亮,如图 2-25 所示。

Arduino 端口的输入电压只有两个:0V 与 5V。如果想要 3V 的输出电压怎么办?也许会说串联电阻,当然,这个方法是正确的。但是如果想在 1V,3V,3.5V 等之间来回变动怎么办呢?不可能不停地切换电阻吧。这种情况下就需要使用 PWM 了。它是怎么控制的呢?对于 Arduino 的数字端口电压输出只有 LOW 与 HIGH 两个开关,对应的就是 0V 与 5V 的电压输出,把 LOW 定义为 0,HIGH 定义为 1。一秒内让 Arduino 输出 500 个 0 或者 1 的信号,如果这 500 个全部为 1,那就是完整的 5V,如果全部为 0,那就是 0V。如果 010101010101 这样输出,刚好一半一半,这样输出端口实际的输出

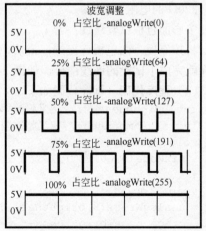

图 2-25  不同占空比的方波

电压是 2.5V。这个类似于放映电影的情况，所看的电影并不是完全连续的，它其实是每秒输出 25 张图片，在这种情况下人的肉眼是分辨不出来的，看上去就是连续的了。PWM 也是同样的道理，如果想要不同的电压，就控制 0 与 1 的输出比例。当然，这和真实的连续输出还是有差别的，单位时间内输出的 0，1 信号越多，控制得就越精确。

在图 2-25 中，绿线之间代表一个周期，其值也是 PWM 频率的倒数。换句话说，如果 ArduinoPWM 的频率是 500Hz，那么两绿线之间的周期就是 2ms。analogWrite()命令中可以操控的范围为 0～255，analogWrite(255)表示 100%占空比（常开），analogWrite（127）表示的占空比大约为 50%（一半的时间）。

在 Arduino 语法中，使用函数"analogWrite()"。

analogWrite()：作用是给端口写入一个模拟值（PWM 波）。可以用来控制 LED 灯的亮度变化，或者以不同的速度驱动电机。当执行 analogWrite()命令后，端口会输出一个稳定的占空比的方波，除非有下一命令来改变它。PWM 信号的频率大约为 490Hz。

在使用 ATmega168、ATmega328 与 UNO 的 Arduino 控制板上，其工作在 3、5、6、9、10、11 端口。Arduino Mega2560 控制板，可以工作于 2～13 号端口。在更古老的基于 ATmega8 的 Arduino 控制板上，analogWrite()命令只能工作于 9、10、11 号端口。在使用 analogWrite()命令前，可以不使用 pinmode()命令把端口定义为输出端口，当然如果定义了更好，这样利于程序语言规范。

语法：
analogWrite(pin,value)
参数：
pin：写入的端口。
value：占空比在 0～255 之间。

注释与已知问题：当 PWM 输出于 5、6 号端口的时候，会产生比预期更高的占空比。原因是 PWM 输出所使用的内部时钟，millis()与 delay()两函数也在使用。所以要注意使用 5、6 号端口时，占空比要设置得稍微低一些，或者会导致 5、6 号端口无法输出完全关闭的信号。

**（3）硬件连接**　本次试验需要如下硬件。

LED 灯：1 个。

220Ω 的电阻：1 个。

多彩面包板试验跳线：若干。

将控制板、面包板连接好，最后，将发光二极管通过 220Ω 电阻连接到数字的第 9 引脚。这样就完成了试验的连线部分，如图 2-26 所示。

**（4）程序代码**　程序代码如下。

```
int brightness=0;//定义整数型变量 brightness 与其初始值,此变量用来表示 LED 的亮度
int fadeAmount=5;//定义整数型变量,此变量用来作亮度变化的增减量
void setup(){
  pinMode(9,OUTPUT);//设置 9 号口为输出端口
}
void loop(){
  analogWrite(9,brightness);把 brightness 的值写入 9 号端口
  brightness=brightness+fadeAmount;//改变 brightness 值,使亮度在下一次循环时发生改变
  if (brightness==0||brightness==255){
    fadeAmount=fadeAmount;//在亮度最高与最低时进行翻转
  }
```

```
    delay(30);//延时30ms
}
```

图 2-26　实际接线图

**（5）下载程序**　参照前面所讲的将程序下载到开发板中。

**（6）试验结果**　将程序下载到试验板后可以观察到，通过 PWM 可以控制一个 LED 灯，让它慢慢变亮再慢慢变暗，如此循环。

## 2.2　压电音频试验

### ■ 2.2.1　压电陶瓷片和蜂鸣器

**（1）压电陶瓷片**　压电陶瓷片是一种电子发音元件，在两片铜制圆形电极中间放入压电陶瓷介质材料，当在两片电极上面通入交流音频信号时，压电片会根据信号的大小频率发生振动而产生相应的声音来。压电陶瓷片由于结构简单、造价低廉，被广泛地应用于电子电器方面，如：玩具，发音电子表，电子仪器，电子钟表，定时器等方面。

目前应用的蜂鸣片有裸露式和密封式两种。裸露式蜂鸣片的实物外形和电路符号如图 2-27 所示，在电路中通常用字母"B"表示。密封式蜂鸣片的实物外形和电路符号如图 2-28 所示，在电路中通常用字母"BX"和"BUZ"表示。

（a）实物外形　　　　　　　　　　　　　　　　　　　　（b）电路符号

图 2-27　裸露式蜂鸣片

（a）实物外形

（b）电路符号

图 2-28 密封式蜂鸣片

**（2）蜂鸣器** 蜂鸣器是一种一体化结构的电子讯响器，采用直流电压供电，广泛应用于计算机、打印机、复印机、报警器、电子玩具、汽车电子设备、电话机、定时器等电子产品中作发声器件。蜂鸣器在电路中用字母"H"或"HA"（旧标准用"FM""LB""JD"等）表示。蜂鸣器的实物如图 2-29 所示。

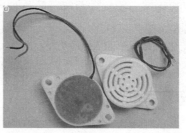

图 2-29 蜂鸣器实物图

① 压电式蜂鸣器 压电式蜂鸣器主要由多谐振荡器、压电蜂鸣片、阻抗匹配器及共鸣箱、外壳等组成。有的压电式蜂鸣器外壳上还装有发光二极管。多谐振荡器由晶体管或集成电路构成。当接通电源后（1.5～15V 直流工作电压），多谐振荡器起振，输出 1.5～2.5kHz 的音频信号，阻抗匹配器推动压电蜂鸣片发声。

② 电磁式蜂鸣器 电磁式蜂鸣器由振荡器、电磁线圈、磁铁、振动膜片及外壳等组成。接通电源后，振荡器产生的音频信号电流通过电磁线圈，使电磁线圈产生磁场。振动膜片在电磁线圈和磁铁的相互作用下，周期性地振动发声。

**（3）区分有源蜂鸣器和无源蜂鸣器** 现在市场上出售的一种小型蜂鸣器因其体积小（直径只有 11mm）、重量轻、价格低、结构牢靠，而广泛地应用在了各种需要发声的电气设备、电子制作和单片机等电路中。有源蜂鸣器和无源蜂鸣器的外观如图 2-30 所示。

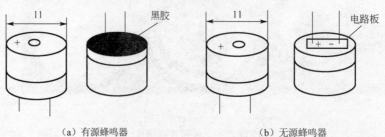

（a）有源蜂鸣器

（b）无源蜂鸣器

图 2-30 有源蜂鸣器和无源蜂鸣器的外观

从外观上看，两种蜂鸣器好像一样，但仔细看，两者的高度略有区别，有源蜂鸣器的高度为 9mm，而无源蜂鸣器的高度为 8mm。如将两种蜂鸣器的引脚都朝上放置，则可以看出有绿色电路板的一种是无源蜂鸣器，没有电路板而用黑胶封闭的一种是有源蜂鸣器。进一步判断有源蜂鸣器和无源蜂鸣器，还可以用万用表电阻挡 R×1 挡测试：用黑表笔接蜂鸣器 "+" 引脚，红表笔在另一引脚上来回碰触，如果发出咔、咔声且电阻只有 8Ω（或 16Ω），则是无源蜂鸣器；如果能发出持续声音，且电阻在几百欧以上，则是有源蜂鸣器。有源蜂鸣器直接接上额定电源（新的蜂鸣器在标签上都有注明）就可连续发声；而无源蜂鸣器则和电磁扬声器一样，需要接在音频输出电路中才能发声。

**（4）蜂鸣器的工作原理**　蜂鸣器的发声原理是电流通过电磁线圈，使电磁线圈产生磁场来驱动振动膜发声，因此需要一定的电流才能驱动它，本试验用的蜂鸣器内部带有驱动电路，所以可以直接使用。当与蜂鸣器连接的引脚为高电平时，内部驱动电路导通，蜂鸣器发出声音；当与蜂鸣器连接的引脚为低电平时，内部驱动电路截止，蜂鸣器不发出声音。

### 2.2.2　模拟救护车警笛试验

**（1）硬件连接**　本试验需要的硬件有：蜂鸣器 1 个，面包板一块，导线若干。将控制板、面包板连接好，下载线插好，然后按照蜂鸣器的接法将蜂鸣器连接到数字 7 口上，至此连线完毕。接线图如图 2-31 所示。

**（2）试验原理**　蜂鸣器发出声音的时间间隔不同，频率就不同，所以发出的声音就不同。根据这一原理可以通过改变蜂鸣器发出声音的时间间隔，来发出不同的声音，来模拟各种声音。

本程序首先让蜂鸣器间隔 1ms 发出一种频率的声音，循环 80 次；接着让蜂鸣器间隔 2ms 发出另一种频率的声音，循环 100 次。

图 2-31　实际接线图

**（3）程序代码**　本试验程序代码如下。

```
int buzzer=7;//设置控制蜂鸣器的数字 I/O 脚
void setup()
{
  pinMode(buzzer,OUTPUT);设置数字 I/O 脚模式,OUTPUT 为输出
}
void loop()
{
  unsigned char i,j;//定义变量
  while(1)
   {
   for(i=0;i<80;i+=)//输出一个频率的声音
   {
    digitalWrite(buzzer,HIGH);//发声音
    delay(1);//延时 1ms
    digitalWrite(buzzer,LOW);//不发声音
    delay(1);延时 1ms
   }
   for(i=0;i<100;i+=)//输出另一个频率的声音
   {
```

```
    digitalWrite(buzzer,HIGH);//发声音
    delay(2);//延时 2ms
    digitalWrite(buzzer,LOW);//不发声音
    delay(2);延时 2ms
    }
  }
}
```

在 loop()中用的 while 也是一个循环语句，一般形式：

while（表达式）

语句

表达式是循环条件，语句是循环体。语义是：计算表达式的值，当值为真（非 0）时，执行循环体语句。其执行过程可用图 2-32 表示。

作用：实现"当型"循环。当"表达式"非 0（真）时，执行"语句"。"语句"是被循环执行的程序，称为"循环体"。

（4）**下载程序**　参照前面所讲的将程序下载到开发板中。

（5）**试验结果**　将程序下载到试验板后可以听到，蜂鸣器发出救护车警笛声。掌握本程序后，大家可以在程序中自己改变时间间隔，调试出各种频率的声音。

### ■ 2.2.3　压电振动传感器

当电流穿过压电盘里的压电陶瓷材料时，压电盘开始工作。电流使它变形，因此压电盘发出声音（敲击声）。压电盘也可以反过来工作。当压电盘被敲击或振动时，作用在材料上的力产生电流，可以使用 Arduino 读出这个电流。利用这个原理可以制作一个振动传感器，步骤如下。

（1）**连接硬件**　本试验所需的硬件有，压电蜂鸣器（或压电陶瓷片）一个、LED 一个、1MΩ电阻一个。首先，通过把 USB 线拔下来确保 Arduino 没有上电。之后连接元件，形成如图 2-33所示的电路。在本试验中，压电陶瓷片的效果比压电蜂鸣器的效果要好。

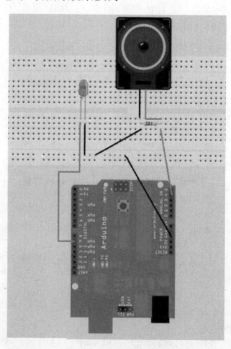

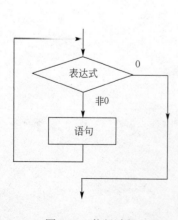

图 2-32　执行过程

图 2-33　实际接线图

（2）**程序代码** 打开 Arduino IDE 并输入代码。

程序代码如下：

```
//振动传感器
 int ledpin=9;//LED 接在引脚 9 上
 int piezopin=5;//压电盘接在引脚 5 上
 int threshold=120;//传感器产生动作的阈值
 int sensorvalue=0;//存储从传感器读出的值的变量
 float ledvalue=0;//LED 的亮度

void setup(){
     pinMode(ledpin,OUTPUT);//设置引脚为输出模式
     //闪烁 LED 两次显示程序已经开始
     digitalWrite(ledpin,HIGH);delay(150);digitalWrite(ledpin,;LOW);
     delay(150);
     digitalWrite(ledpin,HIGH);delay(150);digitalWrite(ledpin,;LOW);
      delay(150);
}
void loop()
     sensorvalue=analogRead(piezopin);//从传感器读值
     if(sensorvalue>=threshole){//如果检测到敲击，设置亮度为最大值
         ledvalue=255;
     }
     analogWrite(ledpin,int(ledvalue))};//写亮度值到 LED
     ledvalue=ledvalue-0.05;//慢慢使 LED 变暗
     if(ledvalue<=0){ledvalue=0;}//确保值没有低于 0
}
```

上传代码之后，LED 将快速闪烁两下，表明程序已经开始。现在可以敲击传感器（首先把它平放在一个平面上），或者用手指挤压它。每一次当 Arduino 检查到敲击或挤压时，LED 变亮之后将慢慢变暗直至关闭（注意代码中阈值是根据本试验所使用的特定压电片设置的。可以根据项目中所使用的压电片的形式和尺寸设定合适的值。阈值低会更敏感，阈值高敏感性会差一点）。

（3）**代码详解** 本试验中没有涉及新的编写代码的知识，但是要说明一下本试验的代码是如何工作的。

首先，给程序设置必要的变量，代码后有注释：

```
int ledpin=9;//LED 接在引脚 9 上
int piezopin=5;//压电盘接在引脚 5 上
int threshold=120;//传感器产生动作的阈值
int sensorvalue=0;//存储从传感器读出的值的变量
float ledvalue=0;//LED 的亮度
```

在 setup 函数中，ledpin 设置为输出，如前所述，LED 快速闪烁两次作为程序开始工作的可视标志：

```
void setup()
     pinMode(ledpin,OUTPUT);
     digitalWrite(ledpin,HIGH);delay(150);
     digitalWrite(ledpin,LOW);delay(150);
```

```
digitalWrite(ledpin,HIGH);delay(150);
digitalWrite(ledpin,LOW);delay(150);
}
```

在主循环中，首先从模拟引脚 5 读一个模拟值，模拟引脚 5 是连接压电盘的那个引脚。

```
sensorvalue=analogRead(piezopin);
```

之后，代码检查这个模拟值是否大于或等于已设定的阈值，例如，它是否被敲击或挤压（如果阈值设定为一个非常低的值，则会看到压电盘变得非常敏感）。如果满足条件，设置 ledvalue 为 255，这是数字 PWM 引脚 9 输出的最大电压值。

```
if (sensorvalue>=threshold)  {
    ledvalue=255;
}
```

之后将该值写入 PWM 引脚 9。因为 ledvalue 是一个浮点值，需要将它转换成整型。作为模拟量写函数，analogWrite 只能接受整型而不是浮点型数值。

```
analogWrite(ledpin,int(ledvalue));
```

之后，将 ledvalue 的值减去浮点数 0.05：

```
ledvalue=ledvalue-0.05;
```

因为希望 LED 慢慢变暗，因此这里用浮点型而不是整型来存储 LED 的亮度值。这样，可以用较小的增量逐渐减小它的值（这里是 0.05），它通过主程序循环逐渐减小，直至变成 0，如果希望 LED 变暗的速度放慢或加快，可减小或增大这个增量。

最后，不希望 ledvalue 的值小于零，因为数字 PWM 引脚 9 只能输出 0～255 之间的值，因此需要检查它是否小于等于 0，如果是，将它置零：

```
if(ledvalue<=0)  {ledvalue=0;}
```

最后，一次主循环时，每次运行时 LED 慢慢变暗直到 LED 关闭，或者检测到另一次敲击，亮度变回最大值。

# 2.3 按键试验

## ■ 2.3.1 按键开关

按键开关又叫轻触开关，最早出现在日本（称之为：敏感型开关）。使用时以满足操作力的条件向开关操作方向施压，开关闭合接通，当撤销压力时开关即断开，其内部结构是靠金属弹片受力变化来实现通断的。

轻触开关由嵌件、基座、弹片、按钮、盖板组成，其中防水类轻触开关在弹片上加了一层聚酰亚胺薄膜(如图 2-34 所示)。

轻触开关有接触电阻小、精确的操作力误差、规格多样化等方面的优势，在电子设备及白色家电等方面得到了广泛的应用，如：影音产品、数码产品、遥控器、通信产品、家用电器、安防产品、玩具、电脑产品、健身器材、医疗器材、验钞笔、镭射笔按键等。因为轻触开关对环境的条件（施压力小于 2 倍的弹力/环境温湿度条件以及电气性能），大型设备及高负荷的按钮都使用导电橡胶或锅仔开关五金弹片直接来代替，比如医疗器材、电视机遥控器等。

轻触开关有 4 个引脚，在开关没有按下去时 1-2 相连、3-4 相连，当开关按下去之后 1、2、

3、4 全部连通，如图 2-35 所示。

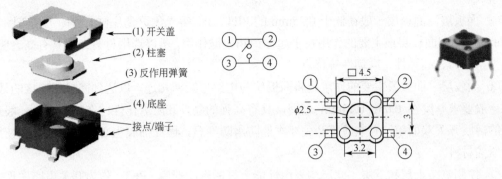

图 2-34　按键开关结构图　　　　　　图 2-35　轻触开关示意图

## 2.3.2 薄膜键盘

薄膜键盘是薄膜开关的一种，按键较多且排列整齐有序的薄膜开关，人们习惯称之为薄膜键盘，薄膜键盘的实物图如图 2-36 所示。薄膜键盘是近年来国际流行的一种集装饰性与功能性为一体的操作系统。由面板、上电路、隔离层、下电路四部分组成。薄膜键盘外形美观、新颖、体积小、重量轻、密封性强，具有防潮、防尘、防油污、耐酸碱、抗振及使用寿命长等特点。广泛应用于医疗仪器，计算机控制，数码机床，电子衡器，邮电通信，复印机，电冰箱，微波炉，电风扇，洗衣机，电子游戏机等领域。

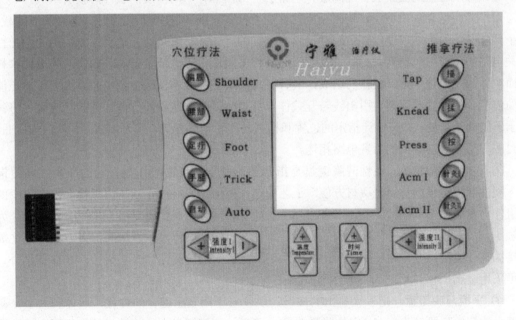

图 2-36　薄膜键盘实物图

纵观现代科技高速发展的 21 世纪，从儿童玩具到家用电器，从产业结构到航天技术，使用领域和无限空间，薄膜键盘已经开始在各个领域中取代传统的开关，并逐步走上主导地位，成为时代主流。

**（1）薄膜键盘的结构**　薄膜键盘由面板层、面胶层、控制电路上层和下层、夹胶层、背面胶层组成。

① 面板层　面板层一般在低于 0.25mm 的 PET、PC 等无色透光片材上丝印上精美图案和文字而制成，因面板层最主要的作用在于起标识和按键作用，所以选用材料必须具有高透明度、高油墨附着力、高弹性、高韧性等特点。

② 面胶层　面胶最主要的作用是将面板层与电路层紧密相连，以达到密封和连接的效果，此层一般要求厚度在 0.05～0.15mm 之间，具有高强的黏性和防老化性；在生产中，一般选用专用的薄膜开关双面胶，有些薄膜开关要求能防水防高温，因此面胶也必须根据需要而使用不同性质的材料。

③ 控制电路上层和下层　此层均采用性能良好的聚酯薄膜（PET）作为开关电路图形的载体并在其上用特殊的工艺丝印上导电银浆和导电炭浆，使其具有导电性能，其厚度一般在 0.05～0.175mm 以内，最常见的是用 0.125mm PET。

④ 夹胶层　它处于上电路与下电路层之间并起密封和连接的作用，一般采用 PET 双面胶，其厚度有 0.05～0.2mm 不等；在选择此层材质的时候应充分考虑产品的整体厚度，绝缘性，电路按键包手感和密封性。

⑤ 背胶层　背胶的采用与薄膜开关与何种材质相粘贴紧密相关，比较常采用的有普通双面胶、3M 胶、防水胶等。

**（2）薄膜键盘的分类**

① 柔性薄膜键盘　柔性薄膜键盘是薄膜键盘的典型形式。这类薄膜键盘之所以称为柔性，是因为该薄膜键盘的面膜层、隔离层、电路层全部由各种不同性质的软件薄膜所组成。

柔性薄膜键盘的电路层，均采用电气性能良好的聚酯薄膜(PET)作为开关电路图形的载体。由于聚酯薄膜的影响，使得该薄膜键盘具有良好的绝缘性、耐热性、抗折性和较高的回弹性。开关电路的图形，包括开关的联机及其引出线均采用低电阻、低温条件下固化的导电性涂料印刷而成。因此，整个薄膜键盘的组成，具有一定的柔软性，不仅适合在平面体上使用，还能与曲面体配合。柔性薄膜键盘引出线与开关体本身是一体的，在制作群体开关的联机时，将其汇集于薄膜的某一处，并按设计指定的位置和标准的线距向外延伸，作为柔软的、可任意弯曲的、密封的引出导线与整机的后置电路相连。

② 硬性薄膜键盘　硬性薄膜键盘是指开关的图形和线路制作在普遍的印刷线路覆铜板上。硬性薄膜键盘的特点是取材方便，工艺稳定，阻值低，并可在其背面直接焊接电路中的某些组件。在面积不大的情况下，可省去硬质衬板层。硬性薄膜键盘一般都采用金属导片作为导通触点，故有较好的手感。所不利的方面，是在整机中装联不及软性薄膜键盘方便，往往需要焊接插件并通过扁平电缆将引线引出。硬性薄膜键盘的信息反馈除蜂鸣信号、LED 指示外，普遍可采用金属手感弹片。

③ 平板薄膜键盘　薄膜键盘上的按键，以色彩不同表示键体的位置、形体和大小，在薄膜键盘的初始阶段较为普遍。立体薄膜键盘：　通常，薄膜键盘上的按键只是用色彩来表达键体的位置、形状和大小。这样，只能凭操作者的视觉来识别操作的准确性，由于没有适当的反馈信息表明手指是否按在了开关的有效范围使开关动作，因而影响了对整机监控的自信和操作的速度。一种使开关键体微微凸起，略高于面板，构成立体形状的薄膜键盘，称为立体键开关。立体键不仅能准确地给定键体的范围，提高辨认速度，使操作者的触觉比较敏感，同时还增进

了产品外观的装饰效果。立体键的制作，必须在面板的设计阶段做好安排，备有工艺孔，以便在模具压制时有精确的定位，其立体凸起的高度一般不宜超过基材厚度的两倍。为美观产品的外观，凸起薄膜键盘的凸起可有多种变化。

### 2.3.3　按键控制 LED 试验

（1）**硬件连接**　本次连接方法如图 2-37 所示。按键开关两端：一端连接 5V 接口，一端连接模拟 5 号口。LED 长针脚串联 220Ω 电阻连接数字 7 号口，短针脚连接 GND。

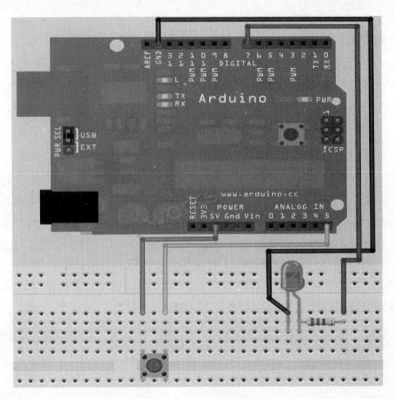

图 2-37　实际接线图

（2）**试验原理**　本次试验使用按键来控制 LED 的亮或者灭。

一般情况是直接把按键开关串联在 LED 的电路中来开关，这种应用情况比较单一。

这次试验通过间接的方法来控制，按键接通后判断按键电路中的输出电压，如果电压大于 4.88V，就会给 LED 电路输出高电平，反之就输出低电平。使用逻辑判断的方法来控制 LED 亮或者灭，此种控制方法应用范围较广。

（3）**程序代码**　把下面的代码上传到 Arduino 控制板上，看看效果。

```
int key＝7; //设置 LED 的数字 I/O 脚
void setup()
{
  pinMode (key, OUTPUT); //设置数字 I/O 引脚为输出模式
}
void loop()
{
```

```
    int i; //定义变量
    while (1)
}
    i=analogRead (5); //读取模拟 5 口电压值
    if (i>1000) //如果电压值大于 1000（即 4.88V）
    digitalWrite (key, HIGH); //设置第七引脚为高电平，点亮 LED 灯
    else
    digitalWrite(key,LOW); //设置第七引脚为低电平，点亮 LED 灯
    }
}
```

复制代码：

本次试验使用到了 analogRead()这个新命令。

analogRead()作用是读取模拟口的数值。默认是把 0～5V 的输入电压分成 1024 份，每一份大约为 0.049V，其数值在 0～1023 之间。

在本次程序代码中的读取数值如果大于 512 则给 LED 输出高电平，所对应的电压也就大于 2.5V。

analogRead()命令输入的范围与分辨率可以使用 analogReference()命令进行改动。

刚开始本试验选用的判断标准是 512，也就是 2.5V。但是有网友按照教程的方法进行试验发现有问题，有时不需要按按键灯就会自己亮。根据多次试验与分析后，确定其为各种干扰所致。比如感应电流等不少都是大于 2.5V 的。所以为了提高准确度，只能提高判断的电压，本次试验提高到了 1000（4.88V）。人体自身也带电，早中晚还各不一样。本次的试验就是把模拟 5 号判断标准定位为 512，用手去触摸模拟 5 号口导线就可以点亮 LED。

### ■ 2.3.4 按键显示试验

**（1）硬件连接** 实现本试验需要的硬件有：薄膜 4×4 键盘一个（实物图及原理图如图 2-38 所示），面包板一块，导线若干。参照图 2-39，将 4×4 薄膜键盘的 1～8 脚依次连接至开发板的数字引脚 2～9 上。

（a）实物图

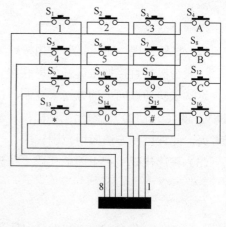
（b）原理图

图 2-38   4×4 薄膜键盘

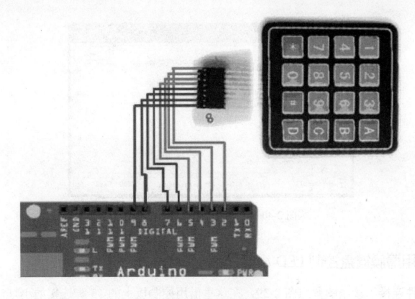

图 2-39 实际接线图

**（2）程序代码** 把下面代码上传至 Arduino 控制板上，然后将程序下载到开发板中。

```
#inslude<Keypad.h>

const byte ROWS=4;//定义4行
const byte COLS=4;//定义4列
char keys[ROWS][COLS]={
  {'1','2','3','A'}
  {'4','5','6','B'}
  {'7','8','9','C'}
  {'*','0','#','D'}
}
//连接4×4按键的行位端口，相应控制板的数字I/O口
byte rowPins[ROWS]=[2,3,4,5];
//连接4×4按键的列位端口，相应控制板的数字I/O口
byte rowPins[COLS]=[6,7,8,9];

调用类库功能函数
Keypad keypad=keypad(makeKeymap(keys),rowPins,colPins,ROWS,COLS);

void setup()
  serial begin(9600);
}
void loop()
  char key=keypad,gttkey();
  if(key!=NO-KEY){
    serialPrintIn(key);
  }
}
```

**（3）试验结果** 将程序下载到试验板后，打开串口工具，此时按下键盘上的某个键，在串口工具上显示该按键的值。如图 2-40 所示，按下"#"，则显示如下。

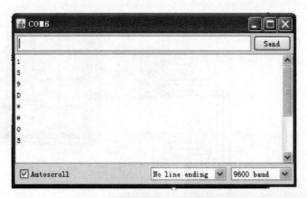

图 2-40　串口工具中显示的按键值

## 2.3.5　用薄膜键盘控制 LED 小灯试验

**（1）硬件连接**　接线图参照图 2-39，在这里借用控制板上的 13 脚连接的小灯。

**（2）程序代码**

```
#include<Keypad.h>

const byte ROWS=4;//定义 4 行
const byte COLS=4; //定义 4 列
char keys[ROWS][COLS]={
  {'1','2','3','A'}
  {'4','5','6','B'}
  {'7','8','9','C'}
  {'*','0','#','D'}
}
//连接 4×4 按键的行位端口，相应控制板的数字 I/O 口
byte rowPins[ROWS]=[2,3,4,5];
//连接 4×4 按键的列位端口，相应控制板的数字 I/O 口
byte rowPins[COLS]=[6,7,8,9];

leypad keypad=keypad(makeKeymap(keys),rowPins,colPins,ROWS,COLS);
byte ledPin=13;
boolean blink=false;

void setup(){
  serial,begin(9600);
  pinMode(ledPin,OUTPUT);                //sets the digital pin as output
  digitalWrite(ledPin,HIGH);             //sets the LED on
  keypad.addEventListener(keypadEvent);  //add an event lostener for this
  keypad
}

void loop(){
  char key=keypad,getKey()

  if (key!NO-KEY){
    seria;Print In(key);
  }
if(blink){
```

```
        digitalWrite(ledPin,digitalRead(ledPin));
        delay(100);
        }
    }

//take care of some special events
void keypadEvent(KeypadEvent key){
  switch(keypad,getState()){
  case PRESSED:
  switch(key){
    case'#':digitalWrite(ledPin,digitalRead(ledPin));break;
    case'*':
      digitalWrite(ledPin,digitalRead(ledPin));
    break;
  }
break:
case RELEASED:
  switch(key){
    case'*':
      digitalWrite(ledPin,digitalRead(ledPin));
      blink=false;
    break;
    }
    break;
    case HOLD:
      switch(key){
        case'*':blink=true;break;
      }
    break;
  }
}
```

（3）**试验结果**　该程序，当按下按键"*"不放时，控制板自带的 13 脚 LED 灯将一直亮，直至释放按键"*"；当按下按键"#"，然后就释放时，13 脚小灯将一直亮，再按一下"#"时，小灯熄灭。

## ■ 2.3.6　抢答器试验

（1）**硬件连接**　薄膜键盘部分的连接参照图 2-39 接线，按照图 2-41 连接蜂鸣器和两个 LED。

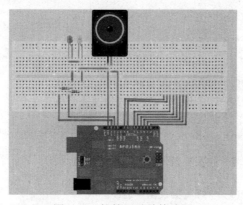

图 2-41　抢答器试验接线图

**（2）程序代码**

```
#include<Keypad.h>

const byte ROWS=4;//定义 4 行
const byte COLS=4;//定义 4 列
char KEYS[ROWS][COLS]={
  {'1','2','3','A'}
  {'4','5','6','B'}
  {'7','8','9','C'}
  {'*','0','#','D'}
}
//连接 4×4 按键的行位端口，相应控制板的数字 I/O 口
byte rowPins[ROWS]=[2,3,4,5];
//连接 4×4 按键的列位端口，相应控制板的数字 I/O 口
byte rowPins[COLS]=[6,7,8,9];
Keypad keypad=keypad(makeKeymap(keys),rowPins,colPins,ROWS,COLS);
byte ledPin=13;
byte greenLed=12;
byte buzzerPin=11;
boolean blink=false;
void buzzer()//蜂鸣器发出"嘀"声音子程序
{
    for(int i=0;i<80;i++)
     {
    digitalWrite(buzzerPin,HIGH);// 发声音
    delay(1);延时 1ms
    digitalWrite(buzzerPin,HIGH);//  不发声音
    delay(1);延时 1ms
     }
}
    void setup(){
      pinmode(red Led,OUTPUT);
      pinMode(green Led,OUTPUT);
      pinMode(buzzerPin,OUTPUT);
      pinMode(red Led,LOW);
      pinMode(green Led,LOW);
      pinMode(buzzerPin,LOW);
      keypad addEventLisstener(keypadEvent);//add an event listener for this
       keypad
    }
    void loop(){
     char key=keypad.getKey();
    }
  //take care of some special events
  void keypad Event(keypadEvent key){
    switch(keypad,getState()){
    casePRESSED:
    switch(key){
        case1://按键 1 确实被按下
        {
            buzzer();//蜂鸣器发出声音
            igitalWrite(redLed,HIGH);//红灯亮
```

```
          digitalWrete(greenLed,LOW);//绿灯灭
        }break;
      case2//按键 2 确定被按下
      {
        buzzer();//蜂鸣器发出声音
        digitalWrits(redLed,LOW);//红灯灭
            digitalWrits(greenLed,HIGH)//绿灯亮
       }break;
      case3//按键 3 确定被按下
      {
        buzzer();//蜂鸣器发出声音
        digitalWrits(redLed,LOW);//红灯灭
        digitalWrits(greenLed,LOW)//绿灯灭
      }break;
      default:break;
    }
  break;
  }
}
```

**（3）试验结果**　按键 1 和 2 是抢答按键，按键 3 是清除按键。如果按键 1 先被按下，蜂鸣器发出提示音，红灯亮，绿灯灭；如果按键 2 先按下，蜂鸣器发出提示音，绿灯亮，红灯灭；如果按键 3 被按下，蜂鸣器发出提示音，将红灯和绿灯都熄灭。

两名选手各选一个按键，当比赛开始后进行抢答，谁先按下按键对应的灯就会亮起来。裁判可根据亮灯情况提示参赛选手答题，本次结束后，裁判按下按键 3 清除现在亮灯的情况（即将亮着的灯都熄灭）。

# 2.4　移位寄存器应用试验

74HC595 具有 8 位移位寄存器和一个存储器，以及三态输出功能，这里用它来控制 8 个 LED 小灯。

## ■ 2.4.1　二进制数制

人类使用以 10 为基数的十进制数制系统，是因为手上有 10 根手指。计算机没有手指，因此对计算机来说最好的办法就是使用相当于手指的东西，这就是状态开或关（1 或 0）。一个逻辑设备，如计算机，能检查一个电压是存在（1）还是不存在（0），因此用二进制或基数为 2 的数字系统。这种数字系统能很容易地在一个电路中用高或低电压状态来实现。

十进制数制是 10，有 10 个数字，范围从 0 到 9。当数到 9 以后的下一个数时，这个数返回为 0，但是它的左侧的十位上加 1，一旦十位到了 9，再加 1 将使十位清零，但是十位左侧的百位上加 1，依此类推：

000，001，002，003，004，005，006，007，008，009
010，011，012，013，014，015，016，017，018，019
020，021，022，023，024……

在二进制系统中，与此完全相同，只是最大数为 1，因此给 1 加 1，这个数位清零，而左边进位加 1：

000，001

010，011

100，101

......

表 2-1 表示一个 8 位二进制数（或一个字节）。

**表 2-1　一个 8 位二进制数**

| $2^7$ | $2^6$ | $2^5$ | $2^4$ | $2^3$ | $2^2$ | $2^1$ | $2^0$ |
|---|---|---|---|---|---|---|---|
| 128 | 64 | 32 | 16 | 8 | 4 | 2 | 1 |
| 0 | 1 | 0 | 0 | 1 | 0 | 1 | 1 |

表 2-1 中的数字用二进制表示是 1001011，用十进制表示是 75。

它是这样计算出来的：

$1×1＝1$

$1×2＝2$

$1×8＝8$

$1×64＝64$

把这些都加起来，得到 75，表 2-2 显示了其他一些例子。

**表 2-2　其他一些例子**

| 十进制数 | $2^7$ 128 | $2^6$ 64 | $2^5$ 32 | $2^4$ 16 | $2^3$ 8 | $2^2$ 4 | $2^1$ 2 | $2^0$ 1 |
|---|---|---|---|---|---|---|---|---|
| 75 | 0 | 1 | 0 | 0 | 1 | 0 | 1 | 1 |
| 1 | 0 | 0 | 0 | 0 | 0 | 0 | 0 | 1 |
| 2 | 0 | 0 | 0 | 0 | 0 | 0 | 1 | 0 |
| 3 | 0 | 0 | 0 | 0 | 0 | 0 | 1 | 1 |
| 4 | 0 | 0 | 0 | 0 | 0 | 1 | 0 | 0 |
| 12 | 0 | 0 | 0 | 0 | 1 | 1 | 0 | 0 |
| 27 | 0 | 0 | 0 | 1 | 1 | 0 | 1 | 1 |
| 100 | 0 | 1 | 1 | 0 | 0 | 1 | 0 | 0 |
| 127 | 0 | 1 | 1 | 1 | 1 | 1 | 1 | 1 |
| 255 | 1 | 1 | 1 | 1 | 1 | 1 | 1 | 1 |

### ■ 2.4.2　8 位二进制计数器试验

使用移位寄存器驱动 LED 进行二进制计数，体地说，就是使用 Arduino 的 3 个输出引脚驱动 8 个独立的 LED。

本试验所需的硬件有：74HC595 移位寄存器一个，220Ω 电阻 8 个，M5LED 发光管 8 个（最好是 4 个红色、4 个绿色的）。

（1）**硬件连接**　仔细地按图 2-42 连线。连接 3.3V 电源到面包板的顶部，地线连到底部。在芯片一端有一个小凹坑，把凹坑朝向左侧。这时芯片引脚 1 在凹坑的下边，引脚 8 在芯片右端下侧，引脚 9 在芯片顶部右侧，引脚 16 在芯片顶部左侧。

图 2-42 为实际接线图，图 2-43 为电路原理图。

现在用导线把 3.3V 电源与 74HC595 芯片的引脚 10 和 16 连起来，把地与 74HC595 芯片的引脚 8 连起来。然后用一根导线把 Arduino 引脚 5 和 74HC595 芯片的引脚 12 连起来，再用一根线把 Arduino 数字引脚 2 和 74HC595 芯片的引脚 14 连接起来，最后把 Arduino 数字引脚 4 和 74HC595 芯片的引脚 11 连起来。

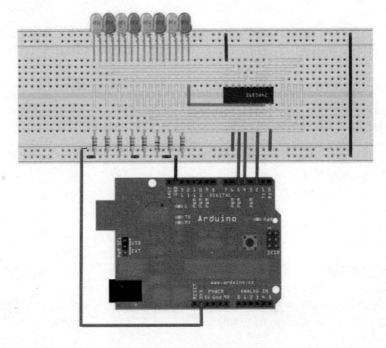

图 2-42　实际接线图

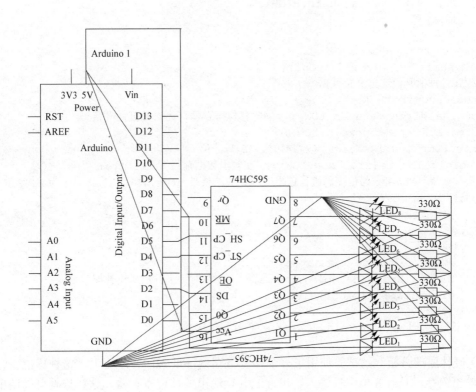

图 2-43　电路原理图

8 个 LED 的负极分别通过一个 220Ω 的电阻与地连接起来。之后将 LED$_1$ 的正极连接到芯片引脚 15 上，LED$_2$ 到 LED$_8$ 的正极依次连接到芯片的引脚 1 到引脚 7 上。

所有元件连接完毕后，再次检查连线是否正确。特别是要检查 IC 和 LED 的极性连接是否正确。

**（2）程序代码** 输入下面的程序代码，之后上传到 Arduino 板上，运行代码，然后会看到每个 LED 独立地点亮和熄灭，它们每秒变化一次，以二进制方式从 0 加到 255，之后再重新开始。

程序代码：

```
int latchpin=5;//Arduino 连接到 74HC595 的引脚（Latch）
int clockpin=4;//Arduino 连接到 74HC595 的引脚（Clock）
int datapin=2;//Arduino 连接到 74HC595 的引脚（Data）
void setup(){
    //设置引脚为输出模式
    pinMode(latchpin,OUTPUT);
    pinMode(clockpin,OUTPUT);
    pinMode(datapin,OUTPUT);
}
void setup(){
    //从 0 到 255 计数
    for (int i=0;i<256;i+=){
        //设置 latchpin 引脚为 LOW，允许数据输入芯片
        digitalWrite(latchpin,HIGH);
        shiftOut(i);
        //设置 latchpin 引脚为 HIGH，锁存数据并送出数据
        digitalWrite(latchpin,HIGH);
        delay(1000);
        }
}
void shiftOut (byte dataOut){
    //在时钟上升沿送出 8 位数据
    boolean pinState;
    digitalWirte(datapin,LOW);//清除移位寄存器，为送数据做准备
    digitalWrite(clockpin,LOW);
    for (int i=0;i<=7;i++){//送出数据的每一位
        digitalWrite(clockpin,LOW);//在输出数据前设置 clockpin 引脚为 LOW
        //如果 dataOut 与位掩码进行逻辑或运算的结果是 true,设置 pinState 为 HIGH
        if(dataOut&(1<<i)){
            pinState=HIGH
        }
        else{
            //根据 pinState 设置 datapin 为 HIGH 或 LOW
            digitalWrite(datapin,pinState);//在时钟上升沿送出数据
            digitalWrite(clock,HIGH);
        }
    digitalWrite(clockpin,LOW);//停止移位输出数据
}
```

**（3）硬件原理分析** 该试验使用了一个移位寄存器，即 74HC595 芯片。这种移位寄存器是一种带输出锁存，具有 8 位串行输入，串行或并行输出的移位寄存器，这意味着可以用串行方式输入移位寄存器数据，用并行方式输出数据，串行的意思是每个动作只操作一次数据，并行的意思是每个动作同时操作多位（在这里是 8 位）数据。

当 74HC595 芯片的 Latch 引脚设置为 LOW 时，数据输入（也就是允许数据进入芯片），当 Latch 引脚设置为 HIGH 时，数据输出，因此给移位寄存器输入数据时（以 1 或 0 的方式），每个动作只输入一位数据，然后一个输出动作同时输出 8 位数据，当输入下一位时，已经输入的二进制数据一同向左移动。如果第 9 位数据在 Latch 设为 HIGH 之前输入，则第一个输入的数据将超出输入序列的最左端而永久丢失。

移位寄存器一般用来实现从串行到并行数据的转换，在这种情况下，输出的数据是 1 或 0（也就是 0V 或 3.3V），因此可以用它来开关一组中的 8 个 LED。

这个试验中的移位寄存器只需要使用 Arduino 的 3 个输出引脚。

Arduino 的输出和 74HC595 的输入见表 2-3。

表 2-3　使用的引脚

| Arduino 引脚 | 74HC595 引脚 | 描述 |
| --- | --- | --- |
| 5 | 12 | 存储寄存器时钟输入 |
| 2 | 14 | 串行数据输入 |
| 4 | 11 | 移位寄存器时钟输入 |

74HC595 芯片引脚 12 为时钟引脚，引脚 14 为数据引脚，引脚 11 为锁存器引脚。

可以把锁存器想象成一个门，当门的设置是低（LOW）时它允许数据进入 74HC595 中，不允许 74HC595 中的数据输出，但是数据可以输入，当门的设置是高（HIGH）时，不允许数据输入，但是移位寄存器的数据已释放到 8 个引脚上（QA～QH 或 Q0～Q7，引脚号以说明书为准，如图 2-44 所示）。Clock 只是 0、1 脉冲。数据引脚是指从 Arduino 发送数据到 74HC595 的引脚。

为了使用移位寄存器，Latch 引脚和 Clock 引脚必须设置为 LOW。Latch 引脚必须保持为 LOW，直到 8 位全部设置完毕。设置 Latch 引脚为 LOW 可允许数据进入寄存器（寄存器只是 IC 内部存储 1 或 0 的地方），在数据引脚出现 HIGH 或 LOW 信号之后，设置 Clock 引脚为 HIGH。设置 Clock 引脚为 HIGH 可以把出现在数据引脚上的数据存入寄存器。做好这些之后，再次设置 Clock 为 LOW，将第二位数据送入数字引脚。重复以上动作 8 次，可将 8 位数据输入 74HC595，之后 Latch 引脚为 HIGH，从寄存器传送数据到移位寄存器，并通过引脚 Q0～Q7 输出（引脚 15 和引脚 1～7）。

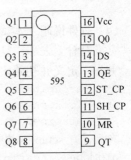

图 2-44　74HC595 芯片的引脚图

这些动作发生的顺序在表 2-4 中进行了描述。

表 2-4　数据传输和序列

| 引脚 | 状态 | 说明 |
| --- | --- | --- |
| Latch | LOW | Latch 引脚为 LOW 允许数据进入 |
| Data | HIGH | 数据的第一位(1) |
| Clock | HIGH | Clock 引脚设置为 HIGH,数据存储 |
| Clock | LOW | 为下一位输入做好准备 |
| Data | HIGH | 数据的第二位(1) |
| Clock | HIGH | 第二位存储 |
| …… | …… | …… |
| Data | LOW | 数据第 8 位(0) |
| Clock | HIGH | 存储数据 |
| Clock | LOW | 禁止任何新数据存储 |
| Latch | HIGH | 并行送出 8 位数 |

为了在本试验中全面描述单个移位寄存器的使用方法,将 8 个 LED 连接到寄存器的 8 个输出上。Latch 设置为 LOW 时,数据可以输入。数据被送入 Data 引脚,每次输送一位,但是只有 Clock 引脚设置为 HIGH 时,才会存储数据。之后 Clock 引脚状态变为 LOW,准备接收数据的下一位。当所有 8 位数据输入完之后,Latch 引脚设置为 HIGH,阻止更多的数据输入,并且根据寄存器的状态设置 8 个输出引脚为 HIGH(3.3V)或 LOW(0)。

如果想更多有关移位寄器的说明,可查看地芯片上的序列号(如 74HC595N 或 SN74HC595N 等),之后用该序列号进行搜索,找到所用芯片的说明书。

74HC595 芯片的用途非常广泛,当然,它也能在配置中增加数字输出引脚的数量。标准的 Arduino 有 19 个数字输出引脚(6 个模拟引脚也用作数字输出引脚,引脚号从 14 到 19)。使用 8 位移位寄存器,可以把输出引脚数量扩展到 49 个(6 乘以 74HC595 的引脚数加上一个左溢出引脚)。芯片的运行速度非常快,通常情况下是 100MHz,即在需要的情况下,大约每秒送出数据 100 万次(如果 Arduino 有能力这样做的话)。这意味着,可以通过软件给 IC 送出 PWM 信号,使得 IC 也有能力控制 LED 的亮度。

因为所输出的只是电压的开和关,所以它也可以用来开关其他低电压设备(通过使用三极管或继电器甚至可以开关高电压设备),或者输出数字信号到设备(如老式的点阵打印机或其他串行设备)。

🔧 **注意**

各制造厂商生产的 74HC595 移位寄存器基本一样,但也能买到更大的移位寄存器,它们有 16 个输出引脚甚至更多。一些 IC 也在说明书中被宣传为 ED 驱动芯片,然而它只是更大的移位寄存器而已(如 STMicroelectronics 公司的 M5450 和 M5451)。

(4)软件说明　本试验代码刚开始看的时候好像有些难,但是当把它分成几个部分时,会发现它没有看上去那样复杂。

首先,定义并初始化 3 个要用到的引脚:

```
int latchpin=5;
int clockpin=4;
int datapin=2;
```

之后,在 setup 函数中,把引脚设置为输出模式:

```
pinMode(latchpin,OUTPUT);
pinMode(clockpin,OUTPUT);
pinMode(datapin,OUTPUT);
```

主循环只是一个从 0 到 255 的 for 循环。在每一次循环过程中,Latch 引脚设置为 LOW,允许数据输入,之后调用 shiftOut 函数,将 for 循环中的 i 值传递给这个函数。然后 Latch 引脚设置为 HIGH,禁止数据输入,设置 8 个引脚的输出。最后在执行下一个循环之前,延时 500ms:

```
void loop(){
//从 0 到 255 计数
for(int i=0;i<256;i++){
//设置 Latch 引脚为 LOW,允许数据输入
digitalWrite(latchpin,LOW);
shiftOut(i);
//设置 Latch 引脚为 HIGH,锁存并送出数据
digitalWrite(latchpin,HIGH);
delay(500);
}
```

shiftOut 函数接受的参数是一个字节(8 位元数字),表示一个在 0 到 255 之间的数。在这个试验中选择一个字节为参数,它的长度正好为 8 位,因此只需要给移位寄存器送一个 8 位数:

```
void shiftOut(byte dataOut{
```

之后初始化一个叫做 pinState 的布尔变量。epinState 存储输出数据时（1 或 0）引脚的状态：

```
boolean pinState;
```

数据和时钟引脚设置为 LOW，以便于重置数据和时钟引脚，准备更新数据：

```
digitalWrite(datapin,LOW);
digitalWrite(clockpin,LOW);
```

之后，准备以串行方式向 74HC595 芯片送出 8 位数字，每次一位，用一个循环 8 次的 for 语句实现：

```
for(int  i=0;i<=7;i++)  {
```

在送出一位数据前，将时钟引脚设为 LOW：

```
digitalWrite(clockpin,LOW);
```

现在，使用一个 if/else 语句决定 pinState 的值是 1 还是 0：

```
if(dataOut &(1<<i))  {
   pinState=HIGH;
}
else {
   pinState=LOW;
}
```

if 语句的条件是：

```
dataOut  &(1<<i)
```

这是一个位屏蔽的例子。if 语句的条件使用了按位操作符。这些逻辑操作符与之前用到的布尔运算相似。然而，按位操作符是在位级别上的运算。

在这个例子里，使用按位与（&）操作进行两个数之间的逻辑运算，第一个数是 dataOut，第二个数是（1<<i）运算的结果。在学习其他的知识之前，先看一下按位操作。

按位操作：按位操作对变量在位级别上进行计算，有 6 个常用的按位操作。

① &：按位与。

② |：按位或。

③ ^：按位异或。

④ ~：按位非。

⑤ <<：按位左移。

⑥ >>：按位右移。

按位操作只能在两个整型数之间执行。每个操作执行相应的逻辑规则计算。首先详细看一下按位与运算符，之后再介绍其他运算符。

按位与（&）：按位与操作根据如下规则进行计算。

如果两个操作数相同位上都是 1，则输出结果的该位上也是 1，否则为 0。

这个规则的另一种描述是：

```
0011    操作数 1
0101    操作数 2
…
0001    (操作数 1&操作数 2)
```

典型的整型数是 16 位数值。因此，使用&在两个整型数之间展开计算产生 16 个并行的与操作，代码如下：

```
int x=77;  //二进制:0000000010001101
int y=121; //二进制:0000000001111001
int z=x&y;//二进制:0000000001001001
```

即 77&121=73。

按位或（|）：如果两个操作数相同位上至少有一个是 1，则输出结果的该位上也是 1，否

则是 0。

    0011    操作数 1

    0101    操作数 2

    …

    0111    （操作数 1 | 操作数 2）

按位异或（^）：如果两个操作数对应位上的数相同，结果为 0，不同则结果为 1。

    0011    操作数 1

    0101    操作数 2

    …

    0110    （操作数 1^操作数 2）

按位非（~）：按位非操作符只有一个操作数在操作符的右侧。

输出变成输入的取反。

    0011    操作数 1

    …

    1100    操作数 1

按位左移（<<）、按位右移（>>）：按位操作符向左或向右移动一个整数表示的位数，移动的位数由操作符右侧的数指定。

变量<<左移位数

例如：

```
byte  x=9;    //二进制:00001001
byte  y=x<<3; //二进制:01001000(或者十进制 72)
```

任何移出行端部的数据都将永久丢失，可以使用按位左移实现用 2 乘以一个数的运算，按位右移相当于用 2 去除这个数。

现在已经了解了按位移操作符，下面重新回到代码。

if-lse 语句的条件是：

```
dataOut  &(1<<i)
```

这是一个按位与（&）操作符，右侧括号的操作是一个左移操作，这是一个位掩码。74HC595 一次只能接收数据中的一位。因此需要将 dataOut 中的 8 位数转化为单个比特，也就是要返回一个字节 8 位中的每一位，位掩码确保 pinState 变量根据位屏蔽计算的结果设置为 1 或 0。右侧的操作数是把 1 按位移动 i 位，因为 for 循环使 i 从 0 递增到 7，可以看到数字 1 通过每次循环位移动 i 位得到如下的二进制数结果（表 2-5）。

表 2-5　1<<i 的结果

| 1 的值 | (1<<i)的二进制结果 |
| --- | --- |
| 0 | 00000001 |
| 1 | 00000010 |
| 2 | 00000100 |
| 3 | 00001000 |
| 4 | 00010000 |
| 5 | 00100000 |
| 6 | 01000000 |
| 7 | 10000000 |

因此，可以看到使 1 从右向左移动的结果。

现在，与操作的规则是：如果操作数相应位上都是 1，则结果是 1，否则输出是 0。

所以对于条件

```
dataOut  &(1<<i)
```

如果操作数与位掩码相同位置处的数都是 1，则逻辑与运算的结果是 1，否则是 0。例如，dataOut 是十进制数 139 或二进制数 10001011，那么每次循环的计算结果如表 2-6 所示。

表 2-6　10001011<<i 的结果

| 1 的值 | (1<<i)的二进制结果 |
| --- | --- |
| 0 | 00000001 |
| 1 | 00000010 |
| 2 | 00000100 |
| 3 | 00001000 |
| 4 | 00010000 |
| 5 | 00100000 |
| 6 | 01000000 |
| 7 | 10000000 |

因此，每次第 1 位是 1（从右向左读）时，运算结果大于 1（或 TRUE）。每次第 1 位是 0 时，结果是 0（或 FALSE）。

如果条件运算结果大于 0（换句话说，如果相应位上的数是 1），执行 if 语句中的代码，否则执行 else 语句中的代码（如果该位的值是 0）。

因此再看一遍 if-else 语句：

```
if (dataOut & (1<<i)) {
  pinState=HIGH;
}
else {
  pinState=LOW;
}
```

通过参数表 2-6 中的真值表，可能看到在 dataOut 的值中比特值为 1 时，pinState 将设置为 HIGH，为 0 时，pinState 将设置为 LOW。

下一部分代码用来将高或低状态写到数据引脚，然后设置时钟引脚为高，把这个位写入存储寄存器：

```
digitalWrite(datapin,pinstate);
digitalWrite(clockpin,HIGH);
```

最后，时钟引脚设置为低，确保不再有比特数据写入：

```
digitalWrite(clockPin,LOW);
```

因此，简单地说，这段代码逐个查找 dataOut 值的 8 个比特，依据结果设置数据引脚的状态为高或低，之后把值写入存储寄存器中。

这种方法把一个 8bit 的数每次一比特送入 74HC595 芯片中，之后主循环设置 Latch 引脚为 HIGH，把这 8 个比特同时送到移位寄存器的引脚 15 和 1～7（QA～OH）上。所得到的结果是 8 个 LED 显示存到它的移位寄存器内的二进制数。

# 2.5　驱动 LED 显示器试验

## ■ 2.5.1　LED 点阵显示模块

把多个 LED 封装在一起就构成了一个 LED 点阵显示模块，其中最典型的是 8×8LED 矩阵，共 64 个 LED。其结构为每一行中的 LED 的正极或者负极连在一块组成矩阵。LED 点阵显示模块分共阳极和共阴极两种，在一个共阳极 LED 点阵模块里，把每一行中 LED 的阳极连在一起，每一列中 LED 的阴极连在一起。共阴极模块则正好相反，共阳极和共阴极模块的原理图如图 2-45 所示。

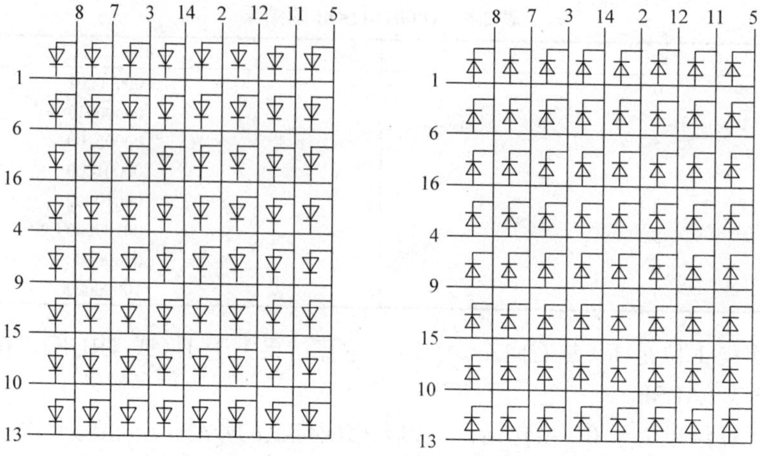

图 2-45 LED 模块内部（左：共阳极；右：共阴极）

一个典型的 8×8 单色点阵模块有 16 个引脚，8 行 8 列。也可以使用双色模块（如红色和绿色）甚至全色 RGB（红色、绿色、蓝色）模块——用于大型电视墙上。双色或全色模块在每个像素点上有两个或三个 LED，它们非常小并且距离非常近。

通过改变每个像素点上红、绿、蓝的组合模式及亮度可以得到任何颜色。所有行或列的引线连在一起的原因是最小化所需要引脚的数量。如果不采用这种方法，一个单色 8×8 点阵模块就要用到 65 个引脚，每一个 LED 需要一个引脚加上一个共阴极或共阳极的引脚，而使用把行和列连起来的方法只需要 16 个引脚。

然而，问题是如果想点亮一个特定位置上的特定的 LED，例如，有一个共阳极模块，希望点亮 X 和 Y 位置为 5 和 3（第 5 列、第 3 行）的 LED，那么需要给第 3 行的阳极通电，第 5 列的阴极接地。第 5 列第 3 行的 LED 将被点亮（如图 2-46 所示）。

如果还想同时点亮第 3 列、第 6 行的 LED，则要给第 6 行施加电流，将第 3 列引脚连到地。第 3 列、第 6 行的 LED 将被点亮，但是因为第 3 行、第 5 列也施加了电流，所以第 3 列、第 3 行和第 5 列、第 6 行的 LED 也将被点亮（如图 2-47 所示）。

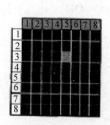

图 2-46 第 5 列第 3 行 LED 被点亮

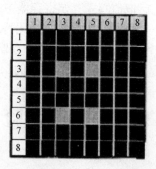

图 2-47 第 3 列、第 3 行和第 5 列、第 6 行的 LED 也被点亮

也就是给第 3 行和第 6 行 LED 供电，将第 3 列和第 5 列接地。所以在不关掉希望点亮的 LED 的前提下，不能关闭不希望点亮的 LED。很明显，没有办法只点亮所需要的 LED 而不点亮不希望的 LED，因为它们的行列线是连在一起的。要想能分别点亮每一个 LED，唯一的办法

是每一个 LED 都引出一个独立的引脚，这意味着引脚数会从 16 增加到 65。一个 65 个引脚的点阵模块将非常难以接线和控制，因为所需要的微控制器至少要有 64 个数字输出引脚。

## 2.5.2　多路复用技术

多路复用技术可以解决上面所提到的显示模块中各 LED 引脚不独立的问题，多路复用是一种在同一时间只开一行显示的技术。选择包含想点亮的 LED 的行和列，给该行上电（或者可用于共阳极 LED 的其他方法），行中的 LED 将点亮。之后关闭该行，打开下一行。对所选择的列执行同样的操作，第二行中的 LED 将被点亮。重复以上操作，分别打开每一行直到最后一行。之后，重新从第一行开始。

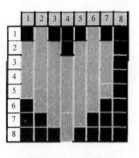

图 2-48　显示图形

如果运行得足够快（大约 100Hz，或者每秒 100 次），那么视觉暂留现象（已经消失的图像在视网膜上停留 1/25s 的现象）将静态地显示图像，尽管每行是按顺序交替开关的。

通过使用这项技术，可以点亮单个 LED 而没有使在同一行或一列中的其他 LED 也被点亮。例如，要在显示器上显示如图 2-48 所示的图形。那么每一行将像图 2-49 一样被点亮。通过以非常快的速率（大于 100Hz）向下扫描每一行点亮这行相应的列中的 LED，人类的眼睛通过静态的方式感知这个图像，因此在 LED 显示器上看到了一个心形图像。

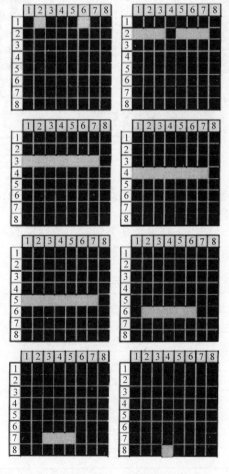

图 2-49　每一行点亮的 LED

### ■ 2.5.3　LED 点阵显示模块基本动画试验

（1）硬件连接　本试验需要准备 2 个移位寄存器（74HC595）和 8 个限流电阻，同时还需要一个共阳极点阵显示器及其说明书，以便于查看说明书来了解点阵显示器的引脚与哪一行或哪一列的 LED 连接。

仔细检查电路。在电路连接完成之前，不要给 Arduino 上电。这一点非常重要，否则有可能会损坏移位寄存器或点阵显示器。这个电路非常复杂，因此接线时要十分小心。连接电路时要慢一点，有条不紊地进行。

图 2-50 的连线图是基于一个小型 8×8 红色点阵显示模块的。但是，显示器可能（非常可能）与所用的引脚完全不同，因此必须仔细研读所用器件的说明书，保证把移位寄存器引脚正确地连接到点阵显示器相应的引脚上。

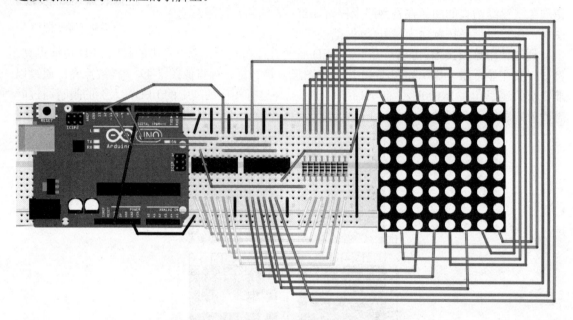

图 2-50　LED 点阵显示器基本动画试验的电路图

为了学起来更轻松，表 2-7 给出了移位寄存器引脚与所连接的点阵显示器引脚的对应关系。根据这个表调整电路，确保所连接的电路是正确的。

表 2-7　点阵显示器需要的引脚

| 行　号 | 移位寄存器 1 | 移位寄存器 2 |
| --- | --- | --- |
| 行 1 | 引脚 15 | |
| 行 2 | 引脚 1 | |
| 行 3 | 引脚 2 | |
| 行 4 | 引脚 3 | |
| 行 5 | 引脚 4 | |
| 行 6 | 引脚 5 | |
| 行 7 | 引脚 6 | |
| 行 8 | 引脚 7 | |

续表

| 列　　号 | 移位寄存器 1 | 移位寄存器 2 |
|---|---|---|
| 列 1 | | 引脚 15 |
| 列 2 | | 引脚 1 |
| 列 3 | | 引脚 2 |
| 列 4 | | 引脚 3 |
| 列 5 | | 引脚 4 |
| 列 6 | | 引脚 5 |
| 列 7 | | 引脚 6 |
| 列 8 | | 引脚 7 |

本试验所用的点阵显示器的原理图如图 2-51 所示。可以看到行号和列（正极和负极）号不是按逻辑顺序排列的。根据表 2-7 和概略图 2-51 可以看到，移位寄存器 1 的引脚 15 需要与点阵显示器的第一行相连，因此要连到显示器的引脚 9 上，移位寄存器的引脚 1 需要与第二行相连，因此要连到显示器的引脚 14 上，依此类推。

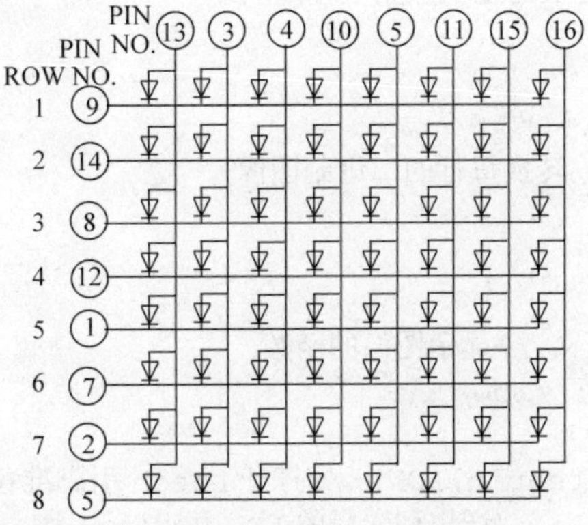

图 2-51 一个典型的 8×8 点阵显示器原理图

阅读所用显示器的说明书，通过以上的步骤去确定移位寄存器引脚和 LED 显示器引脚的连接关系。

**（2）程序代码**　确认连线正确之后，输入下列代码，上传到 Arduino，同时需要下载 Timer One 库，可以从 Arduino 的网站 www.arduino.cc/palyground/Code/Timer 下载。下载完该库之后，解压，并把 TimerOne 的完整文件夹放到 Arduino 安装目录中的 hardware/libraries 文件夹内。这是一个外部库的例子，Arduino 的 IDE 预安装了许多库，如 Ethernet、LiquidCrystal、Servo 等，TimerOne 库是一个外部库，仅需要下载并将它的文件夹放在 ArduinoIDE 的库文件夹中（只有重启 IDE 之后才能被注册）。

库只是其他已经编写完并且别人也可使用的代码的集合。使用库避免了重新编写代码的麻烦。这就是代码复用，它可以加快项目开发的速度。如果某些人已经编写了一套代码去执行特定的任务，而且把代码放在公共领域与大家分享，那么其他人就可以直接使用这些代码。

一旦代码运行，将会在显示器上看到一个心形图案。大约每隔半秒，显示器上原来亮的 LED 关闭，原来关闭的 LED 点亮，这种明暗转换使图像出现简单的动画效果。

本试验的程序代码如下所示：

```
#include<TimerOne.h>
int latchpin=8;//Arduino 连接到 74HC595(Latch)引脚 12 上的引脚
int clockpin=12;//Arduino 连接到 74HC595(clock)引脚 11 上的引脚
```

```
int datapin=11;//Arduino 连接到 74HC595(data)引脚 14 上的引脚
byte led(8);//存储子画面的 8 元素无符号整型数组
void setup(){
  pinMode(latchpin,OUTPUT);//设置数字引脚 3 为输出模式
  pinMode(clockpin,OUTPUT);
  pinMode(datapin,OUTPUT);
  led[0]=B11111111;//输入二进制表示的图像
  led[1]=B10000001;//输入到数组
  led[2]=B10111101;
  led[3]=B10100101;
  led[4]=B10100101;
  led[5]=B10111101;
  led[6]=B10000001;
  led[7]=B11111111;
  //设置定时长度为 10000ms(1/1000s)的定时器
  timer initialize(10000);
  //连接定时中断服务程序到 csreenupdata 函数
  timerl.attachinterrupt csreenupdata;
}
void loop(){
  for (int i=0;i<8;i++){
    led[i]=~led[i]; //转换每行的二进制图像
  }
  delay(500)
}
void screenUpdata()  { //显示图像的函数
  byte row=B10000000;//row 1
  for (byte  k=0;k<9;k++){
      digitalWrite(latchpin,LOW);//打开 Latch 引脚准备接收数据
      shiftIn(-led[k]); //送出翻转后的 LED 数组
      shiftIn(row);//送出二进制数
      //关闭 Latch 引脚从寄存器送出数据控制点阵显示器
      digitalWrite{latchpin,HIGH};
      row=row<<1;//向左移位
   }
}
void shiftIn(byte dataOut)  {  //在时钟上升沿低位优先送出 8 位数字
  boolean pinState;
  digitalWrite(datapin,LOW);// 清除移位寄存器准备送数据
  fow(int i=0;i<8;i++)  {//送出 dataOut 的每一位
    //在送数据前设置 clockpin 引脚为 LOW
    digitalWrite(clockpin,LOW)
    //如果 dataOut 与掩码进行与运算的结果是 true,设置 pinState 为 HIGH
    if(dataOut  &  (1<<i)  {
      pinState=HIGH;
    }
    else {
      pinState=LOW;
    }
    //根据 pinState 设置 datapin 引脚为 HIGH 或 LOW
    digitalWrite(datapin,pinState);
    digitalWrite(clockpin,HIGH);//在时钟上升沿送出数据
```

```
      digitalWrite(datapin,LOW);
    }
    digitalWrite(clockpin,LOW);//停止对移位寄存器操作
  }
```

**（3）代码说明**　这个试验的代码使用了 Atmega 芯片的一个叫硬件时钟中断的功能。它是一个芯片上自带的计时器，可用于触发一个事件。在这个例子里设置每 10ms 触发一次 ISR（中断服务程序），即每秒触发 100 次 ISR。

该试验使用了一个叫做 TimerOne 的函数库，它简化了使用中断的过程。TimerOne 使产生中断服务程序十分容易。只要简单地告诉函数中断间隔时间（此处是 10ms）和当中断触发时希望被激活的函数的名称[在这个例子中，它是 screenUpdate()函数]即可。

TimerOne 是一个外部库，因此需要加载到编写好的代码中，这需要使用 include 命令：

```
#include<TimerOne.h>
```

之后，声明移位寄存器的接口引脚：

```
int latchpin=8;//连接 74HC595(Latch)引脚 12 上的引脚
int clockpin=12;//连接 74HC595(Clock)引脚 11 上的引脚
int datapin=11;//连接 74HC595(Data)引脚 14 上的引脚
```

之后，定义一个有 8 个元素的 byte 型数组，led[8]数组用来存储要在点阵显示器上显示的图像。

```
byte   led[8];//8 个元素的无符号整型数组用来存储图像
```

在 setup()函数中，设置 latch、clock、data 引脚为输出：

```
Void setup()   {
  pinMode(latchpin,OUTPUT);//设置 3 个数字引脚模式为 OUTPUT
  pinMode(clockpin,OUTPUT);
  pinMode(datapin,OUTPUT);
```

引脚设置为输出之后，将 8 位二进制图像存储在 led 数组中，图像将显示在 8×8 点阵显示器上。

```
led[0]=B11111111;进入二进制形式表现的图像
led[1]=B10000001;//进入数组
led[2]=B10111101;
led[3]=B10100101;
led[4]=B10100101;
led[5]=B101111101;
led[6]=B10000001;
led[7]=B11111111;
```

通过观察以上数组可以看出，它是一个"回"字形图像。数组元素中位为 1 表明相应位置的 LED 点亮，0 表示相应位置的 LED 熄灭。当然也可以自己调整相应的 1 和 0，使 LED 显示任何 8×8 图形。

随后，使用了 Timer 类。首先，这个类需以初始化激活它的频率。在这个例子里，所设置的周期是 10000μs，即 1/100s，一旦中断被初始化，需要连接这个中断到一个函数，当每个中断到来之时，执行这个函数，在这里连接的是 screenUpdate()函数，所以该函数将每 1/100s 执行一次：

```
//设置 timer 的长度是 10000μs(1s 的 1/100)
timer1.initalize(10000);
//连接 screenUpdate 函数到中断定时器
timer1.attachinterrupt(screenUpdate);
```

在主循环中，通过 for 循环逐个访问 LED 数组中的 8 个元素，或按位非操作符转换这 8 个元素的内容，通过将所有 1 转换成 0 或将 0 转换 1 将二进制图像翻转，等 500ms 之后重复运行。

```
for(int i=0;i<0;i++);  {
led(i)=-led[i];//翻转每行的二进制图像
}
delay(500);
```

接下来是 screenUpdate()函数，这个函数每 1/100s 被中断激活一次，这个函数是非常重要的，因为它的任务是保证点阵数组中的 LED 显示正确。这是一个非常简单但是有效的函数。

```
void screenupdate()  {//显示图像函数
byte row=B10000000;//第一行
for (byte k=0;k<9;k++){
digitalWrite(latchpin,LOW);//开锁存器准备接收数据
shiftIn(-led(k));//移出 LED 数组(反向的)
shiftIn(row);//移出行二进制数
//关闭锁存器,将寄存器中的数据送到点阵显示器
digitalWrite(latchpin,HIGH);
row=row<<1;//向左移动一位
}
```

声明一个叫 row 的字节变量并且用值 B10000000 初始化：

```
byte row=B10000000;//第一行
```

现在从 led 数组开始循环，将数据送到移位寄存器，之后程序是：

```
for (byte k=0;k<9;k++){
    digitalWrite(latchpin,LOW);//开锁存器准备接收数据
shiftIn(-led[k]);//led 数组(反向的)
shiftIn(row);//二进制数行
```

一旦送出当前行的 8 个比特，行中比特值转换到下一个位置，因此显示一行（因为 shiftIn 仅仅显示有 1 的那一行）。

```
row=row>>1；//按位右移
```

在硬件回顾中提到，多路复用技术的程序每一次仅显示一行，关闭这一行之后显示下一行。这是在 100Hz 的频率下进行的，对于人类的眼睛来说看这种闪烁太快了。

最后，使用 shiftIn 函数，与之前的移位寄存器试验相同，该函数也是将数据送到 74HC595 芯片中：

```
void shiftIn(byte dataOut)
```

因此，本试验最重要的概念是每 1/100s 中断一次。在程序中，只是使用屏上的寄存器数组的内容（在这里是 led[]），并且每次在点阵显示单元上显示一行，但是这样做的速率非常快，所以人看到的是各行同时点亮的效果。

程序的主循环只是改变屏幕缓冲区寄存器数组的内容，之后让中断处理函数做剩下的事情。

## ■ 2.5.4 滚动画面试验

本试验采用和上个试验相同的硬件电路，通过改变程序代码，以实现多帧动画从左到右滚动的图像效果。通过本试验，读者可以学习到多维数组和按位循环（或循环移动）的概念。

**（1）软件代码** 本试验的程序代码如下：

```
#include<TimerOne.h>
int latchpin=8;//Arduino 连接到 74HC595(Latch)引脚 12 上的引脚
int clockpin=12;//Arduino 连接到 74HC595(Clock)引脚 11 上的引脚
int datapin=11;//Arduino 连接到 (Data)引脚 14 上的引脚
byte frame=0
byte led[8][8]={{0,56,92,158,158,130,68,56},//
                {0,56,124,186,146,130,68,56},
```

```
                {0,56,116,242,242,130,68,56},
                {0,56,68,226,242,226,68,56},
                {0,56,68,130,242,242,116,56},
                {0,56,68,130,146,186,124,56},
                {0,56,68,130,158,158,92,56},
                {0,56,68,142,158,142,68,56},
void setup()    {
  pinMode(latchpin,OUTPUT);)//设置数字引脚 3 为输出模式
  pinMode(clockpin,OUTPUT);
  PinMode(datapin,OUTPUT);
  timerl.initialize(10000);//设置一个定时长度为 10000 μs 的定时器
  timerl.attachInterrupt(screenVpdate);//连接定时中断到 screenUpdate 函数
}
void loop()
  for(int i=0;i<8;i++){;//循环通过动画的 8 帧
    for(int j=0,j<8;j++){;//循环通过每帧的 8 行
      led[i][j]=led[i][j]<<1|led[i][j]>>7;//按位循环
    }
  }
  frame++;//到动画的下一帧
  if(frame>7){(frame=0;)//超过第 7 帧后返回到第 0 帧
  delay(100);//在每帧中间延时一会儿
}
void screenUpdate(){//显示图像的函数
  byte row=B10000000;//row  1
  for (byte k=0;k<9;k++){
    digitalWrite(latchpin,LOW);//开锁存引脚准备接收数据
    shiftIn(-led[frame][k]);//led 数组(取反)
    shiftIn(row);//行二进制组
    //关锁存、从寄存器送出数据控制点阵显示器
    digitalWrite(latchpin,HIGH);
    row=row>>1;//向左比特移位
  }
}
void shiftIn(byte dataOut) {
  //在时钟上升沿低位优先送出 8 位数据
  boolean pinState;
  //清空移位寄存器
  digitalWrite(datapin,LOW);
  //送出 dataOut 的每一位
  for(int  i=0;i<8;i++)  {
    //在送出数据前设置 clockpin 引脚为 LOW
    dititalWrite(clockpin,;LOW);
    //如果 dataOut 和掩码按位与计算结果是 true，设置 pinState 为 1（HIGH）
    if(dataOut  &  (1<<i))  {
      pinState=HIGH
    }
    else   {
      pinState=LOW
    }
    根据 pinState 设置 datepin 为 HIGH 或 LOW
    digitalWrite(datapin,pinState);
```

```
//在时钟上升沿送出数据
digitalWrite(clockpin,HIGH);
digitalWrite(datapin,LOW);
}
digitalWrite(clockpin,LOW);//停止操作移位寄存器
}
```

（2）试验结果　将上述代码下载到开发板后，可以在 LED 点阵显示模块上看到一个旋转车轮的动画效果。

（3）程序说明　由于本试验和 2.5.3 节试验硬件连接完全相同，所以直接对程序代码进行讲解。

还是加载 TimerOne 库，并且设置 3 个引脚来控制移位寄存器：

```
#include<TimerOne.h>
int latchpin=8;//Arduino 连接到 74HC595(Latch)引脚 12 上的引脚
int clockpin=12;//Arduino 连接到 74HC595(Clock)引脚 11 上的引脚
int datapin=11;//Arduino 连接到(Data)引脚 14 上的引脚
```

之后声明一个字节型变量并且初始化为 0，它用来存储 8 帧动画中的当前帧的编号：

```
byte  frame=0;//用来存储当前显示帧的变量
```

之后设置字节型的二维数组：

```
byte frame=0
byte led[8][8]={{0,56,92,158,158,130,68,56},
                {0,56,124,186,146,130,68,56},
                {0,56,116,242,242,130,68,56},
                {0,56,68,226,242,226,68,56},
                {0,56,68,130,242,242,116,56},
                {0,56,68,130,146,186,124,56},
                {0,56,68,130,158,158,92,56},
                {0,56,68,142,158,142,68,56},
```

数组的概念在以前已经介绍过了，数组是变量的集合，通过一个索引号来访问其中的变量。这个数组有些不同，因为它有两个元素索引号。声明了一个一维数组：

```
byte ledPin[]={4,5,6,7,8,9,10,11,12,13};
```

此处生成一个有两个索引号的二维数组。在这个例子中，数组是 8×8 的，总共 64 个元素。二维数组非常像一个二维数据表，因为可以通过相应的行、列号来获得一个单元的内容。表 2-8 显示了如何得到数组中的元素。

表 2-8　数组中的元素

| 项目 | 0 | 1 | 2 | 3 | 4 | 5 | 6 | 7 |
|---|---|---|---|---|---|---|---|---|
| 0 | 0 | 56 | 92158 | | 158 | 13068 | | 56 |
| 1 | 0 | 56 | 124186 | 146 | | 130 | 68 | 56 |
| 2 | 0 | 56 | 116242 | 242 | | 130 | 68 | 56 |
| 3 | 0 | 56 | 68226 | | 242 | 22668 | | 56 |
| 4 | 0 | 56 | 68 | 130242 | | 242116 | | 56 |
| 5 | 0 | 56 | 68 | 130146 | | 186124 | | 56 |
| 6 | 0 | 56 | 68130 | | 158 | 15892 | | 56 |
| 7 | 0 | 56 | 68142 | | 158 | 14268 | | 56 |

数组索引中的第一个数字代表行，如 byte led[8][...]。数组索引中的第二个数字代表列，如 .byte led[...][8]。为了获得编号为 6 的行、编号为 4 的列中的数字 158，应该使用 byte led[6][4]。

> **注意**
>
> 当声明数组时，应同时用数字初始化它。为了初始化二维数组，在一个花括号内输入全部数据，具有相同的第二个索引值的数放入它自己的花括号内，并用逗号隔开，如下：
>
> ```
> byte frame=0
> byte led[8][8]={{0,56,92,158,158,130,68,56},
>                 {0,56,124,186,146,130,68,56},
>                 {0,56,116,242,242,130,68,56},//依此类推
> ```

这个二维数组要存储动画的 8 个帧，数组的第一个索引号指向动画的帧，第二个索引号下的 8 个字节组成 LED 的开关组合，为了节省代码空间，数字已经从二进制转换成十进制。如果要查看二进制数格式的数组，将做出如图 2-52 所示动画。

图 2-52　转动轮子的动画

当然，也可以将这个动画变成任何想变成的东西，也可以增加或减少帧的数量，在坐标纸上画出动画，之后将每行转化成 8 比特二进制数并把它们输入数组中。

在 setup 函数中设置 3 个引脚为输出，生成一个 timer 对象。用 10000 μs 初始化，之后将 screenUndate() 与中断连接。

```
void setup() {
  pinMode(latchPin,OUTPUT);设置 3 个数字引脚模式为输出
  pinMode(clockPin,OUTPUT);
  pinMode(dataPin,OUTPUT);
  timerl.initialize(10000);设置一个时间为 10000 μs 的中断
  timerl.attachInterrupt(screenUpdate);//将 screenUpdate 函数送入中断中
}
```

在主循环中，对子画面的 8 个行执行循环操作。然而，这个循环在另外一个循环缺位中，它重复 8 次，这个外部的循环控制显示哪一帧。

```
void loop()
  for (int i=0;i<8;i+=)  {//对动画的 8 个帧执行循环操作
    for(int j=0;j<8;j++)  {//对每个帧的 8 个元素执行循环操作
```

之后，将数组中的每一个元素向左移动一位，使用一个相当简捷的逻辑运算就可以保证移出左端的数出现在右端，用下面这个逻辑运算实现：

```
led[i][j]=led[i][j]<<1|led[i][j]>>7'//按位循环
```

以上程序表示由整数 i 和 j 决定的数据的当前元素向左移动一位，之后与向右移 7 位的该元素运行按位逻辑或运算。

先假定 led[i][j] 的值是 156，可用二进制数 10011100 表示，将这个数左移一位，得到的结果是 00111000。同样将 156 这个数右移 7 位，得到 00000001，换句话说，就是把最左端的二进制位移动到最右端，现在对这两个数执行按位逻辑或操作。按位逻辑或计算将产生如下 8 位二进制数：

```
001110001
```

```
00000001
00111001
```

因此，把这个数字向左移动一位，之后用同一个数字右移 7 位，最后对两次移位结果进行按位或操作。就像在上面看到的一样，这样做的结果等同于将这个数字左移 1 位，左移溢出那位回到右端，这叫按位循环或者循环移位。这个技术在数字系统中经常用到。可以用如下方法对任何长度的二进制数字进行按位循环操作：

```
i<<n | i>>(a-n);
```

这里 n 是一个希望循环移位的位数长度，a 是该二进制数字的位长度。

接下来，帧值加一，检查它是否大于 7，如果是，将该值置零。这将对动画的 8 个帧逐个显示，直到到达最后一帧，之后再从第一帧开始重复同样的显示操作。最后，延时 100ms。

```
frame++;//到动画中的下一个帧
if(frame>7){frame=0;}//确保当帧超过 7 时返回到第 0 帧
delay(100);//在每个帧之间延时
```

之后运行 screenUpate() 和 shiftIn 移位函数，像之前移位寄存器应用试验中讲的那样。

### ■ 2.5.5　LED 数码管

LED数码管是（LED Segment Displays）由多个发光二极管封装在一起组成的"8"字型的器件，引线已在内部连接完成，只需引出它们的各个笔画，公共电极。LED 数码管主要用于数字仪器仪表、数控装置、家用电器、电脑的功能或数字显示，常见的 LED 数码显示器件的实物外形如图 2-53 所示。

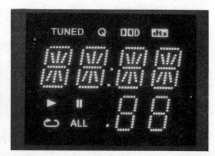

图 2-53　LED 数码显示器件实物外形

数码管是将若干发光二极管按一定图形组织在一起的显示器件。应用较多的是 7 段数码管，又名半导体数码管或 7 段数码管，内部还有 1 个小数点，又称为 8 段数码管，图 2-54 所示为 LED 数码管内部结构。由内部结构可知，可分为共阴极数码管和共阳极数码管两种。

图 2-54（b）所示为共阴极数码管电路，8 个 LED（7 段笔画和 1 个小数点）的负极连接在一起接地，译码电路按需给不同笔画的 LED 正极加上正电压，使其显示出相应数字。图 2-54（c）所示为共阳极数码管电路，8 个 LED（7 段笔画和 1 个小数点）的正极连接在一起接地，译码电路按需给不同笔画的 LED 负极加上负电压，使其显示出相应数字。

LED 数码管的 7 个笔段电极分别为 a~g（有些资料中为大写字母），DP 为小数点，如图 2-54（a）所示。LED 数码管的字段显示码如表 2-9 所示(表 2-9 中为 16 进制数制)。

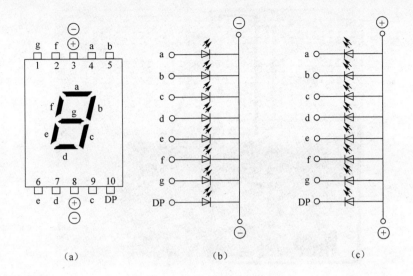

图 2-54　LED 数码管内部结构

**表 2-9　LED 数码管的字段显示码**

| 显示字符 | 共阴极码 | 共阳极码 | 显示字符 | 共阴极码 | 共阳极码 |
| --- | --- | --- | --- | --- | --- |
| 0 | 3fh | Coh | 9 | 6fh | 90 h |
| 1 | 06h | F9h | A | 77 h | 88 h |
| 2 | 5bh | A4h | B | 7c h | 83 h |
| 3 | 4fh | Boh | C | 39 h | C6 h |
| 4 | 66h | 99h | D | 5e h | A1 h |
| 5 | 6dh | 92h | E | 79 h | 86 h |
| 6 | 7 dh | 82h | F | 71 h | 8e h |
| 7 | 07h | F8h | P | 73h | 8c h |
| 8 | 7fh | 80h | 熄灭 | 00h | ffh |

## ■ 2.5.6　驱动数码管试验

（1）**硬件连接**　在本试验中需要的硬件有：220Ω 电阻一个、7 段共阳极数码管一个、面包板一块、导线若干。连接时，数码管公共阳极经 220Ω 限流电阻接+3.3V，各个阴极连接至开发板数字 I/O 口，如图 2-55 所示。

（2）**原理说明**　硬件连接完成后，下面来看看如何使用 Arduino 让数码管显示数字。

当 Arduino 控制引脚为高时，数码管内 LED 两端电压相等，没有电流流过，LED 灯不亮；反之，控制引脚为低时 LED 灯点亮。现在若想显示"1"则需要让数码管 B、C 笔段点亮，根据上面的原理图，则引脚 5 和引脚 6 输出低，其余引脚输出高时，数码管显示"1"。代码如下。

```
//数码管显示数字1
digitalWrite(4,HIGH);
digitalWrite(5,HIGH);
digitalWrite(6,HIGH);
digitalWrite(7,HIGH);
digitalWrite(8,HIGH);
digitalWrite(9,HIGH);
digitalWrite(10,HIGH);
digitalWrite(11,HIGH);
```

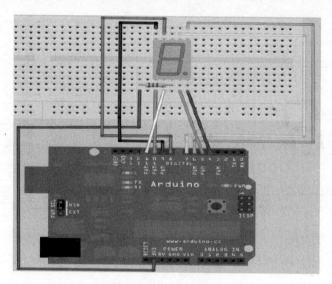

图 2-55 实际接线图

**（3）程序代码** 同理可实现其他数字的显示，下面来实现一个从 0 数到 3 的例子，每个数持续 2s，完整 的代码如下。

```
/***********************************
数码管显示
占用引脚 4 至引脚 11
从 0 数到 3，每个数持续 2s
**************************************/
/**************************************
setup 函数，只执行一次
**************************************/
void setup(){
//设定控制数码管的引脚为输出
  pinMode(4,OUTPUT);
  pinMode(5,OUTPUT);
  pinMode(6,OUTPUT);
  pinMode(7,OUTPUT);
  pinMode(8,OUTPUT);
  pinMode(9,OUTPUT);
  pinMode(10,OUTPUT);
  pinMode(11,OUTPUT);
}
/*************************************8
loop 函数，反复循环执行
**************************************/
void loop()  {
//显示数字 0
  digitalWrite(4,HIGH);
  digitalWrite(5,LOW);
  digitalWrite(6,LOW);
  digitalWrite(7,LOW);
  digitalWrite(8,LOW);
  digitalWrite(9,HIGH);
  digitalWrite(10,LOW);
```

```
digitalWrite(11,LOW);
//维持 2s
delay (2000);
//显示数字 1
digitalWrite(4,HIGH);
digitalWrite(5,LOW);
digitalWrite(6,LOW);
digitalWrite(7,HIGH);
digitalWrite(8,HIGH);
digitalWrite(9,HIGH);
digitalWrite(10,HIGH);
digitalWrite(11,HIGH);
//维持 2s
delay (2000);
//显示数字 2
digitalWrite(4,HIGH);
digitalWrite(5,HIGH);
digitalWrite(6,LOW);
digitalWrite(7,LOW);
digitalWrite(8,HIGH);
digitalWrite(9,LOW);
digitalWrite(10,LOW);
digitalWrite(11,LOW);
//维持 2s
delay (2000);
//显示数字 3
digitalWrite(4,HIGH);
digitalWrite(5,LOW);
digitalWrite(6,LOW);
digitalWrite(7,LOW);
digitalWrite(8,HIGH);
digitalWrite(9,LOW);
digitalWrite(10,LOW);
digitalWrite(11,HIGH);
//维持 2s
delay (2000);
}
```

（4）**for 循环**　观察上段代码中的 setup()函数，里面的语句都是在执行设置引脚模式的操作，而且所设置的引脚也是有规律的——从 4 变化到 11，针对这种情况完全可以设定一个变量，然后通过不断改变变量的值让控制板自动地去执行设置引脚模式的操作，在程序设计领域有一种结构能够实现这种想法，同时减少程序的代码量，这种结构叫做 for 循环结构。这里要注意减少代码量并不一定会提高程序的效率，大部分情况是恰恰相反的。

for 循环结构的使用极为灵活，它不仅可以用于循环次数确定的情况，而且可用于循环次数不确定而只是给出循环条件的情况 。For 循环结构的一般形式为：

for（表达式 1；表达式 2；表达式 3）语句

for 循环结构的流程如图 2-56 所示。

for 循环结构功能描述：先求解表达式 1，一般情况下，表达式 1 为循环结构的初始化语句，给循环计数器赋初值，然后求解表达式 2，若其值为假，则终止循环；若其值为真，则执行 for 循环结构中的内嵌语句，内嵌语句执行完后，求解表达式 3。最后继续求解表达式 2，根据求解值进行判断，直到表达式 2 的值为假。

for 循环结构中的语句并不是指一条命令，而是指一段程序，这段程序要使用大括号括起来。for 循环结构最简单也是最典型的形式如下：

for（循环变量赋初值；循环条件；循环变量增量）语句

循环变量赋初值总是一个赋值语句，用来给循环控制变量赋初值；循环条件是一个关系表达式，决定什么时候退出循环；循环变量的增量用来定义循环控制变量每次循环后按什么方式变化。这 3 个部分之间用分号分开。

（5）**使用 for 循环** setup()函数里的内容可以用以下代码代替。

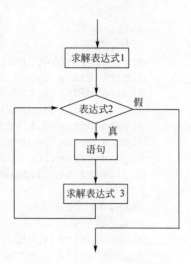

图 2-56 for 循环结构的流程

```
for{pinNum=4;pinNum<=11;pinNum+=)
{
  pinMode(pinNum ,OUTPUT);
}
```

当然之前需要定义一个变量 pinNum。

```
int pinNum
```

这一段 for 循环结构的含义如下：首先设定盒子（普通量）pinNum 里的内容为 4；然后判断 pinNum 里的内容是不是小于等于 11，如果条件成立，就执行 pinMode()函数来设定引脚的模式，所设定的引脚是由盒子（变量）pinNum 里的内容决定的；pinMode()函数执行完成后，将 pinNum 里的内容加 1；最后继续判断 pinNum 里的内容是不是小于等于 11，如果条件不成立，就终止循环。

 **注意** --------------------------------------------------

代码 "pinNum++;" 等同于代码 "pinNum = pinNum+1;"。

----------------------------------------------------------------

for 循环结构通过逐渐地增加变量 pinNum 的值将引脚 4 至引脚 11 的模式全部设置为输出，设置完引脚 11 之后退出 for 循环结构。

在使用 for 循环结构时要注意以下几点：

① for 循环中的表达式 1、表达式 2 和表达式 3 都是选择项，但是分号不能省略。

② 若 3 个表达式都省略，则 for 循环变成 "for（:;）"，相当于死循环。

③ 表达式 2 一般是关系表达式或逻辑表达式，但也可以是数值表达式或字符表达式，只要其值非零，就执行循环体。

（6）**优化后的程序** 使用 for 循环结构可极大地减少代码量，同时也要注意变量在这里发挥了很大的作用。优化后的完整的代码如下。

```
/********************************************
数码管显示（for 循环结构）
占用引脚 4 至引脚 11
从 0 数到 3，每个数持续 2s
int pinNum;       //定义一个变量保存引脚
********************************************
setup 函数，只执行一次
********************************************/
void setup(){
  //设定控制数码管的引脚为输出
```

```
  for(pinNum=4;pinNum<=11,pinNum++)
  {
    pinMode(pinNum,OUTPUT);
  }
}
/*************************************************
loop 函数，反复循环执行
*************************************************/
void setup(){
  //显示数字 0
  digitalWrite(4,HIGH);
  digitalWrite(5,LOW);
  digitalWrite(6,LOW);
  digitalWrite(7,LOW);
  digitalWrite(8,LOW);
  digitalWrite(9,HIGH);
  digitalWrite(10,LOW);
  digitalWrite(11,LOW);
  //维持 2s
  delay(2000);
  //显示数字 1
  digitalWrite(4,HIGH);
  digitalWrite(5,LOW);
  digitalWrite(6,LOW);
  digitalWrite(7,HIGH);
  digitalWrite(8,HIGH);
  digitalWrite(9,HIGH);
  digitalWrite(10,HIGH);
  digitalWrite(11,HIGH);
  //维持 2s
  delay(2000);
  //显示数字 2
  digitalWrite(4,HIGH);
  digitalWrite(5,HIGH);
  digitalWrite(6,LOW);
  digitalWrite(7,LOW);
  digitalWrite(8,HIGH);
  digitalWrite(9,LOW);
  digitalWrite(10,LOW);
  digitalWrite(11,LOW);
  //维持 2s
  delay(2000);
  //显示数字 3
  digitalWrite(4,HIGH);
  digitalWrite(5,LOW);
  digitalWrite(6,LOW);
```

```
digitalWrite(7,LOW);
digitalWrite(8,HIGH);
digitalWrite(9,LOW);
digitalWrite(10,LOW);
digitalWrite(11,HIGH);
//维持 2s
delay (2000);
}
```

## 2.6　继电器驱动试验

### ■ 2.6.1　继电器驱动电路

如图 2-57 所示为典型的继电器驱动电路，图中 K 为继电器，VT 为驱动管，VD 为保护二极管。当 Vin 输入高电平时，VT 导通，继电器线圈中有电流流过产生磁场控制常开触点闭合，常闭触点断开；当 Vin 输入低电平时，VT 截止，继电器线圈中无电流流过，此时，常开触点断开，常闭触点吸合。

当驱动管 VT 由导通状态转为截止状态时，由于继电器线圈中电流突然消失，根据电感两端电流不突变特性，会产生上 "+" 下 "−" 感应电动势，此电动势电压较高，当其高到一定程度时会导致 VT 击穿。VD 的作用就是在此时将 "+" 下 "−" 的感应电动势短路，保护 VT 不被击穿。

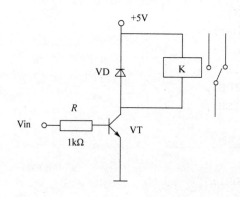

图 2-57　继电器驱动电路

### ■ 2.6.2　继电器控制 LED 试验

继电器是一种当输入量（电、磁、声、光、热）达到一定值时，输出量将发生跳跃式变化的自动控制器件。在生活中常用弱电控制强电，也就是常说的小电流控制大电流。比如说用 Arduino 控制器控制风扇之类的大功率电器时就要用到继电器了，继电器的工作原理这里就不多说了。

对于初学者，为安全起见，本试验就不动用大功率电器了。以小见大，采用 LED 小灯来完成试验演示。

**（1）硬件连接**　本试验所需的硬件如图 2-58 所示，试验用到的元件较多，所以搭建的电路也相对较复杂。继电器有两路开关：一路常闭，一路常开，实际应用中通常只使用一路。

电路中常用红绿两个 LED 小灯来表示两路开关的开合状态，电阻使用 220Ω。按照图 2-59 连接电路。

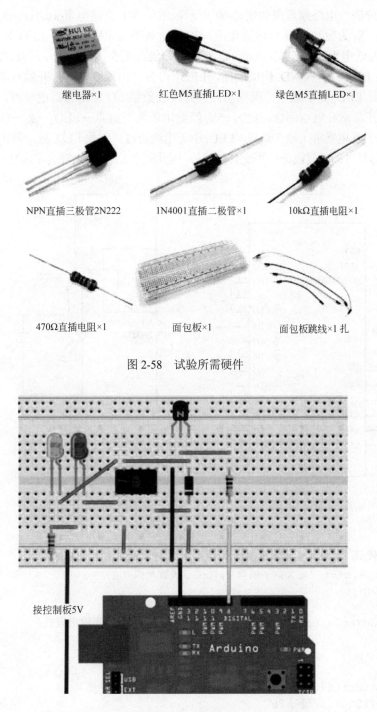

继电器×1
红色M5直插LED×1
绿色M5直插LED×1
NPN直插三极管2N222
1N4001直插二极管×1
10kΩ直插电阻×1
470Ω直插电阻×1
面包板×1
面包板跳线×1 扎

图 2-58　试验所需硬件

接控制板5V
DIGITAL
Arduino
TX
RX
PWR
USB
EXT
ICSP

图 2-59　实际接线图

**（2）试验原理**　在连接电路的过程中，需要注意的是明确继电器的引脚位置，并且还要注意 1N4001 二极管是有正负极之分的。别看继电器电路较复杂，其程序却是很简单的。继电器属于数字信号模块，通过给三极管数字信号使继电器开合来控制大功率设备，这里用 LED 小灯当作大功率设备。

　　程序中使用数字端口 8，输出高电平并延时 1s 后，输出低电平 1s，即开关断开 1s 再接通 1s。

　　（3）电路分析　电路原理图如图 2-60 所示，图中 VT 为继电器驱动管，K 为继电器，VD 为保护二极管，$R_1$ 为驱动管 B 极限流电阻，$R_2$ 为负载限流电阻，两个 LED 为负载。当开发板数字 I/O 输出为低电平时，VT 不导通，继电器常闭触点闭合，常开触点断开，此时+5V 经继电器常闭触点→$LED_1$→$R_2$→GND 构成回路，$LED_1$ 点亮，由于继电器常开触点断开，$LED_2$ 中无电流流过，因此 $LED_2$ 处于截止熄灭状态；当开发板数字 I/O 输出为高电平时，VT 导通，继电器常闭触点断开，常开触点闭合，此时+5V 经继电器常开触点→$LED_2$→$R_2$→GND 构成回路，$LED_2$ 点亮，由于继电器常闭触点断开，$LED_1$ 中无电流流过，因此 $LED_1$ 处于截止熄灭状态。开发板输出为方波信号（即反复高低电平交替信号），因此两个 LED 发光管会呈现交替发光状态。

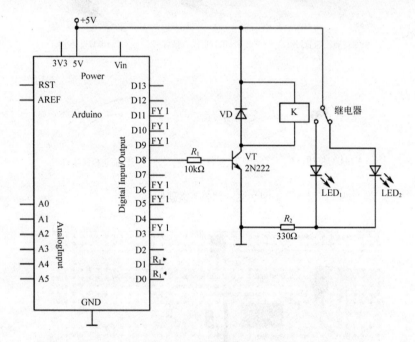

图 2-60　电路原理图

　　（4）程序代码

```
int relayPin=8;//定义数字接口8,连接三极管基极
void setup()
{
   pinMode(relayPin,OUTPUT);//设置relayPin接口为输出模式
}
void loop()
{
   digitalWrite(relayPin,HIGH);//驱动继电器闭合导通
   delay(1000);//延时1s
   digitalWrite(relayPin,LOW);//驱动继电器断开
   delay(1000);//延时1s
}/
```

　　（5）试验结果　将上述代码下载到开发板后，开发板数字控制口 8 脚会输出高低电平的方波信号，控制继电器反复吸合-断开，两个 LED 灯会反复地交替点亮。

# 第3章
# Arduino 进阶实战

## 3.1 LCD 液晶显示屏的应用

### ▧ 3.1.1 LCD 液晶显示屏的构造及原理

LCD 显示器需要由驱动芯片控制，控制芯片已经集成在显示器中了。最流行的驱动芯片是 Hitachi 公司中的 HD44780（或其他相应的芯片）。LCD 由灰色的像素组成。一个典型的 16×2LCD 可在两行中显示 16 个字符，每个字符由 5 个像素宽、8 个像素高组成。如果在显示器上把对比度设得很高，32 组 5×7 像素将变得可见。

以 TN 型液晶显示器为例，将上下两块制作有透明电极的玻璃，利用胶框对四周进行封接，形成一个很薄的盒。在盒中注入 TN 型液晶材料。通过特定工艺处理，使 TN 型液晶的棒状分子平行地排列于上下电极之间，如图 3-1 所示。

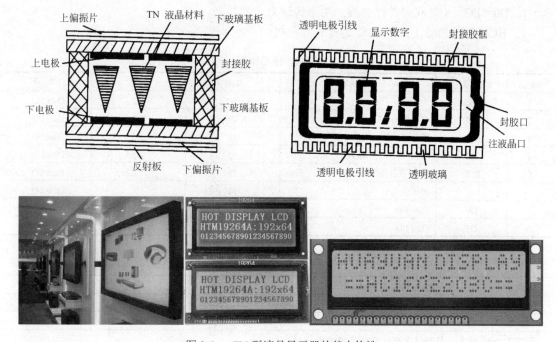

图 3-1　TN 型液晶显示器的基本构造

根据需要制作成不同的电极，就可以实现不同内容的显示。平时液晶显示器呈透亮背景，电极部位加电压后，显示黑色字符或图形，这种显示称为正显示。如将图 3-1 中下偏振片转成与上偏振片的偏振方向一致装配，则正相反，平时背景呈黑色，加电压后显示字符部分呈透亮，这种显示称为负显示。后者适用于背光源的彩色显示器件。

## ■ 3.1.2　1602 液晶显示文字试验

1602 字符液晶是最常用的一种，很具有代表性，最初的 1602 液晶使用的是 HD44780 控制器，现在各个厂家的 1602 模块基本上都是采用与之兼容的 IC，所以特性上基本都是一致的。

**（1）1602 LCD 显示屏概述**

① 技术参数　显示容量为 16×2 个字符；芯片工作电压为 4.5～5.5V；工作电流为 2.0mA（5.0V）；模块最佳工作电压为 5.0V；字符尺寸为 2.95mm×4.35mm。

② 各引脚定义。1602 液晶显示屏各引脚定义如表 3-1 所示，各接口说明如下。

a. 两组电源。一组是模块的电源，一组是背光板的电源，一般均使用 5V 供电，本次试验背光使用 3.3V 供电也可以工作。

b. VL 是调节对比率的引脚，串联不大于 5kΩ 的电位器进行调节。本次实验使用 1kΩ 的电阻来设定对比度。其连接分高电位与低电位接法，本次使用低电位接法，串联 1kΩ 电阻后接GND。

c. RS 是很多液晶上都有的引脚，是命令/数据选择引脚。该脚电平为高时表示将进行数据操作；为低时表示进行命令操作。

d. RW 也是很多液晶上都有的引脚，是读写选择端。该脚电平为高是表示要对液晶进行读操作；为低时表示要进行写操作。

e. E 同样也是很多液晶模块上都有的引脚，通常在总线上。信号稳定后给一正脉冲通知把数据读走，在此脚为高电平的时候总线不允许变化。

f. D0～D7。8 位双向并行总线，用来传送命令和数据。

g. BLA 是背光源正极，BLK 是背光源负极。

表 3-1　接口说明

| 编号 | 符号 | 引脚说明 | 编号 | 符号 | 引脚说明 |
| --- | --- | --- | --- | --- | --- |
| 1 | VSS | 电源地 | 9 | D2 | Date I/O |
| 2 | VDD | 电源正极 | 10 | D3 | Date I/O |
| 3 | VL | 液晶显示偏压信号 | 11 | D4 | Date I/O |
| 4 | RS | 数据/命令选择端()V/L | 12 | D5 | Date I/O |
| 5 | R/W | 读/写选择端()H/L | 13 | D6 | Date I/O |
| 6 | E | 使能信号 | 14 | D7 | Date I/O |
| 7 | D0 | Date I/O | 15 | BLA | 背光源正极 |
| 8 | D1 | Date I/O | 16 | BLK | 背光源负极 |

③ 基本操作　1602 液晶的基本操作分以下四种：

| 读状态 | 输入 | RS=L,R/W=H,E=H | 输出 | D0～D7 状态字 |
| --- | --- | --- | --- | --- |
| 写指令 | 输入 | RS=L,R/W=L,D0=D7=指令码,E=高脉冲 | 输出 | 无 |
| 读数据 | 输入 | RS=L,R/W=H,E=0 | 输出 | D0～D7=数据 |
| 写数据 | 输入 | RS=L,R/W=L,D0=D7=数据,E=高脉冲 | 输出 | 无 |

④ 1602 液晶屏的实物如图 3-2 所示。

图 3-2　1602 液晶屏的实物

（**2**）**硬件连接**　1602 直接与 Arduino 通信，根据产品手册描述，分 8 位连接法与 4 位连接法，下面先使用 8 位连接法进行试验。硬件连接方式如图 3-3 所示。

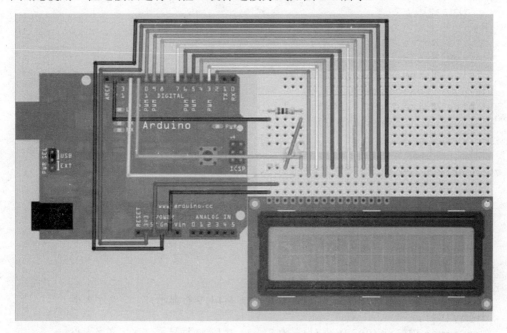

图 3-3　实际接线图

（**3**）**程序代码**　本试验程序代码如下。

```
int DI=12;
int RW=11;
int DB[]={3,4,5,6,7,8,9,10};//使用数组来定义总线需要的引脚
int Enable=2;

void LcdCommandWrite(int value)  {
//定义所有引脚
  int i=0;
  for (i=DB[0];1<=DI;I++)//总线赋值
  {
    digitalWrite(i,value & 01);//因为1602流晶信号识别是D7～D0(不是D0～D7),
这里用来反转信号
```

```
      value>>=1;
    }
    digitalWrite(Enable,LOW);
    delayMicroseconds(1);
    digitalWrite(Enable,HIGH);
    delayMicroseconds(1);//延时 1ms
    digitalWrite(ENable,LOW);
    delayMicroseconds(1);延时 1ms
  }

Void LcdDataWrite(int value)  {
//定义所有引脚
  Int i=0;
  digitalWrite(DI,HIGH);
  digitalWrite(RW,LOW);
  for(i=DB[0];I<=DB[7];i++)  {
    digitalWrite(i,value & 01);
    Value>>=1;
  }
  digitalWrite(ENable,LOW);
  delayMicroseconds(1);
  digitalWrite(Enable,HIGH);
  delayMicroseconds(1);
  digitalWrite(Enable,LOW);
  delayMicroseconds(1);//延时 1ms
}

void setup (void)  {
  int i=0;
  for (i=Enable;i<=DI;i++);{
    pinMode(i,OUTPUI);
  }
  delay(100);
  //短暂的停顿后初始化 LCD
  //用于 LCD 控制需要
  LcdCommandWrite(0x38);//设置为 8-bit 接口,2 行显示,5×7 文字大小
  delay(64);
  LcdCommandWrite(0x38);//设置为 8-bit 接口,2 行显示,5×7 文字大小
  delay(50);
  LcdCommandWrite(0x38);//设置为 8-bit 接口,2 行显示,5×7 文字大小
  delay(50);
  LcdCommandWrite(0x06);//输入式设定
                                //自动增量,没有显示不移位
  delay(20);
  LcdCommandWrite(0x0E);//显示设置
                                //开启显示屏,光标显示,无闪烁
  delay(20);
  LcdCommandWrite(0x01);//屏幕清空,光标位置归零
  delay(20);
  LcdCommandWrite(0x80);//显示设置
                                //开启显示屏,光标显示,无闪烁
  delay(20);
}
```

```
void loop(void); {
  LedCommandWrite(0x01);//屏幕清空,光标位置归零
  delay(10);
  LedCommandWrite(0x80+3);
  delay(10);
  //写入欢迎信息
  LedCommandWrite(W);
  LedCommandWrite(e);
  LedCommandWrite(1);
  LedCommandWrite(e);
  LedCommandWrite(0);
  LedCommandWrite(m);
  LedCommandWrite(e);
  LedCommandWrite();
  LedCommandWrite(t);
  LedCommandWrite(0);
  delay(10);
  LcdCommandWrite(0xc0+1);//屏幕清空,光标位置归零
  delay(10);
  LedDataWrite(g);
  LedDataWrite(e);
  LedDataWrite(e);
  LedDataWrite(k);
  LedDataWrite(-);
  LedDataWrite(w);
  LedDataWrite(0);
  LedDataWrite(r);
  LedDataWrite(k);
  LedDataWrite(s);
  LedDataWrite(h);
  LcdDataWrite(0);
  LcdDataWrite(p)
  delay(10);
  LcdCommandWrite(0x01);//屏幕清空,光标位置归零
  delay(10);
  LedDataWrite(I);
  LedDataWrite();
  LedDataWrite(s);
  LedDataWrite(m);
  LedDataWrite();
  LedDataWrite(h);
  LedDataWrite(o);
  LedDataWrite(n);
  LedDataWrite(g);
  LedDataWrite(y);
  LedDataWrite(i);
  delay(3000);
  LcdCommandWrite(0x02);//设置模式为新文字替换老文字,无新文字的地方显示不变
  delay(10);
  LcdCommandWrite(0x80+5);定义光标的位置为第一行第六个位置
  delay(10);
  LedDataWrite(t);
```

```
LedDataWrite(h);
LedDataWrite(e);
LedDataWrite( );
LedDataWrite(a);
LedDataWrite(d);
LedDataWrite(m);
LedDataWrite(i);
LedDataWrite(n);
delay(5000);
}
```

**（4）试验结果**　将上述代码下载至开发板，液晶显示屏就会滚动显示一些字符，如图 3-4 所示。

图 3-4　试验效果图

**（5）4 位接法试验**　在正常使用下，8 位接法基本把 Arduino 的数字端口占满了，如果想要多接几个传感器就没有端口了，这种情况下可以使用 4 位接法。

① 硬件连接　4 位接法的硬件连接方法如图 3-5 所示。

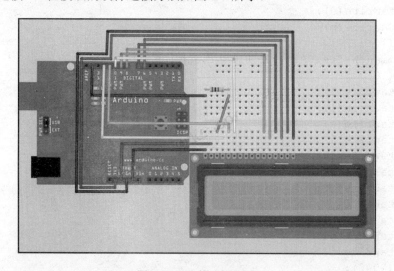

图 3-5　4 位接法接线图

② 程序代码　程序代码如下。

```
int LCD1602=12;
int LCD1602=11;
```

```
int LCD1602=10;
int DB[]={6,7,8,9};
char str1[]=Welcome to;
char str2[]=geek-workahop;
char str3[]=this is the;
char str4[]=4-bit interface;

void LCD-Command-Write(int command);
{
  int i,temp;
  digitalWrite[LCD1602-RS,LOW];
  digitalWrite[LCD1602-RW,LOW];
  digitalWrite[LCD1602-EN,LOW]

  temp=command &0xf0;
  for (i=DB[0];I<=9;i++)
  {
    digitalWrite(i,temp & 0x80);
    temp<<=1;
  }

  digitalWrite(LCD1602-EN,HIGH);
  delayMicroseconds(1);
  digitalWrite(LCD1602-EN,LOW);

  temp=(command & 0x0f)<<4;
  for (i=DB[0];i<=9;i++)
  {
    digitalWrite(i,temp, & 0x80)
    temp<<=1;
  }

  digitalWrite(LCD1602-EN,HIGH);
  delayMicroseconds(1);
  digitalWrite(LCD1602-EN,LOW);
}

void LCD-Date-Write (int  dat);
{
  int i=0;temp;
  digitalWrite(LCD1602-RS,HIGH);
  digitalWrite(LCD1602-RW,low);
  digitalWrite(LCD1602-EN,low);

  temp=dat & 0xf0;
  for (i=DB[0];i<=9;i++)
  {
    digitalWrite(i,temp, & 0x80);
    temp<<=1;
  }
```

```
  digitalWrite(LCD1602-EN,HIGH);
  delayMicroseconds(1);
  digitalWrite(LCD1602-EN,LOW);

  temp=(dat & 0xf0)<<4;
  for (i=DB[0]i<=9;i++)
  {
    digitalWrite(i,temp & 0x80);
    temp<<=1;
  }

  digitalWrite(LCD1602-EN,HIGH);
  delayMicroseconds(1);
  digitalWrite(LCD1602-EN,LOW);
}

void LCD-SET-XY(int x,int y)
{
  int address;
  if(y==0)  address=0x80=x;
  else      address=0xC0+x;
  LCD-Command-Write(address);
}

void LCD-Write-Char(int x,int y,int dat)
{
  LCD-SET-XY(x,y);
  LCD-Data-Write(dat)
}

void LCD-Write-String(int x,int y,int *s)
{
  LCD-SET-XY(X,Y);//设置地址
  while(*s);          //写字符串
  {
    LCD-Data-Write(*s);
    S++;
  }
}

void setup(void)
{
  int i=0;
  for(i=6;i<=12;i++)
  {
  pinMode(i,OUTPUT);
  }
  delay(100);
  LCD-Command-Write(0x28);//4线 2行 5×7
  delay(50);
```

```
    LCD-Command-Write(0x06);
    delay(50);
    LCD-Command-Write(0x06);
    delay(50);
    LCD-Command-Write(0x06);
    delay(50);
    LCD-Command-Write(0x06);
    delay(50);

}

void loop(void)
{
  LCD-Command-Write(0x01);
  delay(50);
  LCD-Write-String(3,0,str1);//第 1 行,第 4 个地址起
  delay(50);
  LCD-Write-String(1,1,str2);//第 2 行,第 2 个地址起
  delay(5000);
  LCD-Command-Write(0x01);
  delay(50);
  LCD-Write-String(0,0,str3);
  delay(50);
  LCD-Write-String(0,1,str4);
  delay(5000);

}
```

③ 试验效果　把代码上传到控制板上，观察效果（图 3-6）。

图 3-6　4 位接法试验效果图

（6）LCD 控制命令　下面讲解一下最关键的部分，就是 LCD 的控制命令。在上面两段代码中，常常可以遇到 0x01、0x38 这种参数。这些参数代表什么呢？

在 C/C++语言中，0x38 代表的是十六进制的数值"38"，"0x"的意思就是十六进制。先打开 Win7 下的计算器，选择"程序员""基本"，如图 3-7 所示。

图 3-7　打开 Win 7 下的计算器

然后选择"十六进制",输入"38",如图 3-8 所示。

图 3-8　输入 38

然后点击"二进制"。这时十六进制的"38"就会转换为二进制下的数值"111000",如图 3-9 所示。

图 3-9　点击二进制转换为二进制数

以 8 位控制法接 LCD,对应的控制信息就是"00111000",如表 3-2 所示。

表 3-2  端口控制信息

| 端口 | D7 | D6 | D5 | D4 | D3 | D2 | D1 | D0 |
|------|----|----|----|----|----|----|----|----|
| 信号 | 0 | 0 | 1 | 1 | 1 | 0 | 0 | 0 |
| 开关 | 关 | 关 | 开 | 开 | 开 | 关 | 关 | 关 |

同理，也可以把二进制的控制信息，逆运算为十六进制的。有的产品说明书写的控制命令是 "38H"，这里说明一下，一般情况下十六进制，前缀为 0x，后缀为 h；十进制，后缀为 D；八进制，后缀为 Q；二进制，后缀为 B。

但是不同的程序语言，对于十六进制的表达方式不完全相同，在 Arduino 下，表达十六进制数值 "38" 只能使用 "0x38" 而不能用 "38H"。

### 3.1.3  LCD 温度显示试验

本试验的目的是利用模拟温度传感器在 LCD 显示屏上显示出当前温度，并且可以用一个按键来切换华氏温度和摄氏温度显示。

（1）**硬件连接**  本试验所需的硬件有：轻触开关 1 个，1602 液晶屏 1 块，10kΩ 电阻 2 个，LM35DT 型模拟温度传感器 1 个。硬件连接如图 3-10 所示。

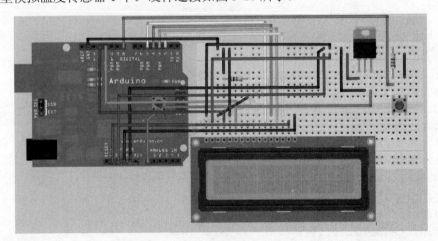

图 3-10  实际硬件接线图

（2）**电路分析**  温度传感器采用 LM35 温度传感器，它的测量范围是 0～100℃，也可以使用其他模拟温度传感器。LM35 的测量范围是–55～150℃，该温度传感器在传感器应用的章节中会有详细介绍。LM35DT 将温度信号转换成为电信号输入给开发板模拟 I/O 引脚 0，经开发板 CPU 处理后驱动 LCD 显示出测量温度；开发板数字 I/O 引脚 8 连接华氏温度/摄氏温度转换开关，按一次开关就会将数字 I/O 引脚 8 拉为低电平一次，实现华氏温度/摄氏温度的显示切换。

（3）**程序代码**  本试验的程序代码如下所示。

```
#include<LiquidCrystal.h>
//初始化一个 LiquidCrystal 对象，设置相应的引脚
LiquidCryastal lcd(12,11,5,4,3,2); //建立一个 lcd 对象，设置相应的引脚
int maxC=0,minC=100;maxF=0,minF=212;
int scale=1;
int buttonPin=8;
void setup()  {
  lcd.begin(16,2)//设置显示器为 16 列 2 行
```

```
   analogReference(INTERNAL);
   pinMode(buttonpin,INPUT);
   lcd.cleat();
}
void loop(){
   lcd.setCursor(0,0);//设置光标到它的初始位置
   int sersor=analogRead(0);//从传感器中读值
   int buttonState=digitalRead(buttonPin);//检查按钮是否被按下
   switch (buttonState) { //如果按钮被按下改变单位状态
     case HIGH;
       scale=-scale;//改变单位
        lcd.clear();
   }
   delay(250);
   switch(scale) { //确定是摄氏度还是华氏度
       case 1:
           celsius(sensor);
           break;
       case-1:
           fahrenheit(sensor);
   }
}
void celsius (int sensor) {
  lcd.setCursor(0,0);
  int temp=sensor*0.09765625;//转化到摄氏度
  lcd.print(temp);
  lcd.write(B11011111);//温度符号
  lcd.print("c");
  if(temp>maxC) {maxC=temp};
  if(temp<minC){minC=temp};
  lcd.setCursor(0,1);
  lcd.print("H");
  lcd.print(maxC);
  lcd.write(B110111111);
  lcd.print("C L=");
  lcd,print(minC);
  lcd,write(B11011111);
  lcd,print("C");
}
void fahrenheit(int sensor) {
    lcd.setCursor(0,0);
    float  temp=((sensor*0.09765625*1.8)+32;//转化为华氏度
    lcd.print(int temp);
    lcd.write(B11011111);//打印温度符号
    lcd.print("F");
    if(temp>maxF) {maxF=temp};
    if(temp<minF){minF=temp};
    lcd.setCursor(0,1);
    lcd.print("H");
    lcd.print(maxF);
    lcd.write(B110111111);
```

```
    lcd.print("F L=");
    lcd,print(minC);
    lcd,write(B11011111);
    lcd,print("F");
}
```

**（4）程序说明**　将 Liquid Crystal 链接库装载到试验中：

`#include<LiquidCrystal.h>`

初始化一个 LiquidCrystal 对象，设置相应的引脚：

`LiquidCrystal lcd (12, 11, 5, 4, 3, 2); //建立一个 lcd 对象，设置相应的引脚`

用摄氏度和华氏度存储最高、最低温度值的一些整数，并且用不可能出现的最大、最小温度值初始化。这些值在程序第一次运行时马上改变。

`int maxc=0, minc=100, maxf=0, minf=212;`

定义一个整型变量 scale，并用 1 初始化它，scale 变量将确定使用摄氏度还是华氏度作为温度单位，默认设置为 1，表示用摄氏度作为温度单位，可以把它改成-1，表示以华氏度作为温度单位。

`Int scale=1;`

声明并初始化按钮用的引脚为一个整型变量：

`int buttonPin=8;`

在 setup()函数中，设置显示器为 16 列 2 行：

`lcd.begin (16, 2); //设置显示器位 16 列 2 行`

模拟引脚的参考电压模式设置为 INTERNAL：

`analogReference(INTERNAL);`

给 Arduino 的 ADC（模拟量到数字量转化）一个更精确的参考电压，LM35 的输出电压在 100℃时是 1V。如果使用 5V 作为默认参考电压，那么在 50℃时，也就是在传感器量程一半处的温度时，ADC 上的数值将是 0.5V=(0.5/5)×1023=102，这仅是 ADC 量程的 10%，当使用内部参考电压 1.1V 时，在 50℃时模拟量引脚上现在是 0.5V=(0.5/1.1)×1023=465。

这几乎是模拟引脚可读取的值的全部范围的一半，因此阅读的分辨率和精度提高了，所以这种电路更有敏感性。

按钮的引脚现在设置为输入：

`pinMode(buttonpin,INPUT);`

清空 LCD 显示器：

`lcd.clear()`

在主循环中，程序开始于设置光标到它初始的位置：

`lcd.setcursor (0, 0); //设置光标到它初始位置`

之后，在模拟引脚 0 上从温度传感器中读温度值：

`int sensor=analogRead (0); //从传感器读值`

之后读按钮的状态，并把它存储在变量 buttonState 中。

`int buttonState=digitalRead(buttonPin);//检查按钮是否按下`

现在，需要知道按钮是否已经被按下，如果是，把单位从摄氏度改为华氏度，或者相反，使用 switch/case 语句完成以上动作：

```
switch(buttonState){//如果按钮被按下改变单位状态
case HIGH:
scale=-scale;//改变单位
lcd.clear();
}
```

switch/case 语句是一个新概念：它判断一个条件是否达到以便控制程序的流向，确定什么代码应该被执行。switch/case 语句用条件语句中的值对比一个变量的值，结果如果 是 true，运行 case 后的代码。

例如，如果有一个变量叫 var，当它的值是 1、2 或 3 时希望不同的事情发生，那么可以这样编程来决定做什么：

```
switch(var){
  case 1:
      //如果 var 是 1 运行这里的一些代码
  break:
  case 2:
      //如果 var 是 2 运行这里的一些代码
   break
  drfault:
      //如果没有符合的条件运行这里的代码
}
```

switch/case 语句将检查 var 的值，如果它是 1，它将运行在 case 1 后的代码块，直到 break 语句。break 语句用来跳出 switch/case 语句。没有它，代码将一直执行，直到遇到一个 break 语句或到达 switch/case 语句的结尾。如果没有检查到一致的值，那么运行在 default 中的代码块。注意最好有 default 程序块，但是 default 程序块不是必需的。

在这个例子里，仅检查一种情况：buttonState 是否为 HIGH，如果是，值的单位就转换（从摄氏度到华氏度或相反）并且清空显示器。

之后是一个短延时：

```
delay(250);
```

之后是另外一个 switch/case 语句，检查如果 casle 的值是 1，那么用摄氏度作为单位，如果是-1 用华氏度作为单位，并运行相应的函数：

```
switch(scale){//确定是摄氏度还是华氏度
case 1:
    celsius(sensor);
    break
case -1:
    fahtenheit(sensor);
   }
}
```

之后，用两个函数显示温度到 LCD 上，一个以摄氏度为单位，一个以华氏度为单位，这个函数有一个单独参数，传递给它一个整型值，它是从温度传感器中读出的值：

```
void celsiue(int sensor) {
```

光标设置在初始位置：

```
lcd.setCursor(0,0);
```

之后，读传感器的值并通过乘以 0.09765625 把它转化成摄氏度：

```
Int temp=sensor*0.09765625; //转化为摄氏度
```

这个常数是用 100（对应传感器的量程）除以 ADC 的转化范围（1024）得到的：

```
100/1024=0.09765625
```

如果传感器量程是-40～150℃，这个计算应该如下（假定传感器不输出负电压）：

```
190/1024=0.185546875
```

之后打印这种转化后的值到 LCD，接着打印一个字符 B110111111，这是一个温度符号，之后打印字符 C 表明显示的温度值是摄氏度：

```
lcd.print(temp);
lcd.write(911011111);//温度符号
```

```
lcd.print("C");
```

之后检查当前的温度值，看它是否大于或小于当前存储在 max 和 min 中的值，如果是，max 或 min 中的值变成当前温度值，这将保持自从 Arduino 运行之后读到的最高和最低的温度值。

```
if(temp>maxC) (maxC=temp;)
if(temp<minC) (minC=temp;)
```

在 LCD 的第二行，打印 H（表示最高温度）和 maxC 的值并跟随温度符号和字母 "C"。之后打印 L（表示最低温度）和 minC 的值并跟随温度符号和字母 "C"。

```
lcd.setCursor(0,1);
lcd.print(H=);
lcd.print(maxC);
lcd.write(B11011111);
lcd.print("C L=");
lcd.print(minC);
lcd.write(B11011111);
lcd.print("C");
```

打印华氏温度的函数基本差不多（一样的），它需要把温度值乘以 1.8 再加上 32，这样就可把摄氏度表示的温度值转化为华氏度表示的温度值：

```
float temp=((sensor*0.09765625)*1.8)+32;//转化为华氏温度
```

**（5）试验结果**　当运行代码时，当前温度将显示在 LCD 的上行上，下行显示自从 Arduino 运行或程序重新启动以来的最高、最低温度记录。通过按按钮，可以在摄氏度和华氏度之间改变温度单位。

# 3.2　直流电机的应用

## ■ 3.2.1　直流电机工作原理

直流电机是一种可以将电能转换为机械能的装置，在适当的电压下给予足够的电流直流电机就会连续旋转，其旋转的方向由输入电压的极性决定。

图 3-11 和 3-12 是直流电机的工作原理图，其中 N 和 S 是一对固定的磁极，它们可以是电磁铁，也可以是永磁铁。磁极之间有一个可以转动的铁质圆柱体，称为电枢铁芯。铁芯表面安装有用漆包线（铜导线表面浸刷绝缘漆）绕成的电枢线圈 abcd，线圈的两端分别接到相互绝缘的两个半圆形铜片（换向片）上，称为换向器。在每个半圆形铜片上分别放置一个固定不动并与之滑动接触的电刷 A、B。电枢线圈 abcd 通过换向器接到直流电源上，电刷 A 接正极，电刷 B 接负极，此时电枢线圈 abcd 中将有电流流过。在线圈 ab 中，电流由 a 指向 b，在线圈 cd 段中，电流由 c 指向 d，线圈 ab 段和 cd 段分别处于磁场中，受到电磁力的作用，N 极下导体 ab 段受力方向从右向左，S 极下导体 cd 段受力方向从左向右，该电磁力形成逆时针方向的电磁转矩，当电磁转矩大于阻转矩时，电机转子将会逆时针方向旋转起来。

当电枢线圈旋转到如图 3-12 所示位置时，原 N 极下导体 ab 段转到 S 极下，受力方向从左向右，原 S 极下导体 cd 段转到 N 极下，受力方向从右向左，该电磁力形成逆时针方向的电磁转矩，线圈在该电磁力形成的电磁转矩作用下继续逆时针方向旋转。

由此可见，借助于换向器，可以使直流电机电枢线圈中流过的电流方向是交变的，而电枢线圈产生的电磁转矩的方向是恒定不变的，这样可以确保直流电机朝一个方向连续旋转。

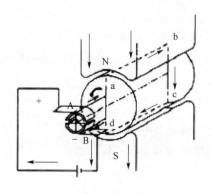
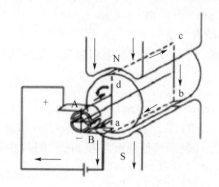

图 3-11　直流电机工作原理图一　　　　图 3-12　直流电机工作原理图二

对于实际应用中的直流电动机，它的电枢并非单一线圈，磁极也并非只有一对，而是在电枢圆周上均匀地嵌布许多线圈，换向器由许多换向片组成，这样可使电枢线圈所产生的总的电磁转矩足够大并且比较均匀，电机的转速也就比较均匀。

使用 Arduino 开发板驱动直流电机应注意的事项：直流电机对于 Arduino 开发板来讲属于大功率负载，因此不能用开发板 I/O 口直接驱动，需要外接驱动元件，如三极管、光耦、继电器等；并且，电机在工作时需要外接高电压电源，接线时需注意不要将高电压线误接到开发板上，否则开发板将会损坏。

### 3.2.2　直流电机简单驱动试验

直流电机在几乎任何的设备上都是活动的部件，也就是说，可能从旧的盒式磁带、录像机、玩具和无绳工具上获得有用的直流电机。拆卸直流电机通常比较容易，因为它们很少焊接在印刷电路（PCB）中，因此只要拔掉导线，并且除去任何将电机固定在其位置上的扣件即可。如果导线是焊接上去的，只需要切断它们，但连接电机的导线要保留得尽可能长（除非计划将自己的导线焊接到电机的接线端）。一旦移除了电机，就可以通过使用 6V 或 12V 电池（依据其尺寸而定）向其供电来进行测试。

**（1）硬件连接**　本试验所需的硬件有：TIP120 型三极管 1 个，9V 直流电机 1 个，9V 电池一块，10kΩ 电阻 1 个，10kΩ 电位器 1 个，1N4004 型二极管 1 个。首先，保证所有电源断电；然后按照图 3-13 进行接线，由于本试验线路相对复杂，接线完成后应检查一遍是否有接错现象。

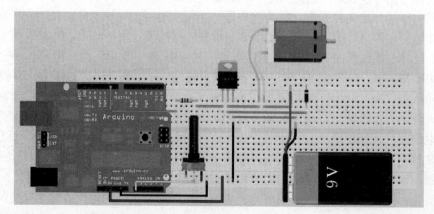

图 3-13　实际接线图

（2）**电路分析**　本试验电路原理图如图 3-14 所示，图中 VT 为电机驱动管，VD 为保护二极管，作用同继电器驱动电路中的保护二极管，RP 为转速调整电位器，M 为直流电机，BAT 为 9V 电池，为电机提供高压电源。开发板的输出为 PWM 方波信号，VT 工作在开关状态，电机中有直流脉冲电流流过，开始旋转；当调整 RP 时，开发板模拟 I/O 引脚 1 电压发生变化，经过 CPU 处理控制 PWM 方波占空比，从而改变电机转速。

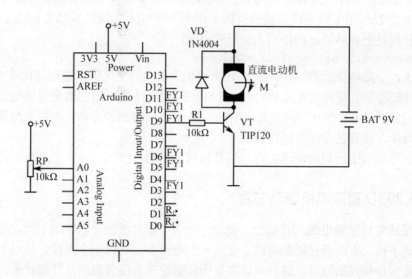

图 3-14　电路原理图

（3）**程序代码**　打开 Arduino IDE，输入程序代码，在上传代码之前，断开给电机供电的外部电源，确保变阻器旋钮能顺时针旋转。然后上传代码到 Arduino 中。

```
int potPin=0;          //模拟引脚 0 连接到变阻器
int transistorPin=9;   //PWM 引脚 9 连接到三极管
int potValue=0;        //从变阻器中读出的模拟值
void setup()
{
  pinMode(transistorPin,OUTPUT);//设置连接到三极管上的引脚模式为输出
}
void loop()
{
  //读变阻器值并转化成 0～255 之间的一个值
  potValur=analogRead(potPin)/4;
  //使用这个值控制三极管
  analogWrite(transistorPin,potValue);
}
```

上传代码之后，接通外部供电电源。现在可以转动变阻器来控制电机的速度了。

（4）**程序说明**　首先，声明三个变量，分别用来存储连接到变阻器上的模拟输入引脚值、连接到三极管基极上的 PWM 引脚值、从模拟引脚 0 中读出的变阻器的返回值：

```
int potPin=0;          //模拟引脚 0 连接到变阻器
int transistorPin=9;   //PWM 引脚 9 连接到三极管
int potValue=0;        //从变阻器中读出的模拟值
```

在 setup()函数中，设置连接到三极管上的引脚的模式为输出：

```
void setup()
{//设置连接到三极管上的引脚模式为输出
```

```
pinMode(transistorPin,OUTPUT);
}
```

在主循环中，变量 putValue 的值设置为从模拟引脚 0（putPin）读到的数据除以 4 的结果：

```
potValue=analogRead(potPin)/4;
```

需要把读到的值除以 4 是因为读到的模拟量值的范围是 0 对应 0V 电压，1023 对应 5V 电压，而要写给三极管引脚的范围是 0~255，所以用 4 除这个模拟引脚 0 的值（最大值是 1023），得出的最大值是 255，用于设定模拟输出引脚 9（当使用 PWM 功能时需调用 analogWrite 函数）。

之后的代码是把 potValue 的值写入三极管引脚：

```
analogWrite(transistorPin,potValue);
```

换句话说，当旋转变阻器时，读入一个 0~1023 之间的变化值，之后转化成 0~255 之间的一个值，再把这个值写到（通过 PWM 功能）数字引脚 11 上，用它改变直流电机的速度。变阻器旋到最右侧时，电机停止。向左旋，电机加速 ，直到旋到最左端，电机获得最大速度。这个代码非常简单，没有包含任何新知识。

现在看一下试验中用到的硬件，看它们是如何工作的。

### ■ 3.2.3　L293D 直流电机驱动芯片

**（1）H 桥式电机驱动电路**　有两个三极管，一个可以对正极导通实现上拉，另一个可以对负极导通实现下拉。有两套这样的电路，在同一个电路中，同时一个上拉，另一个下拉，或相反，两者总是保持相反的输出，这样可以在单电源的情况下使负载的极性倒过来。由于这样的接法加上中间的负载画出来经常会像一个 H 的字样，故得名 H 桥。

① 电路原理　图 3-15 所示为一个典型的直流电机控制电路。电路得名于"H 桥驱动电路"是因为它的形状酷似字母 H。4 个三极管组成 H 的 4 条垂直腿，而电机就是 H 中的横杠[注意：图 3-15 及随后的两个图（图 3-16、图 3-17）都只是示意图，而不是完整的电路图，其中三极管的驱动电路没有画出来]。

如图 3-15 所示，H 桥式电机驱动电路包括 4 个三极管和一个电机。要使电机运转，必须导通对角线上的一对三极管。根据不同三极管对的导通情况，电流可能会从左至右或从右至左流过电机，从而控制电机的转向。

要使电机运转，必须使对角线上的一对三极管导通。例如，如图 3-16 所示，当 $V_1$ 管和 $V_4$ 管导通时，电流就从电源正极经 $V_1$ 从左至右穿过电机，然后经 $V_4$ 回到电源负极。按图中电流箭头所示，该流向的电流使驱动电机顺时针转动（电机周围的箭头指示为顺时针方向）。

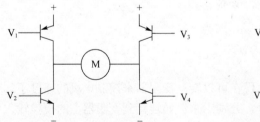
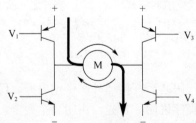

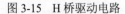

图 3-15　H 桥驱动电路　　　　　　图 3-16　H 桥电路驱动电机顺时针转动

图 3-17 所示为另一对三极管 $V_2$ 和 $V_3$ 导通的情况，电流将从右至左流过电机。当三极管 $V_2$ 和 $V_3$ 导通时，电流将从右至左流过电机，从而驱动电机沿另一方向转动（电机周围的箭头表示为逆时针方向）。

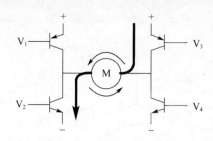

图 3-17　H 桥驱动电机逆时针转动

　　② 使能控制和方向逻辑　驱动电机时，保证 H 桥上两个同侧的三极管不会同时导通非常重要。如果三极管 $V_1$ 和 $V_2$ 同时导通，那么电流就会从正极穿过两个三极管直接回到负极。此时，电路中除了三极管外没有其他任何负载，因此电路上的电流就可能达到最大值（该电流仅受电源性能限制），甚至烧坏三极管。基于上述原因，在实际驱动电路中通常要用硬件电路方便地控制三极管的开关。

　　图 3-18 所示就是基于这种考虑的改进电路，它在基本 H 桥电路的基础上增加了 4 个与门和 2 个非门。4 个与门同一个"使能"导通信号相接，这样，用这一个信号就能控制整个电路的开关。而 2 个非门通过提供一种方向输入，可以保证任何时候在 H 桥的同侧腿上都只有一个三极管能导通（与本节前面的示意图一样，图 3-18 所示也不是一个完整的电路图，特别是图中与门和三极管直接连接是不能正常工作的）。

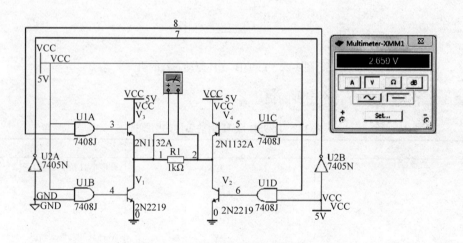

图 3-18　具有使能控制和方向逻辑的 H 桥电路

　　采用以上方法，电机的运转就只需要用三个信号控制：两个方向信号和一个使能信号。如果 DIR-L 信号为 0，DIR-R 信号为 1，并且使能信号是 1，那么三极管 $V_1$ 和 $V_4$ 导通，电流从左至右流经电机（如图 3-19 所示）；如果 DIR-L 信号变为 1，而 DIR-R 信号变为 0，那么 $V_2$ 和 $V_3$ 将导通，电流则反向流过电机。

　　实际使用的时候，用分立元件制作 H 桥是很麻烦的，市面上有很多封装好的 H 桥集成电路，接上电源、电机和控制信号就可以使用了，在额定的电压和电流内使用非常方便可靠，比如常用的 L293D、L298N、TA7257P、SN754410 等。

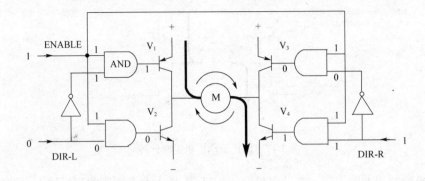

图 3-19　使能信号与方向信号的使用

**（2）L293D H 桥驱动芯片**

① 概述　L293D 是美国德州仪器（TI）公司产品，16 脚封装，引脚定义如图 3-20 所示。

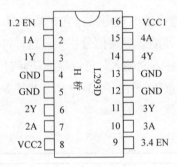

图 3-20　L293D 双 H 驱动芯片的引脚

表 3-3 给出了 L293D 每个引脚的描述。

表 3-3　L293D 双 H 驱动芯片的引脚描述

| 引脚 | 标记 | 描述 |
| --- | --- | --- |
| 1 | 1,2EN | 使能半 H 桥驱动器 1 和 2 |
| 2 | 1A | 半 H 桥驱动器 1 输入 |
| 3 | 1Y | 半 H 桥驱动器 1 输出 |
| 4,5,12,13 | GND | 地线 |
| 6 | 2Y | 半 H 桥驱动器 2 输出 |
| 7 | 2A | 半 H 桥驱动器 2 输入 |
| 8 | VCC2 | 电动机供电 4.5~36V |
| 9 | 3,4EN | 使能半 H 桥驱动器 3 和 4 |
| 10 | 3A | 半 H 桥驱动器 3 输入 |
| 11 | 3Y | 半 H 桥驱动器 3 输出 |
| 14 | 4Y | 半 H 桥驱动器 4 输出 |
| 15 | 4A | 半 H 桥驱动器 4 输入 |
| 16 | VCC1 | 5V 逻辑电压 |

L293D 有以下特性：峰值输出电流 1.2A；连续输出电流 600mA；电压范围 4.5~36V；驱动器成对使能；可以驱动两个直流电机或者一个步进电机。

② 使用连接示意图如图 3-21 所示。

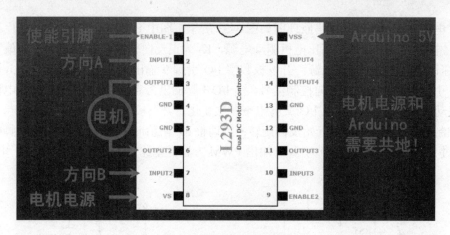

图 3-21　使用连接示意图

③ 使用说明　Arduino 开发板配合 L293D 控制电机时，如果要想控制电机转速有两种方法：一种是利用开发板的模拟输出引脚进行控制，另一种是利用 PWM 引脚输出进行控制。控制电机旋转方向的方法是：将开发板的数字输出引脚连接到 L293D 的 A、B 两个方向的引脚上，要想使电机正转就使 A 为高电平、B 为低电平；反转时，B 为高电平、A 为低电平；制动时，A、B 同时为高或同时为低即可。

## ■ 3.2.4　L293D 芯片应用试验

**（1）硬件连接**　本试验所需的硬件有：10kΩ 电阻 1 个，10kΩ 电位器 1 个，拨动开关 1 个，L293D 直流电机驱动芯片 1 个，由于 L293D 工作时功率较大会发热，最好再给 L293D 加上一块散热片。

首先通过把 Arduino 从 USB 线上拔下来确保它没有上电，现在用以上元件把它们连成如图 3-22 所示的电路。在上电之前再次全面检查电路。L293D 在使用时会变得非常热，因此，必须使用散热片给 L293D 散热。用环氧树脂把散热片粘到芯片顶部，散热片越大越好。注意，运行时 L293D 的温度足以熔化面包板的塑料或连在其上的导线，不要碰触散热片，以免造成烫伤。当芯片过热时不要给电路上电，也不要碰触它。

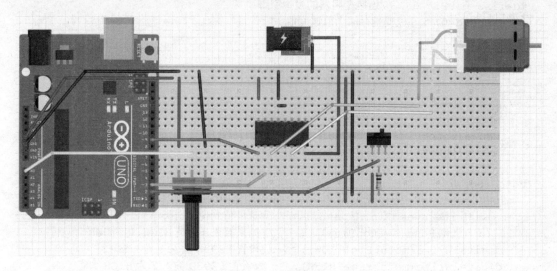

图 3-22　实际接线图

（2）**电路分析** 本试验电路原理图如图 3-23 所示，图中 U₁ 为直流电机驱动芯片 L293D，M 为直流电机，BAT 为外接高压电机驱动电源，K₁ 为正反向转换开关，R₁ 为下拉偏置电阻，RP 为转速调整电位器。接通电源，开发板数字 I/O 引脚 9 输出 PWM 方波信号给 U₁ 使能端，数字 I/O 引脚 3 和 4 输出正反向控制信号，当 I/O 3 脚输出为高、4 脚输出为低时，电机正向旋转；当拨动 K₁ 时，由于开发板 I/O 2 脚电平发生变化，开发板 I/O 3、4 脚电平翻转，导致 U₁ 正反向控制脚电平翻转，电机开始反向旋转；当调整 RP 阻值时，开发板模拟 I/O 0 脚电位发生变化，经过 CPU 处理是数字 I/O 引脚 9 输出 PWM 方波占空比发生变化，从而改变了电机转速。

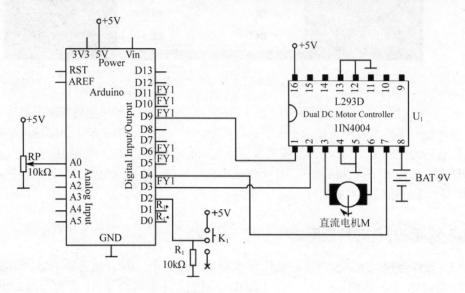

图 3-23 L293D 应用电路原理图

（3）**程序代码**

```
#define switchPin 2    //扳钮开关输入
#definr motorPin1 3    //L293D 输入 1
#define motorPin2 4    //L293D 输入 2
#define speedPin 9     //L293D 使能引脚 1
#define potPin 0   //连接变阻器的模拟引脚
int Mspeed=0;    //变量存储当前速度值
void setup() {
  //设置扳钮开关引脚为 INPUT
  pinMode(switchPin,INPUT);

  //设置其他引脚为 OUTPUT
  pinMode(motorPin1,OUTPUT);
  pinMode(motorPin2,OUTPUT);
  pinMode(motorPin,OUTPUT);
}
void loop(){
  mspeed=analogRead(potPin)/4    //从变阻器中读速度值
  analogWrite(speedPin,Mspeed);    //写速度值到使能引脚
  if (digitalRead(switchPin)) {    //如果扳钮开关是 HIGH,电机顺时针旋转
    digitalWrite(motorPin1 LOW);    //设置 L293D 输入 1 为 LOW
    digitalWrite(motorPin2 HIFH);    //设置 L293D 输入 2 为 HIGH
  }
```

```
    else {      //如果扳钮开关是 LOW,电机逆时针旋转
      digitalWrite(motorPin,HIGH);        //设置 L293D 输入 1 为 HIGH
      digitalWrite(motorPin,LOW);         //设置 L293D 输入 2 为 LOW
    }
};
```

代码上传完毕，把变阻器旋钮旋到中间位置，插入外部电源，电机开始旋转，可以通过变阻器调整电机的速度。要改变电机的转向，首先要把速度设置为最小，按扳钮开关，电机将反方向旋转。还是要注意一旦上电 L293D 芯片将变得非常热。

**（4）程序说明**　这个试验的代码非常简单，首先定义要使用的 Arduino 的引脚。

```
#define switchPin2//扳钮开关输入
#define sotorPin1 3//L293D 输入 1
#define sotorPin1 4/L293D 输入 2
#define sp[eedPin  9//L293D 使能引脚 1
#define potPin     0//连接变阻器的模拟量引脚
```

之后，设置一个整数存储从变阻器中读出的速度值：

```
int Mspeed=0;//变量存储当前速度值
```

在 setup 函数中，设定相关的引脚模式为输入或者输出：

```
pinMode(switchPin,INPUT);
PinMode(motorPin1,OUTPUT);
PinMode(motorPin2,OUTPUT);
PinMode(speedPin,OUTPUT);
```

在主循环中，首先从连接到模拟引脚 0 上的变阻器读值，并把它存储在 Mspeed 中：

```
Mspeed=analogRead(pot Pin)/4;//从变阻器中读速度值
```

之后给 PWM 引脚 9 设置相应的 PWM 值：

```
analogWrite(speedPin,Mspeed);//写速度值到使能引脚
```

接着用 if 语句检查从导开关引脚中读出的值是高还是低。如果是高，将 L293D 上的输出引脚 1 设置为 LOW，输出 2 设置为 HIGH。这等于输出 2 为正电压，输出 1 为地，使电机向一个方向旋转：

```
if(digitalRead(switchPin){//如果扳钮开关是 HIGH,电机顺时针旋转
digitalWrite(motorPin,LOW);//设置 L293D 输入 1 为 LOW
digitalWrite(motorPin2,HIGH);//设置 L293D 输出 2 为 HIGH
}
```

如果扳钮开关引脚是 LOW，输出 1 设为 HIGH，输出 2 设为 LOW，电机向反方向旋转：

```
else{//如果扳钮开关引脚是 LOW,逆时针转动电机
digitalWrite(motorPin1,HIGH);//设置 L293D 输入 1 为 HIGH
digitalWrite(motorPin2,low);//设置 L293D 输入 2 为 LOW
}
```

主循环重复运行，检查一下新的速度值和新的方向，之后，设置相应的速度和方向引脚，就像看到的那样，使用电机驱动 IC 没有开始想象得那么难。事实上，它提供了很多方便。如果不使用电机驱动芯片实现如上功能，电路和代码会变得非常复杂。

# 3.3　步进电机的应用

## ■ 3.3.1　步进电机

**（1）步进电机的工作原理**　步进电机由定子和转子组成，定子由硅钢片叠加而成，并由一

定数量的磁极和绕组组成；转子也由硅钢片叠加而成，或采用软磁性材料做成凸极结构，步进电机的结构如图 3-24 所示。如按相数可分为单相、两相和多相步进电机三种，几相代表内部有几组线圈，如有三组线圈，称为三相步进电机。

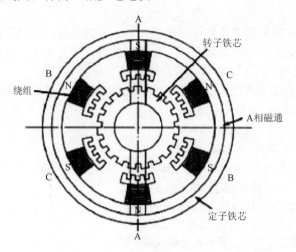

图 3-24　步进电机结构原理图

图 3-24 是最常见的三相反应式步进电机的剖面示意图。电机的定子上有六个均匀分布的磁极，磁极间夹角为 60°，各个磁极上均套有线圈，如图所示连成 A、B、C 三相绕组。转子上均匀分布有 40 个小齿，每个齿的齿距为 $r=360°/40＝9°$，而定子每个磁极的极弧上也有 5 个小齿，且定子和转子的齿距和齿宽均相同。由于定子和转子的齿数分别是 30 和 40，其比值是一分数，这就产生了齿错位的情况。若以 A 相磁极小齿与转子的小齿对齐，那么 B 相和 C 相磁极的小齿就会分别与转子的小齿错开三分之一的齿距，即错开 3°，因此，B、C 两极下的磁阻比 A 极下的磁阻大。

给 B 相通电，B 相绕组产生定子磁场，其磁力线穿越 B 相磁极，并力图按磁阻最小的路径闭合，这就使转子受到反应转矩（磁阻转矩）的作用而转动，直到 B 磁极上的小齿与转子小齿对齐为止，即转子恰好转过 3°；此时 A、C 磁极下的小齿又分别与转子的小齿错开三分之一齿距。接着停止对 B 相绕组通电，而改为 C 相绕组通电，同理，受反应转矩的作用，转子按顺时针方向再转过 3°。

依次类推，当三相绕组按 A—B—C—A 顺序循环通电时，转子会按顺时针方向以每个通电脉冲转动 3°的规律步进式地动起来。

若改变通电顺序，按 A—C—B—A 顺序循环通电，则转子就会按逆时针方向以每个通电脉冲转 3°的规律转动。

因为每一瞬间只有一相绕组通电，并且按三种通电状态循环通电，故按 A—B—C—A 顺序循环通电称为单三拍运行方式。单三拍运行时的步距角 $\theta$ 为 30°，所以，错齿是步进电机能够持续同向旋转的根本原因。

三相步进电机还有两种通电方式，一种是双三拍运行，即按 AB—BC—CA—AB 顺序循环通电的方式；另一种是单双六拍运行，即按 A—AB—B—BC—C—CA—A 顺序循环通电的方式，六拍运行时的步矩角将减小一半，即为 15°，与双三拍相比单三拍方式在控制步进电机旋转时更加平稳。

步进电机的关键术语：

① 齿距：设转子的齿数为 $Z$，则齿距为 $r=360°/Z$。若齿数为 40，则 $r$ 为 9°。

② 步距角：绕组每通电一次（即运行一拍），转子就走一步，即转过一定角度，用 $\theta$ 表示。

**（2）步进电机的驱动**  单极性和双极性是步进电机最常采用的两种驱动架构。单极性驱动电路使用四个场效应管来驱动步进电机的两组相位。如图 3-25 所示，步进电机包含两组有中间抽头的线圈，整个电机共有六条线与外界连接。这类电机叫做双相位六线式步进电机，六线式步进电机虽被称为单极性步进电机，实际上却能同时使用单极性或双极性驱动电路。

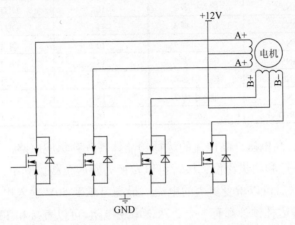

图 3-25  单极性步进电机驱动电路

双极性步进电机的驱动电路如图 3-26 所示。它使用八个场效应管来驱动两组相位，所需场效应管数目是单极性驱动电路的两倍。双极性驱动电路可以同时驱动四线式或六线式步进电机，虽然四线式电机只能使用双极性驱动电路，但它却能大幅降低量产型应用的成本。由于双极性驱动电路的晶体管只需承受电机电压，所以，不像单极性驱动电路那样需要加入钳位电路。

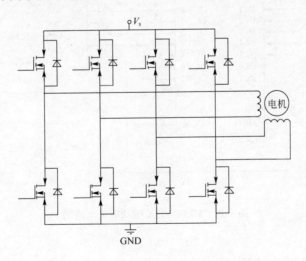

图 3-26  双极性步进电机驱动电路

### ■ 3.3.2  ULN2003A 步进电机驱动芯片

步进电机驱动方式有多种，驱动器的设计也多种多样，为降低电路复杂度，通常采用步进电机的集成驱动芯片，如：L297、THB6158、A3977、L6228、RA8345 和 ULN2003A，应用时根据步进电机的电压、功率来选择合适的驱动芯片。本书重点介绍低成本的 ULN2003A 模块，它的引脚功能说明如表 3-4 所示。

表 3-4 ULN2003A 引脚功能说明

| 序号 | 引脚名称 | 说明 | 序号 | 引脚名称 | 说明 |
|------|----------|------|------|----------|------|
| 1 | IN1 | 输入引脚 1 | 9 | COM | 公共端 |
| 2 | IN2 | 输入引脚 2 | 10 | OUT7 | 输出引脚 7 |
| 3 | IN3 | 输入引脚 3 | 11 | OUT6 | 输出引脚 6 |
| 4 | IN4 | 输入引脚 4 | 12 | OUT5 | 输出引脚 5 |
| 5 | IN5 | 输入引脚 5 | 13 | OUT4 | 输出引脚 4 |
| 6 | IN6 | 输入引脚 6 | 14 | OUT3 | 输出引脚 3 |
| 7 | IN7 | 输入引脚 7 | 15 | OUT2 | 输出引脚 2 |
| 8 | GND | 接地 | 16 | OUT1 | 输出引脚 1 |

ULN2003 是单片、高电压、高电流的达林顿晶体管阵列集成电路，它由 7 对 NPN 达林顿管组成，高电压输出特性和阴极钳位二极管可以转换为感应负载。其中，单个达林顿对的集电极电流是 500mA，并联后可以承受更大的电流，最高可承受 50V 输入电压。

ULN2003A 的每对达林顿管都有一个 2.7kΩ 串联电阻，可以直接和 TTL 或 5V CMOS 相连。

采用 Arduino UNO 控制 ULN2003A 驱动步进电机的电路图如图 3-27 所示，用 Arduino UNO 的数字引脚（如：D5、D6、D7、D8）接 ULN2003A 的四个输入端，以提供四相输入信号，ULN2003A 输出端接步进电机；同时用 Arduino UNO 一个数字引脚（如：D9）外接一个按键，以控制步进电机的正、反转；GND 和公共端接电源，并连接到步进电机的公共端上。

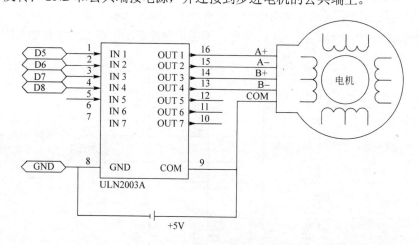

图 3-27 ULN2003A 驱动电机电路图

### 3.3.3 步进电机驱动试验

**（1）硬件连接** 本次试验所需要的硬件有：步进电机 1 个，如图 3-28 所示，轻触开关 1 个，ULN2003A 步进电机驱动芯片 1 块。硬件连接如图 3-28 所示，ULN2003A 与开发板的连线情况如图 3-29 所示。

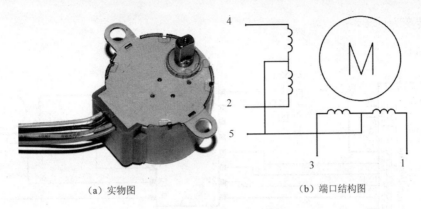

（a）实物图　　　　　　　　　（b）端口结构图

图 3-28　本实验所用步进电机

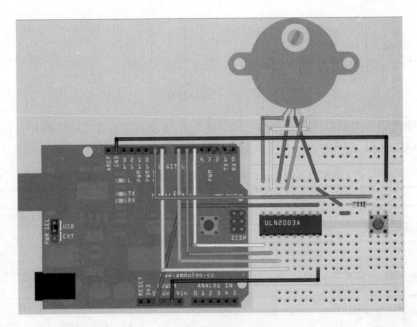

图 3-29　实际接线图

使用步进电机前一定要仔细查看说明书，确认是四相还是两相，各个线怎样连接，本次试验使用的步进电机是四相的，不同颜色的线的定义如表 3-5 所示。

表 3-5　步进电机引线定义

| 导线颜色 | 1 | 2 | 3 | 4 | 5 | 6 | 7 | 8 |
|---|---|---|---|---|---|---|---|---|
| 5 红 | + | + | + | + | + | + | + | + |
| 4 橙 | − | − |  |  |  |  |  | − |
| 3 黄 |  | − | − | − |  |  |  |  |
| 2 粉 |  |  |  | − | − | − |  |  |
| 1 蓝 |  |  |  |  |  | − | − | − |

（2）电路分析　本试验电路原理图如图 3-30 所示，图中 $U_1$ 为步进电机驱动芯片 ULN2003A，M 为步进电机，$R_1$ 为正反转选择端上拉电阻，$K_1$ 为正反转转换按键。接通电源，正反转转换端由上拉电阻置高，开发板各驱动输出端按表 3-5 所示的时序输出驱动方波信号；当按压正反转转换按键 $K_1$ 时，开发板数字 I/O 引脚 9 被 $K_1$ 拉为低电平，经 CPU 处理后改变输出信号，从而

使电机由正转变为反转。

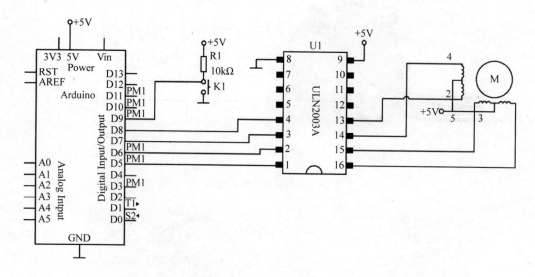

图 3-30　电路原理图

（3）程序代码　根据步进电机驱动电路，编写程序以实现步进电机的四相八拍正、反转功能。Arduino UNO 板与 ULN2003A 模块的接线情况如表 3-6 所示。

表 3-6　Arduino UNO 与 ULN2003A 模块引脚接线表

| 序号 | Arduino UNO 模块引脚 | ULN2003A 模块引脚 | 说明 |
| --- | --- | --- | --- |
| 1 | D5 | IN1 | 单相输入信号 A+ |
| 2 | D6 | IN2 | 单相输入信号 A− |
| 3 | D7 | IN3 | 单相输入信号 B+ |
| 4 | D8 | IN4 | 单相输入信号 B− |
| 5 | GND | GND | 接地 |
| 6 | 5V | COM | 接电源 |
| 7 | D9 | | 接外部按键，控制步进电机正、反转 |

本试验程序代码如下：

```
//步进电机的正、反转
//定义与 Arduino UNO 的端口相连接的引脚
int IN1=5;
int IN2=6;
int IN3=7;
int IN4=8;
int INy=9;                  //外部按键，控制电机的正、反转，按键按下时，电机状态为反转
boolean direct=false;  //电机转向，初始化为正转
int steps=0;                //电机八拍中的某一拍值
void setup()                //端口属性初始化
{
  (pinMode(IN1,OUTPUT);//四相八拍步进电机
  pinMode(IN2,OUTPUT);
  pinMode(IN3,OUTPUT);
  pinMode(IN4,OUTPUT);
```

```
  pinMode(INy,INPUT);                //外部按键
}
void step-code(int steps)
{
    switch(steps)                    //下面的驱动电平可参阅表3-7
    {
    case1:
        {digitalWrite(IN1 ,LOW);
        digitalWrite(IN2 ,LOW);
        digitalWrite(IN3 ,LOW);
        digitalWrite(IN4 ,HIGH);
        break;
    }
    case2:
        {digitalWrite(IN1 ,LOW);
        digitalWrite(IN2 ,LOW);
        digitalWrite(IN3 ,HIGH);
        digitalWrite(IN4 ,HIGH);
        break;
    }
    case3:
        {digitalWrite(IN1 ,LOW);
        digitalWrite(IN2 ,LOW);
        digitalWrite(IN3 ,HIGH);
        digitalWrite(IN4 ,LOW);
        break;
    }
    case4:
        {digitalWrite(IN1 ,LOW);
        digitalWrite(IN2 ,HIGH);
        digitalWrite(IN3 ,HIGH);
        digitalWrite(IN4 ,LOW);
        break;
    }
    case5:
        {digitalWrite(IN1 ,LOW);
        digitalWrite(IN2 ,HIGH);
        digitalWrite(IN3 ,LOW);
        digitalWrite(IN4 ,LOW);
        break;
    }
    case6:
        {digitalWrite(IN1 ,HIGH);
        digitalWrite(IN2 ,HIGH);
        digitalWrite(IN3 ,LOW);
        digitalWrite(IN4 ,HIGH);
        break;
    }
    case7:
```

```
        {digitalWrite(IN1 ,HIGH);
        digitalWrite(IN2 ,LOW);
        digitalWrite(IN3 ,LOW);
        digitalWrite(IN4 ,LOW);
        break;
    }
}
```

# 3.4 舵机的应用

## 3.4.1 舵机的结构和工作原理

**（1）舵机的结构** 舵机（英文叫 Servo）是由直流电机、减速齿轮组、传感器和控制电路组成的一套自动控制系统，通过发送信号，指定输出轴旋转角度。舵机一般而言都有最大旋转角度（比如 180°），与普通直流电机的区别主要是，直流电机是一圈圈转动的，舵机只能在一定角度内转动，不能一圈圈地转（数字舵机可以在舵机模式和电机模式中切换，没有这个问题）。普通直流电机无法反馈转动的角度信息，而舵机可以。两者的用途也不同，普通直流电机一般是整圈转动作动力用，舵机是控制某物体转动一定角度用（比如机器人的关节）。图 3-31 为几种舵机的实物图。

图 3-31　舵机实物图（三线控制）

小型舵机的工作电压一般为 4.8V 或 6V，转速一般在 0.22s/60°～0.13s/60° 之间，速度更快的可能达到 0.09s/60°。如果在改变角度控制脉冲的宽度时太快，可能导致舵机反应不过来；如果需要更快速的反应，就需要更高的转速了。

舵机分为模拟舵机和数字舵机，它们的区别在于有无单片机控制器。由于数字舵机电路中集成有单片机，凭借比模拟舵机具有反应速度更快、无反应区范围小、定位精度高、抗干扰能力强等优势，数字舵机已逐渐取代模拟舵机，在机器人、航模等领域中得到了广泛应用。其缺点是成本较高。

图 3-32 是一个普通模拟舵机的分解图，其组成部分主要有齿轮组、电机、电位器、电机控

制板、壳体这几大部分。其内部结构如图 3-33 所示。舵机通过电机转动驱动减速齿轮组将动力传至输出轴；齿轮组负责将电机速度减慢，通过多级齿轮传动，可以将电机的输出速度降低数十甚至上百倍；可调电位器其实就是可变电阻，舵机输出轴与电位器转动轴一起转动，当舵机转动时电位器电阻值会随之改变，根据阻值大小可以判断舵机转轴是否已经达到指定位置。舵机输出轴与负载采用舵盘连接。舵机电气连接线（图 3-34）一般是 3 根，中间红色的是电源线；一边黑色的是地线；另一边是棕色线，为舵机控制信号线。

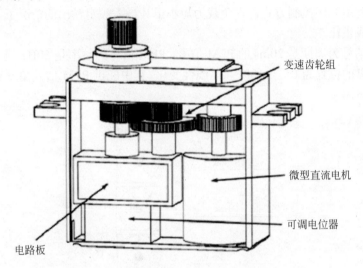

图 3-32　舵机拆解图

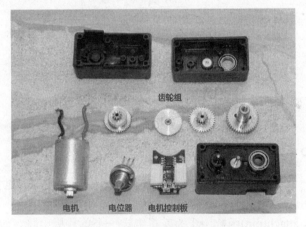

图 3-33　舵机内部结构

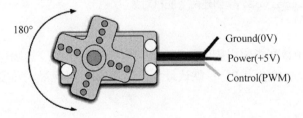

图 3-34　舵机接线定义图

**（2）舵机的角度控制原理**　PPM（Pulse Position Modulation）是脉位调制的英文缩写，指用调制信号控制脉冲序列中各脉冲的相对位置（即相位），使各脉冲的相对位置随调制信号变化。此时，脉冲序列中脉冲的幅度和宽度均保持不变。航模领域大都使用 PPM 信号进行控制，每个通道信号脉宽为 0～2ms，变化范围为 1～2ms。1 帧 PPM 信号长度为 20ms，可将多个通道叠加，理论上航模最多可以有 10 个通道，但同步脉冲也需要时间，因此模型遥控器最多有 9 个通道。舵机控制沿袭了航模控制方式，也是使用 PPM 信号进行控制。

　　舵机本身是一个位置随动系统，通过内部位置反馈，舵轴输出的转角与给定的控制信号成正比，所以可以使用开环控制方式，在负载力矩小于其最大额定输出的情况下，输出的转角与给定的脉冲宽度成正比。

　　舵机的控制信号为周期是 20ms 的 PPM 信号，PPM 信号的频率是 50Hz，脉冲宽度为 0.5～2.5ms，相对应舵盘的位置为 0°～180°，呈线性变化。其中舵机 PPM 信号角度对应图如图 3-35 所示。

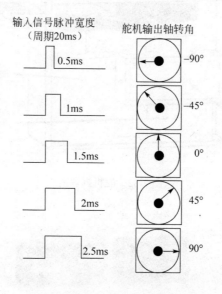

图 3-35　舵机 PPM 信号角度对应图

### ■ 3.4.2　Arduino 舵机控制函数库

　　Arduino 附带了一个 Servo 库来驱动舵机。使用舵机控制函数，需包含函数头 Servo.h，然后创建一个对象来调用，该对象有几个方法可以使用。

　　（1）**attach(pin)**　attach(pin)函数用于为舵机绑定一个单片机引脚。例如将引脚 D3、D4 用于舵机控制，示例代码如下。

```
Servo myservo1,ayservo2;//创建两个舵机对象
Myservo1.attch(3);
Myservo1.attch(4);
```

　　attach(pin,min,max)函数在指定引脚的同时，还可以指定最小角度的脉宽值，单位为μs，默认最小值为 544，对应最小角度为 0°；默认最大值为 2400，对应最大角度为 180°。示例代码如下。

```
myservo1.attch(1,1000,2000);
```

　　该语句限制舵机在 1000～2000μs 的范围内转动。

　　（2）**write(value)**　write(value)函数可以直接填写需要的角度，该函数将控制舵机转动至 0～

180°范围内的任意角度。

例如控制舵机转到 90°的示例代码如下。

```
Myservol.write(90);
```

 注意 - - - - - - - - - - - - - - - - - - - - - - - - - - - - - - - - - - - - - - - - - - - - - - - - - - - - - - - -

该函数精度为 1°，必须填入 0~180 之间的整数。

- - - - - - - - - - - - - - - - - - - - - - - - - - - - - - - - - - - - - - - - - - - - - - - - - - - - - - - - - - - - - - - - - - - - -

（3）**witeMicroseconds()** witeMicroseconds()函数可直接填写 PPM 的脉冲值，单位是μs。例如控制舵机转到 90°的示例代码如下。

```
myservol.witeMicroseconds(1500);
```

 注意 - - - - - - - - - - - - - - - - - - - - - - - - - - - - - - - - - - - - - - - - - - - - - - - - - - - - - - - -

该函数的角度精度为 0.097°，默认最小值为 544，对应最小角度为 0°；默认最大值为 2400，对应角度 180°；中间值 1500 对应 90°，若需要输出更大角度，须在 attach(pin,min,max)函数中设置。

- - - - - - - - - - - - - - - - - - - - - - - - - - - - - - - - - - - - - - - - - - - - - - - - - - - - - - - - - - - - - - - - - - - - -

（4）**datach(pin)** detach(pin)函数用于释放被绑定的舵机控制引脚，例如需要释放引脚 D5，示例代码如下。

```
myservol.datach(5)
```

 注意 - - - - - - - - - - - - - - - - - - - - - - - - - - - - - - - - - - - - - - - - - - - - - - - - - - - - - - - -

使用该函数前需使用 attach 函数先绑定引脚，否则释放无效。

- - - - - - - - - - - - - - - - - - - - - - - - - - - - - - - - - - - - - - - - - - - - - - - - - - - - - - - - - - - - - - - - - - - - -

（5）**read()** read()函数用于读取引脚的角度值，返回值为 0~180 之间的整数。示例代码如下。

```
int i
i=myservol.read();
```

 注意 - - - - - - - - - - - - - - - - - - - - - - - - - - - - - - - - - - - - - - - - - - - - - - - - - - - - - - - -

使用前应使用 attach 函数绑定引脚。

- - - - - - - - - - - - - - - - - - - - - - - - - - - - - - - - - - - - - - - - - - - - - - - - - - - - - - - - - - - - - - - - - - - - -

（6）**readMicroseconds()** readMicroseconds()函数用于读取引脚的 PPM 值，返回值为最大脉宽与最小脉宽之间的整数。示例代码如下。

```
int j;
j=myservol,readMicroseconds();
```

注意 - - - - - - - - - - - - - - - - - - - - - - - - - - - - - - - - - - - - - - - - - - - - - - - - - - - - - - - -

使用前应使用 attach 函数绑定引脚。

- - - - - - - - - - - - - - - - - - - - - - - - - - - - - - - - - - - - - - - - - - - - - - - - - - - - - - - - - - - - - - - - - - - - -

### ■ 3.4.3 简单的舵机控制试验

（1）**硬件连接** 本试验所需硬件有：标准小型舵机 1 个，4.7kΩ电位器 1 个。舵机引出三根线：一根是红色的，要连到+5V 上；一根是黑色或棕色的，要连接到地；第三根可能是白色、黄色或橘色的，要连接到数字量引脚 5 上。

将旋转变阻器两端的引脚连到+5V 和地上，中间引脚连到模拟引脚 0 上。试验硬件连接图如图 3-36 所示。

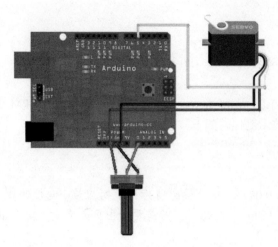

图 3-36　实际接线图

（2）**电路分析**　本试验电路原理图如图 3-37 所示，图中 Servo 为舵机，RP 为角度调整电位器；当调整 RP 阻值时，开发板模拟 I/O 引脚 0 电压发生变化，经开发板 CPU 处理后，控制数字 I/O 5 脚输出脉冲，从而控制舵机旋转角度。

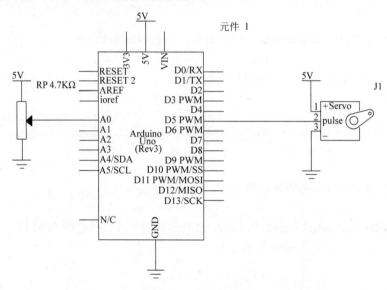

图 3-37　电路原理图

（3）**程序代码**　将每个元件连接好之后，输入以下的代码。

```
include<Servo.h>
servo servol;//建立一个舵机对象
void setup()
{
    servol.attach(5); //将引脚 5 上的舵机与舵机对象连接起来
}
viod lolp()
{
    int angle=analogRead(0);//读模拟量值
```

```
angle=map(angle,0,1023,0,180);//映射模拟量值到 0°～180°之间
servol.write(angle);//写角度到舵机
delay(15);//延时 15ms 让舵机转到指定位置
}
```

**（4）程序说明** 首先，载入 Servo.h 链接屏：

`#include <Servo.h>`

之后声明一个叫做 servo1 的 Servo 对象：

`Servo Servo1；//建立一个舵机对象`

在 **setup** 循环中将舵机连接到引脚 5 上：

`servo1.attach(5)；//将引脚 5 上的舵机与舵机对象连接起来`

attach 函数用于连接一个舵机对象到指定的引脚上。attach 函数可以有 1 或 3 个参数。如果使用 3 个参数，第一个参数表示引脚，第二个参数表示最小角度（0°）的脉冲宽度，单位是 ms（默认是 544），第三个参数表示最大角度（180°）的脉冲宽度，单位是 ms（默认是 2400）。在通常情况下，只需设置舵机引脚，忽略第二和第三个参数。

Arduino Duemilanove 最多可以连接 12 个舵机，而专门为机器人控制应用设计的 ArduinoMega 可连接多达 48 个舵机。

 **注意**

这个库不使用引脚 9 和引脚 10 的模拟写（PWM）功能。在 Mega 上，使用 12 个以内舵机不需要使用内部 PWM 功能，使用 12～23 个舵机将屏蔽引脚 11 和引脚 12 上的 PWM 功能。

在主循环中，从连在引脚 0 上的变阻器中读模拟量值：

`int angle=analogRead(0);//读模拟量值`

之后，这个值被映射到 0～180 之间，与舵机臂的转动角度一一对应：

`angle=map(angle, 0, 1023, 0, 180);//映射模拟量值到 0～180 之间`

之后，为舵机对象写入正确的角度，用角度作单位（角度必须在 0～180 之间）。

`servol.write(angle);//写角度到舵机`

之后，延时 15ms，让舵机转到指定位置：

`delay(15);//延时 15ms 让舵机转到指定位置`

也可以取消引脚和舵机的连接，用它做其他事情。而且，可以用 read()函数读取舵机当前的角度[即最后传给 write()命令的值]。

## 3.4.4 两个舵机控制试验

**（1）硬件连接** 本试验比较简单，只需要两个舵机即可，硬件连接图如图 3-38 所示。

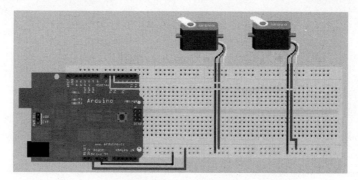

图 3-38 硬件连接图

**（2）程序代码**

```
#include<Servo.h>
char buffer[10];
Servo servo1;      //声明第一个 Servo 对象
Servo servo2;      //声明第二个 Servo 对象
void setup()
{
    Servo1.attach(5);     //引脚 5 上的舵机连接到 servo1 对象
    Servo2.attach(6);     //引脚 6 上的舵机连接到 servo2 对象
    Serial.begin(9600);
    Serial.fulsh();
    Servo1.write(90);    //设置舵机 1 到初始位置
    Servo2.write(90);    //设置舵机 2 到初始位置
    Serial.println(STARTING...);
}
void loop()
    if(serial.available()>0)   {  //检查是否有数据送到串口
      int index=0;
      delay(100);         //延时使缓存填满
    int numChar=Serial.avalable();    //确定字符串长度
      if(numChar>10)   {
      numChar=10;
        }
     while (numChar--);   {
         //用字符串填满缓存
         buffer[index++]=Serial.read();
      }
     splitString(buffer);  //运行 splitString 函数
    }
}
void splitString(char*data)   {
   Serial.print(Data entered:");
   Serial.println(data);
   char*parameter;
   parameter=strtok(data,",");//到逗号的字符串
   while (parameter! =NULL) {//如果还没有到达字符串结尾
       setServo(parameter); //运行 setServo 函数
       Parameter=strtok(NULL,",");
   }
//清除串口缓存器的文本
for(int x=0;x<9;x++)   {
    buffer[x]=\0;
   }
 Serial.flush();
}
void setServo(char*data)   {
    if(()data[0]==[L])   |   (data[0] ==1))   {
    int firstVal=strtol(data+1,NULL,10);//字符串转换成长整型
    firstVal=connstrain(firstVal,0,180);   //数值约束
    Servo1.write(firatVal);
    Serial.print(servo1  is  set to:");
    Serial.println(firstVal);
```

```
    }
  if(()data[0]==[R]) | (data[0] ==r)) {
    int firstVal=strtol(data+1,NULL,10);//字符串转换成长整型
    firstVal=connstrain(firstVal,0,255);  //数值约束
    Servo1.write(firatVal);
    Serial.print(servo1  is  set to:");
    Serial.println(firstVal);
  }
```

　　运行代码，打开串口监视器窗口，Arduino 将重启，舵机将转到中间位置，现在可以使用串口监视器发送命令给 Arduino。

　　首先通过送出一个"L"字符控制左边的舵机，接下来输入 0～180 之间的数字表示转动角度。右侧舵机控制也通过输入 R 和一个数字实现。可以单独给每一个舵机发送命令，也可同时给两个电机发送命令，中间用空格或逗号隔开。命令如下：

```
L180
L45  R135
L180,R90
R77
R25  L175
```

　　这个简单的例子说明通过串口线可以将命令发送到 Arduino 控制的机器人手臂或电子玩具中。注意串口命令不仅可以从 Arduino 串口监视器输出，还可通过任何使用串口线通信的设备输出。读者也可以用 C++语言编写程序实现。

　　**（3）程序说明**　首先将 Servo.h 库包含到代码中：

```
#include<Servo.h>
```

　　之后声明一个 char 类型的数组，用于存储在串口监视器中输入的命令字符串：

```
char buffer[10];
```

　　声明两个 Servo 对象：

```
Servo servo1;           //声明第一个 Servo 对象
Servo servo2;           //声明第二个 Servo 对象
```

　　在 Setup 函数中连接 Serco 对象到引脚 5 和引脚 6：

```
Servo1.attach(5);       //引脚 5 上的舵机连接到 servo1 对象
Servo2.attach(6);       //引脚 6 上的舵机连接到 servo2 对象
```

　　之后，开始串口通信，并且执行 Serial.flush()函数，该函数的作用是清除串口缓冲器中的字符，确保串口缓冲器是空的，为接收发送给舵机的命令做好准备：

```
Serial.begin(9600);
Serial.fulsh();
```

　　给两个舵机都写入值 90，这是舵机的中间值，以使舵机从中间位置开始运动：

```
Servo1.write(90);       //设置舵机 1 到初始位置
Servo2.write(90);       //设置舵机 2 到初始位置
```

　　然后，字符串"STARTING……"显示在串口监视窗口中，所以用户知道设备已准备好开始接收命令：

```
Serial.println(STARTING...);
```

　　在主循环中，检查是否有数据已经送到串口中：

```
if(serial.available()>0)    {//检查是否有数据送到串口
```

　　如果数据已送到，让缓冲器填满并获得字符串长度，保证字符串长度不超过 10 个字符。一旦缓存满了，调用 splitSering 函数将缓存数组送到函数中：

```
int index=0;
      Delay(100);//延时使缓存填满
```

```
    int numChar=Serial.avalable();//确定字符串长度
      if(numChar>10)  {
    numChar=10;
      }
    while (numChar--);  {
        //用字符串填满缓存
        buffer[index++]=Serial.read();
    }
    splitString(buffer);//运行 splitString 函数
```

splitSering 函数接收缓存数据，如果输入多个命令，该函数把它们分成单独的命令，之后调用 setServo 函数，用从串口线中接收到的命令字符串作为参数：

```
void splitring(char*data)  {
    Serial.print(Data entered:');
    Serial.println(data);
    char*para,eter;
    perameter=strtok  (data, ,);
    while (parameter! =NULL)  {//如果还没有到达字符串结尾
        setServo(parameter);//运行 setServo 函数
        pParameter=strtok(NULL, ,);
}
//清除串口缓存器中的文本
for (int x=0;x<9;x++)  {
    buffer[x]=\0;
  }
serial.flush();
}
```

setServo 函数接收从 splitSering 函数中送出的小字符串并检查是否有 L 或 R，如果有，根据字符串中的特定字符运行左、右舵机：

```
void setServo(char*data)  {
    if(()data[0]==[L])  |  (data[0] ==1))  {
      int firstVal=strtol(data+1,NULL,10); //字符串转换成长整型
      firstVal=connstrain(firstVal,0,180); //数值约束
      Servo1.write(firatVal);
      Serial.print(servo1 is set to:");
      Serial.println(firstVal);
    }
    if(()data[0]==[R])  |  (data[0] ==r))  {
      int firstVal=strtol(data+1,NULL,10); //字符串转换成长整型
      firstVal=connstrain(firstVal,0,255); //数值约束
      Servo1.write(firatVal);
      Serial.print(servo1  is  set  to:");
      Serial.println(firstVal);
```

### ■ 3.4.5　两个舵机分别控制试验

**（1）硬件连接**　本试验是在 3.4.3 小节的基础上增加了 1 个舵机和 1 个 4.7kΩ 的电位器，使用两个电位器对两个舵机进行分别控制，以模拟一个机械手臂或者移动云台。硬件连接图如图 3-39 所示。

电路连接非常简单，两个变阻器的输出引脚分别连接到+5V 和地，中间引脚连到模拟引脚 3 和模拟引脚 4 上。

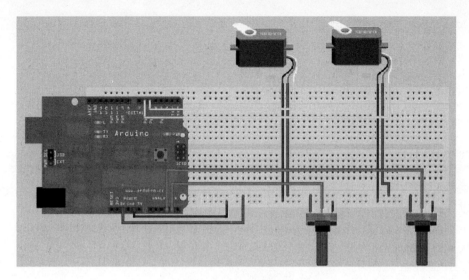

图 3-39　实际接线图

　　连接两个舵机。一个舵机的轴是垂直的，另一个舵机的轴是水平的，并连接到第一个舵机的电枢侧面。采用图 3-40 所示的方式连接舵机。试验时可用热熔胶，调试好之后使用强力胶做永久连接。

图 3-40　将一个舵机安装在另一个舵机的顶部

　　底部舵机的运动带动顶部舵机旋转，顶部舵机的运动带动它的手臂来回摇动，可以将网络摄像头或超声传感器安装在手臂上。

**（2）程序代码**

```
#include<servo.h>
Servo servo1;                 //声明第一个 Servo 对象
Servo servo2;                 //声明第二个 Servo 对象
int pot1,pot2;
void setup()
{
    Servo1.attach(5);         //引脚 5 上的舵机连接到 servo1 对象
    Servo2.attach(6);         //引脚 6 上的舵机连接到 servo2 对象
    Servo1.write(90);         //设置舵机 1 到初始位置
    Servo2.write(90);         //设置舵机 2 到初始位置
}
```

```
void loop()
{
  pot1=analogRead(3);        //读 X 轴
  pot2=analogRead(4);        //读 Y 轴
  pot1=map(pot1,0,1023,0,180);
  pot2=map(pot2,0,1023,0,180);
  Servo1.write(pot1);
  Servo2.write(pot2);
  delay(15);
}
```

当运行这个程序时，可以使用舵机做一个摇摆摄像头。当旋转两个电位器时，其中一个电位器可以控制上部舵机电枢前后摆动；另一个电位器则可以控制底部舵机的旋转。

**（3）程序说明** 这是一个简单的试验，但是能够非常好地控制两个舵机的运动。

载入舵机链接库：

```
#include<servo.h>
```

生成两个 Servo 对象和两个整型数用来存储从游戏手柄变阻器读出的值：

```
Servo servo1;      //声明第一个 Servo 对象
Servo servo2;      //声明第二个 Servo 对象
int pot1,pot2;
```

setup 函数连接两个 Servo 对象到引脚 5 和引脚 6，并且转动舵机到中间位置：

```
Servo1.attach(5);    //引脚 5 上的舵机连接到 servo1 对象
Servo2.attach(6);    //引脚 6 上的舵机连接到 servo2 对象
Servo1.write(90);    //设置舵机 1 到初始位置
Servo2.write(90);    //设置舵机 2 到初始位置
```

在主循环中，从游戏手柄中的 X 轴和 Y 轴读出模拟值：

```
pot1=analogRead(3);    //读 X 轴
pot2=analogRead(4);    //读 Y 轴
```

将这些值映射到 0～180 之间：

```
pot1=map(pot1,0,1023,0,180);
pot2=map(pot2,0,1023,0,180);
```

之后送到两个舵机中：

```
servo1.write(pot1);
servo2.write(pot2);
```

# 3.5 两轮机器底盘的应用

## 3.5.1 电机驱动扩展模块

本试验使用 L298N 驱动模块，采用 ST 公司的 L298N 芯片，可以直接驱动两路 3～30V 直流电机，并提供了 5V 输出接口，可以给 5V 单片机电路系统供电，支持 3.3V MCU 控制，可以方便地控制直流电机的速率和方向，也可以控制 2 相步进电机，是智能小车必备模块。

产品参数：

① 驱动芯片：L298N 双 H 桥驱动芯片。

② 驱动部分端子供电范围：+5～+35V。

③ 驱动部分峰值电流：2A/桥。

④ 逻辑部分端子供电范围：4.5～5.5V。

⑤ 逻辑部分工作电流范围：0～36mA。

⑥ 控制信号输入电压范围：高电平 4.5～5.5V，低电平 0V。

⑦ 最大功耗：20W

⑧ 存储温度：−25～+130℃。

模块实物如图 3-41 所示。

图 3-41　L298N 电机驱动模块

### ■ 3.5.2　两轮机器底盘

两轮机器底盘的实物如 图 3-42 所示，这种机器底盘可以在网络上很方便地买到，该底盘的两个轮子分别用两个电机来进行控制。底盘上有电池盒，可以直接把电池安装到里面，并且有开发板安装孔和其他配件的安装孔，可以安装各种传感器，还可以使用这个底盘来制作一辆寻线小车。

图 3-42　两轮机器底盘

### ■ 3.5.3　两轮机器底盘控制试验

**（1）硬件连接**　本试验所需要的硬件有：两轮机器底盘 1 个，5 号电池 4 节，电机驱动模块 1 块。把电机驱动模块安装到开发板上并且可以将这两个板组一起安装到机器底盘上，机器底盘的每个电机分别通过 A、B 两个接口连接到电机驱动模块上。

**（2）程序代码**　本试验程序代码如下。

```
//设置每个电机的速度和方向引脚
int speed1=3;
int speed2=11;
int direction1=12;
int direction2=13;
void stopMotor()  {
  //关闭电机
  analogWrite(speed1,0);
  analogWrite(speed2,0);
}
void setup()
{
  //设置所有引脚为输出模式
  pinMode(speed1,OUTPUT);
  pinMode(speed2,OUTPUT);
  pinMode(direction1,OUTPUT);
  pinMode(direction2,OUTPUT);
}
void loop()
{
  //所有电机以 50%的速度向前运行 2s
  digitaklWrite(direction1,HIGH);
  digitaklWrite(direction2,HIGH);
  analoglWrite(speed1,128);
  analoglWrite(speed2,128);
  delay(2000);

  stopMotor();delay(1000);   //停止
  //向左转动 1s
  digitaklWrite(direction1,LOW);
  digitaklWrite(direction2,LOW);
  analoglWrite(speed1,128);
  analoglWrite(speed2,128);
  delay(2000);

  stopMotor();delay(1000);   //停止
  //两个电机以 50%的速度向前运行 2s
  digitaklWrite(direction1,HIGH);
  digitaklWrite(direction2,HIGH);
  analoglWrite(speed1,128);
  analoglWrite(speed2,128);
  delay(2000);

  stopMotor();delay(1000);   //停止
  //以 25%速度向右转
  digitaklWrite(direction1,HIGH);
  digitaklWrite(direction2,HIGH);
  analoglWrite(speed1,64);
  analoglWrite(speed2,64);
  delay(2000);

  stopMotor();delay(1000);   //停止
}
```

**（3）程序说明**　本试验所要做的第一件事情是分配控制电机的速率和方向的引脚，在 Arduino 模板上，引脚 3、11、12 和 13 比较合适：

```
int speed1=3;
int speed2=11;
int direction1=12;
int direction2=13;
```

之后，生成一个函数，用于关闭电机。在代码中，电机要关闭 4 次，因此有必要生成一个函数来做这些事情：

```
void stopMotor()  {
//关闭电机
analogWrite(speed1, 0);
analogWrite(speed2, 0);
}
```

为了关闭电机，只需要设置电机的速度为 0 即可。因此，写一个 0 值到 speed1（左侧电机）引脚和 speed2（右侧电机）引脚中。

在 setup 函数中，这 4 个引脚设置为输出模式：

```
pinMode(speed1, OUTPUT);
pinMode(speed2, OUTPUT);
pinMode(direction1, OUTPUT);
pinMode(direction2, OUTPUT);
```

在主循环中，执行 4 个单独的运动任务，第一步，使电机向前以 50%的速度运行 2s：

```
digitaklWrite(direction1, HIGH);
digitaklWrite(direction2, HIGH);
analoglWrite(speed1, 128);
analoglWrite(speed2, 128);
delay(2000);
```

这里首先要设置方向引脚为 HIGH，这等于使底盘向前运动（假定电机连线正确）。每个电机的速度引脚设置为 128。PWM 值的范围是 0～255，因此 128 为中间值，表示最高速度的一半，即每个电机以半速运行。不管所设定的方向和速度如何，电机将连续运行直到改变它们的运行状态。因此，延时 2s 将保证电机向前以半速运行 2s，大约运行 1m 的距离。

下一步，停止电机运动，等待 1s：

```
stopMotor();delay(1000);  //停止
```

接下来将左侧电机的运动方向改为向后，而右侧的电机向前。为了使电机向前转，设置方向引脚为 HIGH，为了使电机向后转，设置方向引脚为 LOW。速度保持在最高速度的 50%，因此将值 128 写到两个电机的速度引脚上（右侧轮向前运动状态和速度是不必要的，但是还是留着它们，以便于对这些参数做适当修改来获得所期望的运动状态）。

右侧的轮子向前，左侧的轮子向后转动使机器人逆时针转弯（向左），持续运动 1s，使底盘向左转 90° 左右。执行完这段代码之后，电机再次停止运行，保持 1s：

```
digitaklWrite(direction1, HIGH);
digitaklWrite(direction2, HIGH);
analoglWrite(speed1, 128);
analoglWrite(speed2, 128);
delay(1000);
```

下一个运动使机器人再次向前以半速运行 2s。然后，电机停止运行，保持 1s：

```
digitaklWrite(direction1, HIGH);
digitaklWrite(direction2, HIGH);
analoglWrite(speed1, 128);
```

```
analoglWrite(speed2, 128);
delay(2000);
```

最后所做的运动是改变车轮转动方向，使左侧轮向前、右侧轮向后运动。这将使机器人顺时针转动（向右）。这次设置速度为 64，这是最高速度的 25%，使车轮转动得比以前慢。这个动作持续 2s，足以使机器人转动 180°：

```
digitaklWrite(direction1, HIGH);
digitaklWrite(direction2, HIGH);
analoglWrite(speed1, 64);
analoglWrite(speed2, 64);
```

这 4 个部分联合在一起将使机器人向前运动 2s，停止，左向转 90°，停止，再向前运动 2s，之后以较慢的速度转 180°。之后重复以上动作。

要根据所用的机器人调整时间和速度，因为可能使用不同的电压等级的电机、不同减速比的齿轮，采用不同的运动组合，使机器人以不同的速度和不同的转向角度运动。

# 3.6　SD 存储卡的应用

## ■ 3.6.1　SD 存储卡

安全数码卡，是一种基于半导体快闪记忆器的新一代记忆设备，它被广泛地于便携式装置上使用，例如数码相机、个人数码助理（外语缩写 PDA）和多媒体播放器等。SD 卡（Secure Digital Memory Card）是一种基于半导体闪存工艺的存储卡，1999 年由日本松下主导概念，参与者东芝和美国 SanDisk 公司进行实质研发而完成。2000 年这几家公司发起成立了 SD 协会(Secure Digital Association，简称 SDA)，阵容强大，吸引了大量厂商参加。其中包括 IBM、Microsoft、Motorola、NEC、Samsung 等。在这些领导厂商的推动下，SD 卡已成为目前消费数码设备中应用最广泛的一种存储卡。SD 卡具有大容量、高性能、安全等多种特点，它比 MMC 卡多了一个进行数据著作权保护的暗号认证功能(SDMI 规格)，读写速度比 MMC 卡要快 4 倍，达 2MB/s。

**（1）定义**　SD 卡的外形如图 3-43 所示，各引脚的定义如表 3-7 所示。

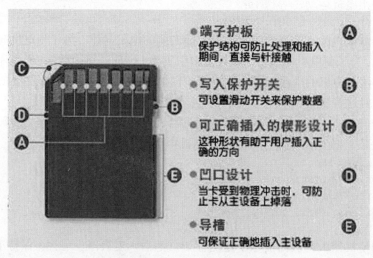

图 3-43　SD 卡外形结构图

表 3-7　SD 引脚定义

| 引脚 | SD 模式 | | | SPI 模式 | | |
|---|---|---|---|---|---|---|
| | 名称 | 类型 | 描述 | 名称 | 类型 | 描述 |
| 1 | CD/DATA3 | I/O/PP | 卡的检测/数据线位 3 | CS | I | 片选(低电平有效) |
| 2 | CMD | PP | 命令/响应 | DI | I | 数据输入 |
| 3 | Vssi | S | 电源地 | Vss1 | S | 电源地 |
| 4 | Vdd | S | 电源 | VDD | S | 电源 |
| 5 | CLK | I | 时钟 | SCLK | I | 时钟 |
| 6 | Vss2 | S | 电源地 | Vss2 | S | 电源地 |
| 7 | DATA0 | I/O/PP | 数据线 0 | DO | O/PP | 数据输出 |
| 8 | DATA1 | I/O/PP | 数据线 1 | RSV | — | |
| 9 | DATA2 | I/O/PP | 数据线 2 | RSV | — | |

（2）**SD 卡的驱动方式**　SD 卡支持两种总线方式：SD 方式与 SPI 方式。其中 SD 方式采用 6 线制，使用 CLK、CMD、DAT0～DAT2 进行数据通信。而 SPI 方式采用 4 线制，使用 CS、SCLK、DI、DO 进行数据通信。SD 方式时的数据传输速度比 SPI 方式要快，采用单片机对 SD 卡进行读写时一般都采用 SPI 模式。采用不同的初始化方式可以使 SD 卡工作于 SD 方式或 SPI 方式。

（3）**写保护开关**　在 SD 卡的右面通常有一个开关，即覆写保护开关，如图 3-44 所示，而 MMC 卡则没有。当覆写保护开关拔下时，SD 卡将受到覆写保护，资料只能阅读。当覆写保护开关在上面位置时，便可以覆写资料。由于这保护开关是选择性的，有些品牌的 SD 卡没有此保护掣。

覆写保护开关的原理与卡式录音带，VHS 录像带，电脑磁片上的覆写保护类似。关闭状态表示可覆写，而开启状态表示被保护。

如果开关破损，这张卡便只能变成写保护的只读存储卡。有一种方法可以解决这个问题，即用胶带将凹口封住，这样的话这张卡将永远处于可写状态。

图 3-44　写保护开关

### 3.6.2　SD 卡库

表 3-8 给出了 SD 类中的几种主要函数，但还有更多的 File 类函数能够读取和写入文件。表 3-9 给出了 File 类中的几种主要函数，请参阅在线文档来获得可用的函数的完整列表，网址是 www.arduino.cc/en/Reference/SD。

表 3-8　SD 库中 SD 类函数

| 函　数 | 描　述 |
|---|---|
| bigin(chipSelsct) | 初始化 SD 库和存储卡，传入片选引脚是可选的 |
| exists() | 测试一个文件或目录是否存在于 SD 卡中 |
| mkdir(/directory/to/create) rmdir(/directory/to/remove) | 创建或删除卡上的一个目录 |
| open(file/to/open，mode) remove(file/to/remove) | 打开或删除指定路径的文件，打开文件时，如果想将对文件的访问限定为只读，或者为读写，那么可以指定一个模式（FILE-READ 或 FILE-WRITE） |

表 3-9　SD 库为 File 类函数

| 函　数 | 描　述 |
| --- | --- |
| avalable() | 检查文件可供读取的字节数 |
| close() | 关闭一个文件，确保所有数据已写入 SD 卡 |
| flush() | 确保数据已经被物理地定入 SD 卡，会被 close()调用 |
| print() | 将数据写入或者打印到文件中 |
| println() | |
| write() | |
| read() | 从文件中读取一个字节 |

### ■ 3.6.3　SD 存储卡读写试验

**（1）硬件连接**　本试验所需的硬件主要有：SD 卡接口板 1 块，3.3kΩ 电阻 3 个，1.8kΩ 电阻 3 个，其中主要使用电阻对逻辑电平进行分压，将 5V 转换为 3.3V，但最好的方法是使用一个电平转换芯片。

参考表 3-10 连接各元件的输出引脚，Arduino 上的数字引脚 12 直接连接到 SD 卡的引脚 7 上，Arduino 数字引脚 13、11 和 10 通过电阻分压至逻辑电平 3.3V 后连接到相应的 SD 卡引脚上。

具体的硬件连接如图 3-45 所示。

表 3-10　Arduino 和 SD 卡之间的引脚连接

| Arduino | SD 卡 |
| --- | --- |
| +3.3V | Pin4(VCC) |
| Gnd | Pin3、Pin6(GND) |
| Digital Pin13(SCK) | Pin5(CLK) |
| Digital Pin12(MISO) | Pin7(DO) |
| Digital Pin11(MOSI) | Pin2(DI) |
| Digital Pin10(SS) | Pin1(CS) |

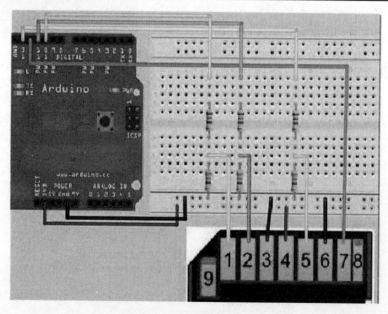

图 3-45　实际连接图

（2）**程序代码**　首先你需要安装 Bill Brdiman 写的 SdFat 和 SdFatUtil.h 库，两个库可以在 http://code.google.com/p/sdfatlib/网址中找到，下载库，解它，安装 sdat 文件夹到 Arduino 库文件夹中。安装完链接库后，再检查连线是否正确，若正确，输入代码并上传到 Arduino 中。

本试验程序代码如下所示：

```
#include<SdFat.h>
#include<SdFatUtil.h>
Sd2Card card;
SdVolume volume;
SdFile root;
SdFile file;
//在 Flash 存储中存储错误字符串，节省 RAM 空间
#define error(s) error-p(PSTR(s))
void error-P(const char*str)  {
  pgmPrint(error:);
  SerialPrintln-P(str);
  if(card.errorCode())  {
    Pgmprint(SD error:);
    Serial.print(card.errorCode(), HEX);
    Serial.print(,);
    Serial.println(card.errorData(), HEX);
  }
  while(1);
}
//向文件写一个回车或换行符号
void writeCRLF(sdFile& f)  {
  f.write<(uint8_t*)\r\n, 2);
}
//写一个无符号数到文件
void writeNumber(SdFile& f, uint32_t n)  {
  uint8_t buf[10];
  uint8_t  i=0;
  do  {
    i++;
    buf(sizeof(buf)-i)=n%10+0;
    n/=10;
  }
  while(n);
  f.write(& buf[sizeof(buf)-i], i];
}
//写字符串到文件
void writeString(SdFile & f, char*str)  {
  uint8_t  n;
  for (n=0;str[n];n++);
  f.write(uint8_t*)str, n);
}
void setup()  {
  Serial.begin(9600);
  Serial.println;
  Serial.println(Type any character to start);
  while (! Serial.availablw());
  //初始化 SD 卡在一半的通信速度避免使用面包板造成总线错误
  //如果所使用的卡可以使用全速执行
```

```
if (! Card.init(SPI-HALF-SPEED))error(card.init failed);
//初始化 FAT 卷标
if (! volume.init(& card)error(volume..init failed);
//打开根目录
if (! root.openRoot(& volume))error(openRoot failed);
//生成一个新文件
char name[]=TSETFILE.TXT;
file.open(& root, name, O-CREAT| O-EXCL| O-WRITE);
///在这里放当天的日期时间
file.timestamp(2, 2010, 12, 25, 12, 34, 56);
//写10行数据到文件
for (uint8_t i=0;i<10;i++)  {
  writeString(file, Line:);
  writeNumber(file, i);
  writeString(file,  Write test.);
  writeCrite(file);
  }

//关闭文件并强制写所有数据到 SD 卡
file, close();
Serial.println(File Created);
//打开文件
if(file.open(& root, name, O-REAT))  {
  Serial.println(name);
}
else{
  error(file.open failed);
}
Serial.println()
int16_t character;
while((character=file.read())>0) serial.print((char)character);
Serial.println(\nDone);
}
void loop()  {}
```

确保 SD 卡已经格式化为 FAT 格式。运行这个程序，打开串口监视器。可以马上输入一个字符，然后按 SEND 按钮。这个程序要写一个文件到 SD 卡上，之后读回文件名和文件内容，并显示在串口监视窗口中。串口监视器窗口显示的东西如下。

```
Type any character to start
File Creaded
TESTFILE.TXT
   Line:0 Write test.
   Line:1 Write test.
   Line:2 Write test.
   Line:3 Write test.
   Line:4 Write test.
   Line:5 Write test.
   Line:6 Write test.
   Line:7 Write test.
   Line:8 Write test.
Line:9 Write test.
Done
```

**（3）程序说明** 程序开始于包含 sdfatilib 库中的两个库文件，保证代码能够工作：

```
#include<SdFat.h>
#include<SdFatUtil.h>
```

之后，要生成 Sd2Card、Sdavolume、SdFile 类的实例，并给它们起名字：

```
Sd2Card card;
SdVolume volume;
SdFile root;
SdFile file;
```

Sd2Card 类使用户可以连接到标准的 SD 卡和 SDHC 卡。SdVolume 类支持 FAT16 和 FAT32 文件格式。Sdfile 类给出文件接口函数，如 open()、rename()、wirte()、close()和 sync()，这个类给出到根目录和它的子目录的入口。

之后定义错误捕捉。定义 error(s)指向第一个函数叫 error-P：

```
#define error(s) error-p(PSTR(s))
```

生成一个函数，叫做 error-P，这个函数的目的只是打印出错信息，需要传递给函数的参数是相关的错误代码，这个参数是一个字符串。字符串定义之前有一个 const 字符，这叫做变量修饰符，它改变变量的行为。在这个例子里，const 修饰符使得变量为只读。这样定义之后的变量可以作为一般变量使用，但是值不能改变。

```
void error-P(const char*str)
```

之后是 PgmPrint()函数，这是 sdfatlib 库中的函数，它存储括号内的字符串到 SD 卡。

```
pgmPrint(error:);
```

之后是 SerialPerntln-P 函数，这个函数也是来自库的，作用是打印在 SD 卡中的字符串到串口，跟随着 CR/LF（回车/换行）字符。

```
SerialPrintln-P(str);
```

之后，使用 errorCode()函数检查是否有错误。库文档有一个错误代码的列表。

```
if(card.errorCode()) {
```

如果产生了一个错误，花括号内的代码被执行，显示错误代码和错误数据：

```
Pgmprint(SD error:);
  Serial.print(card.errorCode(), HEX);
  Serial.print(,);
  Serial.println(card.errorData(), HEX);
```

最后，如果产生了一个错误，while(1)语句进行无限循环，停止做其他任何事情：

```
while(1)
```

下一个函数叫做 WriteCRLF()，作用是写一个回车或换行到文件，要给这个函数传递一个文件指针作为参数。

```
void writeCRLF(sdFile& f) {
```

大括号中的代码使用 write()函数去写两个字节到文件，这里有\r 和\n，即回车和换行符号。write()函数有时叫做多态函数，它的意思是一个函数被定义几次以接受不同数据类型的参数。这里函数的参数是 uint8，告知希望调用无符号 8 位整型版本的 write()函数。

```
f.write<(uint8_t*)\r\n, 2);
```

下一个函数用来写数到文件，它接受一个文件指针和一个无符号 32 比特整数为参数。

```
void writeNumber(SdFile& f, uint32_t n) {
```

定义一个有 10 个元素的数组，它的数据类型是无符号 8 位整数；定义一个叫 i 的无符号 8 位整数变量，将它初始化为 0：

```
uint8_t buf[10];
uint8_t i=0;
```

之后是一个 do-while 循环，它的作用是把一个整型数转化为字符串，每次循环转化一个数字：

```
do  {
 i++;
 buf(sizeof(buf)-i)=n%10+0;
 n/=10;
}while(n);
```

do-while 循环的作用与 while 循环相似，但是 do-while 循环在循环的结尾处检查条件而不是在开始处检查条件。如果开始处的条件没有达到 while 循环将不会运行，而 do-while 循环总是要运行括号中的代码至少一次，如果条件符合，循环将重复。

循环中把 i 增加 1，之后使用 sizeof 函数获得数组的大小，它返回数组中的字节数，在这里是 10。i 开始时是 1，因此循环将首先通过 10-1 或数组的第 8 个元素，也就是数组的最后一个元素。之后它将变为 10-2 或第 8 个元素，依此类推，从右向左工作，之后，存储 n%10 的结果，这将是每个数字最右侧的数字。之后，用 10 除以 n，结果使 n 中的数字向右侧移动了。这个循环重复，可以起到取得整数 n 最右侧每一个数字的作用，并存储它到字符数组最后一个元素中，丢掉最右侧的数字后，再次重复。这样，这个数字被拆分成单独的数字之后存储在字符数组中成为一个字符串，最后在数字尾部加 0 字符把数字转化成相应的 ASCII 码。

```
Buf[sizeof[buf]-i]=n%10+0;
```

这有把 ASCII 码把数字 "0" 值增加到 n%10 后送入字符数组的作用。换句话说，如果数下一个函数用来写数到文件，它接受一个文件指针和一个无符号 32 比特整数为参数。

```
void writenumber (sdfile& f, uint32_t n)  {
```

定义一个有 10 个元素的数组，它的数据类型是无符号 8 位整数；定义一个叫 i 的无符号 8 位整数变量，将它初始化为 0：

```
uint8_t buf[10];
uint8_t i=0;
```

下一个函数用来写数到文件，它接受一个文件指针和一个无符号 32 比特整数为参数。

```
void writenumber (sdfile& f, uint32_t n)  {
```

定义一个有 10 个元素的数组，它的数据类型是无符号 8 位整数，定义一个叫 i 的无符号 8 位整数变量，将它初始化为 0：

```
uint8_t buf[10];
uint8_t i=0;
```

字是 123，那么 123%10=3，"0" 的 ASCII 码是 48，增加 3 是 51，这恰恰是 "3" 的 ASCII 码。这样，这个数字就转化成了它相应的 ASCII 码。循环退出后使用以下代码把 buf[] 数组中的内容写到文件中：

```
f.write(&buff[sizeof(bof)-i], i);
```

该函数的参数是一个指针，表示要写的字符在字符数组中的位置，跟着要写的字符数组的字节数，还有另外一个版本的 while() 函数，之后到这一个函数，作用是写一个字符串到文件，参数是一个文件指针和一个字符串指针。

```
void writestring(sdfile& f, char*str)  {
```

这一次还是用 for 循环查看字符串的每一个元素，一个字符一个字符地查看并写到文件中。

```
uint8_t n;
for(n=0;str[n];n++);
f.write(uint8_t*)str, n);
```

之后到达 setup 函数，它做了所有的事情，因为只需要程序运行一次，因此全部代码都在 setup() 中，loop() 循环什么也不做。

接着开始初始化串口通信，之后提示使用者输入字符开始运行程序：

```
Serial.begin(9600);
Serial.println();
```

```
Serial.println(type any character to start);
```

现在程序等待，直到一些东西输入串口监视器，如果在串口监视器中没有输入任何东西，用一个空的 while 循环不做任何事情。

```
while (!serial.available());
```

之后，如果在初始化卡、卷标或打开根目录的时候有任何错误发生，那么运行 3 个 if 语句进行错误处理：

```
if(! Card.init(SPI-HALF-SPEED))error(card, init failed);
if(!volume, init(&card))error(volume, init failed);
if(! Root .openroot(&volume))error(openroot failed);
```

可以改变 SPI-ULL-SPEED 定义的通信速度，如果使用的卡可以接受的话。当试图把使用的卡运行在最高速度时发生了错误，因此让它半速运行。

现在需要给生成的新文件定义一个名称，因此把文件名放入一个字符数组内：

```
Char name[]=|TESTFILE.TXT";
```

之后，打开一个在根目录下的文件：

```
File.open(& root, name, O-CREAT|O-EXCL|O-WRITE);
```

要打开的名字在 name 中的文件，这就是初始化为 TESTFILE.TXT 的文件。因为这个文件不存在，函数同时创建了具有同样名字的文件。在函数中有三个标志，标志表明要做什么，三个标志分别是 O-CREAT、O-EXCL 和 O-WRITE。

O-CREAT 标志告诉 open 函数如果文件不存在，生成文件。O-EXCL 标志使 O-CREAT 无效（因为文件是排他性的，因此如果文件已经存在，不要再生成同样的文件）。O-WRITE 使文件打开做写的准备。因此，这个函数将打开文件，如果文件还不存在会生成文件，如果这个文件已经存在要确保文件不会被重写后打开这个文件使它做好写的准备。

之后，使用时间函数确认文件生成的日期和时间。这个函数接收 7 个参数，它们是标志、年、月、日、小、分钟和秒。

```
File.timestamp(2, 2010, 12, 25, 12, 34, 56);
```

在这个例子里，传递给函数的是不一定准的数据，但是在理想状态下，可以从一个时钟源如 RTC（真实时钟）芯片或一个 GPS 模块获得时间，之后用这个数据作为文件的时间。组成第一个参数的标志如下：

```
T-ACCESS=1
T-CREATE=2
T-WRITE=4
```

- T-ACCESS——设置文件最后访问的时间。
- T-CREATE——设置文件生成的时间和日期。
- T-WRITE——设置文件最后写/修改的时间和日期。

在例子里用的是 2，它的意思是设置文件生成日期和时间。如果想设置全部的 3 个时间，值应该是 7（4+2+1）。

之后，运行一个 for 循环程序块，循环 10 次，写数字和一些检测数据到文件中，跟着是一个回车或换行符号。调用这三个函数来完成写数字、字符串和换行符。

```
for (uint8 t i=0;i<10;i++)  {
  Writestring(file, line);
  writeNumber(file, i);
  Writestring(file, write test);
  Writecrlf(file);
}
```

任何对文件执行操作都不会被真正执行，直到文件关闭时才会一起执行。使用 close()函数关闭文件，它将关闭文件并写在代码中生成的全部数据。

```
File.close();
```

之后，让使用者知道文件已经生成：

```
Serial.printIn(file, created);
```

现在，已经生成一个新的文件并且写了数据到它中。接下来是打开 SD 卡并从中读取数据的程序。使用 open()函数，它需要 3 个参数：文件所在的目录、文件名、打开文件的标识。使用&root 表明文件在根目录下，标识O-READ 表示用读方式打开一个文件。这个命令是 if 语句的一个条件，如果文件成功打开可以打印文件名，如果文件没有成功打开运行错误处理程序。

```
if (file.open(& root, name, o-read)  {
 Serial.println(name);
}
else
Error(file.open failed);
}
Serial;.println();
```

之后，使用 while 循环从文件中一次读出一个字符，并且打印结果到串口监视器。

```
int16-t character;
while((character=file.read())>0)serial;.print((char0character);
```

最后如果全部成功，打印一个"Done"：

```
    Serial.printIn(\nDone);
```

主循环根本就不包含代码，只是想运行这个程序一次，因此把全部语句放在 setup()函数中，没有任何代码在 loop 中。setup（）函数只执行一次。之后执行 loop，因为 loop 中没有包含任何代码，所以程序执行一次后什么也不会再发生，直到 Arduino 掉电或复位。

```
void loop()
```

**（4）试验结果**　当这个程序运行结束后，把 SD 卡插入 PC 或 MAC 计算机，会发现 SD 卡上有一个叫 TESTFILE.TXT 的文件，内容在这个文本文件上。

# 第**4**章

# 传感器的应用

## 4.1 光敏电阻传感器的应用

### ■ 4.1.1 光敏电阻的应用

**（1）工作原理** 光敏电阻的工作原理是基于内光电效应。在半导体光敏材料两端装上电极引线，将其封装在带有透明窗的管壳里就构成了光敏电阻，为了增加灵敏度，两电极常做成梳状。用于制造光敏电阻的材料主要是金属的硫化物、硒化物和碲化物等半导体。通常采用涂敷、喷涂、烧结等方法在绝缘衬底上制作很薄的光敏电阻体及梳状欧姆电极，接出引线，封装在具有透光镜的密封壳体内，以免受潮影响其灵敏度。入射光消失后，由光子激发产生的电子-空穴对将复合，光敏电阻的阻值也就恢复原值。在光敏电阻两端的金属电极上加上电压，其中便有电流通过，受到一定波长的光线照射时，电流就会随光强的增大而变大，从而实现光电转换。光敏电阻没有极性，纯粹是一个电阻器件，使用时既可加直流电压，也加交流电压。半导体的导电能力取决于半导体导带内载流子数目的多少。

**（2）应用** 光敏电阻属半导体光敏器件，除具灵敏度高，反应速度快，光谱特性及 $r$ 值一致性好等特点外，在高温，多湿的恶劣环境下，还能保持高度的稳定性和可靠性，可广泛应用于照相机、太阳能庭院灯、草坪灯、验钞机、石英钟、音乐杯、礼品盒、迷你小夜灯、光声控开关、路灯自动开关以及各种光控玩具，光控灯饰，灯具等光自动开关控制领域。下面给出几个典型应用电路。

① 调光电路 图 4-1 是一种典型的光控调光电路，其工作原理是：当周围光线变弱时光敏电阻的阻值增加，使加在电容 $C$ 上的分压上升，进而使晶闸管的导通角增大，达到增大照明灯两端电压的目的。反之，若周围的光线变亮，则 RG 的阻值下降，导致晶闸管的导通角变小，照明灯两端电压也同时下降，使灯光变暗，从而实现对灯光照度的控制。

上述电路中整流桥给出的必须是直流脉动电压，不能将其用电容滤波变成平滑直流电压，可使电容 $C$ 的充电在每个半周从零开始，准确完成对晶闸管的同步移相触发。

② 光控开关 以光敏电阻为核心元件的带继电器控制输出的光控开关电路有许多形式，如自锁亮激发、暗激发及精密亮激发、暗激发等，下面给出几种典型电路。

图 4-2 是一种简单的暗激发继电器开关电路。其工作原理是：当照度下降到设置值时光敏电阻阻值上升激发 $VT_1$ 导通，$VT_2$ 的激励电流使继电器工作，常开触点闭合，常闭触点断开，实现对外电路的控制。

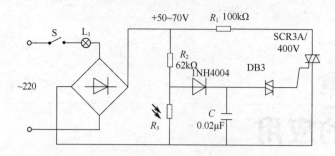

图 4-1 调光电路

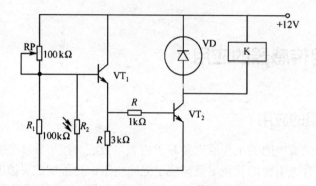

图 4-2 暗激发继电器开关电路

图 4-3 是一种精密的暗激发时滞继电器开关电路。其工作原理是：当照度下降到设置值时光敏电阻阻值上升使运放 IC 的反相端电位升高，其输出激发 VT 导通，VT 的激励电流使继电器工作，常开触点闭合，常闭触点断开，实现对外电路的控制。

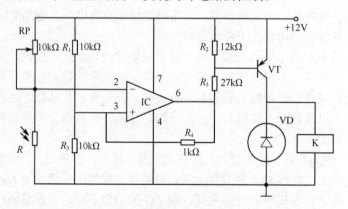

图 4-3 精密暗激发时滞继电器开关电路

## ■ 4.1.2 光控 LED 点亮试验

（1）**硬件连接** 本试验所需的硬件有：光敏电阻 1 个，LED 发光管 1 个，10kΩ 电阻 1 个，220Ω 电阻 1 个，面包板 1 块，导线若干。参照图 4-4 进行接线，其中光敏电阻一端接+5V，一端与 10kΩ 电阻相连，10kΩ 电阻一端接 GND；光敏电阻与 10kΩ 电阻相连处与开发板模拟输入引脚 2 相连，开发板数字 I/O 引脚 12 经 220Ω 电阻连接 LED 正极，其负极接 GND。

图 4-4　实际接线图

**（2）硬件原理**　光敏电阻与 10kΩ 电阻组成分压电路，当光照变化时，开发板模拟 I/O 口 2 脚电压就会发生变化，光照强 2 脚电压高，光照弱 2 脚电压低；当 2 脚电压低至一定值时，开发板数字 I/O 口 12 脚会输出一高电平，控制外接 LED 点亮。

**（3）程序代码**　本试验程序代码如下。

```
int photoccllpin=2;            //定义变量 photocellsh=2，为电压读取端口
int lcdpin=12;                 //定义变量 lcdpin=12，为 LED 输出端口
int val=0;                     //定义 val 变量的起始

void setup();
  pinMode(ledpin, OUTPUT);     //使 ledpin 为输出模式
}

void loop();
  val=andlogread(photoccllpin);//从传感器读取值
  if(val<=512);
//512=2.5V，想让传感器敏感一些的时候，把数值调高，想让传感器迟钝的时候把数值调低
    digitalWrite(ledpin, HIGH);//当 val 小于 512（2.5V）的时候 LED 亮
  }
  else;
    digitalWrite(ledpin, LOW)
  }
}
```

**（4）试验结果**　本次试验设计的效果是，当光照正常的时候 LED 灯是灭的，当周围变暗时 LED 灯变亮。

因为光敏电阻受不同光照影响变化很大，所以本次试验的参数是在 60W 三基色节能灯照射下试验（无日光照射）获得的，同样亮度的日光下光敏电阻的阻值会比日光灯下低不少，估计

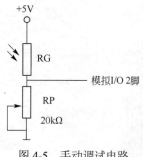

图 4-5 手动调试电路

和不同光的波段有关系。不同环境下试验使用的参数不同，大家可根据原理进行调整。

也可以将 10kΩ 电阻换成一个电位器，进行手动调整。调整方法为将一个 20kΩ 电位器中心点与两端任意一端短接，另一端接光敏电阻，短接的两引脚接 GND；将光敏电阻置于黑暗的空间内，调整电位器使 LED 点亮；再将光敏电阻器置于明亮的空间内，观察 LED 是否熄灭，若未熄灭，可微调电位器阻值使其熄灭。电位器连接方法如图 4-5 所示。

## 4.2 温度传感器的应用

### 4.2.1 模拟温度传感器

温度传感器就是利用物质随温度变化特性的规律，把温度转换为电量的传感器。按照测量方式可以分为接触式和非接触式两大类，按照传感器材料以及元件特性分为热电阻传感器和热电偶传感器两类。

（1）**LM35 温度传感器** LM35 是一款应用非常普遍的精密摄氏温度传感器，实物如图 4-6 所示。该芯片内部具有补偿机制，输出可以从 0℃开始，工作电压范围为 DC4～30V，而且在上述电压范围内，芯片的工作电流不会超过 60μA。其封装为 TO-92 式封装，LM35 传感器的输出电压与摄氏温度呈线性关系，0℃时输出为 0V，每升高 1℃，输出电压增加 10mV。

（2）**LM35 引脚定义** 从 LM35 的外观可以看出，其一面是平面的，另一面是半圆的。将其引脚朝下，平面对着自己，最左边的是 VCC 引脚（接+5V），中间的为 VOUT 引脚（电压值输出引脚，接板子上的模拟引脚），最右边的引脚为 GND 引脚（接板子上的 GND）。三个引脚分别接好就可以用了。其引脚定义如图 4-7 所示。

### 4.2.2 基于 LM35 的计算机温度测量试验

（1）**硬件连接** 本试验所需的硬件很简单，只需要 LM35 温度传感器 1 个、面包板 1 块、导线若干。接线也十分简单，只需将 LM35 的供电脚接 5V 供电，输出脚接开发板模拟 I/O 引脚，接地脚接 GND 即可，接线图如图 4-8 所示。

图 4-6 LM35 实物图

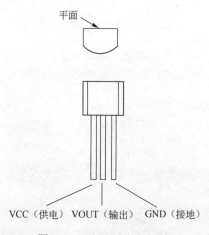

图 4-7 LM35 引脚定义图

（2）**试验原理**　由 LM35 温度传感器的工作原理可知，温度每升高 1℃，VOUT 口输出的电压就增加 10mV。根据这一原理可读取模拟 0 口的电压值，由于模拟口读出的电压值使用 0～1023 表示，即 0V 对应 0、5V 对应 1023。

应用中，只需一个 LM35 模块，利用模拟接口，将读取的模拟值转换为实际的温度。

（3）**电路分析**　本试验电路原理图如图 4-9 所示，LM35 为温度传感器，其检测环境温度，将检测结果通过 2 脚以直流电压的形式输入给开发板模拟 I/O 0 脚，开发板经转换、计算等处理后通过 USB 口上传给计算机。

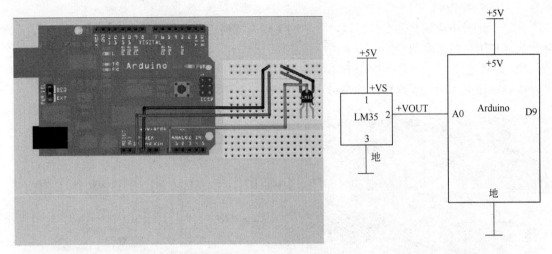

图 4-8　实际接线图　　　　　　　　　　　　　图 4-9　电路原理图

（4）**程序代码**　本试验程序代码如下。

```
int potpin=0; //定义模拟接口 0 连接 LM35 温度传感器
void setup()
{
  serialbegin(9600)://设置波特率
}
void loop()
{
  int val:/定义变量
  int dat://定义变量
  val=analogread(potpin):读取传感器的模拟值并
                        赋值给 val
  dut-125*val>>8; //温度计算公式
  serialprint(tep);//原样输出显示 tep 字符串代表
                    温度
  serial, print(dat):///输出显示 dat 的值
  serial, println(C): //原样输出显示 C 字符串
  delay(500)://延时 0.5s
}
```

（5）**试验结果**　将程序下载到试验板，打开监视器，就可以看到当前的环境温度了（与实际温度值有一点点偏差，要根据自己的环境温度修改一下程序，使其完全与自己的环境一致）。

如图 4-10 所示的显示器上显示的测量温度值。

图 4-10　显示器上显示的测量温度值

### 4.2.3 单线数字温度传感器应用

**（1）DS18B20 数字温度传感器** 现在看一下 DS18B20 数字温度传感器，这种温度传感器通过单线以串行数据串的方式送出温度值，这是为什么这个协议叫单线协议的原因。每一个传感器都有一个独一无二的序列号，允许使用 ID 号查询不同的传感器。可以用同一个数据线连接许多传感器，它在 Arduino 应用中非常流行，因为传感器可以菊花链的方式连在一起，几乎没有数量的限制，而所有传感器只占用 Arduino 的一个引脚。这种温度传感器的测量范围也非常宽，在–55～+125℃之间。

在这个试验中会用到两个传感器，要学的不仅是如何连接和使用这种传感器，更重要的是学会如何使用菊花链将两个或更多个传感器连在一起。

**（2）硬件连接** 需要 2 个 DS18B20 传感器，TO-90 封装形式（这只是意味着它有 3 个引脚，可以很容易地插入面包板或焊在 PCB 上）。硬件连接如图 4-11 所示。

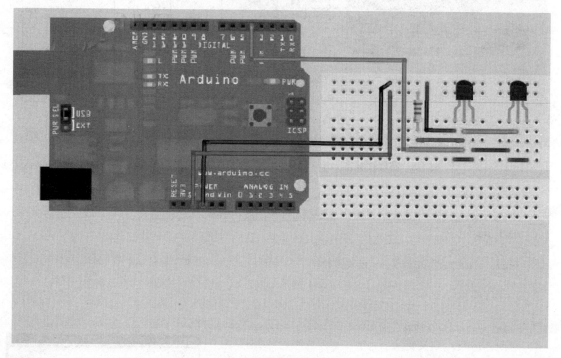

图 4-11 实际接线图

**（3）程序代码** 把代码分成两部分，第一部分要找到两个传感器的地址。一旦知道了它们的地址，就可进行第二部分的操作了。第二部分根据地址直接从传感器中获得温度。

在输入代码之前，需要下载并安装两个库。第一个是 OneWire 库，从 www.pjrc.com/teensy/td-libs-OneWire.html 下载并解压。OneWire 库最初是由 Jim Studt 写的，之后由 Robin James、Paul Stoffregen 和 TomPollard 改进。这个库可用来与单线传感器通信，把它放在 Arduino 安装目录中的"libraries"文件夹内。

之后，从网址 http://millesburton.com/index.php?title=Dallas、Temperture、Contror、Library 下载并安装 DallasTemperature 库，这是第二个库，再次把它安装到"libraries"文件夹内。这个库是 OneWire 的衍生库，是由 MilesBurton 开发，由 TimNewsome 和 JamesWhiddon 改进的，这个试验就是这个库给出的例子。

安装这两个库，重启 Arduino IDE 之后，输入以下代码。

```
#include<onewire.h>
#include<DallasTemperature.h>
//定义要用来从传感器中读取数据的数字引脚
#define ONE-WIRE-BUS  3
//生成一个 One Wire 实例连接任意单线设备（不仅仅是 Maxim/Dallas 温度传感器）
OneWire OneWire(ONE-WIRE-BUS);
//传递 OneWire 引用给 Dallas 温度传感器
DallasTemperature sensors(OneWire);
//存储元件地址的数据
DveiceAddress insideThermoscter, outsideThermometer;
void setup()
{
  //开始串口通信
  Serial.begin(9600);
  //开始使用库函数
  Sensors.begin();
  //确定总线上的传感器
  Serial.print(Locating devices…);
  Serial.print(Found);
  Serial.print(sensors.petDeviceCount(), DEC);
  Serial.println(devices);
  if(isensors.petAddress(insideThermometer, 0))serial.println(unable
tofind address for Device 0);
  if(isensors.petAddress(insideThermometer, 1))serial.println(unable
tofind address for Device 1);
  //打印两个传感器的地址
  Serial.print(Device 0Address:");
  printAddress(insideThermometer);
  serial.println();
  serial.print(Device 1 Address:');
  printAddress(insideThermometer);
  serial.println();
  serial.println();
}
//打印地址的函数
void printAddress(DeviceAddress deviceAddress)
{
  for (int 1=0;i<0;i++);
  {
    //必要时用 0 填补地址
    if (deviceAddress[1]<16)serial.print(0);
    Serial.print(deviceAddress[i], HEX);
  }
}
//给传感器打印温度的函数
void printTemperature(DeviceAddress deviceAddress)
{
  floot tempc=sensors.petTempc(deviceAddress);
  Serial.print(Temp c:);
  Serial.print(Tempc:);
  Serial.print(Temp F:);
```

```
    Seriial.print(DallasTemperature::toFahrenheit(tempc));
}
//打印传感器信息的主函数
void printTemperature(DeviceAddress deviceAddress)
{
    Serial.print(Device Address:);
    printAddress(devuceAddress);
    serial.print("");
    printTemperature(deviceAddress);
}
void loop()
{
    //调用 sensors.repuestTemperatures()函数查询全部的传感器
    //请求总线上的所有设备
    Serial.print(Repuesting temperatures…);
    Sensors, repuestTemperatures();
    Serial.println(DONE);
    //打印设备信息
    printData(insideThermometer);
    printData(ontsideThermometer);
    serial.println();
    delay(1000);
}
```

一旦代码已经上传，打开串口监视器，将看到如下的显示：

```
Locating devices-Found 2 devices.
Device 0 Address:28CA90C202000088
Device 1 Address:28B40C202000093
Repuesting temperrature-DONE
Device Address:28CA90C202000088 Temp C:31.00 Temp F:87.80
Device Address:283B40C202000093 Temp C:25.31 Temp F:77.56
```

这个程序给出了所使用的两个 DS18B20 传感器的 ID 号，它们是独一无二的。可以通过改变这两个传感器的温度找到哪一个 ID 号对应哪个传感器。用手握住右边的传感器，看到其中一个温度上升得很快。这说明右侧传感器的地址是 28CA90C202000088，左边的那个是 283B40C202000093。抄下它们的 ID 号或者复制粘贴它们到文本编辑器上。

现在知道了两个元件的 ID 号，可以进行第二部分了，请输入以下代码。

```
#include<onewire.h>
#include<dallasTemperature.h>
//数据总线连接到 Arduino 的数字引脚 3 上
#define ONE-WIRE-BUS  3
#define TEMPERATURE-PESCISION 12
//建立 OneWire 实例连接任意的 OneWire 设备（不仅仅是 Maxim/Dallas 温度传感器）
OneWire Onewire(ONE-WIRE-BUS);
//传递 OneWire 引用给 Dallas 温度传感器
DallasTemperature sensors(&OneWire);
//存储元件地址的数组——用自己的传感器地址代替
DeviceAddress insideThermometer-(0x28, 0xCA, 0x90, 0xc2, 0x2, 0x00, 0x00, 0x88);
DeviceAddress outsideThermometer-(0x28, 0xCA, 0x90, 0xc2, 0x02, 0x00, 0x00, 0x93);
void setup()
{
    //开始串口通信
    Serial.begin(9600);
```

```
//开始使用库函数
Sensors.begin();
Serial.println(initialising…);
Serial.println();
//设置精度
Sensors.setresolution(insideThemometerTEMPERATURE-PRECISION);
Sensors.setResolution(outsideThemometer, TEMPERATURE-PRECISION);
}
//打印传感器检测到的温度
void printTemperature(deviceAddress deviceAddress)
{
float tempC=sensors.pettempC(deviceAddress);
Serial.print(Temp C);
Serial.print(tempC);
Serial.print(Temp F:);
Serial.println(DallasTemperature::tofahrenheit(tempC));
}
void loop()
{
//打印温度
Serial.print(inside Temp:);
printTemperature(insideThermometer);
Serial.print(outside Temp:);
printTemperature(outsideThermometer);
delay(3000);
}
```

用在第一部分中得到的传感器 ID 代替上文中的 ID，之后上传代码，打开串口监视器，将看到如下信息：

```
Initialising
insideTemp:Temp C:24.25 Temp F:75.65
Outside Temp:Temp C:19.50 Temp F:67.10

insideTemp:Temp C:24.37 Temp F:75.87
Outside Temp:Temp C:19.44 Temp F:66.99

insideTemp:Temp C:24.44 Temp F:75.99
Outside Temp:Temp C:19.37 Temp F:66.87
```

如果将外边的两个传感器焊到长双绞线上（把引脚 1 和引脚 3 焊接在一起用一根线，引脚 2 用第二根线），之后用热缩管封上进行防水处理，将它放置在外边来获得室外温度，第二个传感器获得室内温度。

（4）程序说明　首先是包含两个库：

```
#include<oneWire.h>
#include<DallasTemperature.h>
```

之后定义要用来从传感器中读取数据的数字引脚：

```
#define ONE-WIRE-BUS  3
```

接下来用比特形式定义需要的精度：

```
#define TEMPERATURE-PRECISION 12
```

精度可以设置在 9～12bit 分辨率之前。相应的分辨率是 0.5℃、0.25℃、0.125℃。默认的分辨率是 12bit。最大的分辨率 12bit 给出了最小的温度增量，但是降低了速度。采用最大分辨率时，传感器要用 750ms 时间转换成温度。采用 11bit 时，转换时间只有最大分辨率时的一半 375ms。10bit 又降低一半时间，是 187.5ms，最后 9bit 用时 93.7ms，750ms 对大多数应用来说是足够快的了。然而，如果由于某种原因，你需要在一秒内读取几个温度值，那么采用 9bit 分辨率将给出最快的转换时间。

之后，生成一个 OneWire 对象，叫做 OneWire：

```
OneWire OneWire(ONE-WIRE-BUS)
```

生成一个 DallasTemperature 对象实例，叫做 sensors，并且传递一个叫 OneWire 的参数给这个对象。

```
DallasTemperature sensors(soneWire);
```

之后，需要生成一个数组来存储传感器地址。DallasTemperature 库定义各种形式的 DeviceAddress（它只是字节型 8 元素数组），生成两个 DeviceAddress 型变量，分别称为 insideThermometer 和 outsideThermometer。之后用第一部分中获得的 ID 号给两个数组赋值。

把在第 1 部分中得到的地址分成两个 16 进制数，并且在前面加上 0x（告诉编译器它们是 16 进制数而不是标准的十进制数），每个数之间用逗号分开。地址将分成两个 8 位二进制数。

```
DeviceAddress insideThermometer-(0x28, 0xCA, 0x90, 0xc2, 0x2, 0x00, 0x00, 0x88);
DeviceAddress outsideThermometer-(0x28, 0xCA, 0x90, 0xc2, 0x02, 0x00, 0x00, 0x93);
```

在 setup 循环中开始用 9600Baud 进行串行通信：

```
Serial.begin(9600);
```

之后，与传感器对象的通信用.bgein()函数开始：

```
Sensors.begin();
```

打开字符"Initiaixing…"显示程序已经开始，接下来是一个空行：

```
Serial.println(itialising…);
Serial.println();
```

之后，.setResolution 函数设置每个传感器的精度。这个函数需要两个参数，第一个是元件的地址，第二个是精度，已经在程序的开始设置了精度为 12bit。

```
Sensors.setResolution(insideThermometer, TEMPERATURE-PRECISION);
```

生成一个叫做 printTemperature()的函数，它用摄氏度和华氏度为单位打印温度，函数的参数是传感器的地址，这是该函数唯一的参数。

```
void printTemperature(deviceAddress devceAddress)
```

使用.getTemp()函数从指定地址的元件获得温度，以摄氏度为单位，将结果存储到一个叫做 tempC 的浮点型变量中。

```
float tempC=sensors.petTempC(deviceAddress);
```

之后打印出这个温度

```
Serial.print(Temp C:");
Serial.print(tempC);
```

接着打印以华氏度为单位的温度：

```
Serial.print(Temp F:);
Serial.println(DallasTemperature::toFahrenheit(tempC));
```

使用 Temp：来获得 toFahrenheit 函数，它在 DallasTemperature 库里，它将摄氏度值转换成华氏度值。

在主循环中，只调用 printTemperature()函数两次传递内部传感器的地址，之后传递外部传感器的地址，每次跟随 3s 的延时。

```
Serial.print(inside Temp:);
printTemperature(insideThemometer);
Serial.print(outside Temp:);
printTemperature(outsideThermometer);
Serial.println();
delay(3000);
```

建议尝试 DallasTemperature 库中的各种例子,因为这些例子可以帮助使用者更好地理解库中的各种功能,也建议阅读 DS18B20 的说明书,这个传感器也可以在它的内部设置报警,在满足一定条件的情况下触发,这对于判断传感器的过热或过冷条件是有用的。

DS18B20 是功能强大的传感器,它有很宽的温度测量范围,有优于模拟传感器的优点——许多个传感器可以采用菊花链方式连在同一条数据线上,因此不管用多少个传感器,仅需要一个引脚就可以。

## 4.3 红外接近开关的应用

### 4.3.1 红外接近开关

红外接近开关是一种集发射与接收于一体的光电开关传感器,发光元件使用红外线 LED,接收元件使用光电二极管或光电晶体管。检测距离可以根据要求进行调节。传感器输出的信号是开关信号,无障碍物时输出高电平,有障碍时输出低电平,并且探头后面指示灯亮,探测范围为 3~80cm。传感器实物图如图 4-12 所示。

根据检测方式的不同,最常用的红外开关有漫反射式、镜反射式和对射式几种。

**(1)漫反射式红外接近开关** 漫反射式红外接近开关是一种集红外发射器和红外接收器于一体的传感器,当有被检测物体经过时,将光电开关发射器发射的足够量的光线反射到接收器,就能够产生相应的动作,工作原理如图 4-13 所示。由于受被检测物体对红外线的反射率的影响,虽然漫反射红外开关安装时非常容易,但通常却是感应距离最近的红外开关传感器。

图 4-12 红外接近开关实物

**(2)镜反射式红外接近开关** 镜反射式红外接近开关虽然也是集发射器与接收器于一体,但光电开关发射器发出的光线经过的是专用的反射镜而不是被检测物体反射回接收器,当被检测物体经过且完全阻断光线时,光电开关就产生了相应的动作,如图 4-14 所示。镜反射红外开关在实际使用中的检测距离比漫反射红外开关要远得多,但由于需要多安装一个专用的反射镜,对现场安装环境有一定的要求。

图 4-13 漫反射式红外接近开关检测示意图

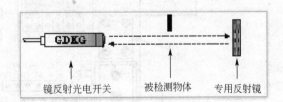

图 4-14 镜反射式红外接近开关

**(3)对射式红外接近开关** 对射式红外接近开关包含在结构上相互分离且光轴相对放置的红外发射器和红外接收器,发射器发出的光线直接进入接收器。当被检测物体经过发射器和接收器之间且阻断光线时,光电开关就产生了动作,如图 4-15 所示。当检测物体不透明时,对射式红外开关往往是最可靠的检测模式。

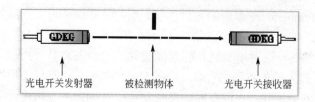

图 4-15　对射式红外接近开关

## ■ 4.3.2　传感器扩展板

2010 年最新推出的 Arduino Sensor ShieldV5.0 传感器扩展板在保留 V4.0 版本优点的基础上，仍才采用叠层设计，PCB 沉金工艺加工，主板不仅将 Arduino Duemilanove 2009 控制器的全部数字与模拟接口以舵机线序形式扩展出来，还特设 IIC 接口、32 路舵机控制器接口、蓝牙模块通信接口、SD 卡模块通信接口、APC220 无线射频模块通信接口、RB URF v1.1 超声波传感器接口、12864 液晶串行与并行接口，独立扩出更加易用方便。对于 Arduino 初学者来说，不必为烦琐复杂电路连线而头疼了，这款传感器扩展板可真正地将电路简化，能够很容易地将常用传感器连接起来，一款传感器仅需要一种通用 3P 传感器连接线（不分数字连接线与模拟连接线），完成电路连接后，编写相应的 Arduino 程序下载到 Arduino Duemilanove 控制器中读取传感器数据，或者接收无线模块回传数据，经过运算处理，最终轻松完成。扩展板的各接口定义如图 4-16 所示。

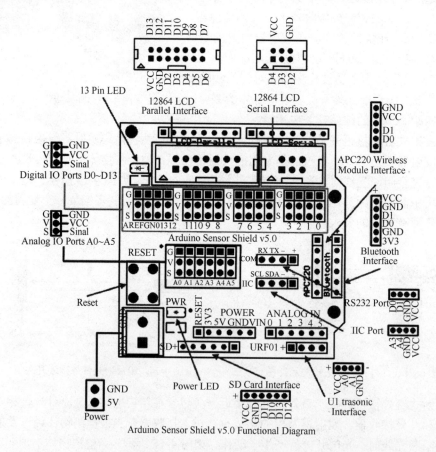

图 4-16　传感器扩展板接口定义图

### 4.3.3　障碍物检测试验

（1）**红外接近开关参数**　本试验使用的红外接近开关参数如下。

电源：5V。

电流：<100mA。

探测距离：3～80cm。

探头直径：18mm。

探送长度：45mm。

电缆长度：45cm。

接口定义：3 线制。其中红色为电源，绿色为地，黄色为信号输出。

（2）**硬件连接**　红外接近开关的 3 芯接口可能直接连接到传感器扩展板上 D0～D13 任意端口上，连接后如图 4-17 所示。

（3）**试验原理**　完成硬件连接后，就来编写一段代码看看控制板如何获取红外接近开关的状态。这里实现的功能是当传感器前方从无障碍物变为有障碍物时会在串口监视窗口输出"Dreamer"。

（4）**程序代码**　首先在 setup 函数中设置传感器所使用的引脚模式为输入，同时设定串口波特率为 9600Baud。

```
void setup()
{
  Serial.begin(9600);
  pinMode(x2.4.INPUT);
}
```

然后就要在 loop 函数中实现之前描述的功能。

```
void loop()
{
  if(! digitalRead(x2-4))        //当有障碍物时
  {
    delay(15);
    if(! digitalRead(x2-4))      //延时 15ms 后再判断一次是不是真的有障碍物
  {
    Serial.println(Dreamer);   //有障碍物输出 dreamer
  }
  while(1)
  {
    if(digitalRead(x2-4))      //等待障碍物移开
    {
    delay(15);
    if(digitalRead(x2-4))//延时 15ms 确定障碍物已经移开
    {break};              //退出 while 循环
    }
  }
}
```

在这个 loop 函数中使用了延时的方法来消除引脚信号的波动，运行效果如图 4-18 所示。

图 4-17　连接红外接近开关　　　　　　　　　图 4-18　程序运行效果

# 4.4　红外测距传感器的应用

## ■ 4.4.1　红外测距传感器

（1）**SHARP GP2D12 红外测距传感器**　GP2D12 是日本 SHARP 公司生产的红外测距传感器，价格便宜，测距效果还不错，主要用于模型或机器人制作。它由两个主要部件组成：一个用于投射聚焦光束的红外发光二极管，以及一个用于检测返回光束角度差异的红外接收器。这个传感器可以连续获得 10～80cm 间的读数，而不需要像超声波那样添加延时以避免干扰。夏普 GP2D12 如图 4-19 所示。

GP2D12 红外测距传感器技术规格如下：

① 探测距离：10～80cm。

② 工作电压：4～5.5V。

③ 标准电流消耗：33～50mA。

④ 输出量：模拟量输出，输出电压和探测距离成比例。

图 4-19　夏普 GP2D12 红外测距仪

（2）**非线性测试曲线**　使用红外测距传感器，一件很有趣的事情是它返回的结果是非线性的，也就意味着从传感器中获得距离值会略多涉及一些数学运算，而不仅是简单的乘除法，如图 4-20 所示。

由图 4-20 可知，从 GP2D12 返回的电压值并不是一条直线，而是一条曲线，为了能正确地解析这个值，需要一个方法来处理这条曲线的轨迹。下列代码会将电压值正确地转换为厘米数。

```
float ratio=5.0/1024;
float volts=analogRead(PIN);
float distance=65*pow(volts*ratio), -1, 10;
```

这描述了图 4-20 中所看到的非线性的斜率。

（3）**三角红外测距原理**　SHARP 的红外传感器都是基于一个原理，三角测量原理。红外发射器按照一定的角度发射红外光束，当遇到物体以后，光束会反射回来，如图 4-21 所示。反射回来的红外光线被 CCD 检测器检测到以后，会获得一个偏移值 $L$，利用三角关系，在知道了发射角度 $\alpha$，偏移距 $L$，中心矩 $X$，以及滤镜的焦距 $f$ 以后，传感器到物体的距离 $D$ 就可以通过几何关系计算出来了。

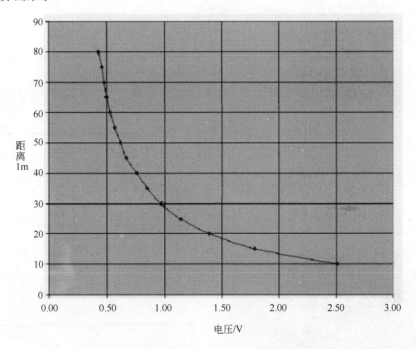

图 4-20　GP2D12 的距离与输出电压的关系

## ■ 4.4.2　液晶屏显示距离试验

**（1）硬件连接**　本试验所需的硬件比较简单，主要有：GP2D12 型红外测距传感器 1 个，1602 LCD 屏 1 块，10μF 电解电容 1 个，导线若干。试验硬件连接如图 4-22 所示。

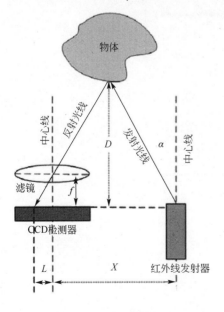

图 4-21　三角测量原理

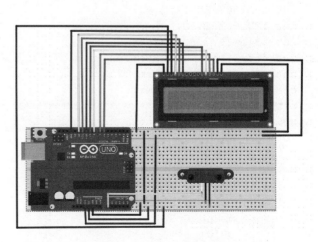

图 4-22　实际接线图

经试验，需要在 GP2D12 的电源端加个 10μF 以上的电解电容，稳定供电电压，以保证输出模拟电压更稳定，如图 4-23 所示。

**（2）试验原理** GP2D12 根据距离的远近输出相应的电压，Arduino 开发板 0 号模拟口输入，转换成数字量，根据公式计算得到需要显示的数据。

试验原理图如图 4-24 所示。

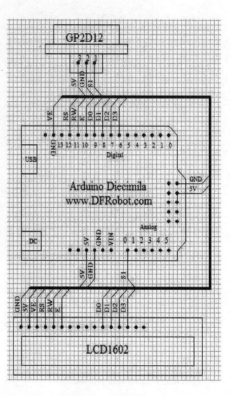

图 4-23 加电解电容　　　　　　　　　图 4-24 原理图

**（3）程序代码** 本试验程序代码如下。

```
/*********************************************************/
int GP2D12=0
int ledpin=13;
int LCD1602-RS=12;
int LCD1602-EN=11;
int LCD1602-E=10.
int DB[]=(6,7,8,9);
char strl[]=www.DFRobot.cn;
char str2[]=Renge:00cm;
char str3[]=Renge Over;
/*********************************************************/
void LCD-Command-Write(int comand)
{
  int i,temp.
  digitalWrite(LCD1602-RS, LOW);
  digitalWrite(LCD1602-RW-LOW);
  digitalWrite(LCD1602-EN-LOW);
  temp=command &  0xf0;
  for (i=DB[0],I<=9,I++);
```

```
    {
      digitalWrite(I,temp & 0x80).
      temp  <<=1.
    }
  digitalWrite(LCD1602-EN,HIGH);
  delayWl(crosevonds(1)).
  digitalWrite(LCD1602-EN,LOW).
  temp(command & 0x0f)<<4.
  for(1=DB[0],i<=10,i++)
    {
      digitalWrite(I temp &  0x80)
      temp<<=1.
    }
  digitalWrite(LCD1602-RN,HIGH);
  delayWicrosecends(1).
  digitalWrite(LCD1602-EN, LOW).
}
/***************************************************/
void LCD-Data-Write(int dat)
{
  int i=0,temp
  digitalWrite(LCD1602-RS,HIGH);
  digitalWrite(LCD1602-RW,LOW),
  digitalWrite(LCD1602-EN,LOW).
  temp=dat & 0xf0;
  for (i=DB[0];i<=9;i++)
    {
      digitalWrite(i,temp & 0x80),
      temp<<=1;
    }
  digitalWrite(LCD1602-RS,HIGH);
  delayMicroseconds(1).
  digitalWrite(LCD1602-EN,LOW),

  temp=(dat & 0x0f)<<4;
  for(i=DB[0],I<=10,i++)
    {
      digitalWrite(I,temp & 0x80);
      emp<<=1;
    }
  digitalWrite(LCD1602-EN,HIGH);
  delayMicroseconds(1).
  digitalWrite(LCD1602-EN,LOW),
}
/*******************************************/
voidLCD-SET-XY(int  x,int y)
{
  int address;
  if(y==0)   address=0x80+x;
  else       address=0xC0+x;
  LCD-Command-Write(address);
}
/***************************************************/
```

```
void LCD-Write -Char(int  x,int  dat)
{
  LCD-SET-XY (x,y)
  LCD-Data-Write(dat0);
}
/**********************************************/
void LCD-Write-String(int x,int y,char *s)
{
  LCD-SET-XY(x,y);  //设置地址
 ·while(*s)           //写字符串
{
  LCD-Data-Write(*s)
  S++;
}
/************************************************/
void setup(void)
{
  int  i=0;
  for(i=6;i<13;i++)
   {
      pinMode(I,OUTPUT);
   }
  LCD-Command-Write(0x28);//4线路 2行  2×7
  delay(50);
  LCD-Command-Write(0x06);
  delay(50);
  LCD-Command-Write(0x0c);
  delay(50);
  LCD-Command-Write(0x80);
  delay(50);
  LCD-Command-Write(0x01);
}
/**********************************************/
void loop(void)
{
  float temp;
  int val;
  char i,a,b;
  LCD-Command-Write(0x02);
  delay(50);
  LCD-Write-String(1,0,str1);
  LCD-Write-String(3,1,str2);
  delay(50);
  while(1)
    {
      val=analogRead(GP2D12);
      temp=val/5.8//改变被除数，可以减小一点误差
      val=95-temp.//由于 GP2D12 的输出电压与距离成反比，所以需要用一个常量相减，改变
这个常量，可以减小一点误差
      if(val>800
        {
          LCD-Write-String(3,1,str3).
```

```
        }
    else
      {
        LCD-Write-String(3,1,str2).
        a=0x30+val/10;
        b=0x30+val%10;
        LCD-Write-Char(9,1,a);
        LCD-Write-Char(10,1,b);
      }
    delay(500);
  }
}
```

图 4-25　红外测距传感器试验效果图

**（4）试验效果**　将本代码下载至开发板，然后进行试验，当传感器前有障碍物时 LCD 显示屏上会显示出测量距离，如图 4-25 所示。

# 4.5　超声波测距传感器的应用

超声波测距仪使用附近物体反射回来的高频声波来计算它们之间的距离，有些超声波传感器需要一个微处理器来发送和接收传感器信号，而另一些传感器则在传感器内部计算距离，并且产生一个易于被 Arduino 读取的与距离成正比例的输出信号。

超声波测距仪可用在各种确定探测区域宽度的波束角中。窄波束角更适合探测距离较远的物体，而宽波束角则探测短距离物体更好一些，并且能够很容易地被 Arduino 读取。

## ■ 4.5.1　超声波测距传感器原理

使用超声波的基本过程：发出一个声音，然后等待它的回声，如果能正确地计时，就能知道那里是否有物体，以及它有多远。这就叫做回声定位（echolocation），这就是蝙蝠和海豚能在黑夜中和水下发现目标的原因。

超声波是指频率高于 20kHz 的机械波。超声波测距的原理是通过测量声波在发射后遇到障碍物反射回来的时间差计算出发射点到障碍物的实际距离。

测距的公式为：

$$L=V(T_2-T_1)/2$$

式中，$L$ 为测量的距离长度；$V$ 为超声波在空气中的传播速度（在 20℃时为 340m/s）；$T_1$ 为测量距离的起始时间；$T_2$ 为收到回波的时间；速率乘以时间差等于来回的距离，除以 2 可以得到实际距离。

超声波测距主要应用于智能车测距避障、汽车倒车提醒、建筑工地及工业现场等的距离测量，虽然超声波测距量程能达到百米，但测量的精度往往只能达到厘米级。

当要求超声波测距精度达到 1mm 时，就必须把超声波传播的环境温度考虑进去，进行温度补偿。例如：当温度为 0℃时，超声波速度是 332m/s；当温度为 30℃时，超声波速度是 350m/s，温度变化引起的超声波速度变化为 18m/s。超声波在 30℃的环境下以 0℃环境下的声速测量 100m 距离所引起的测量误差将达到 5m，测量 1m 误差将达到 5mm。

一个超声波传感器由两个分立器件组成：一个用于发出声音，另一个用于监听回音。传感器还包含一些附加的元件，包括一个小型的微控制器，它负责求解发送和接收到回声的时间差。这个时间差被编码为一个电压，延迟越久，电压越高，由于超声波传感器以 5V 作为通信电压，因此这个值的最大值是 5V,最小值是 0V。测距传感器发送和接收超声波的过程如图 4-26 所示。

### 4.5.2 HC-SR04 型超声波测距模块

超声波测距传感器的种类很多,有的模块带有串口或 I²C 输出,能直接输出距离值,一些模块还带有温度补偿功能。本书选用的是市面上性价比较高的 HC-SR04 模块,如图 4-27 所示,该模块包括超声波发送器、接收器和相应的控制电路,对应的电路原理图如图 4-28 所示。该超声波测距模块能提供 2~450cm 非接触式检测距离,测距的精度可达 3mm,能很好地满足试验要求。

2. 物体反射超声波

1. 超声波发射器发出
超声信号

3. 接收器检测反
射回的超声波

图 4-26  测距传感器发送和接收超声波

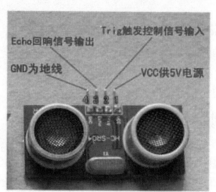

Echo回响信号输出　　Trig触发控制信号输入

GND为地线　　VCC供5V电源

图 4-27  HC-SR04 超声波测距传感器模块

**（1）技术规格**

① 工作电压:0.5V(DC)。

② 工作电流:15mA。

③ 探测距离:2~450cm。

④ 探测角度:15°。

⑤ 输入触发脉冲:10μs 的 TTL 电平。

⑥ 输出回响信号:输出 TTL 电平信号（高）,与射程成正比。

**（2）工作原理**　先来看下它的工作时序:如图 4-29 所示。

平时 Trig 端为低电平,当需要测距时给这个端子提供一个大于等于 10μs 的高电平触发信号,此时,该模块内部将发出 8 个 40kHz 周期电平并检测回波。一旦检测到有回波信号则输出回响信号,回响信号的脉冲宽度与所测的距离成正比。由此通过发射信号收到的回响信号时间间隔可以计算得到距离。公式:μs/58=厘米或者 μs/148=英寸;或是距离=高电平时间×声速（340m/s）/2。建议测量周期为 60ms 以上,以防止发射信号对回响信号的影响。

**（3）使用时的注意事项**

① 此模块不宜带电连接,若要带电连接,则先对模块的 GND 端进行连接,否则会影响模块的正常工作。

② 测距时,被测物体的面积不应少于 0.5m² 且平面尽量要求平整,否则影响测量的结果。

### 4.5.3  利用串口输出的超声波测距试验

本试验十分简单,就是将超声波测距模块测得的数据用串口上传至电脑上显示。

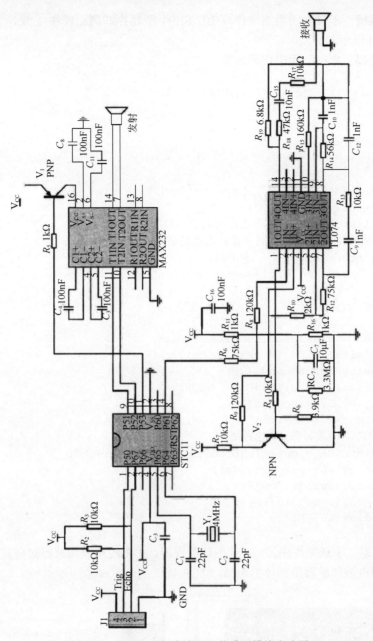

图 4-28 HC-SR04 超声波测距传感器模块电路原理

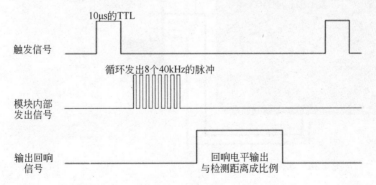

图 4-29 超声波时序图

**（1）硬件连接** 本试验所需的硬件有 HC-SR04 型超声波测距模块 1 块，导线若干。硬件连接图如图 4-30 所示。

**（2）程序代码** 本试验程序代码如下。

```
*/
 // 设定 Hc-SR04 连接的 Arduino 引脚
const int TrigPin = 2;
const int EchoPin = 3;
float distance;
void setup()
{
        // 初始化串口通信及连接 Hc-SR04 的引脚
        Serial.begin(9600);
        pinMode(TrigPin, OUTPUT);
    // 要检测引脚上输入的脉冲宽度，需要先设置为输入状态
        pinMode(EchoPin, INPUT);
     Serial.println("Ultrasonic sensor:");
}
void loop()
{
    // 产生一个10μs 的高脉冲去触发 TrigPin
        digitalWrite(TrigPin, LOW);
        delayMicroseconds(2);
        digitalWrite(TrigPin, HIGH);
        delayMicroseconds(10);
        digitalWrite(TrigPin, LOW);
    // 检测脉冲宽度，并计算出距离
        distance = pulseIn(EchoPin, HIGH) / 58.00;
        Serial.print(distance);
        Serial.print("cm");
        Serial.println();
        delay(1000);
}
```

**（3）试验结果** 下载完程序后，打开串口监视器，并将超声波传感器对向需要测量的物体，即可看到当前超声波传感器距物体的距离，如图 4-31 所示。

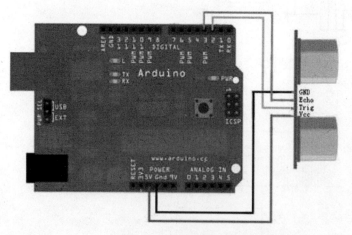

图 4-30　实际接线图

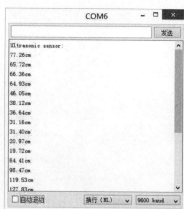

图 4-31　试验结果

### 4.5.4 距离控制小灯试验

本试验的预期效果是当测试距离大于 50cm 时，被控制的 LED 指示灯点亮。

**（1）硬件连接** 本试验所需的硬件有：HC-SR04 型超声波测距模块 1 块，导线若干。硬件连接如图 4-32 所示。

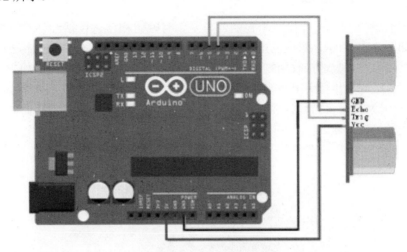

图 4-32 实际接线图

**（2）程序代码** 本试验程序代码如下。

```
int inputPin=5;   // 定义超声波信号接收接口
int outputPin=4;  // 定义超声波信号发出接口
int ledpin=13;
void setup()
{
  Serial.begin(9600);
  pinMode(ledpin, OUTPUT);
  pinMode(inputPin, INPUT);
  pinMode(outputPin, OUTPUT);
}
void loop()
{
  digitalWrite(outputPin, LOW);  //使发出超声波信号接口低电平 2μs
  delayMicroseconds(2);
  digitalWrite(outputPin, HIGH); // 使发出超声波信号接口高电平 10μs，这里是至少 10μs
  delayMicroseconds(10);
  digitalWrite(outputPin, LOW);      // 保持发出超声波信号接口低电平
  int distance = pulseIn(inputPin, HIGH);   //读出脉冲时间
  distance= distance/58;      //将脉冲时间转化为距离（单位：厘米）
  Serial.println(distance);    //输出距离值
  delay(50);
  if (distance >=50)
  {//如果距离大于 50cm 小灯亮起
      digitalWrite(ledpin, HIGH);
  }//如果距离小于 50cm 小灯熄灭
  else
      digitalWrite(ledpin, LOW);
}
```

# 4.6 红外避障传感器的应用

## 4.6.1 红外避障传感器

红外避障传感器利用红外反射来检测前方是否有障碍物，它包括红外发射端与红外接收端，其模块如图 4-33 所示，对应的电路原理图如图 4-34 所示。红外避障传感器工作时，上发射端发射红外信号，接收端接收由物体发射回的红外信号，在一定范围内，如果没有障碍物，发射出去的红外线因为传播距离越来越远而逐渐减弱，最后消失；如果有障碍物，红外信号将被反射回传感器接收端。传感器检测到返回信号后，就能正确判定前方有障碍物，并将信号传送给单片机进行分析处理。

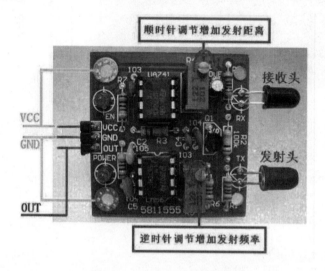

图 4-33 红外避障传感器模块

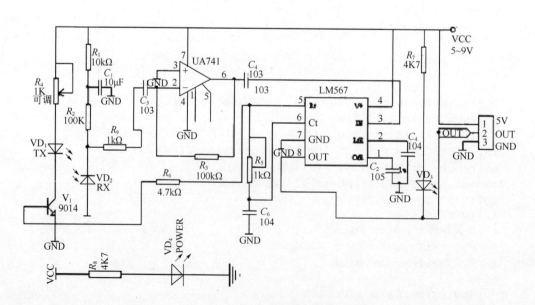

图 4-34 红外避障传感器模块电路

（1）**电路分析** $VD_1$ 发射红外线，$VD_2$ 接收红外信号，LM567 第 5、6 脚为译码中心频率设定端，一般通过调整其外接可变电阻改变捕捉的中心频率，图中红外载波信号来自 LM567 的第 5 脚，也即载波信号与捕捉中心频率一致，能够极大地提高抗干扰特性。

（2）**规格参数**

① 工作电压：DC4.5N9V；

② 检测距离：1～80cm 可靠；

③ I/O 接口：3 线制接口（GND/VCC/OUT）；

④ 输出信号：TTL 电平（有障碍物低电平，无障碍物高电平）；

⑤ 调节方式：多圈电阻式调节；

⑥ 有效角度：35°；

⑦ 尺寸大小：39mm×39mm;

⑧ 安装孔径：3mm。

（3）**接口定义**

① VCC：供电电源正极 4.5～9V；

② GND：供电电源地；

③ OUT：检测输出，检测到障碍物输出高电平，没检测到障碍物输出低电平。

（4）**工作特点**

① 带输出指示，检测到障碍物时，输出高电平，同时板上的发光二极管将发亮；

② 距离、频率可调：板上有 2 个 LED 指示灯，一个是电源指示灯，一个是输出指示灯，检测到前方有障碍物，输出指示灯亮，否则应灭，不带颜色。

## ■ 4.6.2 红外避障传感器应用试验

（1）**试验原理** 避障物传感器模块共引出 3 个引脚，从上到下分别是电源 VCC、地线 GND 和输出 OUT。实际应用时，可将输出口 OUT 接在 Arduino UNO 和一个数字引脚上，如引脚 $D_3$，接线情况如表 4-1 所示，同时利用数字引脚 13 自带的 LED，当避障传感器检测到有障碍物时（输出为低电平），LED 亮，反之则灭。利用其原理可制作障碍物检测提示灯。

表 4-1 **Arduino UNO 与避障传感器模块接线表**

| 序 号 | Arduino UNO 引脚 | 模 块 引脚 |
| --- | --- | --- |
| 1 | $D_3$ | OUT |
| 2 | 5V | VCC |
| 3 | GND | GND |

（2）**硬件连接** 本试验硬件部分只需一块红外避障传感器模块和若干导线，实际硬件接线图如图 4-35 所示。

（3）**程序代码** 本试验程序代码如下所示。

```
int Led=13; //定义 LED 接口
int buttonpin=3;//定义避障传感器接口
int val;
void setup()
{
  pinMode(Led, OUTPUT);//定义 LED 为输出接口
  pinMode(buttonpin, INPUT);//定义避障传感器为输出接口
}
```

```
void loop()
{
  val-digitalRead (buttobpin);//读取数字接口 3 的值并赋给 val
  if(val==HIGH)//当避障传感器检测到障碍物时输出为高电平
    digitalWrite(Led, HIGH);//提示有障碍物，LED 亮
  else
    digitalWrite(Led, LOW);
}
```

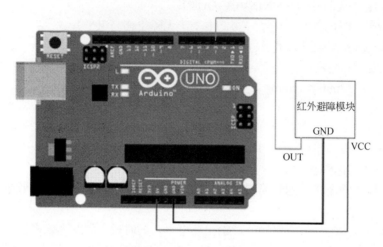

图 4-35　实际接线图

# 4.7　红外寻线传感器的应用

## 4.7.1　红外寻线传感器

寻线传感器的工作原理与红外避障传感器的相同，都是根据红外反射原理开发的传感器，其模块如图 4-36 所示，对应的电路原理图如图 4-37 所示。寻线传感器的发射功率比较小，遇到白色时红外线被反射，遇到黑色时红外线被吸收，可以检测到白底中的黑线，也可以检测到黑底中的白线，由此实现黑线或白线的跟踪。并且，当检测到黑线时，寻线传感器输出低电平；检测到白线时，则输出高电平。该传感器可用于光电测试及程控小车、轮式机器人执行任务。

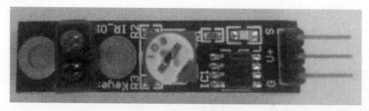

图 4-36　寻线传感器模块

**（1）应用范围**

① 智能小车或机器人寻线（包括黑线和白线），沿着黑线路径走，又称寻迹。

② 智能小车避悬崖，防跌落。

③ 智能小车避障碍（注意：因传感器的检测距离太短灵敏度不够高，故太接近黑色的物

体将检测不了）。

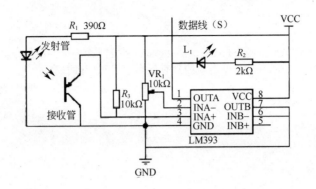

图 4-37　寻线传感器模块电路

④ 反光材料检测，如纸张、磁带卡，非接触式 IC 卡等。

**（2）使用方法**　当传感器检测到物体时（即有反射时）输出高电平，当检测不到物体时（即无反射时）输出低电平。通过判断信号输出端是 0 或者 1 来判断物体是否存在。

**（3）性能参数**

① 检测距离，检测白纸时约 2cm，颜色不同距离有所不同，白色最远。

② 供电电压：2.5～12V，不要超过 12V（注意：最好用低电压供电，供电电压太高传感器的寿命会变短。5V 供电为佳）。

③ 工作电流，5V 时 18～20mA。经大量测试，传感器的工作电流设置为 18～20mA 时性能最佳，主要表现在抗干扰能力上。

④ 传感器输出 TTL 电平，能直接与 3.3V 或者 5V 单片机 I/O 口相连。

### ■ 4.7.2　红外寻线传感器应用试验

**（1）试验原理**　寻线传感器块共引出 3 个引脚，从上到下分别是地线 GND、电源 VCC 和信号线 S。实际应用时，可将 S 端接在 Arduino UNO 的一个数字引脚上，如引脚 D3，接线情况如表 4-2 所示，同时利用数字引脚 13 自带的 LED，当寻线传感器检测到反射信号时（白色），LED 亮，反之（黑色）则灭。

表 4-2　**Arduino UNO 与寻线传感器模块接线表**

| 序　　号 | Arduino UNO 引脚 | 模 块 引 脚 |
|---|---|---|
| 1 | D3 | S |
| 2 | 5V | VCC |
| 3 | GND | GND |

**（2）硬件连接**　本试验只需一块红外寻线传感器和几根导线即可，接线方式和红外避障传感器基本相同，如图 4-38 所示。

**（3）程序代码**　本试验程序代码如下。

```
int Led=13;    //定义 LED 接口
int buttonpin=3;    //定义寻线传感器接口
int val;    //定义数字变量 val
void setup()
{
  pin Mode(Led, OUTPUT);    //定义 LED 为输出接口
```

```
    pinMode(buttonpin, INPUT);    //定义寻线传感器为输出接口
}
void loop()
{
  val=digitalRead(buttonpin);    //读取数字接口 3 的值并赋给 val
  if(val=HIGH)    //当寻线传感器检测到有反射信号时，LED 亮
  {
  digintalWrite(Led, HIGH);
  }
  else
  {
  digitaWrite(Led , LOW);
  }
}
```

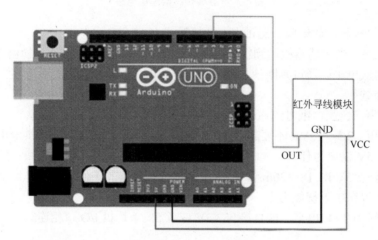

图 4-38　实际接线图

# 4.8　激光传感器的应用

## 4.8.1　激光传感器

激光传感器是利用激光技术进行测量的传感器，一般由激光发射模块与激光接收模块两部分组成，并且两者往往成对使用。激光传感器是一种新型测量仪表，它的优点是能实现无接触远距离测量，速度快，精度高，量程大，抗光、电干扰能力强等，广泛应用于各种长距离、大区域安防检测，工业自动化光电信号等领域。

激光发射头由发光管芯、聚光透镜、套筒三部分组成，如图 4-39 所示，激光发射模块如图 4-40 所示，对应的电路原理图如图 4-41 所示。通过 S 端来开启，可以发射持续的激光，也可以发射脉冲波。由于激光发射头发出的激光波长相同，在透镜会聚成激光束经远距离传输后，仍然维持一个光束，因此，激光传输距离远、精度高。

激光接收管如图 4-42 所示，其主要器件是光电二极管，激光被光电二极管接收后，随光强不同会产生相应强度的光生电流，电流经放大器放大输出为电信号。为了消除可见光的影响，必须配合激光滤光镜一起使用，激光接收模块如图 4-43 所示，对应的电路原理图如图 4-44 所示。

图 4-39　激光发射头

图 4-40　激光发射模块

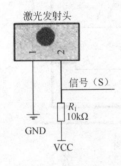

图 4-41　激光发射模块电路

图 4-42　激光接收管

图 4-43　激光接收管

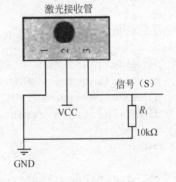

图 4-44　激光接收模块电路

## ■ 4.8.2　激光传感器应用试验

（1）试验原理　由图 4-41 与图 4-44 可知，激光发射模块和激光接收模块一样，都包含有地线 GND，电源 VCC 和数据线 S。实际应用时，将两者的 S 端分别与 Arduino UNO 的数字输入口相连，另外可利用 Arduino UNO 的板上 LED 来提示激光接收管是否接收到数据，接线情况如表 4-3 所示。通过往指定数字引脚输出高电平（或低电平）来打开（或关闭）激光发射管，同时通过读取指定数字引脚的值来获取激光接收管所接收到的信息。

（2）硬件连接　本试验比较简单，只需要激光发射模块 1 块，激光接收模块 1 块，导线若干。硬件实际连接图如图 4-45 所示。

表 4-3 **Arduino UNO** 与激光传感器模块接线表

| 序 号 | Arduino UNO 引脚 | 模块引脚 | 序 号 | Arduino UNO 引脚 | 模块引脚 |
|---|---|---|---|---|---|
| 1 | D2 | 发射管 S | 4 | D3 | 接收管 S |
| 2 | 5V | 发射管 VCC | 5 | 5V | 接收管 VCC |
| 3 | GND | 发射管 GND | 6 | GND | 接收管 GND |

（**3**）**程序代码** 当把激光发射管与接收管放在同一水平面上，且两者相对射时，可起到光电开关的作用，其中激光发射与接收示例程序如下。

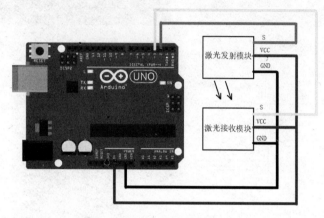

图 4-45 实际接线图

```
int lasersend=2;        //定义激光发射管接口
int laserrev=3;         //定义激光接收管接口
int revled=13;          //定义 LED 接口
int val;
void setup()
{
  pinMode(lasersend, OUTPUT);  //定义引脚 2 为数字输出接口
  pinMode(laserrev, INPUT);    //定义引脚 3 为数字输入接口
  pinMode(revled, OUTPUT);     //定义引脚 13 为数字输出接口
  digitalWrite(lasersend, HIGH);  //打开激光头
}
void loop()
{
  val-digitlRead(laserrev)     //读取数字引脚 3 的值并赋给 val
  if(val==HIGH)
  digitalWrite(revled, HIGH);  //当激光接收管接收到数据时，LED 亮
  else
  digitalWrite(revled, LOW);
}
```

# 4.9 倾斜传感器的应用

## ■ 4.9.1 倾斜传感器

倾斜传感器是内部带有一个金属滚球的滚球倾斜开关，如图 4-46 所示。

倾斜传感器也叫倾斜开关、滚珠开关、角度传感器等。

它主要是利用滚珠在开关内随不同倾斜角度的变化，达到触发电路的目的，目前滚珠开关在市场上使用的常用型号有 SW-200D、SW-460、SW-300A 等。这类开关不像传统的水银开关，它的功效虽同水银开关，但没有水银开关的环保及安全等问题。

倾斜传感器的电路原理图如图 4-47 所示。当垂直悬挂的倾斜开关探头在受到外力作用且偏离垂直位置 17° 以上时，倾斜开关内部的金属球触点断开；当外力撤销后，倾斜开关恢复到垂直状态，同时金属球触点也恢复到闭合状态。

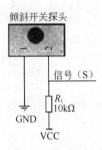

图 4-46　倾斜传感器　　　　　　　图 4-47　倾斜开关传感器模块电路

## ■ 4.9.2　倾斜传感器应用试验

**（1）试验原理**　如图 4-47 所示，倾斜开关传感器模块共引出 3 个引脚，从上到下分别是数据线 S、电源 VCC 和地线 GND。实际应用时，将 S 端接在 Arduino UNO 的一个数字引脚上，接线情况如表 4-4 所示。同时利用数字引脚 13 自带的 LED，当倾斜开关传感器感测到有倾斜信号时，LED 亮，反之则灭。

表 4-4　**Arduino UNO 与倾斜开关传感器模块接线**

| 序　号 | Arduino UNO 引脚 | 模 块 引 脚 |
|---|---|---|
| 1 | D3 | S |
| 2 | 5V | VCC |
| 3 | GND | GND |

**（2）硬件连接**　本试验需要倾斜传感器一个，导线若干，接线图如图 4-48 所示。

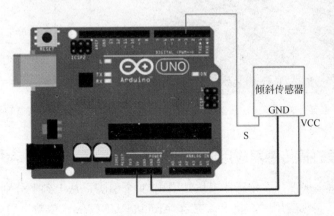

图 4-48　实际接线图

（3）程序代码 本试验程序代码如下。

```
int Led=13;                    //定义 LED 接口
int buttonpin=3;               //定义倾斜开关传感器接口
int val;
void setup()
{
  pinMode(Led, OUTPUT);        //定义 LED 为输出接口
  pinMode(buttonpin, INPUT);   //定义倾斜开关传感器为输入接口
}
void loop()
{
  val=digitalRead(buttonpin);  //读取数字引脚 3 的值并赋给 val
  if(val==HIGH)                //当倾斜开关传感器检测到有信号时，LED 亮
    digtalWrite(Led, HIGH);
  else
    digtalWrite(Led, LOW);
}
```

## 4.10 水银碰撞传感器的应用

### ■ 4.10.1 水银碰撞传感器

水银开关式碰撞传感器，又称为倾斜开关，开关上以一接着电极的管形容器存储少量水银，容器中多数为真空或注入惰性气体，其传感器模块如图 4-49 所示，其电路原理图如图 4-50 所示。当有外力使管形容器位置发生倾斜时，由于重力作用，其内部的水银会流向较低的地方，当同时接触到两个电极时，两金属触点闭合，电路连通；反之，当水银没有同时接触到两个电极时，两金属触点分开，电路断开。该传感器一般用于检测倾斜角度稍大的系统，如用于检测跌倒状态等，还可广泛应用在报警系统中。

图 4-49 水银开关式碰撞传感器模块

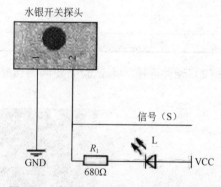

图 4-50 水银开关式碰撞传感器模块电路

### ■ 4.10.2 水银碰撞传感器应用试验

（1）试验原理 水银开关传感器模块共引出 3 个引脚，从上到下分别是地线 GND、电源 VCC 和数据线 S。实际应用时，将 S 端接在 Arduino UNO 的一个数字引脚上，接线情况如表 4-5 所示，同时利用数字引脚 13 自带的 LED，当水银开关传感器感测到有倾斜信号时，LED 亮，反之则灭。

表 4-5　Arduino UNO 与水银开关式碰撞传感器模块接线表

| 序号 | Arduino UNO 引脚 | 模块引脚 |
| --- | --- | --- |
| 1 | D3 | S |
| 2 | 5V | VCC |
| 3 | GND | GND |

**（2）硬件连接**　本试验需要用水银碰撞传感器一个，具体接线方法如图 4-51 所示。

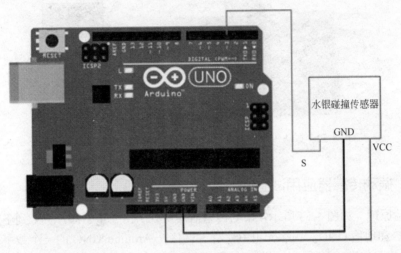

图 4-51

**（3）程序代码**　本试验程序代码如下。

```
int Led=13;                     //定义 LED 接口
int buttonpin=3;                //定义碰撞开关传感器接口
int val;
void setup()
{
  pinMode(Led, OUTPUT);         //定义 LED 为输出接口
  pinMode(buttonpin, INPUT);    //定义碰撞开关传感器为输入接口
}
void loop()
{
  val=digitalRead(buttonpin);   //读取数字引脚 3 的值并赋给 val
  if(val==HIGH)                 //当碰撞开关传感器检测到有信号时，LED 亮
    digtalWrite(Led, HIGH);
else
    digtalWrite(Led, LOW);
}
```

## 4.11　振动传感器的应用

### ■ 4.11.1　振动传感器

振动传感器是一种能感应振动力大小，同时将感应结果传递到电路装置，并使电路启动工作的电子开关。因其灵活且灵敏的触发性而被广泛应用于电子玩具、小家电、运动器材以及各

类防盗器等产品中。振动传感器可分为弹簧开关与滚珠开关两大类,其中弹簧开关模块如图 4-52 所示。对应的电路原理图如图 4-53 所示。弹簧开关的导电振动弹簧、定触点被精确安放在开关本体内,并通过胶黏剂粘接固化定位,在平时不受振动时弹簧与定触点不导通,当受到振动后,弹簧抖动,动触点与定触点快速接通,从而使电路导通。

弹簧开关一般用于感应振动力或离心力的大小,实际应用中最好直立安装。

图 4-52 振动传感器模块

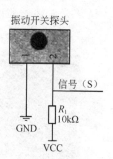

图 4-53 振动传感器模块电路

## 4.11.2 振动传感器应用试验

**(1) 试验原理** 如图 4-53 所示,振动传感器模块共引出 3 个引脚,从上到下分别是数据线 S、电源 VCC 和地线 GND。实际应用中,将 S 端接在 Arduino UNO 的一个数字引脚上,如引脚 D3,接线情况如表 4-6 所示,同时利用数字引脚 13 自带的 LED,当振动传感器感测到有振动信号时,LED 亮,反之则灭。

表 4-6 Arduino UNO 与振动开关传感器模块接线表

| 序  号 | Arduino UNO 引脚 | 模块引脚 |
| --- | --- | --- |
| 1 | D3 | S |
| 2 | 5V | VCC |
| 3 | GND | GND |

**(2) 硬件连接** 本试验需要振动传感器一个,硬件连接如图 4-54 所示。

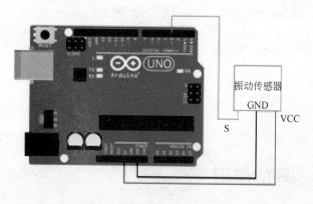

图 4-54 实际接线图

**(3) 程序代码** 本试验程序代码如下所示。

```
int Led=13;                    //定义 LED 接口
int buttonpin=3;               //定义振动传感器接口
int val;
```

```
void setup()
{
  pinMode(Led, OUTPUT);          //定义 LED 为输出接口
  pinMode(buttonpin, INPUT);     //定义振动传感器为输入接口
}
void loop()
{
  val=digitalRead(buttonpin);   //读取数字引脚 3 的值并赋给 val
  if(val==HIGH)                  //当振动传感器检测到有信号时，LED 亮
    digtalWrite(Led, HIGH);
  else
    digtalWrite(Led, LOW);
}
```

# 4.12  敲击传感器的应用

## 4.12.1  敲击传感器

敲击传感器能将敲击振动信号转换为电信号，传感器模块如图 4-55 所示，对应的电路原理图如图 4-56 所示。其原理与振动开关传感器类似，敲击传感器能感应较小振幅的振动，灵敏度比较高，同时余震维持的时间稍久一些。

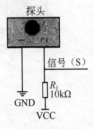

图 4-55  敲击传感器模块          图 4-56  市场传感器模块电路

## 4.12.2  敲击传感器应用试验

（1）试验原理  如图 4-56 所示，敲击传感器模块共引出 3 个引脚，从上到下分别是数据线 S，电源 VCC 和地线 GND。实际应用中，将 S 端接在 Arduino UNO 的一个数字引脚上，如引脚 D3，接线情况如表 4-7 所示，同时利用数字引脚 13 自带的 LED，当敲击传感器感应到有振动信号时，LED 亮，反之则灭。

表 4-7  Arduino UNO 与敲击传感器模块接线表

| 序　　号 | Arduino UNO 引脚 | 模 块 引 脚 |
| --- | --- | --- |
| 1 | D3 | S |
| 2 | 5V | VCC |
| 3 | GND | GND |

（2）硬件连接  本试验需要敲击传感器模块一块，硬件连接如图 4-57 所示。

**（3）程序代码** 本试验程序如下所示。

```
int Led=13;                    //定义 LED 接口
int buttonpin=3;               //定义敲击传感器接口
int val;
void setup()
{
  pinMode(Led, OUTPUT);        //定义 LED 为输出接口
  pinMode(buttonpin, INPUT);   //定义敲击传感器为输入接口
}
void loop()
{
  val=digitalRead(buttonpin);  //读取数字引脚 3 的值并赋给 val
  if(val==HIGH)                //当敲击传感器检测到有信号时，LED 亮
    digtalWrite(Led, HIGH);
  else
    digtalWrite(Led, LOW);
}
```

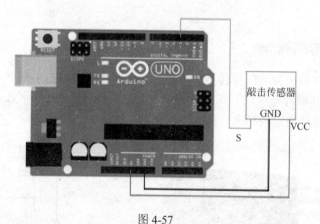

图 4-57

## 4.13 金属触摸传感器的应用

### 4.13.1 金属触摸传感器

金属触摸传感器是一种能检测出被测物是否为金属的传感器，其模块如图 4-58 所示，对应的电路原理图如图 4-59 所示。该模块巧妙地利用达林顿管作为金属触摸传感器的探头，将达林顿管的中间极引脚折弯后反扣在达林顿管顶部，作为探测物是否为金属的触点，另外两极分别作为信号输出端与接地端，输出端信号经放大、滤波、比较等一系列处理后，能最终将检测结果转换为高低变化的电平信号。

### 4.13.2 金属触摸传感器的应用实验

**（1）实验原理** 如图 4-58 所示，金属触摸传感器模块共引出 4 个引脚，从上到下分别是模拟输出口 A0、地线 GND、电源 VCC 和数字输出口 D0。实际应用中，可将数字端口 D0 接在 Arduino UNO 的一个数字引脚上，如引脚 D3，接线情况如表 4-8 所示，同时利用数字引脚 13 自带的 LED，当金属触摸传感器感应到有信号时，LED 亮，反之则灭。

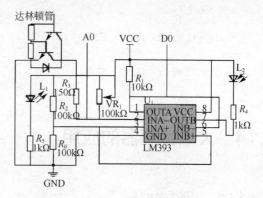

图 4-58 金属触摸传感器模块　　　　　　图 4-59 金属触摸传感器模块电路

**表 4-8　Arduino UNO 与敲击传感器模块接线表**

| 序　号 | Arduino UNO 引脚 | 模　块　引　脚 |
|---|---|---|
| 1 | D3 | S |
| 2 | 5V | VCC |
| 3 | GND | GND |

（2）**硬件连接**　本试验比较简单，只需要一块金属触摸传感器模块即可完成，具体硬件连接如图 4-60 所示。

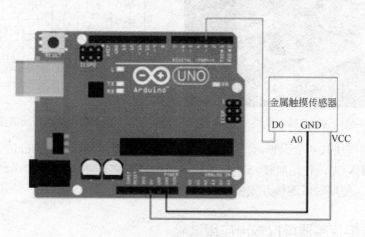

图 4-60　实际接线图

（3）**程序代码**　本试验程序代码如下所示。

```
int Led=13;                    //定义 LED 接口
int buttonpin=3;               //定义金属触摸传感器接口
int val;
void setup()
{
  pinMode(Led, OUTPUT);        //定义 LED 为输出接口
  pinMode(buttonpin, INPUT);   //定义金属触摸传感器为输入接口
}
void loop()
{
  val=digitalRead(buttonpin);  //读取数字引脚 3 的值并赋给 val
```

```
      if(val==HIGH)                        //当金属触摸传感器检测到有信号时，LED 亮
        digtalWrite(Led, HIGH);
    else
        digtalWrite(Led, LOW);
    }
```

## 4.14　火焰传感器的应用

### 4.14.1　火焰传感器

　　火焰传感器利用特制的红外线接收管通过捕捉火焰中的红外波长来检测火焰，并将火焰的温度转化为高低变化的电平信号，然后输入单片机进行分析处理。火焰传感器模块如图 4-61 所示，相应的电路原理图如图 4-62 所示，该传感器的探测角度可达 60°，工作温度为 25～85℃，在使用过程中，应注意传感器探头离火焰的距离不能太近，以免造成损坏。此外，该传感器还可以用来检测光线的亮度，可检测波长在 760～1100nm 之间的光源。

图 4-61　火焰传感器模块

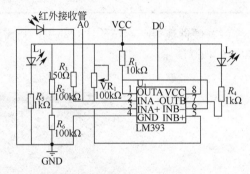

图 4-62　火焰传感器模块电路

　　火焰传感器模块共 4 个引脚，分别是数字输出引脚 D0，使用时接 Arduino 开发板的数字 I/O 接口；供电引脚 VCC，使用时接+5V 电源；接地引脚 GND，使用时接参考地线；还有就是模拟输出引脚 A0，使用时可连接开发板模拟 I/O 接口。

### 4.14.2　火焰传感器模拟输出应用试验

　　**（1）试验原理**　将传感器模拟输出接开发板模拟 I/O 接口，当传感器感应到火焰时输出信号电压会升高，当电压升高至一定值时，经 CPU 处理，开发板输出驱动蜂鸣器信号，控制蜂鸣器鸣响。

　　**（2）硬件连接**　本试验需要火焰传感器一个，蜂鸣器一个，导线若干。具体硬件连接如图 4-63 所示。

　　**（3）程序代码**　本试验程序代码如下所示。

```
int flams=A5;//定义火焰传感器接口为模拟 5 接口
int Beep=8;//定义蜂鸣器接口为数字 8 接口
int val=0//定义数字变量 val
void loop()
{
  pinMode(Beep OUTPUT);//定义蜂鸣器为输出接口
  pinMode(flams, INPUT);//定义火焰传感器为输入接口
```

```
Serial.begin(9600);//设定波特率为 9600 Baud
}
void loop()
{
  val =analogRead(flame);//读取火焰传感器的模拟值
  Serial.println(val);//输出模拟值，并将其打印出来
  if(val>=600)  //当模拟值大于 600 时蜂鸣器鸣响
    {
      digitalWrite Beep HIGH;
    }
  else
  {
    digitalWrite(Beep, LOW);
  }
}
```

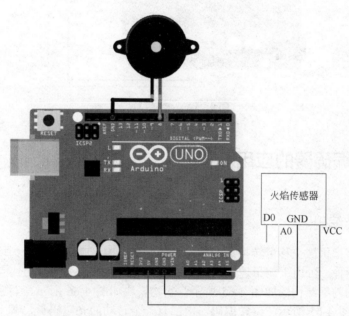

图 4-63　实际接线图

### 4.14.3　火焰传感器数字输出应用试验

**（1）试验原理**　将传感器数字输出接开发板数字 I/O 接口，当传感器感应到火焰时输出电平会由低电平变为高电平，经 CPU 处理，开发板输出驱动 LED 信号，控制开发板 13 脚自带的 LED 发光管点亮。

**（2）硬件连接**　本试验只需要火焰传感器一个，导线若干。具体硬件连接如图 4-64 所示。

**（3）程序代码**　本试验程序代码如下所示。

```
int Led=13;                    //定义 LED 接口
int buttonpin=3;               //定义火焰传感器接口
int val;
void setup()
{
  pinMode(Led, OUTPUT);        //定义 LED 为输出接口
  pinMode(buttonpin, INPUT);   //定义火焰传感器为输入接口
}
```

```
void loop()
{
  val=digitalRead(buttonpin);   //读取数字引脚 3 的值并赋给 val
  if(val==HIGH)                  //当火焰传感器检测到有信号时，LED 亮
    digtalWrite(Led, HIGH);
  else
    digtalWrite(Led, LOW);
}
```

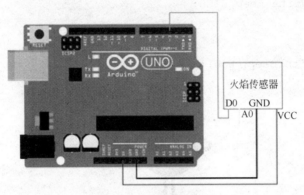

图 4-64　实际接线图

## 4.15　旋转编码器的应用

### 4.15.1　旋转编码器

旋转编码器可把机械位移量转换成电信号。如以信号原理来分，可分为增量脉冲编码器和绝对脉冲编码器两种。可用于测量速度、位置、角度等物理量。

旋转编码器的内部结构图如图 4-65 所示，实物模块如图 4-66 所示，对应的电路原理图如图 4-67 所示。如图 4-65 所示，旋转编码器内部有一个转动的光电码盘，其上有环形通、暗的刻线，通过光电发射和接收元件获取四组正弦波信号 A、B、C、D，每个正弦波相位差为 90°（一个周期为 360°），同时将 C、D 信号反向，叠加在 A、B 两相上（可增强稳定信号），从而把光脉冲转换成电脉冲，然后由电路进行处理并输出。输出方式有单路输出与双路输出两种，其中，单路输出是指旋转编码器仅输出一组脉冲，双路输出则输出两组相位差为 90° 的脉冲。通过这两组脉冲不仅可实现测速，还可通过比较 A 相在前还是 B 相在前，以判别编码器的正、反转方向。另外，每转输出一个 Z 相脉冲（零位脉冲），可获得编码器的零位参考位。

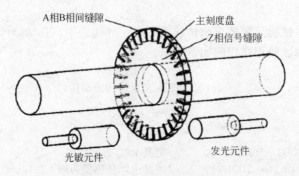

图 4-65　旋转编码器内部结构图

图 4-66　旋转编码器模块

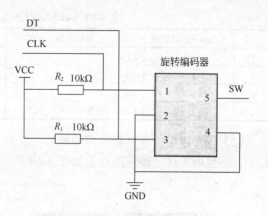

图 4-67　旋转编码器模块电路

旋转编码器通过旋转可获取正、反方向转动过程中输出脉冲的个数，现以增量脉冲编码器为例介绍旋转编码器的编码原理。如图 4-68 所示，旋转编码器的输出信号分别为 A、B 通道方波，它们的相位差为 90°，其中一个通道给出与转速相关的信息，同时，通过对比两个通道信号的顺序可得到旋转方向的信息，对照图 4-68，可得到增量脉冲编码器的编码信息如表 4-9 所示。

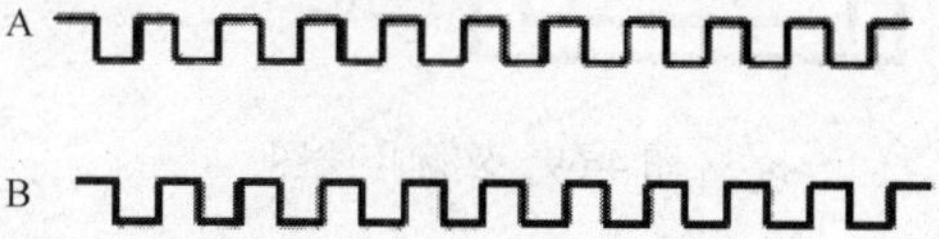

图 4-68　增量脉冲编码器的输出信号

表 4-9　增量脉冲编码器的编码情况

| 顺时针运动 | | 逆时针运动 | |
| --- | --- | --- | --- |
| A | B | A | B |
| 1 | 1 | 1 | 1 |
| 0 | 1 | 1 | 0 |
| 0 | 0 | 0 | 0 |
| 1 | 0 | 0 | 1 |

### ■ 4.15.2　旋转编码器的应用试验

**（1）试验原理**　下面对照实物模块来举例说明旋转编码器的使用方法。如图 4-66 所示，旋转编码器模块共引出 5 个引脚，从上到下分别为 CLK（脉冲信号）、DT（方向）、SW（开关信号）、VCC（电源）与 GND（地线）。实际应用时，首先将 Arduino UNO 的数字引脚与 CLK 相接，用于获取旋转编码器的输出脉冲；其次将 Arduino UNO 的数字引脚与 DT 相接，用于获取旋转编码器正、反转信息，其中高电平表示正转，低电平表示反转；然后将 Arduino UNO 的数字引脚与 SW 相接，通过按图 4-66 所示的旋转触点 1 来提供开关信号；最后可利用 Arduino UNO 的数字引脚外接 2 个 LED，用于显示旋转编码器的旋转方向，其中，$LED_1$ 亮表示正转，$LED_2$ 亮表示反转。接线情况如表 4-10 所示。

表 4-10    **Arduino UNO 与旋转编码器模块接线表**

| 序号 | Arduino UNO 引脚 | 模块引脚 | 序号 | Arduino UNO 引脚 | 模块引脚 |
|---|---|---|---|---|---|
| 1 | D2 | CLK | 5 | D6 | LED₂（外接的发光二极管） |
| 2 | D3 | DT | 6 | 5V | VCC |
| 3 | D4 | SW | 7 | GND | GND |
| 4 | D5 | LED₁（外接的发光二极管） | | | |

**（2）硬件连接**    本试验所需的硬件主要有：旋转编码器 1 个，LED 发光二极管 2 个，导线若干，面包板 1 块。硬件连接图如图 4-69 所示。

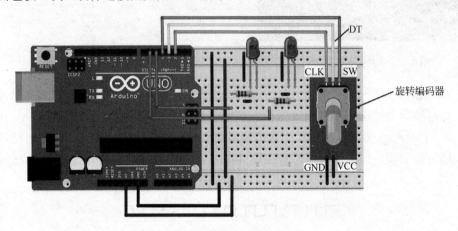

图 4-69    实际接线图

**（3）程序代码**    本试验程序代码如下。

```
const int interruptA=0;//中断 interrupt 0 在 pin2 上
int CLK=2;           //引脚 D2，脉冲信号
int dt=3;            //引脚 D3，配合脉冲信号，用于判断正转
                     //（前进）或者反转（后退）
int sw=4;            //引脚 D4，往下按压的开关信号
int LED1=5           //引脚 D5，外接发光二极管
int LED2=6           //引脚 D6，外接发光二极管
int COUNT=0;
void setup()
{
  attachinterrupt(interruptA, RoteStatechanged, FALLING);
  //高电平变为低电平触发，调用中断处理子函数 RoteStateChanged()
  pinMode(CLK, INPUT);
  digitalWrite(2, HIGH);      //上拉电阻
  pinMode(DT, INPUT);
  digitalWrite(3, HIGH);      //上拉电阻
  pinMode(SW, INPUT);
  digitalWrite(4HIGH);        //上位电阻
  pinMode(LED1, OUTPUT);
  pinMode(LED2, OUTPUT);
  serial.begin(9600);         //设置波特率为 9600Baud
}
void loop()
{
  if(! igitalRead(SW))        //如果按下按钮
```

```
        {
        COUNT=0;                    //计数清零
        serial.println(STOP COUNT=0);//串口输出清零
        digitalWrite(LED1, LOW);  //LED₁灯灭
        digitalWrite(LED2, LOW);  //LED₂灯灭
        delay(2000);                //延时 2s
        }
        serial, println(COUNT);      //如果没有按钮,输出计数值
    }
void RoteStateChanged();    //当 CLK 下降沿触发的时候,进入中断
{
  if (digitalRead(DT))            //当 DT 为高电平时,是前进方向
    {
    COUNT++;                //计数器累加
       digitalWrite(LED1, HIGH); //LED₁亮
       digitalWrite(LED2, LOW);  //LED₂灭
       delay(20);
    }
     else                        //当 DAT 为低电平时,是反方向
    {
    COUNT--;                   //计数器累减
       digitalWrite(LED2, HIGH);//LED₂亮
       digitalWrite(LED1, LOW);//LED₁灭
       delay(20);
    }
    }
```

# 4.16  温湿度一体传感器

## ▮ 4.16.1  DHT11 型数字温湿度传感器

DHT11 数字温湿度传感器是一款含有已校准数字信号输出的温湿度复合传感器。它应用专用的数字模块采集技术和温湿度传感技术,确保产品具有极高的可靠性与卓越的长期稳定性,其应用模块如图 4-70 所示,对应的电路原理图如图 4-71 所示。传感器包括一个电阻式感湿元件和一个 NTC 测温元件,并与一个高性能 8 位单片机相连接。因此该产品具有品质卓越、超快响应、抗干扰能力强、性价比极高等优点。每个 DHT11 传感器都在极为精确的湿度校验室中进行校准。校准系数以程序的形式储存在 OTP 内存中,传感器内部在检测信号的处理过程中要调用这些校准系数。单线制串行接口,使系统集成变得简易快捷。超小的体积、极低的功耗,信号传输距离可达 20m 以上,使其成为各类应用甚至最为苛刻的应用场合的最佳选择。产品为 4 针单排引脚封装。连接方便,特殊封装形式可根据用户需求而提供。DHT11 温湿度传感器常应用于暖通空调、汽车、消费品、湿度调节器、除湿器、医疗、自动控制等领域。

DHT11 采用单总线方式与 CPU 进行数据传输,与 DS18B20 相似,对时序的要求比较高,不同之处在于写程序的时候数据的采集必须间隔 1s 以上,不然采集会失败。此节将利用 Arduino 驱动 DHT11,检测环境温湿度情况。

性能指标和特性如下:

① 工作电压范围:3.5~5.5V。

图 4-70 数字温湿度传感器模块

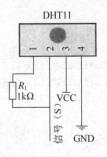

图 4-71 数字温湿度传感器模块

② 工作电流：平均 0.5mA。

③ 湿度测量范围：20%～90%RH。

④ 温度测量范围：0～50℃。

⑤ 湿度分辨率：1%RH，8 位。

⑥ 温度分辨率：1℃，8 位。

⑦ 采样周期：1s。

⑧ 单总线结构。

⑨ 与 TTL 兼容（5V）。

引脚排列如下：

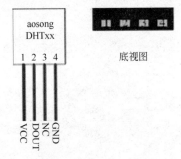

底视图

引脚说明：
VCC　　正电源
DOUT　输出
NC　　　空脚
GND　　地

## ■ 4.16.2　DHT11 应用试验

（1）试验原理　DHT11 数字温湿度传感器使用一根信号线传输数据，其读取数据的步骤如下。

① 将引脚 D2 设置为输出模式，同时将该引脚置为低电平（LOW），持续时间为 40μs。

② 再将引脚 D2 置为高电平（HIGH），持续时间为 40μs。

③ 再将引脚 D2 设置为输入（读取）模式，判定读到低电平（LOW）后，延时 80μs，再判定读到高电平（HIGH）后，延时 80μs，以上工作完成后开始接收数据。

④ 数据总共有 5 个字节，忽略校验位，有四位是有效数据。第 0 字节是湿度的整数位，第 1 字节是湿度的小数位，第 2 字节是温度的整数位，第 3 字节是温度的小数位。

（2）硬件连接　将 DHT11 温湿度传感器的 VCC、GND 分别连接至 Arduino UNO 控制器的+5V、GND，以给 DHT11 提供电源，DHT11 模块的 DOUT 引脚接至 Arduino UNO 控制器数字引脚 D2，且并联 5kΩ 的上拉电阻，DHT11 模块的 NC 引脚也连接至 GND，如图 4-72 所示。

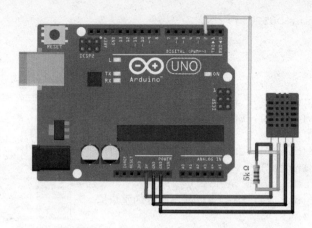

图 4-72　DHT11 温湿度测量硬件连接图

**（3）程序代码**　本试验程序代码如下所示。

```
int DHpin=2;          //读取数字引脚 2
byte dat[5];          //设置 5 个字节的数组
byte read-data()
{
byte data;
  for(int i=0;i<0;i++)
  {
    if(digitalRead[DHpin]==LOW);
    {
      while(digitalRead(DHpin)==LOW);  //等待 50μs
      delayMicroseconds(30);           //判断高电平的持续时间，以判别数据是 0 还是 1
      if(digitalRead(DHpin)==HIGH)  data|=(1<<(7-1));//高位在前，低位在后
      while(digitalRead(DHpin)==HIGH);//如果数据是 1，等待下一位的接收
    }
  }
    return data;
}
void start-test()
{
  digitalWrite(Dhpin, LOW);        //拉低总线，发开始信号
  delay(30);                       //延时要大于 18ms，以便 DHT11 能检测到开始信号
  digitalWrite(Dhpin, HIGH);
  delayMicroseconds(40);           //等待 DHT11 响应
  pinMode(Dhpin, INPUT);           //改为输入（读取）模式
  while(digitalRead(DHpin)==HIGH)
  delayMicroseconds(80);           //DHT11 发出响应，拉低总线 80μs
  if(digitalRead(DHpin)==LOW;
    delayMicroseconds(80);         //DHT11 拉高总线 80μs 后开始发送数据
    for(int  i=0;i<4;i++)          //接收温湿度数据，校验位不考虑
      dat[i]=read-data();
  pinMode(Dhpin, OUTPUT);          //改为输出模式
  digitalWrite(Dhpin, HIGH);       //发送完一次数据后释放总线，等待主机下一次的开始信号
}
void setup()
{
  serial.begin(9600);
```

```
    pinMode(Dhpin, OUTPUT);
  }
void loop()
{
  start-test();
  serial, print(Current humdity=);
  serial.print(dat[0], DEC);//显示湿度的整数位
  serial, print(".")
  serial.print(dat[1], DEC);//显示温度的小数位
  serial.println("%")
  serial, print(Current humdity=);
  serial.print(dat[2], DEC);//显示温度的整数位
  serial.println(".")
  serial.print(dat[3], DEC); //显示温度的小数位
  serial.println("C")
  delay(700);
}
```

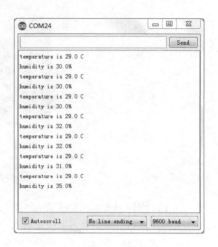

图 4-73　试验结果

（4）试验结果　将上述代码下载到开发板中，打开串口监视器可以看到当前的温湿度情况，如图 4-73 所示。

## 4.17　颜色传感器的应用

### 4.17.1　三原色原理

通常所看到的物体的颜色，实际上是物体表面吸收了照射到它上面的白光（日光）中的一部分有色成分，而反射出的另一部分有色光在人眼中的反应。白色是由各种频率的可见光混合在一起构成的，也就是说白光中包含着各种颜色的色光（如红 R、黄 Y、绿 G、青 V、蓝 B、紫 P）。根据德国物理学家赫姆霍兹（Helinholtz）的三原色理论可知，各种颜色是由不同比例的三原色（红、绿、蓝）混合而成的。

### 4.17.2　TCS3200D 型颜色传感器

TCS3200D 颜色传感器是一款全域颜色检测器，其模块如图 4-74 所示，对应的电路原理图如图 4-75 所示，其包括了

图 4-74　TCS3200D 颜色传感器模块

一块 AOS TCS3200RGB 感应芯片和 4 个白光 LED 灯，TCS3200D 能在一定的范围内检测几乎所有的可见光。根据三原色原理，对于 TCS3200D 来说，当选定一个颜色滤波器时，它只允许某种特定的色光通过，阻止其他色光通过。例如：当选择红色滤波器时，入射光中只有红色可以通过，蓝色和绿色都被阻止，这样就可以得到红色光的光强；同时，选择蓝色滤波器或绿色滤波器时，就可以分别得到蓝色光和绿色光的光强。通过这三个光强值，可以分析出反射到 TCS3200D 传感器上的光的颜色。图 4-74 中的 TCS3200D 模块的各个引脚定义如表 4-11 所示。

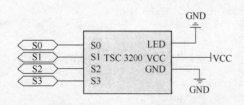

图 4-75　TCS3200D 颜色传感器模块电路

**表 4-11　TCS3200D 模块引脚定义**

| 引　脚 | 定　义 | 说　明 | 引　脚 | 定　义 | 说　明 |
|---|---|---|---|---|---|
| 1 | S0 | 输出频率选择输入脚 | 5 | VCC | 5V 电源 |
| 2 | S1 | 输出频率选择输入脚 | 6 | OUT | 输出端 |
| 3 | OE | 低电压使能端 | 7 | S2 | 输出频率选择输入脚 |
| 4 | GND | 接地 | 8 | S3 | 输出频率选择输入脚 |

### 4.17.3　颜色传感器应用试验

（1）试验原理　TCS3200D 颜色传感器，能读取三种基本色（RGB），但 RGB 输出并不相等，因此在测试前必须进行白平衡调整，使 TCS3200D 对所检测的白色中的三原色相等。进行白平衡调整的目的是为后续的颜色识别做准备。因此在本示例程序中，首先，点亮 LED 灯，延时 4s（秒），通过白平衡测试，计算得到白色物体 RGB 值 255 与 1s 内三色光脉冲数的 RGB 比例因子，那么，红、绿、蓝三色光分别对应的 1s 内 TCS3200D 输出脉冲数乘以相应的比例因子就是 RGB 标准值。然后，通过调用定时器中断函数，每 1s 产生中断后，计算出该时间内的红、绿、蓝三种光线通过滤波器时产生的脉冲数。再将 TCS3200D 输出的信号脉冲个数分别存储到相应颜色的数组变量中，本示例代码输出了该数组的值，其代表了 RGB 三种颜色的值。

（2）硬件连接　TCS3200D 模块与 Arduino UNO 的接线情况如表 4-12 所示。

**表 4-12　Arduino UNO 与 TCA3200D 颜色传感器接线表**

| 序号 | Arduino UNO 引脚 | 模 块 引 脚 | 序号 | Arduino UNO 引脚 | 模 块 引 脚 |
|---|---|---|---|---|---|
| 1 | 5V | VCC | 5 | D5 | S1 |
| 2 | GND | GND | 6 | D4 | S2 |
| 3 | D7 | LED | 7 | D3 | S3 |
| 4 | D6 | S0 | 8 | D2 | OUT |

具体硬件连接如图 4-76 所示。

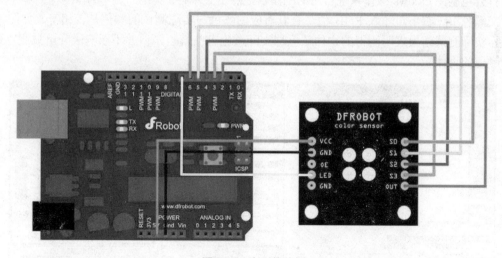

图 4-76　实际接线图

（3）白平衡调整　图 4-76 中 TCS3200D 传感器各控制引脚与 Arduino 控制器数字端口连线的对应关系，设置为：

```
#define S0          6
#define S1          5
```

```
#define S2          4
#define S3          3
#define OUT         2
#define LED         7
```

当被测物体为不发光物体时，应该把 TCS3200D 的 LED 引脚设置为高电平，以点亮 TCS3200D 传感器电路板上的四个白光 LED 灯。

下面是一个带有白平衡的测试程序，把这个程序下载到 Arduino 控制器中，同时把一个白色物体放置在 TCS3200D 颜色传感器之下，点亮传感器上的 4 个白光 LED 灯，再打开 Arduino IDE 的串口监视器，会出现如图 4-77 所示的监视画面，可以在该画面中找到白色物体 RGB 值 255 以及 RGB 比例因子。

把白平衡时放置在 TCS3200D 颜色传感器之下的白色物体拿走，放上另一个黄色物体，在 Arduino IDE 串口监视器上看到的这个黄色物体的 RGB 值为 233、157、56，如图 4-78 所示。

图 4-77 白平衡测试结果

图 4-78 黄色物体 RGB 值

打开电脑 Windows 操作系统自带的画图板，点击菜单栏"颜色"→"编辑颜色"→"规定自定义颜色"→右下角输入 RGB 值，查看对应的颜色与实际测试的颜色是否相符，如图 4-79 所示。实际测试结果表明测得的物体颜色与实际颜色有些偏差，但并不影响区分出被测物体是哪种颜色的物体。

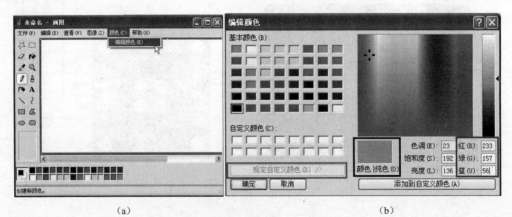

（a） （b）

图 4-79 颜色检查

**（4）程序代码** 本试验程序代码如下所示。

```
#include(Timerone.h)   //申明库文件
//把 TCS3200D 颜色传感器各控制引脚连到 Arduino UNO 数字端口
#define S0    6     //物体表面的反射光越强，TCS3200D 内置振荡器产生的方波频率越高
#define S1    5     //S0 和 S1 的组合决定输出信号频率比例因子，比例因子为 2%
//比率因子为 TCS3200D 传感器 OUT 引脚输出信号频率与其内置振荡器频率之比
#define S2    4     //S2 和 S3 的组合决定让红、绿、蓝哪一种光线通过滤波器
#define S3    3
#define S4    2     //TCS3200D 颜色传感器输出信号连接到中断 0 引脚，并引发脉冲信号中断
//在中断函数中记录 TCS3200D 输出信号的脉冲个数
#define LED   7     //控制 TCS3200D 颜色传感器是否点亮 LED 灯
float  g-SF[3];   //将从 TCS3200D 输出的信号的脉冲数转换为 RGB 标准值的 RGB 比例因子
int   g-cout=0;   //计算与反射光强相对应的 TCS3200D 颜色传感器输出信号的脉冲数
//数组用于存储在 1s 内 TCS3200D 输出信号的脉冲数，它乘以 RGB 比例因子就是 RGB 标准值
int   g-array[3];
int   g-flay=0;   //滤波器模式选择顺序标志
//初始化 TCS3200D 各控制的输入输出模式
//设置 TCS3200D 的内置振荡器方波频率与其输出信号频率的比例因子为 2%
void TCS-init()
{
  pinMode(S0，OUTPUT);
  pinMode(S1，OUTPUT);
  pinMode(S2，OUTPUT);
  pinMode(S3，OUTPUT);
  pinMode(OUT，INPUT);
  pinMode(LED，OUTPUT);
  digitalWrite(S0，LOW);
  digitalWrite(S1，HIGH);
}
//选择滤波器模式，决定让红、绿、蓝哪一种光线通过滤波器
void TCS-FilterColor(int Leve101, int leve102)
{
if(Leve101  !=0)
  Leve101=HIGH
  if(Leve102  !=2)
    Leve102=HIGH
digitalWrite(S2，Leve101);
digitalWrite(S3，Leve101);
}
//中断函数，计算 TCS3200D 输出信号的脉冲数
void TCS-Count()
{
  g-count++;
}
//定时器中断函数，每 1s 中断后，把该时间内的红、绿、蓝三种光线通过滤波器时，TCS3200D
输出信号脉冲个数分别存储到数组 g-array[3]的相应无关变量中
void TCS-Callback()
{
  switch(g-flag)
  {
  case  0;
  serial.println("->WB Start");
  tCS-WB(LOQ，LOQ);
```

```
        break;
    case 1:
      serial, print("->Frepuency  R==);
      serial.println(g-count); //打印 1s 内的红光通过滤波器时，TCS3200D 输出的脉冲
                                                        个数
      g-array[0]=g-count;         //存储 1s 内的红光通过滤波器时，TCS3200D 输出的脉冲
                                                        个数
      TCS-WR(HIGH, HIGH);  //选择让绿色光线通过滤波器的模式
      break;
    case 2:
      serial, print("->Frepuency  G==);
      serial.println(g-count); //打印 1s 内的绿光通过滤波器时，TCS3200D 输出的脉冲
                                                        个数
      g-array[0]=g-count;   //存储 1s 内的绿光通过滤波器时，TCS3200D 输出的脉冲个数
      TCS-WR(HIGH, HIGH);   //选择让蓝色光线通过滤波器的模式
      break;
    case 3:
      serial, print("->Frepuency  B==);
      serial.println(g-count); //打印 1s 内的蓝光通过滤波器时，TCS3200D 输出的脉冲
                                                        个数
      serial.println(->WB End);
      g-array[0]=g-count;         //存储 1s 内的蓝光通过滤波器时，TCS3200D 输出的脉冲
                                                        个数
      TCS-WR(HIGH, HIGH);  //选择让绿色光线通过滤波器的模式
      break;
    default;
      g-count=0;              //计数值清零
      break;
  }
}
//设置反射光中红、绿、蓝三色光分别通过滤波器时如何处理数据的标志
//该函数被 TCS-Callback()调用
void TCS-WB(int Leva10, int levell)
{
  g-count=0;                //计数值清零
  g-flag++;                 //输出信号计数标志
  TSC-FilterColor(Leve10, Leve11);//滤波器模式
  Timerl.setPeriod(1000000);//设置输出信号脉冲计数时长为 1s
}
//初始化
void setup()
{
  TSC-Init();
  Serial.begin(9600);    //启动串行通信
  Timerl.initiallze();     //定时器初始化，默认触发值为 1s
  Timerl.attachinterrupt(TSC-Callback);//设置定时器 1 的中断，中断调用函数为
                                                TSC-Callack()
  //设置 TSC3200D 输出信号的上跳沿触发中断，中断调用函数为 TSC-Callback()
  Attachinterupt(0, TSC-Count, RISING);
  digitalWrite(LED, HIGH);    //点亮 LED 灯
  delay(4000);//延时 4s，以等待被测物体红、绿、蓝三色在 1s 内的 TCS3200D 输出信号脉
```
冲个数，通过白平横测试，计算得到白色物体 RGB 值 255 与 1s 内三色光脉冲数的 RGB 比例因子

```
g-SF(0)-255.0/G-ARRAY[0];/红色光比例因子
g-SF(1)-255.0/G-ARRAY[1];//绿色光比例因子
g-SF(2)-255.0/G-ARRAY[2];//蓝色光比例因子
//打印白平衡后的红、绿、蓝三色的比例因子
Serial.println(g-SF[0], 5);
Serial.println(g-SF[1], 5);
Serial.println(g-SF[2], 5);
//红、绿、蓝三色光分别对应的1s内TCS3200D输出脉冲数乘以相应的比例因子就是RGB标准值
//打印被测物体的RGB值
for(int i=0;i<3;i++)
    Serial.println(int (g-array[i]*g-SF[i]));
}
//主程序
Void loop()
{
    g-flag=0;
    //每获得一次被测物体的RGB颜色值需时4s
    delay(4000);
    //打印出被测物体的RGB颜色值
    for(int i=0;i<3;i++)
        Serial.println(int(g-array[i]*g-SF[i]));
}
```

# 4.18　PS2 摇杆的应用

## 4.18.1　Joystick PS2 摇杆

　　Joystick PS2 摇杆具有 2 轴模拟输出（X 轴和 Y 轴），1 路按钮数字输出，配合 Arduino 传感器扩展板可以制作遥控器等互动作品，其模块如图 4-80 所示。

　　Joystick PS2 摇杆就像一人游戏控制台中的操纵杆，可控制输入这个操纵杆模块的 VRX、VRY 和按钮的值以及在特定的值下实现某种功能，同时也可以被视为一个按钮和电位器（可调电阻）的组合。数据类型的 VRX、VRY 为模拟输入信号，而按钮是数字输入信号，因此实际应用时，可将 VRX 和 VRY 端口连

图 4-80　Joystick PS2 的摇杆模块

接到 Arduino UNO 的模拟引脚上，而按钮可连接到数字引脚上。模块的功能引脚如表 4-13 所示。

表 4-13　Joystick PS2 摇杆引脚说明

| 序号 | 模块功能引脚 | 说明 |
| --- | --- | --- |
| 1 | GND | 接地 |
| 2 | +5V | 接电源 |
| 3 | VRX | 连接 X 轴的电位器，输出电压在 0～5V 之间 |
| 4 | VRY | 连接 Y 轴的电位器，输出电压在 0～5V 之间 |
| 5 | SW | 按下按钮输出 0V，不按时输出 2.5V 左右的电压 |

## ■ 4.18.2 Joystick PS2 摇杆控制液晶屏显示试验

（1）试验原理 Joystick PS2 摇杆由两个电位器和一个按钮开关组成。拨动电位器时，阻值发生变化，从而改变输出电压，其输出的是模拟量，按钮开关的是数字高、低电平，但由于图4-80中的按钮不按时，SW 端输出的电压值低于 2.5V，无法被 Arduino UNO 的数字端口读取为数字"1"，而按下后，SW 端为 0V，因此，在示例程序中暂用 Arduino UNO 的模拟端口来读取。

（2）硬件连接 本试验需要 1 块 1602 液晶屏，10kΩ 电位器 1 个（用来调整液晶屏对比度），Joystick PS2 摇杆模块 1 块。具体硬件连接如图 4-81 所示。

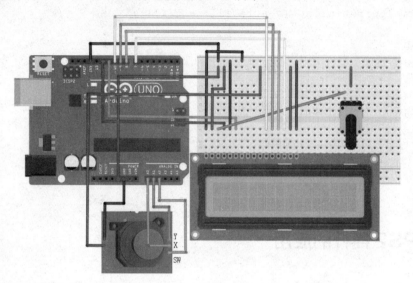

图 4-81 实际连接图

（3）程序代码

```
#include <LiquidCrystal.h>    //调用 Arduino 自带的 LiquidCrystal 库
LiquidCrystal lcd(12, 11, 10, 9, 8, 7);//设置接口
int xpotPin = 0;   //设置模拟口 0 为 X 的信号输入端口
int ypotPin = 1;   //设置模拟口 1 为 Y 的信号输入端口
int bpotPin = 2;   //设置模拟口 2 为 Button 的信号输入端口

int xval=0;          //设置变量
int yval=0;
int bval=0;

void setup()
{
  lcd.begin(16, 2);  //初始化 LCD
  delay(1000);       //延时 1000ms
}

void loop ()
{

xval = analogRead(xpotPin);   //xval 变量为从 0 信号口读取到的数值
yval = analogRead(ypotPin);   //yval 变量为从 1 信号口读取到的数值
bval = analogRead(bpotPin);   //bval 变量为从 2 信号口读取到的数值
```

```
lcd.clear();  //清屏
lcd.setCursor(0, 0) ;  //设置光标位置为第一行第一个位置
lcd.print("X=");       //使屏幕显示文字 X=
lcd.print(xval);
lcd.setCursor(7, 0) ;  //设置光标位置为第一行第八个位置
lcd.print("Y=");       //使屏幕显示文字 Y=
lcd.print(yval);

if (bval<500)
{
  lcd.setCursor(0, 1) ;    //设置光标位置为第二行第一个位置
  lcd.print("Button ON"); //使屏幕显示文字 Button ON
}
else
{
  lcd.setCursor(0, 1) ;
  lcd.print("Button OFF"); //使屏幕显示文字 Button OFF
}

  delay(100);             //延时 0.1s，这里也就是刷新速度
 }
```

（4）试验效果　推动摇杆时，电位器阻值发生变化，相应的电压也会发生变化，液晶屏上的数字就是每一个轴的电压数字输出。按下按键后，液晶上显示的按键状态会发生变化。试验效果图如图 4-82 所示。

图 4-82　试验效果图

# 4.19　气压传感器的应用

## ■ 4.19.1　气压传感器

气压传感器主要有电阻式和电容式两种类型。电阻式的主要传感元件是一个对压强敏感的薄膜，它连接了一个柔性电阻器。当被测气体的压强降低或升高时，这个薄膜将产生变形，该

电阻器的阻值也会随之发生变化。然后，从传感元件取得 0～5V 的信号电压，经过 A/D 转换由数据采集器接收，然后数据采集器以适当的形式把结果传送给计算机。电容式的主要部件为变容式硅膜盒，当该变容硅膜盒所处环境大气压力发生改变时，硅膜盒将随之发生弹性变形，从而引起硅膜盒平行板电容器电容容量的变化。

### ■ 4.19.2 BMP085 型气压传感器

目前气压传感器大多数是数字式的，传感器中内置了处理电路，能自动进行 A/D 转换，再通过 I²C 或 SPI 总线传输数据，精度从 0.1～1m 不等。常见型号有 BMP085、MS5611等。本书选用 BMP085 进行讲解，其模块如图 4-83 所示，对应的电路原理图如图 4-84 所示，主要引脚说明如表 4-14 所示。

图 4-83　BMP085 气压传感器模块

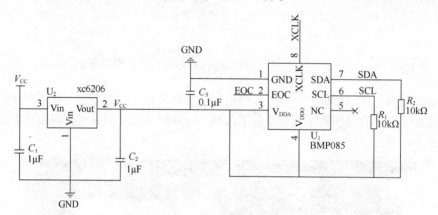

图 4-84　电路原理图

表 4-14　BMP085 气压传感器模块功能引脚说明

| 引　脚 | 定　义 | 说　明 |
| --- | --- | --- |
| 1 | GND | 接地 |
| 2 | EOC | 压力或温度转换完成时触发产生的信号 |
| 3, 4 | $V_{DDA}$, $V_{DDO}$ | 接 3.3V 电压，注意不要超过 3.6V |
| 5 | | |
| 6 | SCL | I²C 总线的时钟线 |
| 7 | SDA | I²C 总线的双向数据线 |
| 8 | XCLK | 复位引脚，低电平有效 |

BMP085 气压传感器参数如下：

① 气压范围：300～1100hPa（海拔 9000～500m）。

② 电源电压：1.8～3.6V（$V_{DDA}$）；1.62～3.6V（$V_{DDO}$）。

③ LCC8 封装：无铅陶瓷载体封装（LCC）。

④ 尺寸：5.0mm×5.0mm×1.2mm。

⑤ 低功耗：在标准模式下为 5μA

⑥ 高精度：低功耗模式下，分辨率为 0.06hPa（0.5m）；高线性模式下，分辨率为 0.03hPa（0.25m）。

⑦ 含温度输出。

⑧ I²C 接口。

⑨ 温度补偿。

### 4.19.3 基于 BMP085 的气压测量试验

**（1）试验原理** 使用 BMP085 测量气压只需要用到 I²C 总线，可以不连接 XCLK 和 EOC，对测量没有影响，因读取 BMP085 要使用 I²C 总线，因此须调用 Wire.h 库函数。

其获取气压值分三个步骤进行：

① 发送命令字 如图 4-85 所示，向 BMP085 发送命令的步骤如下：

a. 发送模块地址，如图 4-85 中的 0xEE。

b. 发送寄存器地址，如图 4-85 中第一个 0xF4。

c. 发送寄存器的值，如图 4-85 中第二个 0xF4。

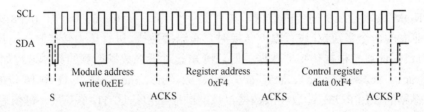

图 4-85 BMP085 测量的时序图

寄存器的值代表 BMP085 要进行测量的方式，不同的值分别代表：温度测量、低精度压力测量、中精度压力测量和高精度压力测量。

举例来说，向 BMP085 写寄存器地址 0x4 代表要对 BMP085 进行测量，具体进行什么测量要由发向寄存器的值（control register data）来决定，在图 4-85 中，控制寄存器（control register）的值是 0xF4。对照表 4-15 可以看出，0xF4 代表要进行高精度的压力测量，测量时间为 25.5ms。

表 4-15 控制寄存器值说明

| 测 量 内 容 | 控制寄存器的值(寄存器地址0xF4) | 最大转换时间/ms | 说　明 |
|---|---|---|---|
| 温度 | 0x2E | 4.5 | 测量温度 |
| 气压（osrs=0） | 0x34 | 4.5 | 低精度压力测量 |
| 气压（osrs=1） | 0x74 | 7.5 | 低精度压力测量 |
| 气压（osrs=2） | 0xB4 | 13.5 | 中精度压力测量 |
| 气压（osrs=3） | 0xF4 | 25.5 | 高精度压力测量 |

② 读取命令字 如图 4-86 所示，从 BMP085 读取数据的步骤如下。

a. 发送模块地址+W（表示写操作），如图 4-86 中的 0xEE。

b. 送寄存器地址（Register address），如图 4-86 的第一个 0XF6。

c. 重新开始 I²C 传输（Restart）。

d. 发送模块地址+R（表示要进行读操作），如图 4-86 中的 0xEE。

e. 读取测量值的高 8 位（MSB）。

f. 读取测量值的低 8 位（LSB）。

用 Arduino 对 BMP085 进行数据读取可概括为两句话：向固定的寄存器（0xF4）写特定值，从特定的寄存器（0x2E）读返回值。每次通信的地址都是一个固定值。BMP085 的寄存器地址如表 4-16 所示。

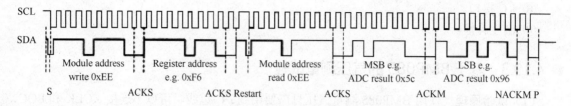

图 4-86 读取命令字时序图

表 4-16 BMP085 寄存器地址

| 寄存器名称 | 寄存器地址 |
|---|---|
| EEPROM | 0xAAto 0xBF |
| 温度和气压值 | 0xF6(MSB)、0xF7(LSB)、0xF8(XLSB) |

从 EEPROM 读取校准所需要的数据,共有 22 个字节。从 0xF6、0xF7、0xF8 读取的温度或气压值由前面的命令字决定(进行温度转换时存有温度数据,进行压力转换时存有压力数据)。

③ 压力数据计算 根据传感器数据手册,可知其对压强数据计算的具体过程如下。

a. 设置 ac1、ac2、ac3、ac4、ac5、ac6、b1、b2、mc、mb、md 共 11 个 16 位的变量。从 BMP085 传感器的 EEPROM 读取校准数据,按照顺序赋值给这 11 个变量。赋值表如表 4-17 所示。

表 4-17 EEPROM 校准数据赋值表

| 变 量 名 | 寄存器地址 | 变 量 名 | 寄存器地址 |
|---|---|---|---|
| ac1 | 0xAA、0xAB | b1 | 0xB6、0xB7 |
| ac2 | 0xAC、0xAD | b2 | 0xB8、0xB9 |
| ac3 | 0xAE、0xAF | mc | 0xBA、0xAB |
| ac4 | 0xB0、0xB1 | mb | 0xBC、0xBD |
| ac5 | 0xB2、0xB3 | md | 0xBE、0xBF |
| ac6 | 0xB4、0xB5 | | |

b. 读取未补偿的压力原始数据,先往寄存器写入 0x34+(oss<<6)数据,然后读取寄存器 0xF6、0xF7、0xF8 的数据,分别存储在 msb、1sb、x1sb 变量中。压力数据 $U_p$=(msb<<16+1sb<<8+x1sb)>>(8−oss)

计算公式(程序语言)如下:

$$b6=b5-4000$$
$$x1=(b2*(b6*b6/212))/211$$
$$x2-ac2*b6/211$$
$$x3=x1+x2$$
$$b3=((ac*4+x3)<<0ss+2)/4$$
$$x1=ac3*b6/213$$
$$x2=(b1*(b6*b6/212))/216$$
$$x3=(x1+x2)/22$$
$$b4=ac4+(unsinged\ long)(x3+32768)/215$$
$$b7=(unsigned\ long)(UP-b3)*(50000>0ss)$$

$$if(b7<0x80000000)\ (p=(b7*2)/b4)$$
$$else(p=b7/b4)*2)$$
$$x1=(p/28)*(p/28)$$
$$x2=(-7357*p)/216$$
$$p=p+(x1+x2+3791)/24$$

**提示**

b5 为温度值，oss 值对应含义参见表 4-15 控制寄存器值说明中 osrs 值。

（2）**硬件连接**　本试验需要 BMP085 型气压传感器一个，导线若干，其与 Arduino UNO 控制板的接线情况如表 4-18 所示。具体接线如图 4-87 所示。

表 4-18　Arduino UNO 与 BMP085 气压传感器接线表

| 序　号 | Arduino UNO 引脚 | BMP085 气压传感器引脚 |
| --- | --- | --- |
| 1 | 3.3V | VCC |
| 2 | GND | GND |
| 3 | A5 | SCL |
| 4 | A4 | SDA |

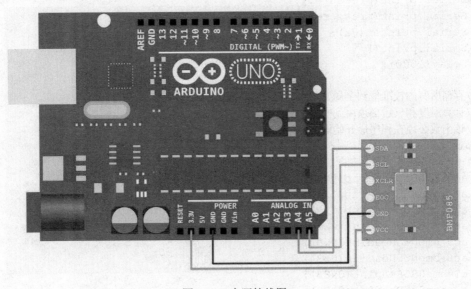

图 4-87　实际接线图

（3）**程序代码**　读取气压的示例代码如下。

```
/*从 BMP085 获取温度和气压数据并用串口发送出去，设置波特率为 9600Baud*/
#include<Write.h>    //BMP085 的 I²C 地址
#define BMP085-ADDRESS 0x77//过采样设置
//补偿校准值
int ac1;
int ac2;
int ac3;
unsigned  int  ac4;
unsigned  int  ac5;
unsigned  int  ac6;
int b1;
```

```
int b2;
int mb;
int md;
```
//b5 是从函数 bmp085GetTemperature (…) 中计算得到的，该变量，也被用于计算气压值，因此，温度值需要在计算气压前得到
```
long b5;
short temperature;
long pressure;
void setup()
{
    Serial.begin(9600);
    Wire.begin();
    bmp085Callbration();
}
void loop()
{
  Temperature=bmp085GetTenoerature(bmp085ReadUT());
  Pressure=bmp085GetPressure(bmp085ReadUO());
  Serial.print(Temperature:);
  Serial.print(temperature, DEC);
  Serial.println("*0.1 deg C);
  Serial.print(pressure:);
  Serial.print(pressure, DEC);
  Serial.println(Pa);
  Serial.print();
  Delay(1000);
}
```
//存储所有的校准值到全局变量中
//计算温度和气压必须用到校准值
//该函数必须在程序最开始调用
```
void bmp085Calibeation()
{
  ac1=bmp085Readint(0xAA);
  ac2=bmp085Readint(0xAC);
  ac3=bmp085Readint(0xAE);
  ac4=bmp085Readint(0XB0);
  ac5=bmp085Readint(0xB2);
  ac6=bmp085Readint(0xB4);
  b1=bmp085Readint(0xB6);
  b2=bmp085Readint(0xB8);
  mb=bmp085Readint(0xBC);
  mb=bmp085Readint(0xBE);
}
```
//将原始温度数据换算成摄氏温度，返回值精确到 0.1℃
```
short bmp085GetTemperature(unsigned int ut)
{
  long x1, x2;
  x1=((long)ut-(long)ac6)*(long)ac5)>>15;
  x2=((long)mc<<11)/(x1+md);
  b5=x1=x2;
  return((b5+B)>>4);
}
```
//该函数将原始的气压数据换算为气压值

```
//注意：校准值必须已知
//b5 从温度函数中获得
//返回值单位为 Pa
long bmp085Getpressure(unsigned long up)
{
  long x1, x2, x3, b3, b6, p;
  unsigned long b4, b7;
  b6-b5-4000;
  //计算 b3
  x1=(b2*(b6*b6)>>12)>>11;
  x2=(ac2*b6)>>11;
  x3=x1+x2;
  b3=(((((long)ac1)*4+x3)<<oss)+2)>>2;

  //计算 b4
  x1=(ac3*b6)>>12)>>13;
  x2=(b1+(b6*b6)>>12))>>16;
  x3=x1+x2;
  b4=((((ac4*(unsigned long)(x3*32768))>>15;
  b7=(unsigned long)(up -b3)*(50000>>0ss));
  if(b7<0x80000000)
    p=(b7<<1)/b4;
  else
    p=(b7/b4)<<1;
  x1=(p>>8)*(p>>8);
  x1=(x1*3038)>>16;
  x2=(-7357*p)>>16;
  p+=(x1*x2x=3791)>>4;
  return  p;
}
//从 BMP085 读取一个字节的数据，地址来源从 address 变量中获得
char bmp085Read(unaigned char address)
{
  unsigned char data;
  Write.beginTransmission(BMP085-ADDRESS);
  Wirte.send(address);
  Write.endTransmlssion();

  Write.repuestFrom(BMP085-ADDRESS, 1);
  while(!Wire.avallable());
return Wire.receive();
}
//从 BMP085 读取 2 个字节数据
//第一个字节从存储地址 address 中获得
//第二字节为上一个地址加 1
int bmp085Readint(unsigned char address)
{
  unsigned char msb, lsb;
  Wire.beginTranamission(BMP085-ADDRESS);
  Wire.send(address);
  Wire.endTransmission();
  Wire.requestFrom(BMP085-ADDRESS, 2);
  While(wire.avallable()<2);
```

```
    msb=Wire.recelve();
    lsb=Wire,recelve();

    return(int)msb<<8|   lab;
}
//读取来补偿校准的温度值
unsigned int bmp085ReadUT()
{
   Unsigned int ut;
   //写 0x2E 到寄存器 0xF4
   //需要一个温度读取请求
   Wire.beginTranalission(BMP085-ADDRESS);
   Wire.send(0xF4);
   Wire.send(0x2E);
   Wire,endTransmission();
   //等待至少 4.5ms
   delay(5);
   //从 0xF6 和 0xF7 寄存器读取 2 个字节数据
   ut=bmp085Readint(0xF6);
   return ut;
}
//读来补偿校准的压力原始数据
Unsigned long bmp085ReadUP()
{
   unsigned char msb, lsb，xlsb;
   unsigned long up=0;
   //写 0x34+(oss<<6)进寄存器 0xF4
   //发出一个在采样设置下的气压读取请求
   Wire.beginTransmission(BMP085-ADDRESS);
   Wire.send(0xF4);
   Wire.send(0x2E);
   Wire,endTransmission();
   //等待转换，延时设置需参照 oss 的设置值
   Delay(2+(3<<OSS);
   //读寄存器 0xF6、0xF7、0xF8，分别存储在 msb、lsb、
   xlsb 变量中
   Wire.begintransmission(BMP085-ADDRESS);
   Write.send(0xF6);
   Wire.endTransmission();
   Wire, requestFrom(BMP085-ADDRESS, 3);
   //等待数据并存储在变量中
   while(Wire, avalable()>3);
   mab=Wire.receive();
   lsb=Wire, receive();
   xlsb=Wire.receive();
   up=((unsigned long)msb<<16)(unsigned long)
   lsb<<8)|(unsigned long)xlsb)>>(8-OSS);
   return up;
}
```

（4）试验结果　将上述代码下载到开发板上，打开串口监视器，可以看到显示的气压值，如图 4-88 所示。

图 4-88　气压显示效果

## 4.20 运动检测传感器的应用

运动检测一般涉及加速度检测和角度速度检测。

加速度传感器是一种能够测量加速度的电子设备，单位是 *g*。它通过测量重力加速度，可以计算出设备相对于水平面的倾斜角度。加速度传感器可以帮助机器人了解它身处的环境，是在爬坡，还是在下坡，或者是否摔倒。同时对飞行类的机器人来说，该传感器对于控制姿态也是至关重要的。加速度传感器的用途很广，如：手机重力感应控制、地震监测、汽车碰撞监测、机器人运动姿态监测，甚至用于分析发动机的振动等。

角速度传感器又叫陀螺仪，它测量的物理量是偏转、倾斜时的转动角速度，在飞机上能用于控制和惯性导航。在手机上，仅用加速度传感器无法测量或重构出完整的 3D 动作，因为加速度传感器只能检测轴向的线性动作，而测不到转动的动作；但陀螺仪却可以对转动、偏转的动作进行很好的测量，进而可以精确分析判断出使用者的实际动作，最后根据动作，可以对手机进行相应的操作。

### 4.20.1 MMA7361 型加速度传感器

Arduino 三轴加速度传感器采用 Freescale（飞思卡尔）公司生产的性价比较高的微型电容式加速度传感器 MMA7361 芯片。其采用了信号调理、单级低通滤波器和温度补偿技术，并且提供了 ±1.5*g*/6*g* 两个灵敏度量程选择的接口和休眠模式接口，该产品带有低通滤波并已作零 *g* 补偿，具有体积小、重量轻、标识符清晰简明、接线容易的特点，防止接线错误造成硬件损坏，可通过 7 彩跳线连接，插于 Mini 面包板上，通过 Arduino 控制器编程，是制作倾角、运动、姿态检测互动作品的理想之选。传感器如图 4-89 所示。

典型应用：坠落检测、人类环境学工具、游戏、文本滚动、3 维动态拨打、计步器、机器人技术、虚拟现实输入设备、装运/处理监控器、点击静音、设备平衡/监控、轴承磨损监控、地震监控等。

**（1）技术参数**

① 供电电压：3.3～8V。
② 数据接口：模拟电压输出，兼容 Arduino。
③ 可选灵敏度，±1.5*g*/6*g*，通过开关选择。
④ 低功耗，工作时电流为 400μA，休眠模式下为 3μA。
⑤ 高灵敏度，在 1.5*g* 量程下为 800mV/*g*，6*g* 量程下 206mV/*g*。
⑥ 低通滤波器具有内部信号调理功能。
⑦ 设计稳定，防振能力强。
⑧ 模块尺寸：25mm×27mm。

**（2）引脚定义** MMA7361 加速度传感器模块引脚定义如图 4-90 所示。

### 4.20.2 MMA7361 型加速度传感器的应用试验

**（1）试验原理** 图 4-91 中给出了静态加速度传感器几种状态下的各个轴向加速度的值（假设在量程为 ±1.5*g* 情况下），由于量程是从 −1.5*g*～+1.5*g*，所以当加速度为 0*g* 时，引脚输出的电压大致为 1.65V，再因为有重力的关系，所以方向向下的轴向上加速度值是 1*g*（根据方向的不同可能是 +1*g*～−1*g*），可以通过如下的代码将传感器输出的模拟量值转换为电压值（以 *X* 轴为例）。

图 4-89 加速度传感器

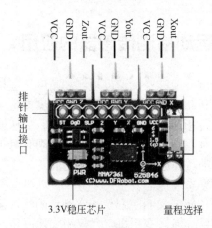

图 4-90 MMA7361 加速度传感器模块引脚定义图

```
vol-x=analogRead(x8-3)=5.0/1024;
```

然后根据 1.5$g$ 量程下的灵敏度——800mV/$g$，通过电压值换算出轴向上当前的加速度值，代码如下：

```
g-x=(vol-x-1.76)/0.8
```

但在实际的应用中，由于传感器的差异，当在 0$g$ 时输出的电压值可能不是 1.65V，所以在使用加速度传感器之前需要对其进行校准，可以先输出 0$g$ 情况下的电压值，以 $X$ 轴为例，代码如下：

```
Serial.print(vol-x)
```

可以将这个值作为 0$g$ 时的电压值代入到换算加速度值的运算中，本书中试验用的加速度传感器 $X$、$Y$、$Z$ 3 个轴向的 0$g$ 电压值分别为 1.79V、1.88V 和 1.50V。

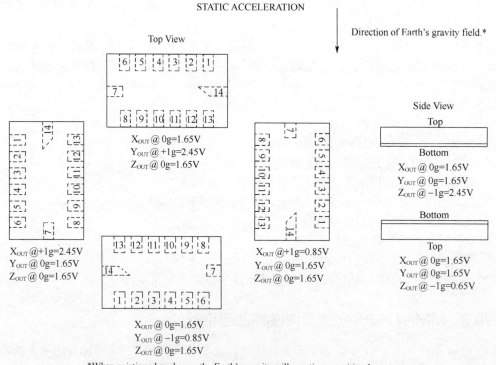

图 4-91 静态加速度传感器输出值

将这 3 个数代入到代码中，实现每一秒采集一次 3 个轴向上加速度值并通过串口监视窗口显示的功能。

（2）**硬件连接**　通过将模拟值转换成电压值再参考 MMA7361 芯片手册就可以得知物体的姿态或者角度。将 X、Y、Z 三接口分别接到 Arduino 的模拟 0、1、2 接口上，将量程选择开关置于 1.5*g* 即可，具体连接如图 4-92 所示。

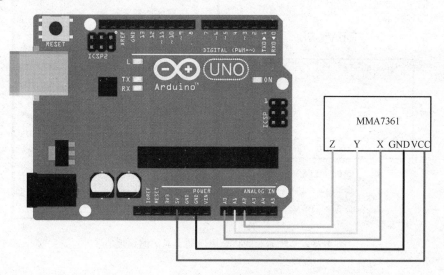

图 4-92　实际接线图

（3）**程序代码**　本试验程序代码如下。

```
ntxpin=0;
intypin=1;
intzpin=2;
voidsetup()
{
  Serial.begin(9600);
}
void loop()
{
  Serial.print(x=);
  //得到 X 轴输出的电压值
  vol-x=analogRead(XB-3)=5.0/1024
  //显示 X 轴上的加速度值
  Serial.prin((vol-x-1.79)/0.8;
  Serial.print(y=);
  //得到 Y 轴输出的电压值
  vol-y=analogRead(XB-4)=5.0/1024
  //显示 Y 轴上的加速度值
  Serial.prin((vol-y-1.88)/0.8;
  Serial.print(zy=);
  //得到 Z 轴输出的电压值
  vol-z=analogRead(XB-5)=5.0/1024
  //显示 Z 轴上的加速度值
  Serial.prin((vol-z-1.88)/0.8;
  //延时 1s
  delay(1000);
}
```

**（4）试验结果** 将上述代码下载至开发板，打开串口监视器可以看到测量到的模拟值，如图 4-93、图 4-94 所示。

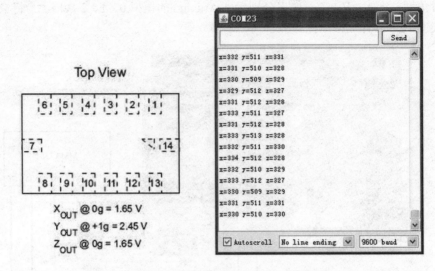

图 4-93 系统如左侧状态串口助手显示的模拟值

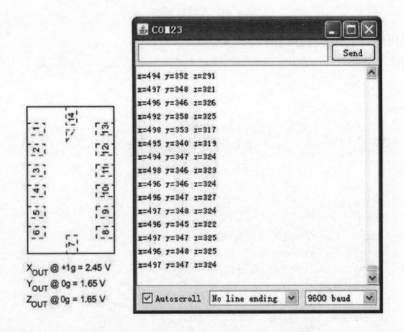

图 4-94 系统如左侧状态串口助手显示的模拟值

### 4.20.3 ADXL345 加速度传感器

**（1）概述** 与 MMA7361 加速度传感器不同，ADXL345 加速度传感器的输出不是模拟量，而是 16 位的数字输出，模块采用 ADXL345 芯片，13 位数字精度分辨率能够测量超过 ±16g 的加速变换。数字信号通过 $I^2C$ 接口输出，采用 Gadgeteer 规范中的 1 型硬件接口。传感器模块如图 4-95 所示。

ADXL345 适用于倾斜角度测量，能够进行静态重力加速度检测，同时适用于运动状态的追踪，测量运动或冲击过程造成的瞬时加速度。其高分辨率（4mg/LSB）使之能够感应变化小于 1° 的倾斜角度。

同时传感器提供了几个特殊的功能，能够在静态或动态情况下检测是否有运动或停止出现，另外能够感知单轴的加速度值是否超出用户的设定值，检测单击/双击。如果该设备正在下降，则能进行自由落体感应检测。这些功能能够被映射到两个中断输出引脚上。在低功耗模式时用户能够基于 ADXL245 动作感应，进行电源管理。模块在典型电压为 2.5V 时的功耗电流约为 25～130μA。

图 4-95　ADXL345 加速度传感器模块

**（2）技术规格**

① 工作电压：3.3～6V。

② 超低功耗：测量模式下 40μA 电流损耗，待机模式下 0.1μA、2.5V。

③ 通信接口：$I^2C$、SPI（3 线或者 4 线）。

④ 接口类型：0.1 in 插针孔。

⑤ 尺寸：20mm×15mm。

## ■ 4.20.4　$I^2C$ 总线函数库

**（1）$I^2C$ 总线**　IIC（Inter-Integratcd Circuit）总线是由 Philips 公司开发的两线式串行总线，是具有多主机系统所需的包括总线仲裁和高低速器件同步功能的高性能串行总线。

IIC 总线只有两根双向信号线，一根是数据线 SDA，另一根是时钟线 SCL。所有连接到 IIC 总线上的数据线都连接到了 SDA 上，各器件的时钟线都连接到了 SCL 上。IIC 总线是一个多主机总线，总线上可以有一个或多个主机，总线运行由主机控制。每一个接到总线上的器件都有一个唯一的地址识别，且都可以作为一个发送器和接收器。

IIC 总线上的 SDA 和 SCL 是双向的，均通过上拉电阻接正电源，当总线空闲时，两根信号线均为高电平，总线上器件的输出级必须都是漏级或集电极开路的，以避免对总线上的数据造成干扰，任意器件输出的低电平都将使总线的信号变低。

> **注意**
>
> IIC 总线上边接的器件数目受总电容量的限制，总线上连接的器件越多，电容值越大，最大不能超过 400pF。在 IIC 总线模式下，总线速度可达到 100kbps，快速模式下可达到 400kbps。

**（2）Wire 类定义**　在 Arduino 的库文件当中有一个 Wire 库就是针对 $I^2C$ 串行通信的应用，使用这个库能够很方便地进行 $I^2C$ 通信。

这个库中定义了一个 TwoWire 的类，可以参考一下 Arduino 开发环境目录下 libraries 文件夹内的 Wire 文件夹中的头文件来了解一下这个类中都有哪些成员函数。

```
Class TwoWire;public Stream
{
Public;
    //构造函数
  TwoWire();
//初始化 I2C 通信，如果不带参数，则作为主机加入到总线当中
//如果带参数，则以参数为地址，作为从机加入到总线当中
```

```
void begin();
void begin(uin8_t);
void negin(int);
//开始发送数据给以参数作为地址的从机
void beginTansmission(uint8_t);
void beginTransmission(int);
//发送数据结束
uint8_t endTransmission(void);
//作为主机向从机请求数据,其中参数1为从机地址,参数2为请求的数据大小
uit8_t requestFrom(uint8_t, uint8_t);
uint8_t requestForm(int, int);
//注册一个函数,当作为从机接收到主机的数据时被调用,参数为函数的句柄
void onReceive(void(*)(int));
//注册一个函数,作为从机收到主机发出的数据请求时调用,参数为函数的句柄
void onRequest(void(*)(void));
//通过 I²C 发送一个数据
Size_t wire(uint8_t);
Size_t wire(const uint8_t*, size_t);
//返回接收数据的个数
int available(void);
//接收从机返回的数据
int read(void);
```

在头文件的最后,定义了一个 TwoWire 的类 Wire,由于只有一个 I²C 接口,所以在程序中直接使用 Wire 这个对象就可以了。

```
extern TwoWire Wire;
```

### ■ 4.20.5 ADXL345 加速度传感器应用试验

**(1) 试验原理** 本次试验使用的 ADXL345 数字传感器,通过 I²C 或者 SPI 接口直接输出数字信号。在 1g 的加速度下,输出数值为 256,最终在液晶屏上显示出具体测量值。

**(2) 硬件连接** 本试验需要 ADXL345 加速度传感器 1 个,1602 液晶显示屏 1 块,面包板 1 块,1kΩ 电阻 3 个,导线若干。具体连接如图 4-96 所示。

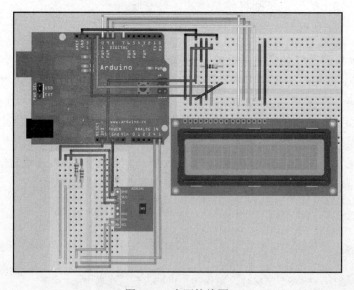

图 4-96 实际接线图

**（3）程序代码**　本试验程序代码如下所示。

```
#include <Wire.h>  //调用 Arduino 自带的 I²C 库
#include <LiquidCrystal.h>   //调用 Arduino 自带的 LiquidCrystal 库

#define Register_ID 0
#define Register_2D 0x2D
#define Register_X0 0x32
#define Register_X1 0x33
#define Register_Y0 0x34
#define Register_Y1 0x35
#define Register_Z0 0x36
#define Register_Z1 0x37

LiquidCrystal lcd(12， 11， 10， 9， 8， 7);//设置接口

int ADXAddress = 0xA7>>1;   //转换为 7 位地址
int reading = 0;
int val = 0;
int X0， X1， X_out;
int Y0， Y1， Y_out;
int Z1， Z0， Z_out;
double Xg， Yg， Zg;

void setup()
{
  lcd.begin(16， 2);  //初始化 LCD
  delay(100);
  Wire.begin();  //初始化 I²C
  delay(100);
  Wire.beginTransmission(ADXAddress);
  Wire.write(Register_2D);
  Wire.write(8);
  Wire.endTransmission();
}

void loop()
{
  Wire.beginTransmission(ADXAddress);
  Wire.write(Register_X0);
  Wire.write(Register_X1);
  Wire.endTransmission();
  Wire.requestFrom(ADXAddress， 2);
  if(Wire.available()<=2);
  {
    X0 = Wire.read();
    X1 = Wire.read();
    X1 = X1<<8;
    X_out = X0+X1;
  }

  Wire.beginTransmission(ADXAddress);
  Wire.write(Register_Y0);
  Wire.write(Register_Y1);
```

```
        Wire.endTransmission();
        Wire.requestFrom(ADXAddress, 2);
        if(Wire.available()<=2);
        {
          Y0 = Wire.read();
          Y1 = Wire.read();
          Y1 = Y1<<8;
          Y_out = Y0+Y1;
        }

        Wire.beginTransmission(ADXAddress);
        Wire.write(Register_Z0);
        Wire.write(Register_Z1);
        Wire.endTransmission();
        Wire.requestFrom(ADXAddress, 2);
        if(Wire.available()<=2);
        {
          Z0 = Wire.read();
          Z1 = Wire.read();
          Z1 = Z1<<8;
          Z_out = Z0+Z1;
        }

        Xg = X_out/256.00;//把输出结果转换为重力加速度 g, 精确到小数点后 2 位
        Yg = Y_out/256.00;
        Zg = Z_out/256.00;
        lcd.clear(); //清屏
        lcd.print("X="); //使屏幕显示文字 X=
        lcd.print(Xg);
        lcd.setCursor(8, 0);
        lcd.print("Y=");
        lcd.print(Yg);
        lcd.setCursor(0, 1);
        lcd.print("Z=");
        lcd.print(Zg);
        delay(300);  //延时 0.3s, 刷新频率在这里进行调整
    }
```

（4）试验结果　将上述代码下载到开发板中，然后拿着 ADXL345 加速度传感器模块变换方向角度，在液晶屏上可以显示出不同的方位值，如图 4-97 所示。

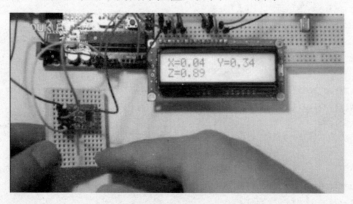

图 4-97　试验效果图

## 4.20.6　MPU6050 运动检测传感器的应用

（1）**MPU6050 运动检测传感器**　加速度传感器和陀螺仪相结合可用于手机或其他虚拟设备媒体之间的交互，如机器人的动作检测，融合卡尔曼滤波还能用于无人机的姿态控制，本书选用了一款整合了三轴陀螺仪和三轴加速度传感器的运动处理传感器 MPU6050 来进行介绍，如果只需要陀螺仪或加速度传感器的读者可选用单独的模块。

MPU6050 为全球首例整合性 6 轴运动处理组件，相较于多组件方案，免除了组合陀螺仪与加速器时轴间差的问题，减少了大量的包装空间。MPU6050 整合了 3 轴陀螺仪、3 轴加速器，并含可借由第二个 $I^2C$ 端口连接其他厂牌的加速器、磁力传感器或其他传感器的数字运动处理（DMP: Digital Motion Processor）硬件加速引擎，由主要 $I^2C$ 端口以单一数据流的形式，向应用端输出完整的 9 轴融合演算技术 InvenSense 的运动处理资料库，可处理运动感测的复杂数据，降低了运动处理运算对操作系统的负荷，并为应用开发提供架构化的 API。

MPU6050 的角速度全格感测范围为 $\pm250°$/s、$\pm500°$/s、$\pm1000°$/s 与 $\pm2000°$/s（dps），可准确追踪快速与慢速动作，并且，用户可程式控制的加速器全格感测范围为 $\pm2g$、$\pm4g$、$\pm8g$ 与 $\pm16g$。产品传输可透过最高至 400kHz 的 $I^2C$ 或最高达 20MHz 的 SPI。

MPU6050 可在不同电压下工作，VDD 供电电压为 2.5V$\pm$5%、3.0V$\pm$5%或 3.3V$\pm$5%，逻辑接口 VVDIO 供电为 1.8V$\pm$5%。MPU6050 的包装尺寸为 4mm$\times$4mm$\times$0.9mm(QFN)，在业界是革命性的尺寸。其他的特征包含内建的温度感测器，包含在运作环境中仅有$\pm$1%变动的振荡器。

MPU6050 作为 $I^2C$ MASTER 读取 HMC5883L 磁阻传感器数据，MPU6050 的 XDA 和 XCL 分别与 HMC5883 的 SDA 和 SCL 相连，可与磁阻传感器联合计算，获得更加精确的姿态数据。

MPU6050 的技术特点如下所示。

①　以数字输出 6 轴或 9 轴的旋转矩阵、四元数（quaternion）、欧拉角格式（Euler Angle forma）的融合演算数据。

②　具有 131 LSBs/[(°)·s]敏感度与全格感测范围为$\pm250°$/s、$\pm500°$/s、$\pm1000°$/s 与 $\pm2000°$/s 的 3 轴角速度感测器（陀螺仪）。

③　可程式控制，且程式控制范围为$\pm2g$、$\pm4g$、$\pm8g$ 和$\pm16g$ 的 3 轴加速器。

④　移除加速器与陀螺仪轴间敏感度，降低设定给予的影响与感测器的飘移。

⑤　数字运动处理（Digital Motion Processing，DMP）引擎可减少复杂的融合演算数据、感测器同步化、姿势感应等的负荷。

⑥　运动处理数据库支持 Android、Linux 与 Windows。

⑦　内建之运作时间偏差与磁力感测器校正演算技术，免除了客户须另外进行校正的需求。

⑧　以数位输出的温度传感器。

⑨　以数位输入的同步引脚（Sync pin）支援视频电子影相稳定技术与 GPS。

⑩　可程式控制的中断（interrupt）支援姿势识别、摇摄、画面放大缩小、滚动、快速下降中断、high-G 中断、零动作感应、触击感应、摇动感应功能。

⑪　VDD 供电电压为 2.5V$\pm$5%、3.0V$\pm$5%、3.3V$\pm$5%；VDDIO 为 1.8V$\pm$5%。

⑫　陀螺仪运作电流：5mA，陀螺仪待命电流：8A，加速器运作电流：8A，加速器省电模式电流：8mA/10Hz。

⑬　高达 400kHz 快速模式的 $I^2C$，或最高至 20MHz 的 SPI 串行主机接口（Serial Host Interface）。

⑭　内建频率产生器在所有温度范围（Full Temperature Range）仅有$\pm$1%频率变化。

图 4-98　MPU6050 传感器模块

⑮ 使用者亲自测试。

⑯ 10000g 碰撞容忍度。

⑰ 为可携式产品量身订作的最小最薄包装（4mm×4mm×0.9mm，QFN）。

⑱ 符合 RoHS 及环境标准。

**（2）引脚定义**　MPU6050 传感器为 QPN 封装，不具备焊接条件的读者可选用图 4-98 所示的传感器模块，模块的功能引脚定义如表 4-19 所示。

**（3）MPU6050 运动检测传感器方位检测试验**

① 硬件连接　使用 MPU6050 只需要 I²C 接口（MPU6000 可支持 SPI 总线），其与 Arduino UNO 控制板的接线情况如表 4-20 所示，进行程序设计时，可直接调用厂家提供的 MPU6050.h 库函数，使用相关的函数读取，即可获得加速度传感器和陀螺仪的原始数据。

**表 4-19　MPU6050 传感器功能引脚说明**

| 序号 | 模块功能引脚 | 说　明 |
|---|---|---|
| 1 | VCC | 输入 5V |
| 2 | GND | 接地 |
| 3 | SCL | I²C 时序接口 |
| 4 | SDA | I²C 双向数据接口 |
| 5 | XDA | 作为主设备读取其他 I²C 设备的数据接口 |
| 6 | XCL | 作为主设备读取其他 I²C 设备的数据接口 |
| 7 | AD0 | 接 4.7kΩ 的电阻，若接地，则 MPU6050 的 I²C 地址为 0x68；悬空不接，则地址为 0x69 |
| 8 | INT | 中断输出接口 |

**表 4-20　Arduino UNO 与 MPU6050 传感器接线表**

| 序　号 | Arduino UNO 引脚 | 模块引脚 | 序　号 | Arduino UNO 引脚 | 模块引脚 |
|---|---|---|---|---|---|
| 1 | 5V | VCC | 3 | A5 | SCL |
| 2 | GND | GND | 4 | A4 | SDA |

具体硬件连接如图 4-99 所示。

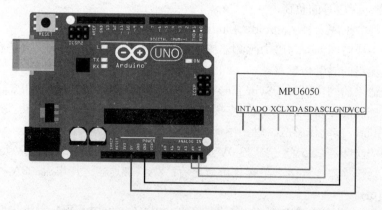

图 4-99　硬件连接图

② 程序代码　本试验程序代码如下。

```
//使用 I²C 总线须调用 Wire.h
#inelude Wire.h
//I²Cdev 和 MPU650 库函数必须拷贝到 Arduino 安装目录的 libraries 文件夹下，并包含所需
的.Cpp 和.h 文件
#include" I²Cdev.h"
#include"MPU6050.h"
//类定义默认的 I²C 地址是 0x68
//特定的 I²C 地址会作为一个参数传递
//AD0 low=0x68(默认 ADD 连接 4.7kΩ 电阻接地，I²C 地址 0x68)
///AD0 high=0x69（悬空，或提高电平，I²C 地址为 0x69）
MPU6050   accelgyro;
int16_t ax, ay, az;
int16_t gx, gy, gz;
#define LED-PIN 13
Bool blinkState=false;
void setup()
{
  //加入 I²C 总线（I²Cdev 库不会自动完成这个工作）
  Wire.begin();
  //初始化串口波特率
  Serial.begin(38400);
  //初始化设备
  Serial.p[rintln(iniiallzing I²C devices…);
  accelgyro.initialize();
  //验证是否连接
  Serial.println(Testing evice connectons…);
  Serial.println(accelgyre.testConnection()?"MPU6050 connection auccessful"
  "MPU6050 connection falled);
  //设置 Arduino 板载指示灯
  pinMode(LED-PIN, OUTPUT);
}
Void loop()
{
  //从设备读取加速度传感器与陀螺仪的原始数据
  accelgyro.getMotion6(&ax, &&ay, &az, &gx, &gy, &gz);
  //读者可以调用以下方法，单独读取加速度和角速度
  //accelgyro.getAccleleration(&ax, &ay, &az);
  //accelgyro.getRotation(&gx, &gy, &gz);
  //显示加速度与角速度 X、Y、Z 三轴的值
  serial.print(a/g:t);
  Serial\print(ax);
  Serial.print("t");
  Serial.print(ay);
  Serial.print("t");
  Serial.print(az);
  Serial.print("\t");
  Serial.print(gx);
  Serial.print("\t");
  Serial.print(gy);
  Serial.print("\t");
  Serial.print(gz);
  //LED 闪烁以指示当前正在工作的状态
```

```
blinkState=! blinkState;
digitalWrite(LED-PIN, blinkState);
}
```

上述代码输出的是未经处理的原始函数，若想获得处理后的角速度和加速度值，请根据表 4-21 和表 4-22 查询灵敏度，再将加速度或角速度的原始值除以灵敏度。例如：默认的加速度量程范围为 ±2g，将加速度原始值除以 16384；默认的角度速度量程为 250°/s，将角速度原始值除以 131，即可得到相应的加速度和角速度值。

表 4-21 MPU6050 加速度量程灵敏度对照表

| AFS-SEL | 满量程范围 | 最低有效位（LSB）灵敏度 | AFS-SEL | 满量程范围 | 最低有效位（LSB）灵敏度 |
| --- | --- | --- | --- | --- | --- |
| 0 | ±2g | 16384LSB/mg | 2 | ±8g | 4096LSB/mg |
| 1 | ±4g | 8192LSB/mg | 3 | ±16g | 2048LSB/mg |

表 4-22 MPU6050 角速度量程灵敏度对照表

| AFS-SEL | 满量程范围 | 最低有效位（LSB）灵敏度 | AFS-SEL | 满量程范围 | 最低有效位（LSB）灵敏度 |
| --- | --- | --- | --- | --- | --- |
| 0 | 250°/s | 131LSB/[(°)·s] | 2 | 1000°/s | 32.8LSB/[(°)·s] |
| 1 | 500°/s | 65.5LSB/[(°)·s] | 3 | 2000°/s | 16.4LSB/[(°)·s] |

若读者需要测量不同量程的数据，可以参照数据手册改变寄存器中 AFS-SEL 和 FS-SEL 的值。详细代码如下：

```
#iuclude"Wire.h"
#include"I2C dev.h"
#include"MPU6050.h"
MPU6050 ccelgyro;
int16_t ax, ay, az;
int16_t gx, gy, gz;
Bool blinkState-false;
void setup()
{
  Wire.begin();
  Serial.begin(38400);
  Accelgyro.initialize();
}
void loop()
{
  accelgyro.get Motion6(&ax, &ay, &az, &gx, &gy, &gz);
  Serial.print(a/g:\t);
  Serial.print(ax/16384);Serial.print("\t");
  Serial.print(ay/16384);Serial.print("\t");
  Serial.print(az/16384);Serial.print("\t");
  Serial.print(gx/131);Serial.print("\t");
  Serial.print(gy/131);Serial.print("\t");
  Serial.print(gz/131);
  blinkState=!blinkState;
}
```

# 4.21 磁阻传感器的应用

磁阻传感器又称电子罗盘、电子指南针，主要用于测量地磁方向、物体静止时候的方向及传感器周围磁力线的方向。该传感器可将地磁场信号转换成电信号并输出，目前磁阻传感器主要用于智能手机、运动手表、手持式指南针、汽车电子、机器人、无人机导航等领域中。

### 4.21.1　HMC5883L 型磁阻传感器

霍尼韦尔 HMC5883L 是一种表面贴装的高集成模块，并带有数字接口的弱磁传感器芯片，应用于低成本罗盘和磁场检测领域。HMC5883L 包括最先进的高分辨率 HMC118X 系列磁阻传感器，并附带霍尼韦尔专利的集成电路，包括放大器、自动消磁驱动器、偏差校准、能使罗盘精度控制在 1°～2° 的 12 位模数转换器，简易的 $I^2C$ 系列总线接口。HMC5883L 采用无铅表面封装技术，带有 16 引脚，尺寸为 3.0 mm×3.0 mm×0.9mm。HMC5883L 所应用领域有手机、笔记本电脑、消费类电子、汽车导航系统和个人导航系统。

HMC5883L 采用霍尼韦尔各向异性磁阻（AMR）技术。这些各向异性传感器具有在轴向高灵敏度和线性高精度的特点，传感器带有的对于正交轴低敏感行的固相结构，能用于测量地球磁场的方向和大小，其测量范围从毫高斯到 8G[1]。霍尼韦尔的磁传感器在低磁场传感器行业中是灵敏度最高和可靠性最好的传感器。

（1）**HMC5883L 型三轴磁阻传感器的实物如图 4-100 所示，该产品具有以下特点**：

① 三轴磁阻传感器和 ASIC 都被封装在 3.0mm×3.0mm×0.9mm LCC 表面装配中。

② 12bit ADC 与低干扰 AMR 传感器，能在 ±8G 的磁场中实现 5mG 分辨率。

③ 内置自检功能。

④ $I^2C$ 数字接口。

⑤ 无引线封装结构。

⑥ 磁场范围广（±80e）。

⑦ 有相应软件及算法支持。

⑧ 最大输出频率可达 160Hz。

⑨ HMC5883L 电子罗盘是一种可用于机器人导航的数字传感器。

⑩ 此传感器模块是通过串口 RX、TX 连接到控制器上的，输出数字为 0～360。

⑪ 点亮相应方向上的 LED 来指示当前传感器和地球磁场之间的偏角。

图 4-100　HMC5883L 三轴磁阻传感器模块

（2）**技术规格**

① 使用芯片：HMCL5883L。

② 供电电源：3～5V。

③ 通信方式：IIC 通信协议。

④ 测试范围：±1.3～8G。

HMC5883L 磁阻传感器模块的引脚定义如表 4-23 所示。

表 4-23　HMC5883L 磁阻传感器功能引脚说明

| 序　号 | 模块功能引脚 | 说　　明 | 序　号 | 模块功能引脚 | 说　　明 |
|---|---|---|---|---|---|
| 1 | VCC | 输入 5V | 4 | SDA | $I^2C$ 双向数据接口 |
| 2 | GND | 接地 | 5 | DRDY | 中断输出 |
| 3 | SCL | $I^2C$ 时序接口 | | | |

[1] 1G=$10^{-4}$T。

### 4.21.2 HMC5883L 型磁阻传感器应用试验

（1）**硬件连接** HMC5883L 传感器的 DRDY 为中断引脚，一般情况下不需要接，只有在单一测量模式下的测量周期达到预定的最大输出频率时，才需要监控 DRDY，因此在实际应用中，HMC5883L 只需要接 I²C 接口，其与 Arduino UNO 控制板的接线情况如表 4-24 所示。具体连接如图 4-101 所示。

**表 4-24　Arduino UNO 与 HMC5883L 磁阻传感器接线表**

| 序号 | Arduino UNO 引脚 | HM5883L 磁阻传感器 | 序号 | Arduino UNO 引脚 | HM5883L 磁阻传感器 |
| --- | --- | --- | --- | --- | --- |
| 1 | 5V | VCC | 3 | A5 | SCL |
| 2 | GND | GND | 4 | A4 | SDA |

（2）**程序代码** 进行程序设计时，直接调用厂家提供的 HMC5883L.h 函数即可方便地获取三轴的角度值。本试验程序代码如下。

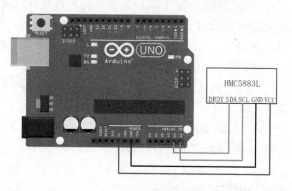

图 4-101　硬件连接图

```
#inclide<Wire.h>
#include<HMC5883L.h>
HMC5883L compass;
void setuo()
{
  Serial.begin(9600);
  Wire.begin();
  Compass=HMC5883L();
  Compass.BetScale(1.3)'//设置测
  量精度
  //以下函数设置传感器为连续测量输出模式
  Compass.SetMeasurementMode(Measurement-Continuous);
}
void loop()
{
  MagnetometerRaw raw=compass.ReadRawAx15();
  MagnetometerSealed scaled=compass.ReadScaledAx15();
  float xHeading=atan2(scaled, YAxis, scaled, Xaxis);
  float yHeading=atan2(scaled, ZAxis, scaled, Xaxis);
  float zHeading=atan2(scaled, ZAxis, scaled, Yaxis);
  if(xHeading<0)xHeading+=2*PI;
  if(xHeading>2*PI)xHeading-=2*PI;
  if(yHeading<0)yHeading+=2*PI;
  if(yHeading>2*PI)yHeading-=2*PI;
  if(zHeading<0)zHeading+=2*PI;
  if(zHeading>2*PI)zHeading-=2*PI;
  float xDegrees=xHeading*180/M-PI;
  float Ydegrees=yHeading*180/M-PI;
  float ZDegrees=zHeading*180/M-PI;
  serial.print(xDegrees);
  serial.print(",");
  serial.print(yDegrees);
  serial.print(",");
  serial.print(zDegrees);
  serial.print(",");
  delay(100);
}
```

# 第5章
# Arduino 的远程通信与控制

## 5.1 无线通信网络

早期的通信协议都是 1 对 1 交换数据，而为了确保数据的正确性，会采取许多信号交换（Handshaking）步骤，保证设备间的时序、速率相同，在某一时间内双方都准备好传送和接收数据。以 RS-232 为例，早期的调制解调器会与计算机有许多通信数据交换，当某方决定传送数据时，并不能确定对方是否已经准备好了，所以必须先传送要求的信号，等对方接受、能够接收后，便会通知可传送数据。这样的信息交换会因为双方硬件的不同，而产生所谓全双工和半双工的数据传递。

距离较短的有线通信大概只需要一根连接线就可以让双方传递数据，如 USB、HDMI 等；由于信号会因为长距离的传输而造成信号不稳定（电线也是电阻的一种），所以多半会用加上类似调制解调器的方式来帮忙处理长距离的数据传递，如图 5-1 所示。

当设备相互依赖的重要性逐渐提升后，1 对 1 通信如图 5-2 所示，就不再能够满足系统的需要，为了使数据能够在很短的时间内传送至多台终端设备，以及主机在短时间内收集到庞大的传感器测量值，系统之间的通信架构便开始复杂起来。

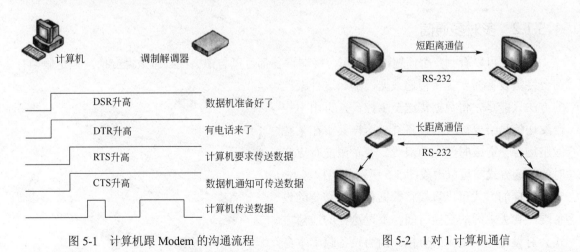

图 5-1 计算机跟 Modem 的沟通流程  　　　图 5-2 1 对 1 计算机通信

### ■ 5.1.1　1 对多通信

多台设备间的通信架构会根据设备数量、通信数据多寡、数据交换的模式来决定，本小节介绍的是 1 对多的拓扑结构（Topology）。1 对多的网络如图 5-3 所示，也称为星状网络，由终端设备传输数据到主要核心设备。

这台设备负责搜集网络内的所有数据，并依据本身的设定或是使用者的需求控制命令给所有终端系统。也由于主要核心设备需要处理大量的数据进出，通常会使用比一般设备还要高级的处理器，来应付信息传输的需求。如果是单纯做数据转传，则降低系统需求成本，也可以达到通信架构的要求。

关于这样的架构，最有名的例子是蓝牙，一台计算机或是手持设备可以同时连接多台系统，当然数量并不是很多，而且有上限。目前笔记本电脑就采用蓝牙作为近距离无线通信设备的连接。另外，像无线网络的 AP（Access Point），也是这样的架构模式，在一定范围内有权限的计算要即可通过此 AP 连上网络，这样的无线网络基站可以覆盖的范围随着传送功率、应用场合的不同而改变。区域范围内的 1 对多通信架构如图 5-4 所示。

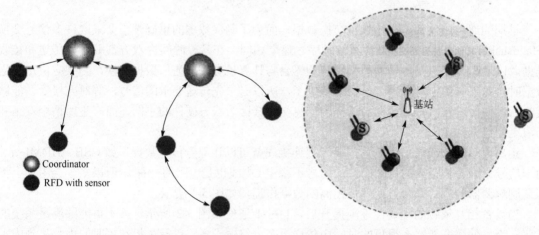

图 5-3　1 对多结构　　　　　　图 5-4　区域范围内的 1 对多通信架构

## 5.1.2　多对多通信

从前文可以看到一个问题，虽然每台终端设备都可以与中央核心做数据交换，但是假如有两台终端设备需要互相传递数据，那么这种架构的方法只能是先将数据传送至主控台，再由主控台发送信息给要接收的设备端，这样其实在某些应用场合会造成时间上的浪费。若希望能有更实时的传递方式，可以改成图 5-5 所示的架构。

这样的方式可以直接将数据传递给需要的设备端，省去中间的交换时间，不过这样的通信方式会对设备造成很大的负担。因为设备除了本身的常驻任务外，还需要随时注意是否有其他设备想要交换数据，在数据量较大的时候会造成设备

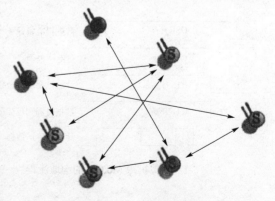

图 5-5　多对多通信架构

中所排定的时序延迟。此状况不是系统维护人员所希望见到的，因此这种通信架构的数据传输速率通常比较慢，以不干扰设备主要任务为主。

多对多架构中，若每个感测端的级别都相同，数据同时在彼此之间传递，难保哪天不出现数据阻塞的状况。下面介绍一种混合式的通信架构，结合 1 对多和多对多的优点，将架构内的所有设备分等级，有负责感测数据的设备端，也有负责收集测量到的数据并整理好再传送给系统管理人员的高阶协调端。

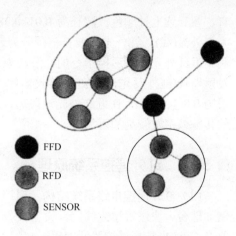

图 5-6　混合式无线通信架构

### 5.1.3　混合式通信

图 5-6 为混合式无线通信架构。图 5-7 是利用此类通信架构所形成的环境监控系统，可以把数据参数通过网络架构传回至主机储存或监控，以做适当调整。

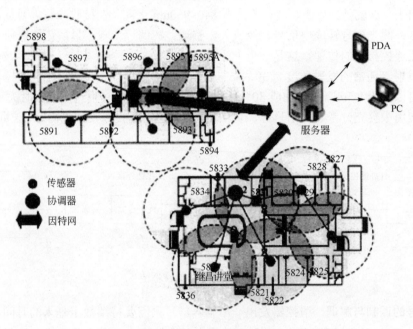

图 5-7　混合式架构应用实例

## 5.2　红外遥控的应用

远程遥控技术又称为遥控技术，是指实现对被控目标的遥远控制，在工业控制、航空航天、家电领域应用广泛。红外遥控是一种无线、非接触控制技术，具有抗干扰能力强，信息传输可靠，功耗低，成本低，易实现等显著优点，被诸多电子设备特别是家用电器广泛采用，并越来越多地应用到了计算机系统中。

### 5.2.1　红外线

红外线又称红外光波，在电磁波谱中，光波的波长范围为 0.01~1000μm。根据波长的不同可分为可见光和不可见光，波长为 0.38~0.76μm 的光波为可见光，依次为红、橙、黄、绿、青、蓝、紫七种颜色。波长为 0.01~0.38μm 的光波为紫外光(线)，波长为 0.76~1000μm 的光波为红外光(线)。红外光按波长范围分为近红外、中红外、远红外、极红外 4 类。红外线遥控是利用近红外光传送遥控指令的，波长为 0.76~1.5μm。用近红外作为遥控光源，是因为目前红外发射器件(红外发光管)与红外接收器件(光敏二极管、三极管及光电池)的发光与受光峰值波长一般为 0.8~0.94μm，在近红外光波段内，二者的光谱正好重合，能够很好地匹配，可以获得较高的传输效率及较高的可靠性。

### ■ 5.2.2　红外遥控系统原理

**（1）红外遥控电路系统结构**　遥控器的核心元器件就是编码芯片，将需要实现的操作指令例如选台、快进等事先编码，设备接收后解码再控制有关部件执行相应的动作。显然，接收电路及 CPU 也是与遥控器的编码一起配套设计的。编码是通过载波输出的，即所有的脉冲信号均调制在载波上，载波频率通常为 38kHz。载波是电信号去驱动红外发光二极管，将电信号变成光信号发射出去，这就是红外光，波长范围在 840~960nm 之间。在接收端，需要反过来通过光电二极管将红外线光信号转成电信号，经放大、整形、解调等步骤，最后还原成原来的脉冲编码信号，完成遥控指令的传递，这是一个十分复杂的过程。

红外线发射管通常的发射角度为 30°~45°，角度大距离就短，反之亦然。遥控器在光轴上的遥控距离可以大于 8.5m，与光轴成 30°（水平方向）或 15°（垂直方向）时大于 6.5m，在一些具体的应用中会充分考虑应用目标，在距离角度之间需要找到某种平衡。系统框图如图 5-8 所示。

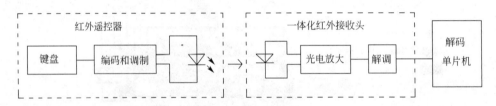

图 5-8　红外线遥控系统框图

**（2）信号的调制与解调**　遥控器发出一串编码信号只需要持续数十毫米的时间，大多数是十多毫米或一百多毫米重复一次，一串编码也就包括十位左右到数十位二进制编码，换言之，每一位二进制编码的持续时间或者说位长不过 2ms 左右，频率只有 500kHz 这个量级，要发射更远的距离则必须通过载波，将这些信号调制到数十 kHz，用得最多的是 38kHz，大多数普通遥控器的载波频率是所用的陶瓷振荡器的振荡频率的 1/12，最常用的陶瓷振荡器是 455kHz 规格，故最常用的载波也就是 455kHz/12≈37.9kHz，简称 38k 载波。此外还有 480kHz（40k）、440kHz（37k）、432kHz（36k）等规格，也有 200kHz 左右的载波，用于高速编码。红外线接收器是一体化的组件，为了更有针对性地接收所需要的编码，就设计成以载波为中心频率的带通滤波器，只接收指定载波的信号并将其还原成二进制脉冲码，也就是解调。显然这是多合一遥控器应该满足的第二个物理条件。不过，家用电器多用 38kHz，很多红外线接收器也能很好地接收频率相近的 40kHz 或 36kHz 的遥控编码。

如图 5-9 所示是经红外线发射与接收的示意图。图中没有信号发出的状态称为空号或 0 状态，按一定频率以脉冲方式发出信号的状态称为传号或 1 状态。

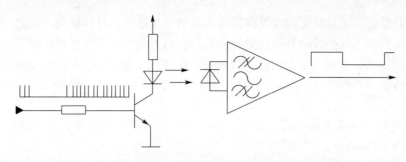

图 5-9　红外线发射与接收示意图

**（3）编码和解码**　既然红外遥控信号是一连串的二进制脉冲码，那么，用什么样的空号和传号的组合来表示二进制数的"0"和"1"，即信号传输所采用的编码方式，也是红外遥控信号的发送端和接收端需要事先约定的，通常，红外遥控系统中所采用的编码方式有三种：

① FSK（移频键控）方式　移频键控方式用两种不同的脉冲频率分别表示二进制数的"0"和"1"，如图 5-10 是用移频键控方式对"0"和"1"进行编码的示意图。

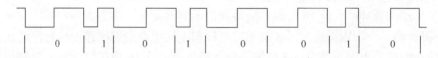

图 5-10　FSK 方式编码

② PPM（脉冲位置编码）方式　在脉冲位置编码方式下，每一位二进制数所占用的时间是一样的，只是传号脉冲的位置有所不同，空号在前、传号在后的表示"1"，传号在前、空号在后的表示"0"。如图 5-11 所示是采用脉冲位置编码方式对"0"和"1"进行编码的示意图。

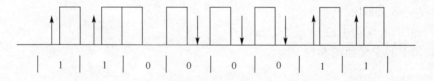

图 5-11　PPM 方式编码

③ PWM（脉冲宽度编码方式）　脉冲宽度编码方式是根据传号脉冲的宽度来区别二进制的"0"和"1"的。

传号脉冲宽的是"1"，传号脉冲窄的是"0"，而每位二进制数之间则用等宽的空号来进行分隔。如图 5-12 所示是用脉冲宽度编码方式对"0"和"1"进行编码的示意图。

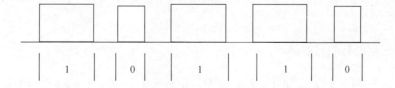

图 5-12　PWM 方式编码

**（4）红外信号传输协议**　红外线信号传输协议除了规定红外遥控信号的载波频率、编码方式、空号和传号的宽度等外，还对数据传输的格式进行了严格的规定，以确保发送端和接收端之间数据传输的准确无误。红外线信号传输协议是为进行红外信号传输所制定的标准，几乎所有的红外遥控系统都是按照特定的红外线信号传输协议来进行信号传输的。因此，要紧握红外遥控技术，首先要熟悉红外线信号传输协议以及与之相关的红外线发射和接收芯片。

红外遥控传输协议很多，不少大的电气公司，如 NEC、Philips、Sharp、Sony 等，均制定有自己的红外线信号传输协议。下面以应用比较广泛的 NEC 协议来讲解红外信号传输协议的相关知识。

红外遥控发射器组成了键扫描、编码、发射电路。当按下遥控器上任一按键时，TC9012 即产生一串脉冲编码。

遥控编码脉冲对 40kHz 载波进行脉冲幅度调制(PAM)后便形成遥控信号，经驱动电路由红外发射管发射出去。红外遥控接收头接收到调制后的遥控信号，经前置放大、限幅放大、带通滤波、峰值检波和波形整形，从而解调出与输入遥控信号反相的遥控脉冲。

一次按键动作的遥控编码信息为 32 位串行二进制码。对于二进制信号 "0"，一个脉冲占 1.2ms；对于二进制信号 "1"，一个脉冲占 2.4ms，而每一脉冲内低电平均为 0.6ms。从起始标志到 32 位编码脉冲发完大约需 80ms，此后遥控信号维持高电平。若按键未释放，则从起始标志起每隔 108ms 发出 3 个脉冲的重复标志。

在 32 位的编码脉冲中，前 16 位码不随按键的不同而变化，称之为用户码。它是为了表示特定用户而设置的一个辨识标志，以区别不同机种和不同用户发射的遥控信号，防止误操作。后 16 位码随着按键的不同而改变，读取编码时就是要读取这 16 位按键编码，经解码得到按键键号，转而执行相应控制动作。

NEC 协议的特点：

① 8 位地址位，8 位命令位。

② 为了可靠性地址位和命令位被传输两次。

③ 脉冲位置调制。

④ 载波频率 35kHz。

⑤ 每一位的时间为 1.12ms 或 2.25ms。

逻辑 0 和 1 的定义如图 5-13 所示。

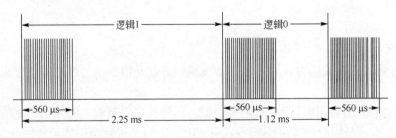

图 5-13　逻辑 0 和 1 的定义

协议如下。

按键按下立刻松开的发射脉冲：

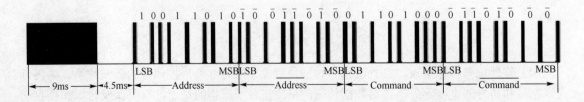

上面的图片显示了 NEC 协议典型的脉冲序列，注意：这是首先发送 LSB（最低位）的协议，在上面的脉冲传输的地址为 0x59，命令为 0x16，一个消息是由一个 9ms 的高电平开始，随后有一个 4.5 ms 的低电平（这两段电平组成引导码），然后有地址码和命令码，地址和命令传输两次，第二次所有位都取反，可用于对所收到的消息进行确认。总传输时间是恒定的，因为每一点与它取反长度重复，如果不感兴趣，可以忽略这个可靠性取反，也可以扩大地址和命令，以每 16 位。

按键按下一段时间才松开的发射脉冲：

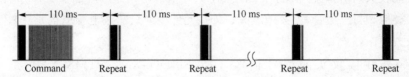

一个命令发送一次，即使在遥控器上的按键仍然按下，当按键一直按下时，第一个 110ms 的脉冲与上图一样，之后每 110ms 重复代码传输一次，这个重复代码是由一个 9ms 的高电平脉冲和一个 2.25ms 的低电平以及 560μs 的高电平组成的。

重复脉冲：

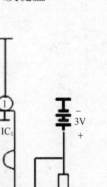

（5）遥控器电路  遥控器的基本组成如图 5-14 所示。它主要由形成遥控信号的微处理器芯片、晶体振荡器、放大晶体管、红外发光二极管以及键盘矩阵组成。

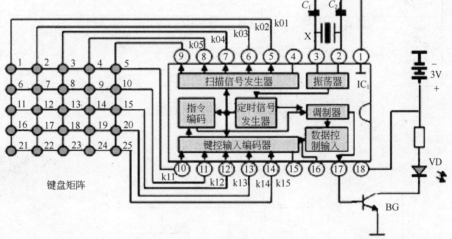

图 5-14  遥控器的基本组成

微处理器芯片 $IC_1$ 内部的振荡器通过 2、3 脚与外部的振荡晶体 X 组成一个高频振荡器，产生高频振荡信号。此信号送入定时信号发生器后进行分频产生正弦信号和定时脉冲信号。正弦信号送入编码调制器作为载波信号；定时脉冲信号送至扫描信号发生器、键控输入编码器和指令编码器作为这些电路的时间标准信号。$IC_1$ 内部的扫描信号发生器产生五种不同时间的扫描脉冲信号，由 5~9 脚输出送至键盘矩阵电路，当按下某一键时，相应于该功能按键的控制信号分别由 10~14 脚输入到键控编码器，输出相应功能的数码信号。然后由指令编码器输出指令码信号，经过调制器调制在载波信号上，形成包含有功能信息的高频脉冲串，由 17 脚输出经过晶体管 BG 放大，推动红外线发光二极管 VD 发射出脉冲调制信号。

（6）接收头  前面曾经谈到，红外遥控信号是一连串的二进制脉冲码。为了使其在无线传输过程中免受其他红外信号的干扰，通常都是先将其调制在特定的载波频率上。然后经红外发光二极管发射出去，而红外线接收装置则要滤除其他杂波，只接收该特定频率的信号并将其还原成二进制脉冲码，也就是解调。

目前，对于这种进行了调制的红外线遥控信号，通常是采用一体化红外线接收头进行解调。一体化红外线接收头将红外光电二极管（即红外接收传感）、低噪声前置放大器、限幅器、带通滤波器、解调器，以及整形电路等集成在一起，其外形及引脚定义如图 5-15 所示（不同型号的一体化红外线接收头的引脚排列顺序有所不同，具体请参考相关的产品手册）。一体化红外线接收头体积小（类似塑封三极管）、灵敏度高、外接元件少（只需接电源退耦元件）、抗干扰能力强，使用十分方便。

一体化红外线接收头的型号很多，如 SFH506-XX、TFMSSXX0 和 TK16XX、TSPI2XX/48XX/62XX（其中"XX"代表其适用载频）、HS0038 等。HS0038 的响应波长为 0.949nm，可以接收载波频率为 38kHz 的红外线遥控信号，其输出可与微处理器直接接口，应用十分普遍。图 5-15、图 5-16、图 5-17 分别是 HD0038 的电路框图、应用电路及引脚图。

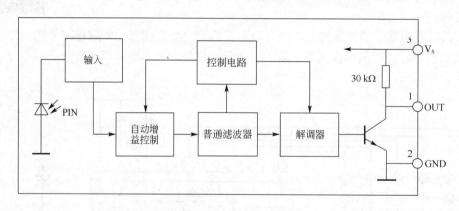

图 5-15　HD0038 的电路框图

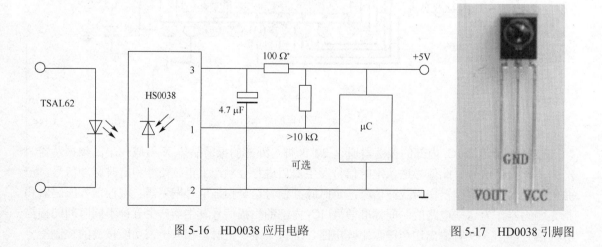

图 5-16　HD0038 应用电路　　　　　图 5-17　HD0038 引脚图

## 5.2.3　红外遥控试验

**（1）硬件连接**　本试验需要红外遥控器 1 个，红外接收头 1 个，LED 发光二极管 1 个，220

Ω电阻 1 个，蜂鸣器 1 个，面包板 1 块，导线若干。

　　首先将板子连接好，接着将红外接收头 GND 接到试验板上的 GND 上，VCC 接到试验板上的+5V 上，将 VOUT 接到数字 8 口上；最后将蜂鸣器接到数字引脚 10 上，将红色 LED 灯通过电阻接到数字引脚 11 上。这样就完成了电路部分的连接。具体硬件连接如图 5-18 所示。

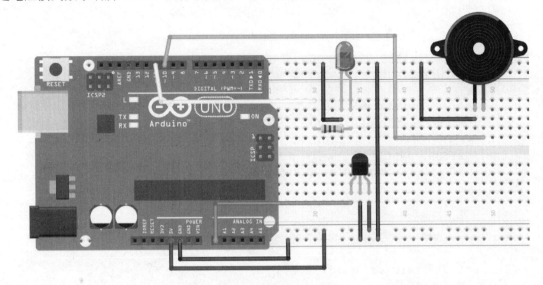

图 5-18　实际接线图

　　**（2）试验原理**　根据 NEC 编码的特点和接收端的波形，本试验将接收端的波形分成四部分：引导码（9ms 和 4.5ms 的脉冲）、地址码 16 位（包括 8 位的地址位和 8 位的地址的取反）、命令码 16 位（包括 8 位命令位和 8 位命令位的取反）、重复码（由 9ms、2.25ms、560μs 脉冲组成），利用定时器对接收到的波形的高电平段和低电平段进行测量，根据测量到的时间来区分：逻辑“0”、逻辑“1”、引导脉冲、重复脉冲。引导码和地址码只要判断是正确的脉冲即可，不用存储，但是命令码必须存储，因为每个按键的命令码都不同，根据命令码来执行相应的动作。设置遥控器上的几个按键：VOL+用于控制 LED 灯；VOL–用于控制蜂鸣器。几个按键的命令值如下。

　　红色的电源键：0xff00；

　　VOL+：　　　　0xfe01；

　　VOL–：　　　0xf609；

　　向左的两个三角键：0xfb04；

　　向右的两个三角键：0xf906。

　　**（3）程序代码**　本试验程序代码如下所示。

```
#define BUZZER 10//蜂鸣器
#define LED-RED 11//红灯
#define IR/IN  8  //红外接收
int Pulse-Width=0;//存储脉宽
int ir-code=0x00;//命令值
void timer1-init(void)//定时器初始化函数
{
  TCCR1A=0X00;
  TCCR1B=0X05; //给定时器时钟器
  TCCR1C=0X00;
```

```
    TCNT1=0X00；
    TIMSK1=0X00；//禁止定时器溢出中断
}
void remote-deal(void)//执行译码结果函数
{
  switch(ir-code)
  {
  case 0xff00://停止
    digitalWrite(LED-RED,LOW);//红灯不亮
    digitalWrite(BUZZRE,LOW);//蜂鸣器不响
    break;
  case 0xfe01://VOL+
    digitalWrite(LED-RED,HIGH);//红灯亮
    break;
  cast 0xf609;//VOL
    digitalWrite(BUZZER,HIGH);//蜂鸣器响
    break;
  }
}
char loqic-value()//判断逻辑值"0"和"1"子函数
{
  while(! digitalRead(8)));//低等待
  Pulse-Width=TCNT1;
  TCNT1=0;
  if(Pulse-Width>7&&Pulse-Width<=10)//低电平 560μs
  {
    while(digitalRead(8);//是高就等待
    Pulse-Width=TCNT1;
    TCNT1=0;
    if(Pulse-Width>7&&Pulse-Width<=10)//接着高电平 560μs
      return 0;
    else if(Pulse-Width>=25&&Pulse-Width<=27)//接着高电平 1.7ms
      return 1;
  }
  return-1;
}
void pulse-deal();//接收地址码和命令码脉冲函数
{
int i;
//执行 8 个 0
for(i=0,i<8;i++)
{
  if(logic-value()!=0)//不是 0
      return;
}
//执行 6 个 1
for(i=0;i<6;i++)
{
  if(longic-value()!=1)//不是 1
      return;
}
//执行 1 个 0
if(longic-value()!=1)//不是 0
```

```
      return;
  }
if(longic-value()!=1)//不是1
      return;
//解析遥控器码中的command指令
ir-code=0x00;//清零
for(i=0;i<16;i++)
{
  if(logic-value()==1)
  {
    ir-code|=(1<<i);
  }
 }
}
void remote-decode(void)//译码函数
{
  TCNT1=0X00;
  while(digitalRead(8))//是高就等待
  {
    if(TCNT1>1563)//当高电平持续时间超过100ms时，表示此时没有按键按下
    {
      ir-code=0xff00;
      return;
    }
  }
    //如果高电平持续时间不超过100ms
    TCNT1=0X00;
    while(digitalRead(8))//低等待
    Pulse_Width=TCNT1;
    TCNT1=0;
    if (Pulse-Width>=140&&Pulse-Width<=141)//9ms
    {

      while(digitalRead(8)):// 是高就等待
      Pulse_Width=TCNT1;
      TCNT1=0;
      if(Pulse-Width>=38&&Pulse-Width<=72)//4.5ms
      {
        pulse-deal();
        return;
      }
    else if(Pule-Width>=34&&Pulse-Width<=36)//2.25ms
    {
      while(!digitalRead(8));//低等待
      Pulse-Width=TCNT1;
      TCNT1=0;
      if(Pulse-Width>=7&&Pulse-Width<=10)//560μs
      {
        return;
      }
    }
  }
}
```

```
void setup()
{
  unsignedchar i;
  pin Mode(LED-RED,OUTPUT);//设置与红灯连接的引脚为输出模式
  pin Mode(BUZZER,OUTPUT);//设置与蜂鸣器连接的引脚为输出模式
  pin Mode(IR-IN,INPUT);//设置红外接收引脚为输入
}
void loop()
{
  timer1-init();//定时器初始化
  while(1)
  {
    Remote-decode();//译码
    Remote-deal();//执行译码结果
  }
}
```

**（4）试验结果**　将上述代码下载到开发板，当按下前进键时红灯亮，松开红灯灭；按下后退键时蜂鸣器响，松开蜂鸣器停止响。这样大家就可以用遥控器遥控器件了。其他按键的译码方式与这两个键一样，只要在执行译码结果的函数中写上这个按键对应的命令码和要控制的器件的动作即可。

### 5.2.4 家电遥控器替代试验

**（1）试验原理**　现代家用电器绝大多数都是利用红外发射编码进行远程遥控控制的。本节要做的试验是获取电视机机顶盒遥控的红外发射码，同时利用红外发射模块发射相同的红外码对机顶盒进行控制。

**（2）抓取遥控码**　因为来自于不同供应商提供的遥控器使用的是不同的协议甚至是不同的命令，在发送遥控码之前，最好提前知道发送码所导致的确定结果，需要尽可能多地知道仿真的遥控器所发射的信号。

为了获取某个遥控器的码，有两个选择，可以使用互联网上的遥控器数据库，如来自于Linux 红外线遥控项目的数据库，或者可以尝试使用一个红外线接收器来直接读取遥控器发射的遥控码。本节将选择后一种方法，在这个过程中可以学到更多的知识。

① 硬件连接　图 5-19 所示为将一个红外线接收器连接到 Arduino，将其 GND 连接到 Arduino 的 GND，电源引脚连接到 Arduino 的 5V 引脚，信号引脚连接到数字引脚 11。

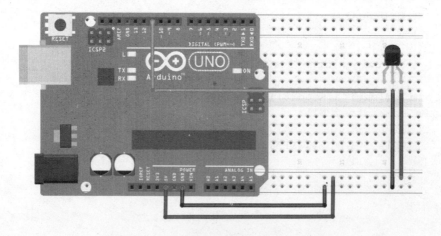

图 5-19　将一个红外线接收器连接到 Arduino

② IRremote 库　IRremote 库支持大多数的红外线协议，它既可以接收也可以发送数据。在 Arduino1.0 中并未收录 IRremote 库，可以通过手动添加的方式来自行添加。

在下载并解压了 IRremote 为 Zip 文件之后，打开文件 IRremote/IRremoteInt.h 并检查。如果文件内有#inchude(Wprogram.h)声明，那么请将其修改为#include(Arduino.h)。将 IRremote 文件夹直接拷贝到-/Documents/Arduino/libraries(MAC 操作系统)或者-/Documents/Arduino/libraries(Windows 操作系统)，随后重启 IDE。

③ 程序代码　使用下面的程序，如果 IRremote 库支持手头上的遥控器的编码格式的话，就可以解码其发射的红外线信号了。

```
#include                         // 引用 IRremote 库
const int irReceiverPin = 11;         // 红外线接收器 OUTPUT 讯号接在 Pin 11 上

IRrecv irrecv(irReceiverPin);         // 定义 IRrecv 物件来接收红外线讯号
decode_results results;// 解码结果将放在 decode_results 结构的 result 变量里

void setup()
{
  Serial.begin(9600);          // 开启 Serial port, 通信速率为 9600 Band
  irrecv.enableIRIn();         // 启动红外线解码
  Serial.print("begin:\n");
}

// 显示红外线协定种类
void showIRProtocol(decode_results *results)
{
  Serial.print("Protocol: ");

  // 判断红外线协定种类
  switch(results->decode_type) {
   case NEC:
     Serial.print("NEC");
     break;
   case SONY:
     Serial.print("SONY");
     break;
   case RC5:
     Serial.print("RC5");
     break;
   case RC6:
     Serial.print("RC6");
     break;
   default:
     Serial.print("Unknown encoding");
  }
  // 把红外线编码印到 Serial port
  Serial.print(", irCode: ");
  Serial.print(results->value, HEX);     // 红外线编码
  Serial.print(",  bits: ");
  Serial.println(results->bits);     // 红外线编码位元数
}
void loop()
{
```

```
    if (irrecv.decode(&results)){
// 解码成功，收到一组红外线信号
      showIRProtocol(&results);
// 显示红外线协定种类
      irrecv.resume();
 // 继续收下一组红外线信号
    }
  }
```

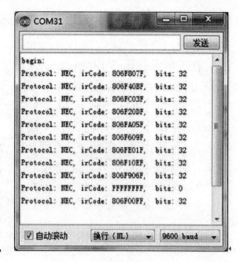

④ 试验结果　编译并上传程序，然后打开串口监视器。将一个遥控器指向接收器。按下遥控器上的某个遥控按键，观察串口监视器上显示的情况。图 5-20 示出了将一个遥控器指向接收器然后按下数字 0~9 时的情况（如果你看到代码 0xffffffff 不断地出现，那么表示按下遥控器的某一个键的时间太长，这时遥控器表示"重复"命令，即最后一个命令需要重复执行）。

图 5-20　遥控器实际编码

当抓取到遥控器之后，就可以用它们来制造自己的遥控器了。

机顶盒遥控上数字 1~9 及 0 的红外编码如下。

```
Protocol: NEC, irCode: 806F807F, bits: 32  //数字1
Protocol: NEC, irCode: 806F40BF, bits: 32  //数字2
Protocol: NEC, irCode: 806FC03F, bits: 32  //数字3
Protocol: NEC, irCode: 806F20DF, bits: 32  //数字4
Protocol: NEC, irCode: 806FA05F, bits: 32  //数字5
Protocol: NEC, irCode: 806F609F, bits: 32  //数字6
Protocol: NEC, irCode: 806FE01F, bits: 32  //数字7
Protocol: NEC, irCode: 806F10EF, bits: 32  //数字8
Protocol: NEC, irCode: 806F906F, bits: 32  //数字9
Protocol: NEC, irCode: FFFFFFFF, bits: 0   //重复码
Protocol: NEC, irCode: 806F00FF, bits: 32  //数字0
```

**（3）实现模拟遥控器**　通过上面的抓码试验，已经了解了遥控器发给机顶盒的红外线协议和命令码了，现在通过 Arduino 开发板来进行遥控器模拟，控制机顶盒的工作。本试验可以实现利用红外发射模块，每五秒钟依次发送数字键 0~9 的红外编码。

① 硬件连接　将红外发射管正极通过 510 Ω 限流电阻连接至开发板数字 I/O 第 3 脚，负极接地，即同普通 LED 的连接方法。具体连接如图 5-21 所示。

图 5-21　实际接线图

② 程序代码　本试验程序代码如下所示。

```
#include
IRsend irsend;
void ircodeSEND()
{
  irsend.sendNEC(0x806F00FF, 32); // channel 0  红外发射码前需要加上"0x"
  delay(5000);
  irsend.sendNEC(0x806F807F, 32); //channel 1
  delay(5000);
  irsend.sendNEC(0x806F40BF, 32); //channel 2
  delay(5000);
  irsend.sendNEC(0x806FC03F, 32); //channel 3
  delay(5000);
  irsend.sendNEC(0x806F20DF, 32); //channel 4
  delay(5000);
  irsend.sendNEC(0x806FA05F, 32); //channel 5
  delay(5000);
  irsend.sendNEC(0x806F609F, 32); //channel 6
  delay(5000);
  irsend.sendNEC(0x806FE01F, 32); //channel 7
  delay(5000);
  irsend.sendNEC(0x806F10EF, 32); //channel 8
  delay(5000);
  irsend.sendNEC(0x806F906F, 32); //channel 9
  delay(5000);
}
void setup()
{
  pinMode(3,OUTPUT);
  Serial.begin(9600);
}
void loop()
{
 ircodeSEND();
}
```

## 5.3　Arduino 的网络应用

　　Arduino 可用的最强大的通信信道之一就是以太网。以太网是一种标准化的网络设施，通过发送和接收被称为分组（packet）或帧（frame）的数据流，使各种类型的设备间能够互相通信。

　　以太网极为高速，能够在网络中准确无误地来回传送数据。网络上的每台设备会获得一个唯一的标识符，称为 IP 地址，使设备间可以通过不同的互联网协议进行通信。

　　通过使用以太网扩展板和 Ethernet 库，Arduino 让建立互联网通信变得很简单。但在讨论软件库和扩展板之前，先来了解几个关于网络的重要概念。表 5-1 是以太网的几个重要术语。

表 5-1　以太网的重要术语和概念

| 术语 | 描述 |
|------|------|
| 以太网 | 以太网是一种标准化的网络技术，它定义了一种用于计算机和其他设备的通过有线网络发送和接收信息的方式 |
| 协议 | 协议是一种允许设备彼此进行通信的确定的语言，为了使两种设备能够通信，它们必须使用同一种语言，或者说是协议，比如说，超文本传输协议（HTTP）就是将 Arduino 作为一个 Web 服务器时常用的协议，利用 HTTP，规定一种语言，使得 ArduinoWeb 服务器能够理解来自 Web 客户端（比如电脑的 Web 浏览器）的报文和请求 |
| MAC 地址 | 介质访问控制（MAC）地址是一个分配给以太网和其他网络设备的唯一标识符，MAC 地址使设备可以被识别，从而与其他设备通信，Arduino 扩展板上会有一张贴纸给出它的唯一 MAC 地址 |
| TCP/IP | 传输控制协议（TCP）和网际协议（IP）是在全球互联网中传递报文的互联网协议 |
| IP 地址 | IP 地址是设备和服务器在全球互联网中识别身份的唯一地址。举例来说，当访问一个网站，比如 Google.com 时，互联网会使用域名服务（DNS）来将 Google.com 翻译成一个数字式的 IP 地址，比如 209.85.148.139 |
| 本地 IP | 本地 IP 地址与普通的 IP 地址类似，但它们被特定地用于本地网络中的计算机以及设备间的通信。举例来说，当搭建一个家庭网络时，网络中的每台计算机都会被指定一个本地 IP，与路由器以及网络中的其他计算机通信 |

　　计算机网络和以太网是非常复杂的话题，甚至可能要花很多年才能完全领悟，而表 5-1 只列出了读懂本章剩余部分所需的基本术语。

## ■ 5.3.1　Ethernet 库

　　Ethemet 库捆绑在 Arduino IDE 中，因此可配置 Arduino 和以太网扩展板与外部世界通信。可配置多达 4 个并发的服务器和客户端（总共），这样它可以先接受来自客户端的拨入连接，然后发送和接收数据。与之相反，客户端则先通过拨出连接到服务器，然后发送数据并从服务器接收到响应。

　　Ethemet 库文件中定义了 3 个类：EthernetClass 类、Server 类和 Client 类。

　　表 5-2 列出了 Ethernt 库中可用的函数。

表 5-2　Ethemet 库中 Ethernet 类、Server 类和 Client 类中的函数

| 函数 | 描述 |
|------|------|
| Ethernet.begin(mac) | 初始化库，提供扩展板的 MAC 地址，然后使用 DHCP 自动设置你的 IP 地址，还可以手动设置 IP 地址，网关（通常是路由器的 IP 地址）和子网掩码。这些设置是可选的 |
| Ethernet.begin(mac,ip) | |
| Ethernet.begin(mac,ip,qateway) | 创建一个服务器来监听指定的端口 |
| Ethernet,begin(mac,ip,qateway,subnet) | 启动服务器来监听报文 |
| Server(port) | 如果客户端已经有数据，则返回一个客户端 |
| Server.begin() | 将数据发送到所有已连接的客户端 |
| Server.available() | 将数据打印到所有的客户端，数字会以 ASCII 数字串的方式打印，比如 123 就会变成 3 个字符，即 "1、2、3" |
| Server.write() | |
| Server.print() | 与 server.print()一样，但在每条报文的结尾会添加一个换行符 |
| Server.println() | 创建一个客户端，可以连接到指定的 IP 和端口 |
| Client(ip,port) | 返回客户端是否已经连接，如果一个连接已经关闭，而尚有一些数据未读取，则仍返回 true |
| Client,connected() | 启动连接 |
| Client.cinnect() | 将数据写到服务器 |
| Client,write() | 将数据打印到服务器，数字会以 ASCII 数字串的方式打印，比如 123 就会变成 3 个字符，即 1、2、3 |
| Client.print() | |
| Client,println() | 与 Client.print()一样，但在每条报文的结尾会添加一个换行符 |
| Client,available() | 返回可供读取的字节数（由服务器发送的字节数） |
| Client,read() | 读取来自服务器的下一个字节 |
| Client,flush() | 清除所有已经发送到客户端但尚未读取的数据 |
| Client,stop() | 从服务器断开 |

除了 Ethernet、Server 和 Clien 类之外，Ethernet 库还包含了通用的用户数据报协议（UDP）网络类，用于在一个网络上广播信息。当并不需要服务器或客户端时，UDP 类可以用来广播数据或者从 Arduino 接收数据。表 5-3 详细说明了 UDP 类中的函数。

表 5-3　**Ethernet 库中 UDP 类的主要函数**

| 函数 | 描述 |
| --- | --- |
| ethernetUDP.begin(port) | 初始化 UDP 对象并指定监听的端口 |
| ethernetUDP,read(packetBuffer,MaxSize) | 从缓冲区读取 UDP 分组 |
| ethernetUDP.write(message) | 向远程连接发送一条报文 |
| ethernetUDP.beginPacket(ip,port) | 必须在发送报文前调用，指定目标 IP 和端口 |
| ethernetUDP.endPacket() | 必须在发送报文后调用，用于结束这条报文 |
| ethernetUDP,parsePacket() | 检查是否有可供读取的报文 |
| ethernetUDP.available() | 返回有多少数据已经接收并可供读取 |

## ■ 5.3.2　网络扩展模块 Ethernet Shield

以太网扩展板是 Arduino 平台的一个里程碑，它使项目能通过网络和互联网通信。利用 WIZnet W5100 以太网芯片，它提供了在 10Mbps/100Mbps 以太网上的包含 TCP 和 UDP 的网络（IP）协议线，这块扩展板有一个标准的 RJ45 以太网接口，可以使 Arduino 成为简单的 Web 服务器或者通过网络控制 Arduino 读写数字 I/O 和模拟 I/O 等。扩展板采用了可堆叠的设计，还同时支持 SD 卡读/写（需要插入一张 SD 卡并使用 SD 库）。但有一个需要注意的重要问题，那就是 W5100 芯片和 SD 卡都要通过 SPI 总线与 Arduino 通信，实物如图 5-22 所示。

图 5-22　Ethernet Shield

（1）**Ethernet Shield 对外接口**　通过 Ethernet Shield 原理图（如图 5-23 所示），可以看出 Ethernet 和 SD 卡共用一个 SPI 接口，占用 Arduino 的引脚 10（SPI 接口的/SS）、引脚 11（SPI 接口的 MOSI）、引脚 12（SPI 接口的 MISO）、引脚 13（SPI 接口的 SCK）、引脚 2（W5100 的外部中断）、引脚 3（W5100 的片选）和引脚 4（SD 卡的片选），同一时间内 Ethernet Shield 扩展板只能启用 Ethernet 和 SD 卡中的一个功能。

由于 W5100 芯片和 SD 卡都使用 SPI，因此同一时刻只能激活一个。要使用 SD 卡，只需将 4 号引脚设为输出并置为高电平，对于 W5100，则需将 10 号引脚设为输出并置为高电平，另外，硬件 SS 引脚上的 10 号引脚，Mega 上的 53 号引脚，即使不需要使用，为了让 SD 和 Ethernet 库以及 SPI 接口正常工作，也必须将其留空并设为输出（默认值）。

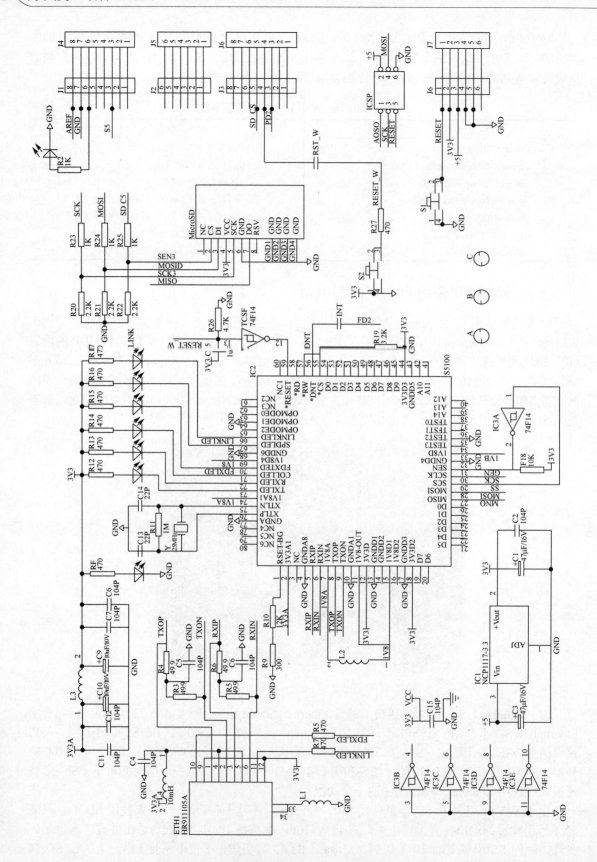

图 5-23 Ethernet Shield 原理图

（2）**W5100 芯片**　W5100 是一款多功能的单片网络接口芯片，内部集成有 10Mbps/100Mbps 以太网控制器，主要应用于高集成、高稳定、高性能和低成本的嵌入式系统中。使用 W5100 可以实现没有操作系统的 Internet 连接、与 IEEE802.3 10Base-T 以及 802.u100BASE-TX 兼容。

W5100 内部集成了全硬件的且经过多年市场验证的 TCP/IP 协议，以太网介质传输层（MAC）和物理层（PHY）。硬件 TCP/IP 协议栈支持 TCP、UDP、Ipv4、ICP、ARP、IGMP 和 PPOE。使用 W5100 不需要考虑以太网的控制，只需要进行简单的端口控制。W5100 主要有以下特点：

① 支持硬件 TCP/IP 协议。

② 内嵌 10BassT/100BassTX 以太网物理层。

③ 支持自动通信握手（全双工和半双工）。

④ 支持自动 MDI/MDX，自动校正信号极性。

⑤ 支持 ADSL 连接。

⑥ 支持 4 个独立端口同时运行。

⑦ 不支持 IP 的分片处理。

⑧ 内部 16KB 存储器用于数据发送/接收缓存。

⑨ 0.18μm CMOS 工艺。

⑩ 3.3V 工作电压，I/O 可承受 5V 电压。

⑪ 环保无铅封装。

⑫ 支持 SPI 接口（SPI 模式 0）。

⑬ 多功能 LED 信号输出（TX、RX、全双工/半双工、地址冲突、连接、速度等）。

W5100 引脚定义如图 5-24 所示，接口信号分类如表 5-4~表 5-8 所示。

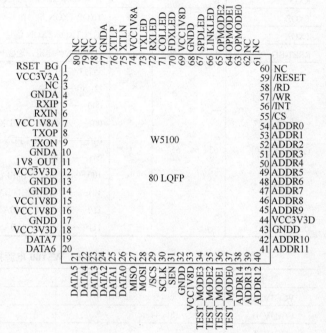

图 5-24　W5100 引脚定义

表 5-4　W5100 控制脚接口信号

| 符号 | 引脚 | I/O | 说明 |
| --- | --- | --- | --- |
| /RESET | 59 | I | 复位，低电平有效<br>低电平持续时间不小于 2μs |
| ADDR[14-0] | 38，39，40，41，42，45，46，47，48，49，50，51，52，53，54 | | 地址总线<br>地址总线内部下拉为低电平 |
| DATA[7-0] | 19，20，21，22，23，24，25，26 | I/O | 数据总线 |
| /CS | 55 | I | 片选，低电平有效 |
| /INT | 56 | O | 中断输出，低电平有效<br>当 W5100 在端口产生连接、断开、接收数据、数据发送完成以及通信超时等条件下，输出信号给控制器 |
| /WR | 57 | I | 写使能，低电平有效<br>控制器发出信号写 W5100 内部寄存器或存储器，访问地址由 ADDR[14-0]选择，数据在该信号的上升沿锁存到 W5100 |
| /RD | 58 | I | 读使能，低电平有效，访问地址由 ADDR[14-0]选择 |
| SEN | 31 | I | SIP 接口使能，高电平使用 SPI 模式 |

续表

| 符号 | 引脚 | I/O | 说明 |
|---|---|---|---|
| SCLK | 30 | I | SPI 时钟，该引脚用于 SPI 时钟输入 |
| /SCS | 29 | I | SPI 从模式选择，低电平有效 |
| MOSI | 28 | I | SPI 的 MOSI 信号 |
| MISO | 27 | O | SPI 的 MISO 信号 |

表 5-5 W5100 以太网物理层信号

| 符号 | 引脚 | I/O | 说明 |
|---|---|---|---|
| RXIP | 5 | I | RXIP/RXIN 信号组 |
| RXIN | 6 | I | 在 RXIP/RXIN 信号组接收到从介质传输来的差分数据信号 |
| TXOP | 8 | O | TXOP/TXON 信号组 |
| TXON | 9 | O | 通过 TXOP/TXON 信号组向介质传输差分数据信号 |
| RSET-BG | 1 | O | 物理层片外电阻，连接一个 12.3kΩ 的电阻到地 |
| OPMODE[2-0] | 63，64，65 | I | 运行控制模式<br>[2：0]——描述<br>000——自动握手<br>001——100BSE-TX FDX/HDX 自动握手<br>010——10BASR-T FDX/HDX 自动握手<br>011——保留<br>100——手动选择 100BASE-TX FDX<br>101——手动选择 100BASE-TX HDX<br>110——手动选择 10BASE-T FDX<br>111——手动选择 10BASE-T HDX |

表 5-6 W5100 电源接口

| 符号 | 引脚 | I/O | 说明 |
|---|---|---|---|
| VCC3V3A | 2 | I | 3.3V 模拟系统电源 |
| VCC3V3D | 12，18，44 | I | 3.3V 数字系统电源 |
| VCC1V8A | 7，74 | I | 1.8V 模拟系统电源 |
| VCC1V8D | 15，16，33，69 | I | 1.8V 数字系统电源 |
| GNDA | 4，10，77 | I | 模拟电源地 |
| GNDD | 13，14，17，32 | I | 数字电源地 |
| V18 | 11 | O | 1.8V 电压输出 |

表 5-7 W5100 时钟信号

| 符号 | 引脚 | I/O | 说明 |
|---|---|---|---|
| XTAP | 76 | I | 外接 25MHz 晶振以稳定内部振荡电路，如果使用外部振荡信号，信号连接到 |
| XTLN | 75 | I | XTLN，而 XTLP 断开 |

表 5-8 W5100 LED 信号

| 符号 | 引脚 | I/O | 说明 |
|---|---|---|---|
| LINKED | 66 | O | 低电平表示 10 Mbps /100 Mbps 连接状态正常，在 TX/RX 状态时闪烁 |
| SPDLED | 67 | O | 低电平表示连接速度为 100Mbps |
| FDXLED | 70 | O | 低电平表示全双工模式 |
| COLLED | 71 | O | 低电平表示网络 IP 地址冲突 |
| RXLED | 72 | O | 低电平表示当前接收数据 |
| TXLED | 71 | O | 低电平表示当前发送数据 |

（**3**）**寄存器**　W5100 芯片的控制实质上是对片内的寄存器和存储器进行设置和读写，W5100 内含公共寄存器、端口寄存器、发送存储器以及接收存储器，如图 5-25 所示。

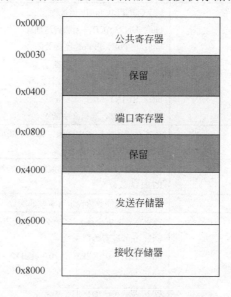

图 5-25　W5100 内的寄存器、存储器

公共寄存器详细信息如表 5-9 所示。

表 5-9　公共寄存器

| 地址 | 寄存器 | 说明 |
|---|---|---|
| 0X0000 | MR（模式） | 该寄存器用于软件复位、Ping 关闭模式、PPPoE 模式以及间接总线接口<br>bit7：RST 软件复位，置 1 芯片复位<br>bit4：PB，阻止模式，置 1 阻止<br>bit3：PPPoE 模式、置 1 打开 PPPoE 模式<br>bit1：AI，间接总线接口模式下地址自动增加<br>bit0：IND，间接总线接口模式，置 1 启动 |
| 0x0001 | GAR0(网关地址 0) | |
| 0x0002 | GAR1(网关地址 1) | 网关地址为： |
| 0x0003 | GAR2(网关地址 2) | GAR0、GAR1、GAR2、GAR3 |
| 0x0004 | GAR3(网关地址 3) | |
| 0x0005 | SUBR0（子网掩码地址 0） | |
| 0x0006 | SUBR1（子网掩码地址 1） | 子网掩码地址为： |
| 0x0007 | SUBR2（子网掩码地址 2） | SUBR0、 SUBR1、 SUBR2、 SUBR3 |
| 0x0008 | SUBR3（子网掩码地址 3） | |
| 0x0009 | SHAR0（本机硬件地址 0） | |
| 0x000A | SHAR1（本机硬件地址 1） | |
| 0x000B | SHAR2（本机硬件地址 2） | MAC 地址为： |
| 0x000C | SHAR3（本机硬件地址 3） | SHAR0、SHAR1、SHAR2、SHAR3、SHAR4、SHAR5 |
| 0x000D | SHAR4（本机硬件地址 4） | |
| 0x000E | SHAR5（本机硬件地址 4） | |
| 0x000F | SIPR0（本机 IP 地址 0） | |
| 0x0010 | SIPR1（本机 IP 地址 1） | 本机 IP 地址为： |
| 0x0011 | SIPR2（本机 IP 地址 2） | SIPR0、SIPR1、SIPR2、SIPR3 |
| 0x0012 | SIPR3（本机 IP 地址 3） | |

续表

| 地址 | 寄存器 | 说明 |
|---|---|---|
| 0x0015 | IR(中断) | bit7:CONFLICT，IP 地址冲突<br>bit6: UNREACH，无法到达地址<br>bit5: PPPoE，PPPoE 连接关闭<br>bit3: S3-INT，端口 3 中断<br>bit2: S2-INT，端口 2 中断<br>bit1: S1-INT，端口 1 中断<br>bit0: S0-INT，端口 0 中断 |
| 0x0016 | IMR（中断屏蔽） | 该寄存器用来屏蔽中断源，每个中断屏蔽位对应中断寄存器（IR）中的一个位，置 0 屏蔽中断 |
| 0x0017<br>0x0018 | RTR0（重发时间 0）<br>RTR1（重发时间 1） | 该寄存器用来设置溢出的时间，每一个单位数值为 100μs。RTR0 为高位，RTR1 为低位 |
| 0x0019 | RCR（重发计数） | 该寄存器内的数值设定可重发的次数 |
| 0x001A | RMSR（接收存储器大小） | 该寄存器配置全部 8KB 的 RX 存储空间到各指定端口<br>bit7, bit6 配置端口 3<br>00（1KB），01（2KB），10（4KB），11（8KB）<br>bit5, bit4 配置端口 2<br>bit3, bit2 配置端口 1<br>bit1, bit0 配置端口 0 |
| 0x001B | TMSR（发送存储器大小） | 寄存器用来将 8KB 的发送存储区分配给每个端口 |
| 0x001C<br>0x001D | PATR0(PPPoE 认证类型 0)<br>PATR1(PPPoE 认证类型 1) | 在与 PPPoE 服务器连接时，该寄存器指示已通过的安全认证方法，W5100 只支持两种安全认证类型：0xC023(PAP)和 0xC223（CHAP） |
| 0x0028 | PTIMER（PPPLCP 请求定时器） | 该寄存器表示发出 LCP Echo 所需要的时间间隔 |
| 0c0029 | PMAGIC（PPPLCP 魔数值） | 该寄存器用于 LCP 握手时采用的魔数选项 |
| 0c002A<br>0x002B<br>0x002C<br>0x002D<br>0x002E<br>0x002F | UIPR0（不能达到 IP 地址 0）<br>UIPR1（不能达到 IP 地址 1）<br>UIPR2（不能达到 IP 地址 2）<br>UIPR3（不能达到 IP 地址 3）<br>UPORT0（不能达到 IP 地址 0）<br>UPORT1（不能达到 IP 地址 1） | 在 UDP 数据传输时，如果目的 IP 地址不存在,将会收到一个 ICMP 数据包,这种情况下,无法到达的 IP 地址及端口号将存储在 UIPR 和 UPORT 中 |

端口寄存器详细信息如表 5-10（以端口 0 为例）所示。

表 5-10　端口寄存器详细信息

| 地址 | 寄存器 | 说明 |
|---|---|---|
| 0x0400 | S0-MR(端口 0 模式) | 该寄存器设置相应端口的选项或协议类型 |
| 0x0401 | S0-CR（端口 1 命令） | 该寄存器用来设置端口的初始化、关闭、建立连接、断开连接、数据传输以及命令接收等。命令执行后，寄存器的值自动清零 |
| 0x0402 | S0-IR（端口 0 中断） | 该寄存器指示建立和终止连接，接收数据，发送完成以及时间溢出等信息 |
| 0x0403 | S0-SR（端口 0 状态） | 该寄存器指示端口的状态数值 |
| 0x0404<br>0x0405 | S0-PORT0（端口 0 端口号 0）<br>S0-PORT1（端口 0 端口号 1） | 该寄存器在 TCP 或 UDP 模式下设定对应端口的端口号，这些端口号必须在进行 OPEN 指令之前完成 |
| 0x0406<br>0x0407<br>0x0408<br>0x0409 | S0-DHAR0（端口 0 目的的物理地址 0）<br>S0-DHAR1（端口 0 目的的物理地址 1）<br>S0-DHAR2（端口 0 目的的物理地址 2）<br>S0-DHAR3（端口 0 目的的物理地址 3） | 该寄存器设置端口的目的物理地址 |

续表

| 地址 | 寄存器 | 说明 |
|------|--------|------|
| 0x040A | S0-DHAR4（端口 0 目的的物理地址 4） | — |
| 0x040B | S0-DHAR5（端口 0 目的的物理地址 5） | |
| 0x040C | S0-DIPR0（端口 0 目的 IP 地址 0） | 该寄存器设置端口的目的 IP 地址 |
| 0x040D | S0-DIPR1（端口 0 目的 IP 地址 1） | |
| 0x040E | S0-DIPR2（端口 0 目的 IP 地址 2） | |
| 0x040F | S0-DIPR3（端口 0 目的 IP 地址 3） | |
| 0x0410 | S0-DPORT0（端口 0 目的 IP 地址 0） | 该寄存器设置端口的目的端口号 |
| 0x0411 | S0-DPORT1（端口 0 目的 IP 地址 1） | |
| 0x0412 | S0-MSSR0（端口 0 最大分片字节数 0） | 该寄存器设置端口的最大分片字节数 |
| 0x0413 | S0-MSSR1（端口 0 最大分片字节数 1） | |
| 0x0414 | S0-PROTO（IP RAW 模式下端口 0 的协议） | 该寄存器设置端口的 IP RAW 模式下的协议 |
| 0x0415 | S0-TOS（端口 0 的 IP TOS） | 该寄存器设置端口的 IP TOS |
| 0x0416 | S0-TTL（端口 0 的数据包生存期） | 该寄存器设置端口的数据包生存期 |
| 0x0420 | S0-TX-FSR0（端口 0 的发送存储器剩余空间 0） | 该寄存器设置端口发送数据缓存区大小 |
| 0x0421 | S0-TX-FSR1（端口 0 的发送存储器剩余空间 1） | |
| 0x0422 | S0-TX-RD0（端口 0 的发送存储器读指针 0） | 该寄存器指示端口发送过程完成后的读地址信息 |
| 0x0423 | S0-TX-RD1（端口 0 的发送存储器读指针 1） | |
| 0x0424 | S0-TX-WR0（端口 0 的发送存储器写指针 0） | 该寄存器指示端口发送地址信息 |
| 0x0425 | S0-TX-WR1（端口 0 的发送存储器写指针 1） | |
| 0x0426 | S0-RX-RSR0（端口 0 的接收数据大小 0） | 该寄存器指示端口接收数据缓存区中接收数据的字节数 |
| 0x0427 | S0-RX-RSR1（端口 0 的接收数据大小 1） | |
| 0x0428 | S0-RX-RD0（端口 0 的接收存储器读指针 0） | 该寄存器指示端口接收过程完成后的读地址信息 |
| 0x0429 | S0-RX-RD1（端口 0 的接收存储器读指针 1） | |

**（4）数据格式**　Ethernet Shield 扩展板通过 SPI 接口实现对 W5100 的控制。SPI 协议定了 4 种操作模式，W5100 使用的是模式 0。W5100 使用读和写两种操作代码，其他的操作代码均不响应。

在 SPI 模式下，W5100 使用"完整 32 位数据流"，包括 1 个字节的操作码、2 个字节的地址和 1 个字节的数据。操作码、地址和数据字节传输都是高位在前，低位在后。数据格式如表 5-11 所示，时序图如图 5-26 所示。

表 5-11　W5100 SPI 数据格式

| 命令 | 操作码 | 地址 | 数据 |
|------|--------|------|------|
| 写操作 | 0xF0 | 2 字节 | 1 字节 |
| 读操作 | 0x0F | 2 字节 | 1 字节 |

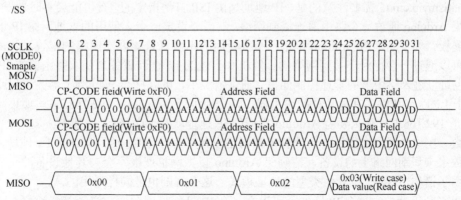

图 5-26　完整 32 位数据流时序图

### ■ 5.3.3 Arduino Web 服务器

了解了以太网和 Ethernet 库的基础知识，拥有了以太网扩展板之后，就可以启动第一个以太网驱动的项目了。在这个项目中，你要搭建一个 ArduinoWeb 服务器，作为一个访问-应答系统，它可以接受来自客户端的请求，并依次将数据发送回去（如图 5-27 所示）。要完成这些工作，需要使用 Ethernet 中的 Server 和 Client 类。

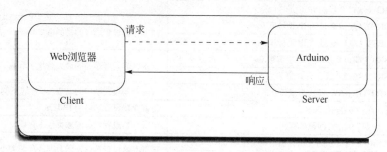

图 5-27　ArduinoWeb 服务器通信

（1）建立服务器　要建立这个服务器，还需要了解一些信息。

首先，需要知道 Arduino 以太网扩展板的 MAC 地址，它应该印刷在扩展板的一片贴纸上。在用于这个服务器的代码中，会将 MAC 地址存储在一个字节数组中，就像这样：

```
byte=macl[]={0XDE、0xaAD、0XDD、0xDD\、0xED}
```

别忘了，这是用来通过以太网与扩展板直接通信的唯一硬件地址。

如果有一块旧的以太网扩展板，它上面没有贴纸，或者丢失了贴纸，也可以使用上述示例中的 MAC 地址。需要特别注意的是，如果网络中的设备多于一台，那每台设备都必须具有唯一的 MAC 地址。

接下来需要 IP 地址。自 Arduino1.0 以来，内置的 Ethernet 库就支持动态主机配置协议（DHCP），使 Arduino 能自动地获取 IP 地址。无论是直接接到调制解调器还是连接到一个网络路由器，只要启用了 DHCP（通常都会启用），它就会自动配置 IP 地址。

只有在网络没有使用 DHCP 或者使用了 1.0 版之前的 Arduino 时，才需要知道路由器的 IP 地址并为 Arduino 以太网扩展板手动指定一个 IP 地址。有不同的技术可以做到这点，这取决于设置的内容。

如果 Arduino 直接连接了调制解调器，IP 地址将由互联网服务提供商（ISP）提供。要在这种情况下得知 IP 地址，最简单的方法是将计算机连接到调制解调器——有一些网站可以报告 IP 地址（简单地在互联网上搜索术语"IP 查询"应该就能得到地址，或者也可以试试 www.whatismyip.cm）。需要注意的是，IP 地址是由 ISP 自动指定的，有可能会不时地发生改变。

如果 Arduino 通过一个路由器连接到网络，就需要设定一个未使用的本地网络 IP 地址给以太网扩展板。要手动地给 Arduino 指定一个未使用的本地 IP，需要对网络的配置了解得更多一点。你可以通过一台已经连接到网络的计算机和上述的 IP 查询服务来获取路由器的 IP 地址。或者，也可以进入路由器的管理控制面板。通常情况下，可以打开 Web 浏览器并访问路由器的 IP，对于 Linksys 和许多其他品种的路由器，这个地址通常是 http://192.168.1.1。如果路由器的 IP 地址是 192.168.1.1，那么要为 Arduino 指派的 IP 地址就是 192.168.1.$x$，其中 $x$ 是一个在 1~255 之间的数。在这个网络中的每一台计算机或网络设备都有一个唯一的 192.168.1.$x$ 地址，通过最后一个数字来识别网络上的设备，请确保 Arduino 以太网扩展板不会与其他设备冲突。如果路由器使用了诸如 10.0.0.$x$ 等其他类型的地址模式，这个规则也是同样适用的。

如果必须手动指定一个 IP 地址，可以在一个 IPAddress 对象中定义，就像这样：

```
IPAddress manualIP(192,168,1,2);
```

上述代码中的 IP 地址应该写成想要设置的那个。

最后，如果使用一个路由器连接到互联网中，可能还需要将路由器指定为网关。创建一个字节数组，来存储要用作网关的路由器的 IP 地址。这里是一个示例：

```
byte gateway[]={192,168,1,1};
```

了解了网络的 IP 配置后，下面来编写程序。

**（2）建立服务器程序代码**　下列代码清单通过 Arduino 上创建一个 Web 服务器，将刚刚讨论的内容付诸实践。这个服务器的任务是上线（或连接到本地网络），接受拨入的客户端连接（通过一个 Web 浏览器发出），然后以一条自定义报文来响应它。这个代码清单几乎对建立任何一个基于服务器的应用来说都是一个不错的模板。

```
#include <SPI.h>
#include<Ethernet.h>                         ┌── 指定唯一的
                                             │    MAC 地址
byte mac[]={0xDE,0xAD,0xBE,0xEF,0xFE,0xED}; ─┘
IPAddress manualIP(192,168,1,120); ───── 如果 DHCP 没有启用则手动设置 IP 地址

EthernetServer server(80); ───── ❶初始化服务器

boolean dhcpConnected=false;

void setup()
{
    if(!Ethernet.begin(mac)){───── ❷使用 DHCP 进行连接
        Ethernet.begin(mac,manualIP); ───── ❸如果 DHCP 连接没有成功则手动连接
    }
    server.begin(); ───── ❹启动服务器
}

void loop()
{
    EthernetClient client=server.available(); ───── 监听客户端连接
    if (client){
        boolean currentLineIsBlank=true;
        while(client.connected()){───── 连接并从客户端读取数据
            if(client.available()){
                char c=client.read();

                if (c=='\n'&&currentLineIsBlank){
                    client.println("HTTP/1.1 200OK");
                    client.println("Content-Type:text/html");
                    client.println();
                    client.println("Hi !I am your Arduino web server in Action!");
                    break;
                }
                if(c=='\n')  {
                current LineIsBlank=true;
                }
                else if (c !='\r')  {
                    currentLineIsBlank=false;
                }
            }
        }
        delay(1); ───── 给客户端留出时间以接收数据
    client stop(); ───── 关闭连接
    }
}
```

❺通过向客户端发送响应来结束一个请求

首先，你在 HTTP 的 80 端口初始化服务器❶。初始化完成后，你就可以尝试通过使用 DHCP

将 Arduino 连接到以太网网络❷，如果 DHCP 失败，也可以使用手动设置的 IP 地址❸。接下来启动服务器并在主循环中开始轮询❹。

一旦连接到客户端并接收到了数据，一个换行符标志报文的结束，就可以向客户端发回一个响应❺。

**（3）程序调试** 仔细地将代码清单中的代码复制到 Arduino IDE，然后就可以将程序烧写到 Arduino 了。

当程序已经烧写并开始运行时，就可以连接到 Arduino 服务器了，可以打开任何一个 Web 浏览器，然后访问 http://your-ardunos-network-ip-address。Web 浏览器（也就是客户端）会将这个连接请求发送到 ArduinoWeb 服务器，Arduino 则会发送一条报文作为响应，如 "Hi!I am your Arduino web server in Arduino!"。

如果想要看到实时的数据，可将一个电位器或其他传感器连接到 0 号模拟输入端，然后将下面这行代码：

```
Client println(Hi! I am your Arduino web server in Arduino!);
```

改成：

```
Clientln.println(analogRead(0));
```

这些应该都能正常运行，但如果没有得到响应，请参看下面的故障排除。

**（4）故障排除** 如果不能建立一个连接，要做的第一件事就是再次检查 IP 设置。

如果确信设置是正确的，并且在一个家庭网络中，那可能需要在路由器上设置端口转发。设置端口转发会告诉路由器将拨入的报文明确地转发到 Arduino。设置端口转发并不困难，但需要通过路由器的配置来实现。请查阅路由器的手册来获得更多信息，了解如何为 Arduino 的 IP 地址设置转发，然后就应该没问题了。

### ■ 5.3.4 网络温度传感器试验

**（1）硬件连接** 本试验所需的硬件有：网络扩展模块 Ethernet Shield 1 块，DS18B20 数字温度传感器 2 个，4.7kΩ电阻 1 个，导线若干。

插入 Ethernet 板到 Arduino 板上，之后如图 5-28 所示连接每个元件，在 Arduino Ethernet 板上接线就像直接接到 Arduino 上相同的位置上一样。

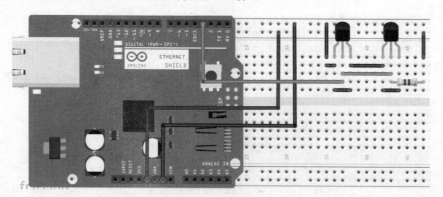

图 5-28 实际接线图

**（2）程序代码** 本试验程序代码如下所示。

```
#include(PI.h)
#include<Ethernet.h>
#include<OneWire.h>
#include<DallasTemperature.h>
```

```
//定义要用来从传感器中读取数据的数字引脚
#define ONE-WIRE-BUS 3
#define TEMPERATURE-PRECISION 12
float tempC,temp;
//生成一个 oneWire 实例，连接任意单线设备（不仅仅是 Maxin/Dallas 温度传感器）
OneWireDallas
//传递 oneWire 引用给 Dallas 温度传感器
dallasTemperature aensors(*oneWire);
//存储元件地址的数组
deviceAddress insideThermometer=(0x10,0x7A,0x3B,0xA9,0x01,0x08,0x00,
0xBF);
deviceAddress insideThermometer=(0x10,0xCD,0x39,0xA9,0x01,0x08,0x00,
0xBE);
byte mac[]={0x48,0xC2,0xA1,0xF3,0xBD,0xB7};
byte ip()={192,168,0,104};
//建立 BO 商品的服务器
Server server(80);
void setup()
{
  //开始 Ethernet 通信服务
  Ethermet.begin(mac,ip);
  Server.begin();
  //使用传感器
  Sensors.begin();
  //设置精度
  Sersors.setResolution(insideThermometer,TEMPERATURE-PRECISION);
  Sersors.setResolution(outsideThermometer,TEMPERATURE-PRECISION);
}
//从传感器中获得温度的函数
void getTemperature(DeviceAddress devicdAddress)
{
  tempC=sensors.getTempC(deviceAddress);
  tempF=DallasTemperature::toFahrenheit(tempC);
}
void loop()
{
  Sensors.requestTemmperatures();
  //监听客户机的输入
  Client client=server.avallable();
  if (client){
  //从客户机发出的一个 HTTP 请求，要结束于一个空行符号
  booleanBlakLine=true;
  while(client .connected()){
    if(client,available()){
      char C=client.read();
    //如果是空的并且结尾是换行符'/n'，说明到了 HTTP 请求的结尾
    if(c=='\n'&&BlankLine){
    getTemperature(insideThemometer);
  client.println(HTTP/1.1200 ok);//标准 HTTP 响应
    client.println(Content-Tvde:text//html\n):
    client.println(<html><head><META HTTP-EQUIV=refresh Content="S"
">\n");
    client.println(<title>Arduino web Server</title><head>);
```

```
client.println(<body>\n);
client.println(<h3>Internal Temperature<h3>);
client,println(Temp C:);
client.println(tempC);
client.println(<br/>);
client.println(Temp F);
client.println(tempF);
client.println(<br/>);
getTemperature(outsideThermometer);
client.println(<h3>External Temperature<h/3>);
client,println(Temp C:);
client.println(tempC);
client.println(<br/>);
client.println(Temp F);
client.println(tempF);
client.println(<br/>);
break;
}
if(c=="\n")   {
//开始一个新行
blankLine true;
}
else if(c ! \r)   {
//有一个字符在当前行中
blankLine =false;
}
}
}
//允许浏览器有时间接收数据
delay(10);
//停止客户机
client.stop();
}
```

需要在这一行中输入 IP 地址;

```
byte ip[]  ={192,168,0,104};
```

（3）试验结果　需要根据自己的系统改变以上的 IP 地址。需要从路由器中找到计算机设置 IP 地址范围来更改 IP 地址。通常，地址将开始于 192.168.0 或 192.168.1，之后通常只需要把它的最后一位设置成高于 100，保证地址没有被其他设备占用而发生冲突。可能需要进入路由器设置确认任何到 80 端口的 HTTP 请求指向网卡板的 IP 地址，见路由器菜单下的"Port Forwarding"菜单项，要在防火墙设置中打开端口 80。

现在打开网络浏览器，输入 IP 地址和端口，如下所示:

192.168.0.104.80

这时可以在浏览器界面上看到传感器测出的当前温度值。

这个页面每 5s 自动刷新一次来显示温度的变化，如果已经在路由器中正确设置了前面的端口和防火墙，那么在任何地方只要连上局域网就可以得到这个页面，但需要知道路由器的 IP 地址，这可以在路由器 Administration 页面中找到。在任何浏览器输入以下的 IP 地址，冒号后是端口号:

95.121.118.204：80

上面网址的网页现在将显示在浏览器中，可以从以太网的任何入口查看温度读数。

**（4）程序说明** 首先，要加载库文件，确保在库文件夹内有这个给温度传感器的库。要注意的是版本 0019 的 Arduino IDE 在每个 Ethernet.h 库的项目中需要包含 SPI.h 库。

```
#include(PI.h)
#include<Ethernet.h>
#include<OneWire.h>
#include<DallasTemperature.h>
```

之后是引脚和传感器精度设置：

```
#define ONE-WIRE-BUS 3
#define TEMPERATURE-PRECISION 12
```

接下来是两个浮点数，用其存储摄氏度或华氏度单位的温度值。

```
float tempC,temp;
```

生成一个 oneWire 对象的实例，作为参数传递到 DallasTempoerature 库：

```
oneWire oneWire(ONE-WIRE-BUS);
DallasTemp[erature sensors(& oneWire);
```

为这两个温度传感器设置地址

```
deviceAddress insideThermometer=(0x10,0x7A,0x3B,0xA9,0x01,0x08,0x00,
0xBF);
deviceAddress insideThermometer=(0x10,0xCD,0x39,0xA9,0x01,0x08,0x00,
0xBE);
byte mac[]={0x48,0xC2,0xA1,0xF3,0xBD,0xB7};
byte ip()={192,168,0,104};
```

之后需要定义元件的 MAC 和 IP 地址：

```
byte mac[]={0x48,0xC2,0xA1,0xF3,0xBD,0xB7};
byte ip()={192,168,0,104};
```

MAC 地址（物理地址）是一个独一无二的给网络接口的记号，PC 或 MAC 上的网卡有它们自己的由制造商确定的 MAC 地址。在这个例子里，由自己决定 MAC 地址，它只是一个 48 位数，因此只要设置任何十六进制数到地址中，甚至让它们像代码中的那样也行。IP 地址需要手工设置，它必须在路由器的允许范围内。

之后，以设备的端口号为参数生成一个 Server 类实例：

```
Server server(80);
```

服务器可以监听到这个特定的端口上的连接。一个端口号只是一个数据的通路。网卡只是接入设备，端口号决定数据的去向。想象 MAC 地址是一个建筑物地址，建筑物有很多单元，每个单元有自己的房间，每个间房有自己的编号。

之后到达 setup 函数。开始于初始化 Ethernet 通信，传递 MAC 地址和 IP 地址给设备的实例：

```
Ethernet.begin(mac,ip);
```

现在，需要使用 begin()函数告诉服务器开始监听连接的输入：

```
Server.begin();
```

程序开始于使能传感器和设置它们的精度：

```
Server.begin();
Sersors.setResolution(insideThermometer,TEMPERATURE-PRECISION);
Sersors.setResolution(outsideThermometer,TEMPERATURE-PRECISION);
```

之后，建立一个函数从传感器中获得温度

```
void getTemperature(DeviceAddress deviceAddress){
tempC=sensors.getTempC(deviceAddress);
tempF=DallasTemperature::toFahrenheit(tempC):  }
```

之后到程序主循环，首先，从两个传感器获得温度值：

```
Sensors.requestTemperatures();
```

需要监听任何客户输入，例如，网页浏览器要求通过 Arduino 查看网页服务，需要生成一个 Client 实例，使用它去检查服务器内是否有数据可读。客户机是将要连接到 Arduino 的 Web 浏览器，服务器是 Arduino。

```
Client client=server.available();
```

之后，检查客户机是否连上、是否有数据可以给客户机，如果有，if 语句执行。

```
if(client)  {
```

首先 if 语句生成一个布尔变量 BlankLine，设置它为 true：

```
Boolean BlankLine=true;
```

从客户机发出的一个 HTTP 请求，将结束于一个空行符号，中断用一个换行字符。因此使用 BlankLine 变量去决定是否已经到达数据尾部。

之后，检查是否客户机还连着，如果是，运行在 while 循环中的代码：

```
while(client.connected()){
```

之后，检查客户机的数据是否准备好了。如果数据准备好了，下一个 if 语句中的代码被执行。available()函数返回已经向连接到服务器上的客户机中写入的字节数。如果值是零以上，那么 if 语句被执行。

```
if(client.avalable())  {
```

之后，定义一个字节变量，存储从服务器收到的下一个字节，使用 client.read()函数获得字节。

```
char c=client.read();
```

如果读到的字符是换行符（"\n"），需要检查 BlankLine 是 true 还是 false。如果是 true，说明已经到达 HTTP 的尾部，因此可以返回 HTML 代码到客户机（用户的网络浏览器）。

```
if(c==\n &&BlankLine)  {
```

之后，要从服务器送出数据。开始从内部传感器获得温度：

```
getTemperature(insideThermometer);
```

之后，返回客户机的 HTML 代码。每个页面组成代码叫做 HTML（或 Hyper Text Markup Language）。使用 client.println()函数去给客户机发布数据，送出代码生成网页。在许多浏览器中如果在网页中单击鼠标右键，会有一个弹出菜单查看网页源代码。试一下，可以看到刚刚看到的组成网页的 HTML 代码。这个代码告诉浏览器要显示什么和如何显示。

首先，告诉客户机使用的 HTTP 版本是 1.1，这是一个用于网页的标准协议，它包含了要送出的 HTML 文件：

```
Client.println(HTTP/1.1 200OK");//标准 HTTP 响应
Client.println(Content-Type:text/html\n);
```

之后，有 HTML 标签表明从现在开始每行的内容是 HTPML 代码和 HTML 代码的头标签。头标签在希望浏览器去执行的任何命令和脚本等代码主体之前。第一个命令告诉浏览器让网页每 5s 自动刷新一次。

```
Client.println(<html><head><METAHTTP-EQUIV=refresh CONTENT=5>\n>);
```

之后，给出页面标题 。它将出现在浏览器的顶部，可以给这个页面随便添加一个标题。

```
Client.println(<trtle>Adruino server<title><head>);
```

通过插入一个</head>标签结束头部分。之后是 HTML 的程序体，这是使用者可以见到的部分。

```
Client.println(<body>\n)
```

显示一个<h1>头标志 "ArduinoWeb Server"，h1 是最开始的头部，跟着是 h2、h3 等。

```
Client.println(<h1>Arduino Web Server<h1>);
```

随后是下一部分的标题 ，它是 "IntemalTmeperature"，头部为 h3。

```
Client.println(<h3>Arduino Web Server<h3>);
```

之后，输入以摄氏度和华氏度为单位的温度，接着是换行符号：

```
Client,println(Temp C:);
Client.println(tempC);
Client.println(<br/>);
Client.println(Temp  F);
Client.println(tempF);
Client.println(<br/>);
```

之后，获得外部温度和显示外部温度：

```
getTemperature(outsideThermometer);
Client.println(<h3>External Temperature<h/3>);
Client,println(Temp C:);
Client.println(tempC);
Client.println(<br/>);
Client.println(Temp  F);
Client.println(tempF);
Client.println(<br/>);
```

之后，用一个 break 语句退出 while 循环：

```
break;
```

现在如果读到\n（换行符）符，设置 BlankLine 为 true，如果不是\r 符号（回车符）等，设置 BlankLine 为 false，这表示还有字符要从服务器读。

```
if(c==\n)  {
//开始一个新行
BlankLine=true;
}
else if(c! =\r)  {
//有一个字符在当前行中
BlankLine =false;
}
```

等待一个短的延时，允许浏览器有时间接收数据。之后用 stop()函数停止客户机，这个函数从服务器上断开客户机的连接。

```
Delay(10);
Client.stop();
```

## 5.4　Arduino 的无线网络应用

WiFi 全称 Wireless Fidelity，意思是无线保真。WiFi 基于 IEEE 802.11 无线局域网通信标准，该标准已经衍生出了 a、b、g、n 四代，目前正在普及的是 802.11n。WiFi 使用的是 2.4GHz 附近的频段。它的最大优点是传输速度较高，传输吞吐量可以达到 150Mbps，在信号较弱或有干扰的情况下，带宽可自动调整，以降低速率，有效地保障了网络的稳定性和可靠性。其主要特性是：传输速度快；可靠性高；在开放性区域，使用大功率平板天线时，传输距离可达数十公里；在封闭性区域，通信距离也能达到数百米（和发射功率有关）；WiFi 可与有线以太网络更便捷地整合，组网成本更低。

由于目前手机、平板电脑、PC 等都支持 WiFi 功能，其在民用领域使用最广，与 Arduino 结合可广泛应用于物联网、智能家居和智能玩具等领域，实现近、远距离的联网与控制。

### ■ 5.4.1 WiFi 扩展板

Arduino WiFi 扩展板使 Arduino 能够连接到任何 802.1lb/g 无线网络。它使用了 H&Dwireless 出品的 HDG104 无线局域网系统级封装（Sip）模块，提供了优化的低功耗无线连接，这块 WiFi 扩展板能够用 UDP 或 TCP 进行通信，使用它非常简单，只需将其装到 Arduino 顶部，然后使用 WiFi 库写几行代码就可以了。WiFi 扩展板的插座引脚也在顶部提供了母头连接器，使人们可以很容易地使用 Arduino 引脚，或者堆叠其他的扩展板。

除了支持 802.11b/g 规范以外，这块 WiFi 扩展板还同时支持 WEP 和 WPA2 个人级加密网络。一旦程序烧写完成且 Arduino 完成设置，Arduino 就可以从计算机上断开，由外部电源供电。在无线路由器覆盖区域内的任何地方进行双向通信。

还不止如此，WiFi 扩展板也提供了板载的 nicroSD 卡槽，它在 ArduinoUno 和 Mega 上都可以通过简单易用的 SD 库来访问它。

Arduino WiFi 扩展板和 SD 读卡器都使用 SPI 总线通信，关于使用通用 I/O 引脚有几个重要的细节需要注意。

在 Arduino UNO 上，支持 SPI 通信的数字引脚是 11、12 和 13 号，而在 Mega 上是 50、51 和 52 号引脚。在这两种板卡上，都使用 10 号引脚选通 HDG104，4 号引脚选通 SD 读卡器。Mega 上的硬件 SS 引脚（53 号数字引脚）既不用于 SD 读卡器也不用于 HDG104，尽管它必须配置成输出，SPI 接口才能正常工作。7 号数字引脚作 WiFi 扩展板和 Arduino 间的握手引脚，这是至关重要的，以上提到的所有引脚都不能再作为通用 I/O 使用了。

最后，由于扩展板 Wi-Fi 芯片（HDG104）和 SD 读卡器都使用了 SPI 总线，因此在同一时刻只能激活一个。如果两者都被使用了，SD 和 WiFi 库会自动协调好，但如果只使用了一个，就必须显示地标用另一个（如果你不使用 SD 读卡器，必须手动禁用它），正如在示例代码中看到的那样。

WiFi 扩展板的设计经过了仔细的考虑，并提供了一些除了 WiFi 连接以外的有用特性。它是完全开源的，还有一个 Mini USB 接口用于支持未来的固件更新。它还有系列的状态 LED，可以报告有用的信息，比如连接状态（LINK/绿色），是否有通信错误（ERROR/红色），是否正在进行数据收发（DATA/蓝色）。

Arduino WiFi 扩展板使用了新版权 Arduino 上的 IOREF 引脚，这个引脚可以让扩展板检测所连接到的 Arduino 板卡的 I/O 引脚的参考电压。这意味着如果使用了早于 REV3 版的 ArduinoUno 或者 Mega2560，就必须在 I0REF 和 3.3V 间连接一根跳线，如图 5-29 所示。

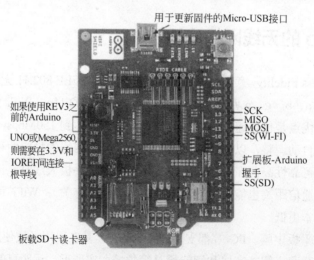

图 5-29　WiFi 扩展板使用的引脚

## ■ 5.4.2　WiFi 库

要使用 WiFi 扩展板，就要使用 WiFi 库。WiFi 库会接管所有的底层网络通信，还支持由 WiFi 扩展板提供的许多指令和功能。表 5-12 给出了 WiFi 库中要用到的函数。了解过表 5-12 后，就可以开始一个示例项目了，在这个项目中需要利用无线网络发送手势传感器数据。

表 5-12　**WiFi、WiFiServer 和 WiFiClient** 库函数

| 函数 | 描述 |
| --- | --- |
| WiFi.begin() <br> WiFi.begin(char[]ssid) <br> WiFi.begin(Char[]ssid,char[]pass) <br> WiFi.begin(char[]ssid,int keyIndex,char[]key) | 初始化 WiFi 库并开始与设备通信，可以加入任何公开的网络，或者提供网络的 SSID 和密码来加入一个 WPA 加密的网络，或者提供 keyIndex 和密钥来加入一个 WEP 加密的网络（WEP 加密可以存储 4 个不同的密钥，因此必须提供一个）。这个函数返回 WiFi 状态 |
| WiFi.disconnect() | 从当前网络断开 |
| WiFi.SSID() | 获得当前网络的 SSID 并返回一个字符串 |
| WiFi.BSSID(bssld) | 获得当前连接的路由器的 MAC 地址，并将其存储到作为参数传入的 6 字节的数组中（比如 byte dssld[6]） |
| WiFi.RRSI() | 以 long 型数返回当前连接的信号强度 |
| WiFi.encyptionType() <br> WiFi.encryptionType(WiFi AccessPoint) | 返回当前的（或指定的）接入点的加密类型，返回的是一个 byte 值，其中 TKIP（WPA）=2，CCMP（WPA）=4，NONE=7，AUTO=8 |
| WiFi.scanNetworks() | 以 byte 型数返回已发现的网络个数 |
| WiFi.getsocket() | 返回第一个可用的套接字 socket |
| WiFi.SACAddress() | 返回一个 6 字节数组，表示 WiFi 扩展板的 MAC 地址 |
| WiFi.localIP() | 返回扩展板的 IP 地址（以 IPAddress 类型） |
| WiFi.subnetNask() | 返回扩展板的子网掩码（以 IPAddress 类型） |
| WiFi.gatowayIP() | 返回网关 IP 地址（以 IPAddress 类型） |
| WiFiserver(int port) | 创建一个服务器来监听一个指定的端口 |
| WiFiServer.begin() | 启动监听报文的服务器 |
| WiFiServer.available() | 如果客户端已经有数据，则返回一个客户端 |
| WiFiserver,Write(data) | 将数据发送到所有已连接的客户端（byte 或者 char 型） |
| WiFiserver.print() | 将数据打印到所有的客户端，数字会以 ASCII 数字串的方式打印，比如 123 就会变成 3 个字符，即 1、2、3 |
| WiFiServer.println() | 与 WiFiserver.print[]一样，但在每条报文的结尾会添加一个换行符 |
| WiFiCllent() | 创建一个客户端，可以连接在 connect[]中指定的 IP 地址和端口 |
| WiFiClient,connected() | 返回客户端是否已经连接，如果一个连接已经关闭，而尚有一些数据未读取，则仍返回 true |
| WiFiCllent,connect(IP,port) <br> WiFiclient.connect(URL,port) | 使用指定 IP 地址和端口号启动一个连接，可以从一个 URL 中解析出 IP 地址 |
| WiFiclient,write(data) | 将数据写入到服务器 byte 或者 char |
| WiFiclient.,print() | 将数据打印到所有的客户端，数字会以 ASCII 数字串的方式打印，比如 123 就会变成 3 个字符，即 1、2、3 |
| WiFiclient.println() | 与 WiFiclient.print[]一样，但在每条报文的结尾会添加一个换行符 |
| WiFiclient,avalable() | 返回到可供读取的字节数（由服务器发送的字节数） |
| WiFiCllent,read() | 读取来自服务器的下一个字节 |
| WiFiclient,flush() | 清除所有已经发送到客户端但尚未被读取的数据 |
| WiFiclient,stop() | 从服务器断开 |

### 5.4.3 无线加速度传感器试验

在本试验中，要制作一个无线加速度计，实现将加速度传感器的数据通过无线网络发送到服务器上；这种无线加速度计非常实用，可以用它来做成一个无线体感手柄，或者使用它来辅助肢体残疾人士等。

**（1）Processing 语言基础**　在本试验中需要用 Processing 语言来建立一个服务器，通过这个服务器可以获取并解析来自无线加速度计的数据。

① Processing 概述　Processing 是最具有影响力和最老牌的创意码项目之一，它最初由 MIT、BenFry 和 Casey Rcas 开发，现在则由一个更大的团队来维护。它使用 Java 编写，所以任何熟悉 Java 的人都可以快速地理解这个平台，它也钊对不具有深厚技术背景的设计师和艺术家们进行了友好的设计，因此他们也可以制作视觉或者交互式项目。这是开源的，可以免费下载并为所有主要的平台提供了相应的版本，所以可以熟悉这个环境并将项目从一台计算机移植到另一台计算机，甚至是移植到互联网上。

Arduino IDE 中的项目和几乎所有的 Processing 应用程序间都有一些共同点。举例来说，在 Processing 中的 setup（）和 loop（）方法在 Processing 中变成了 setup（）和 draw（）。而 IDE 看起来也多少有点相似，而且软件库的组织方式也类似。

② Processing 串口通信　Processing 有一个库用于支持串口通信，它的名字叫做 Serial。下列的代码可以轻易地将这个库导入到项目中：

```
Inport processing.serial.;
```

要创建一个串口连接，就需要创建一个 Serial 类的实例：

```
Serial ArduinoPort;
```

接下来需要配置 Arduino 与 Processing 应用程序间的通信。在应用程序中的 setup（）方法中，也就是应用程序进行初始化的地方，你初始化了 Serial 的实例：

```
ArduinoPort=new serialithis,(9600);
```

Serial 类的构造函数就像这样：

```
Serialcthis,port,rate;
```

更详细地了解一下：

- this——运行 Serial 的实例的应用程序。
- port——串口设备的名称，表示了已连接的 Arduino。
- eate——通信中使用的波特率。

如果一下子想不起来串口的名称，可以调用 Serial.list()。它会以 string 的形式返回一个数组，其包含了所有连接到串口的设备的名称，这就使得用户能很方便地做一些事情，就像下列代码：

```
Arduinoport=new serial this ,serial.lise()[0],9600;
```

这就选择了第一个名称以 string 表示的串口设备。举例来说，有时候可能想要使用第三个串口设备，所以就可以将 serial.list（）结果中的第三项，传递给 Serial 构造函数的第二个参数：

```
Arduinoport=new serial(this,serial,list()[2],9600);
```

要将一条消息发送到串口中，需要调用以下方法：

```
Arduinoport.write();
```

要从串口读取数据，要检查串口的缓冲区中是否有可供读取的数据，然后从中读取，直到读完所有的数据。这样可以工作是因为每次调用 read()都会将这个字节弹出缓冲区，因此它只能读取一次，这个缓冲区会随着每次的读取而缩小。

```
while(serial.available()>0) {
```

```
Printarduinoport,read();
}
```

**（2）硬件连接**

本试验需要 1 块 WiFi 扩展板和 1 个 ADXL335 加速度传感器，首先将 WiFi 扩展板直接插到 Arduino 开发板上，然后将加速度传感器按照图 5-30 连接到对应引脚上即可。

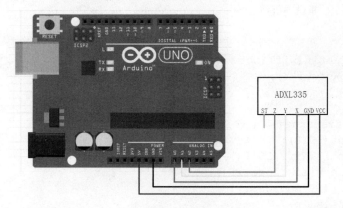

图 5-30　实际接线图

**（3）Arduino 终端程序代码**　首先，需要先是 Arduino 开发板正常工作，具体程序代码如下。

```
#include<wifi.h>//设置网络名
char ssld[]=network-name;//（SSID）         设置网络密码
char pass[]=Betwork-key;
IPAddress server -address(192,168,0,1);
int server-port=10000;//设置服务器 IP
int atatus=WL-IDLE-STATUS;//设置服务器端口号
WiFicliemt client;//WIFI 客户端对象
 void setup()  {//启动串口通信
   serial.begin(9600);
     connectToNetwork();
}//尝试连接到网络
void connectToNetwork()   {
  while(status !=WL-CONNECTED)  {
    serial..print(Attempting to connect to SSID);
    serial.println(ssld);//加入网络
    delay(10000);
  }
  printWiFiStatus();//等待加入到网络中
}
void loop()    {//测试网络是否已经连接
  if(ataus==WL-CONNECTED)      {
   if(!client,connected());
   {
     client,connect(eerver-address,server-port);//连接到服务器
     delay(10000);
   }
   else
   {
     serial.print(connected and sending data to);
     serial.println(eerver-address);//读取并发送当前加速度计信息
     client.print(x:-);
```

```
        client.print(analogRead(0);
        client.print(y:-);
        client.print(analogRead(1);
        client.print(z:-);
        client.print(analogRead(2);
    }
    delay(20);//重试前等待 20ms
  }
  else{
    serial.println(wifi not up);
    connectToWetwork();
  }
}
void printWifistatue() {
  serial.print(SSID);
  serial.println(Wifi,SSID());
  IPAddress ip=wifi .localIP();
  serial.print(IP Address:);
  serial.println(ip);
  long rssi=wifi,RSSI());
  serial.print(signal strength (RSSI);
  serial.print(read);
  serial.println(clem);
}
```

在导入所需的库并提供一些网络和服务器的参数后，必须创建一个 WiFiclient 对象。然后，在 setup 函数中初始化用于调试的 Serial 库，接着通过创建的一个名为 connecttonetwork 的程序试启动网络连接。尝试使用 WiFi.begin 加入到 WiFi 网络中，然后暂停 10s 来等待连接完成。接下来进入主循环，如果成功连接到了网络，但尚未连接到服务器，则尝试连接到服务器。如果已经连接到了服务器，则尝试读取并发送当前加速度计的值。

**（4）Processing 程序代码** 在本试验中需要使用 Processing 编程环境，这样就可以在计算机上运行服务器的程序了。可以到 Processing.org 下载最新版的 Processing。Processing 程序代码如下。

```
Import processing.net.//导入 proccessing 网络库
int direction=1;
Bcolean serverRunning=talse;//设置文本方向
String cussentData=;//创建字符串来存储加速度计数器
Server myServer;
void setup()//创建服务器对象
{
  Size(400,40D);//设置窗口尺寸
  textFont(createFont(Sansserif,16));
  myserver=new server(this 10000);
  serverRunning=true;
  printData();
}//实例化 Server 类
void prinData()  {
  Background(0);
  Text(wireless accelerometer data:.15,25);
  Text(currcntData,15,50);
}
void draw()
```

```
{//检查拨入的客户端
  Client thisClient=myserver.available();
  if (thisClient[null])  {
    if(thisClient,available()>0)  {
    currentData=mennage fuom *thisClient,ip()**;//解包并显示数据
    thisClient,readString();
      printData();
    }
  }
}
```

首先在 setup 函数中设置用于显示数据的窗口和字体，然后将服务器实例化，用来监听拨入的客户端。draw 函数与 Arduino 的 loop 函数类似，它不断地监测拨入的客户端。如果有客户端连接，则会解包报文[thisClient.readString()]，追加一些额外的信息，比如客户端的 IP 地址，然后将其显示在窗口中。

（5）**试验结果**　就是这样，点击 Processing 程序上的 Play 按钮，Processing 就会在计算机屏幕上打开一个窗口，服务器也就启动了。将 Arduino 代码烧写到 Arduino，只要网络配置正确（Arduino 和计算机在同一个 WiFi 网络中，且在 Arduino 中已经将计算机的 IP 设为了服务器地址），应该能看到加速度计的数值显示在了 Processing 程序的窗口上。

### ■ 5.4.4　WiFi 转串口模块的应用

（1）**模块概述**　下面介绍一款可以直接兼容 Arduino UNO 板的 WiFi 转串口模块，如图 5-31 所示，该模块使用了 HLK-RM04 核心板，并增加了 Arduino 引脚功能，可以直接插在 Arduino UNO 等多个型号的开发板上使用。

该模块的参数如下：

- 支持的模式：串口转 WiFi 模式，串口转以太网模式，以太网转 WiFi 模式，串口服务器模式，全透明双向数据传输模式。
- 模块集成 10Mbps/100Mbps 自适应以太网接口，串口通信最高波特率高达 230.4kBaud。
- 尺寸大小：40mm×29mm。
- 工作温度：–25~75℃。
- 内置 360MB 的 MIPS CPU、16MB 的 RAM、4MB 的 FLASH、无线基带和射频前端以及多种外设总线。
- 支持 IEEE802.11b/g/n 协议，支持数据透明传输模式。
- 支持绝大多数 WiFi 加密方式和算法，如：WEP、WAP-PSK、WAP2-PSK、WAP1，加密类型为：WEP64、WEP128、TKIP、AES。
- 提供 AT+指令集：提供友好的 Web 配置页面，可通过网页配置。
- 可选内置板载或者外置天线。
- 支持工作在 AP 模式和节点（Station）模式下的无线功能，支持苹果（Apple）iOS 系统和 Android 系统设备等所有能与 WiFi 连接的设备，支持 AP 和 Station 同时在线功能。
- 可选择 TCP Server、TCP Client、UDP 工作模式，支持网络协议：TCP、UDP、ARP、ICMP、HTTP、DNS、DHCP。
- 支持 DHCP 自动获取 IP，支持工作在 AP 模式时从设备分配 IP。
- 串口速度可调，最高支持 230400bps。

和Arduino开发版对接的各个引出I/O

图 5-31 WiFi 转串口模块

如图 5-31 所示，其中网口 1 用于连接电脑网卡，网口 2 用于连接路由器。正常情况下模块可由 Arduino 开发板供电，或独立采用 5V 稳压电源供电。由于该模块没有稳压芯片，切忌直接外接大于 5V 的电源（会直接烧毁模块）。在 "WIFI-UART-V1" 字样下方有三个 LED 灯，从左往右依次是 WiFi（模块工作指示灯，绿色）、WAN（WAN 口指示灯，绿色）、POWER（电源指示灯，红色）。模块上有两个按钮，按下任意一个超过 6s（松开后需等待约 15s 让模块重启）即可将模块复位（恢复出厂设置）。硬件串口和模拟串口的选择可以通过跳线帽（短路子）来实现，如图 5-32 所示，具体方法如下。

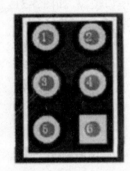

图 5-32 跳线帽

短接 1、3 和 2、4 时，使用的是 Arduino 硬件串口（1RX、0TX）。

短接 3、5 和 4、6 时，使用的是 Arduino 模拟串口（3TX、2RTX）。

**（2）配置说明** 该模块可采用两种方式进行配置，一种是串口方式，另一种是网络（Web）方式，具体的配置方法如下。

① 串口方式配置 串口方式配置是指用串口的方式连接模块，通过发送 AT 指令来改变模块的设置。

本书使用 USB 转串口（TTL 电平）模块（型号 PL2303HX）连接 WiFi 转串口模块。该方式须使用以下三类软件，即串口调试工具，HLK-RM04 配置软件和网络端口调试工具，请读者自行下载安装。

串口调试工具——用于测试从串口往 WiFi 模块发送数据到网络端，或接收来自网络端的数据。这类工具有串口助手、串口大师等。

HLK-RM04 配置软件——用于配置模块，由厂家提供。

网络端口调试工具——用于监听网络端口（来自 WiFi 转串口模块）的数据，或往模块发送数据，这类软件有 TCP/UDP Socket 调试工具 V2.2 等。

采用串口方式进行配置的具体步骤如下。

a. 初始状态下，给模块上电，把板上短路子拔掉，按下 "退出透传模式" 按钮（配置时需退出该模式），用 TTL 串口连接电脑，其中引脚 3 连接 TXD，引脚 4 连接 RXD，如图 5-33

所示。

图 5-33　串口接线图

　　b. 打开 HLK-RM04 配置软件，如图 5-34 所示，选择 COM 口，如 COM8，再点击"搜索模块"按钮，可在"命令执行与回复"对话框中看到反馈的信息：>:at(:Found Deivce at COM8(115200)!。

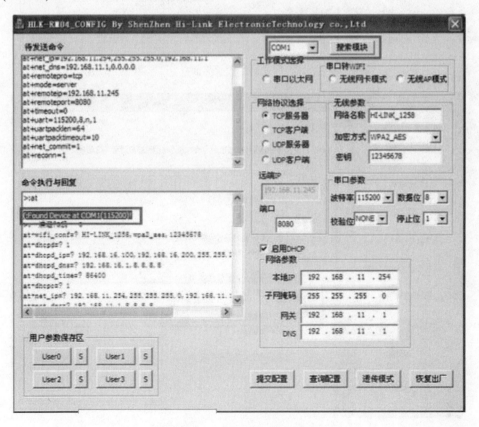

图 5-34　HLK-RM04 配置软件

c. 在图 5-34 中，将"工作模式选择"选为"无线 AP 模式"，并按图 5-35 所示进行"无线参数"和"网络参数"配置。点击"提交配置"按钮，待模块重启后（约 35s），可在笔记本电脑的无线网络管理中看到如图 5-36 所示的连接界面，点击"连接"按钮，即可实现该模块与电脑的无线连接。

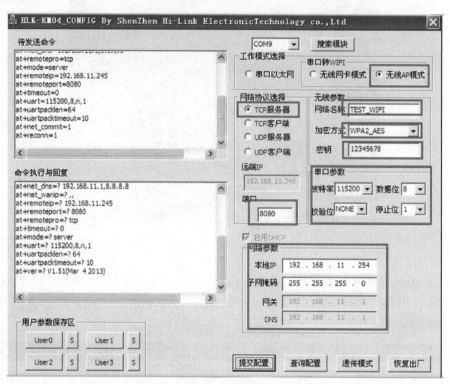

图 5-35  设置界面

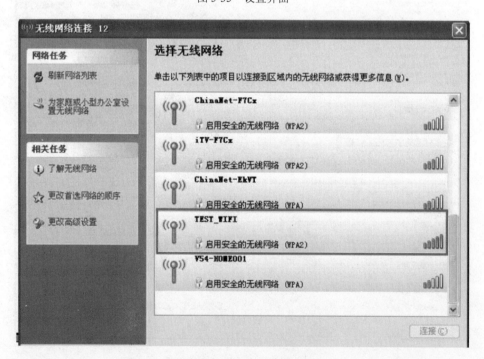

图 5-36  连接模块

d. 以上配置是在退出了透传模式后进行的，若要进行数据传输须让模块进入透传模式。在 HLK-EM04 配置软件界面中，如图 5-34 所示，点击"搜索模块"按钮，模块搜索成功后，击点"透传模式"按钮，若成功进入透传模式，可在"命令执行与回复"栏中看到如图 5-37 所示信息。

e. 打开串口助手，如图 5-38 所示进行串口设置，其中默认波特率为 115200，数据位为 8 位，停止位为 1，无奇偶检验位，设置完成后点击"关闭串口"按钮。

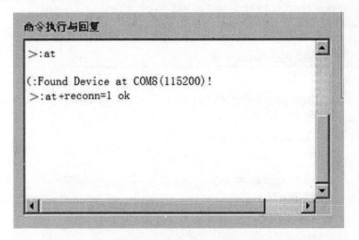

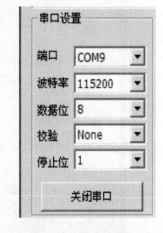

图 5-37　回复信息　　　　　　　　　　　　　　　图 5-38　串口助手设置

f. 然后在串口调试工具串口端输入"Hello World"，在网络端即可看到接收到的数据"Hello World"，如图 5-39 所示。

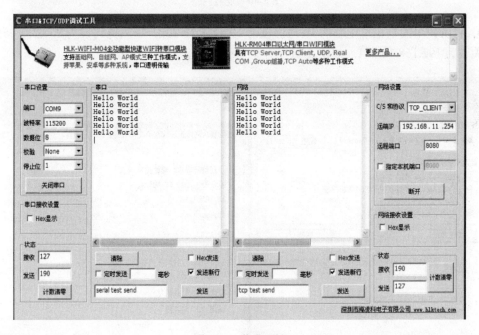

图 5-39　收发测试

② 网页方式配置　网页（Web）方式是指，网络连接上模块后，直接从浏览器访问存储在 WiFi 转串口模块的页面，直接在网页上对模块进行修改（类似于配置路由器）。

采用网页方式进行配置的具体步骤如下：

a. 初始状态下，给模块上电，POWER 和 WAN 两个 LED 灯亮，等待约 35s，打开笔记本电脑的无线网络管理，可看到如图 5-40 所示的 SSID 为 "HI-HINK-1258" 的网络连接，初始密码为 "12345678"，点击 "连接" 按钮。

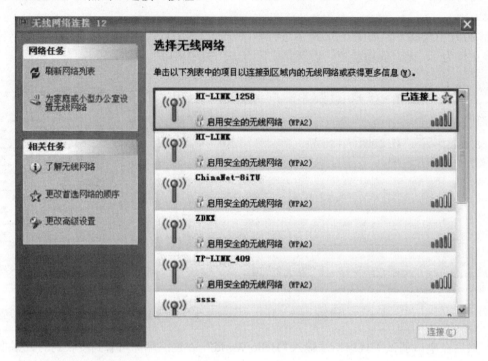

图 5-40　连接网络

b. 将所使用的笔记本电脑的 IP 地址设为 192.168.16.222，子网掩码设为 255.255.255.0，默认网关设为 192.168.16.254，如图 5-41 所示。

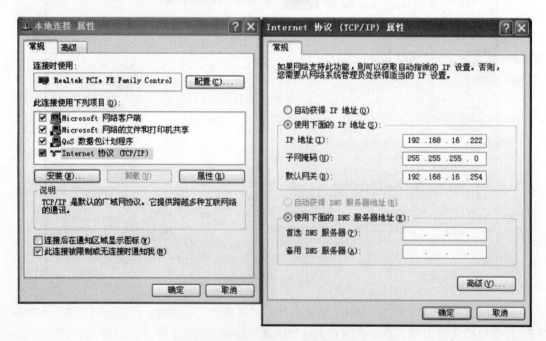

图 5-41　设置笔记本电脑的 IP 地址

　　c. 打开 IE 浏览器，在地址栏输入 "http://192.168.11.254"，进入 Web 配置页面，如图 5-42 所示，默认用户名和密码相同，都是 admin。

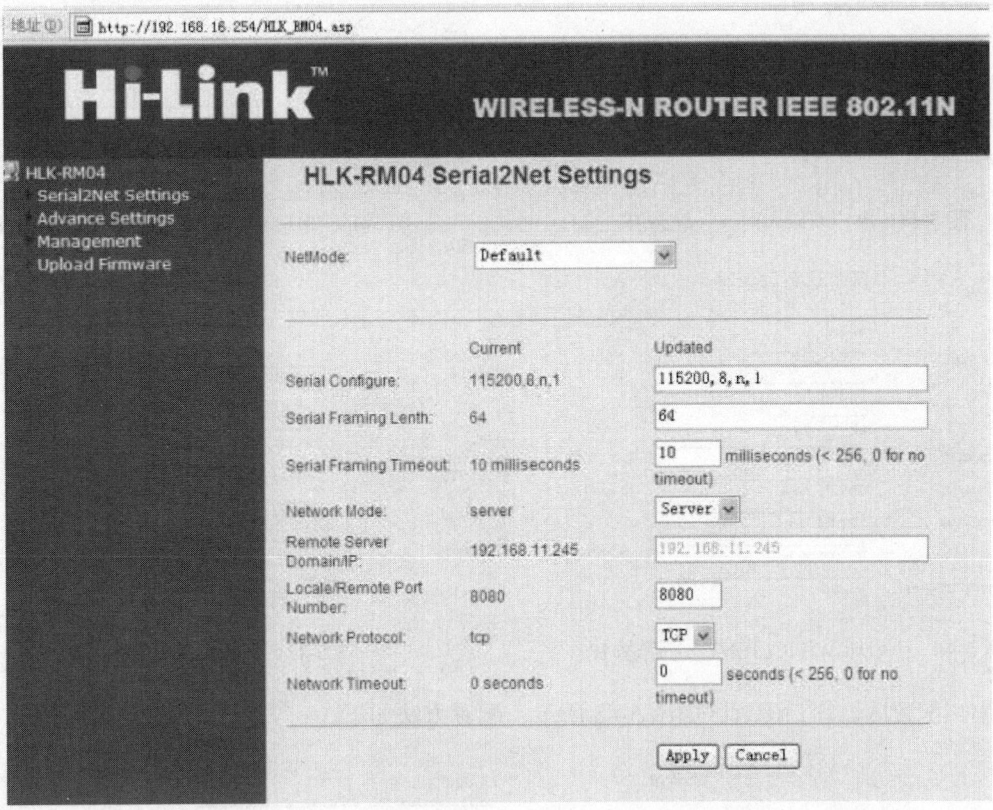

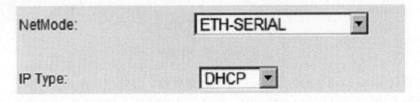

图 5-42　网页设置界面

　　d. 为了使读者能更好地理解配置内容，可将配置界面划分为 2 个区域，如图 5-43 所示，分别是网络配置区和串口配置区，两者的配置方法如下。

　　网络配置区。该模块支持四种网络模式：Default（默认工作模式）、ETH-SERIAL（串口转以太网）、WIFI（CLIENT）-SERIAL（串口转 WIFICLIENT）及 WIFI（AP）-SERIAL（串口转 WIFIAP）。选择不同的工作模式，Web 将显示不同的配置页面。各种模式配置界面如下。

　　ETH-SERIAL（串口转以太网）——动态 IP，如图 5-43 所示。

图 5-43　串口转以太网——动态 IP

　　ETH-SERIAL（串口转以太网）——静态 IP，如图 5-44 所示。
　　WIFI（CLIENT）-SERISL（串口转 WIFICLIENT）——动态 IP，如图 5-45 所示。
　　WIFI（CLIENT）-SERIAL（串口转 WIFICLIENT）——静态 IP，如图 5-46 所示。
　　WIFI（AP）-SERIAL（串口转 WIFIAP），如图 5-47 所示。

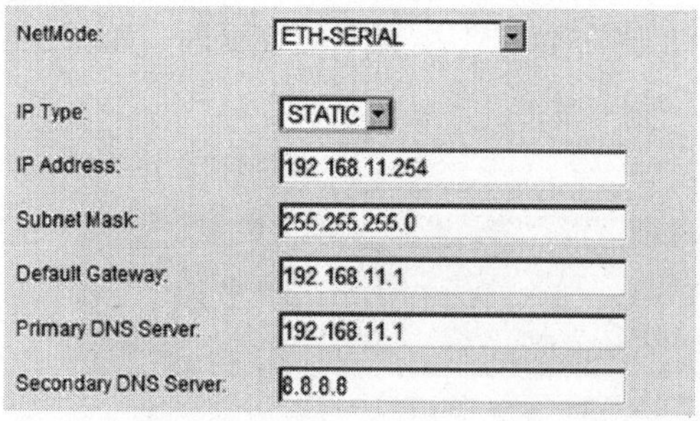

图 5-44 串口转以太网——静态 IP

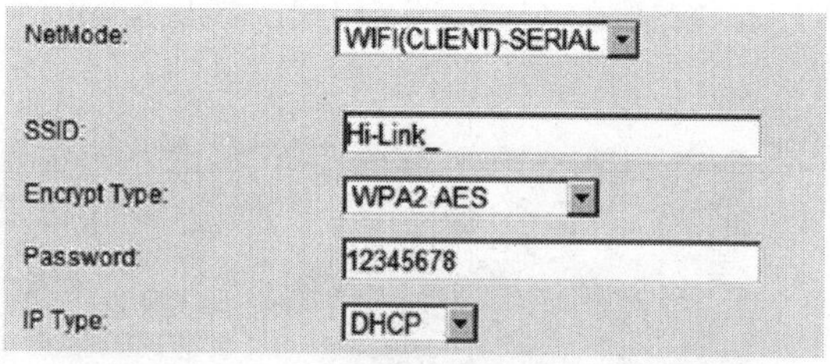

图 5-45 串口转 WIFICLIENT——动态 IP

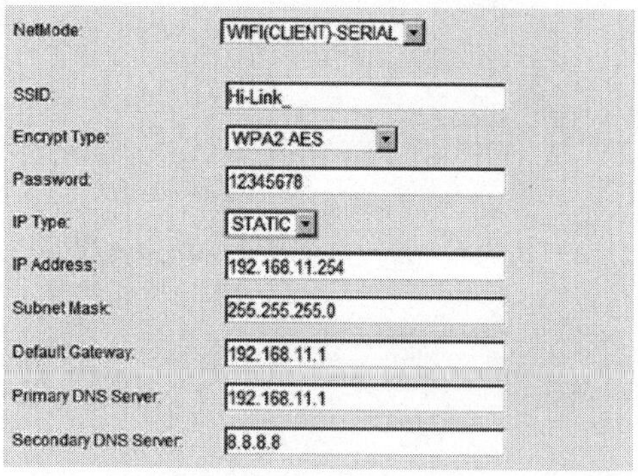

图 5-46 串口转 WIFICLIENT——静态 IP

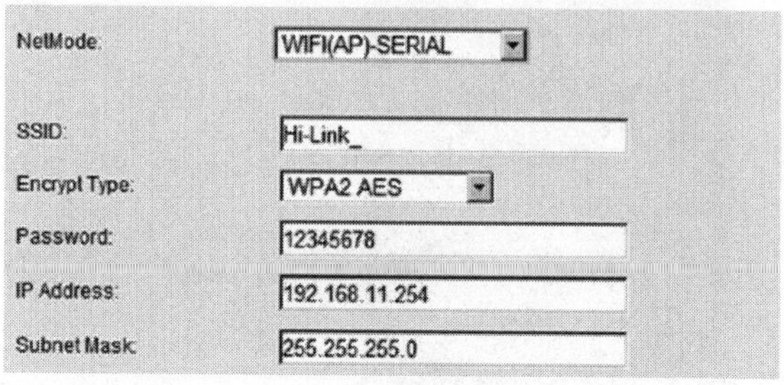

图 5-47 串口转 WIFIAP

串口配置区。串口配置区如图 5-48 所示，配置方法如下。

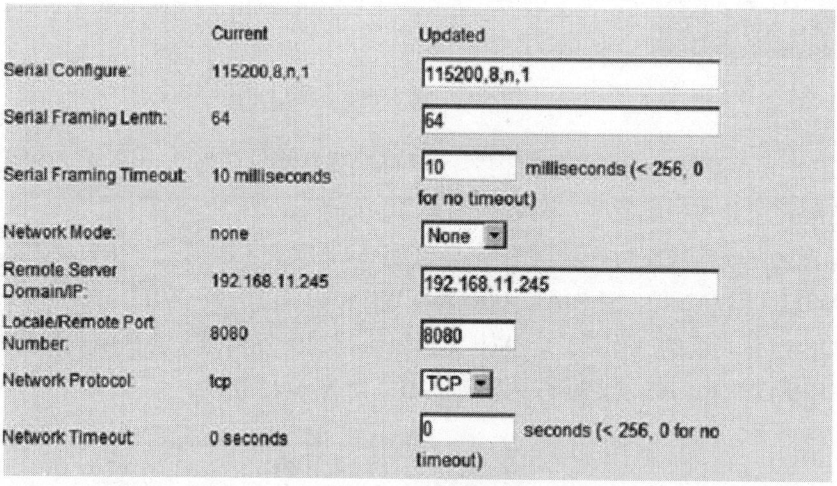

图 5-48 串口配置区

串口设置（Serial Configure）：填写波特率、数据位、校验位、停止位。

串口组帧长度（Serial Framing Lenth）：该项是指缓冲区存储到一定数量再发送出去。

串口组帧周期（Serial Feaming Timeout）：该项是指每帧数据组建并发送的时间，数值越小发送频率越高，延迟越小。

网络协议模式（Network Mode）：可以选择 Client（客户端）、Server（服务器端）或者none（无）。

本地/远端服务器域名（Remote ServerDomein./IP）：填写 IP 地址，例如：192.168.11.245，

或一个网址：www.hlktech.com。

本地/远端端口/IP（Locale/Remote Port Number）：填写本地或远端端口号。不同的网络模式下指定的参数不一样，其中 Client 模式下指定远端端口号，Server 模式下指定本地端口号。

网络协议选择（NetworkProtocol）：选择使用 TCP 或 UDP 协议。

TCP 网络超时（NetworkTimeout）：Server 网络模式下，当在超时时间内没有任何数据传输时，该连接将被断开，其中 0s 表示网络永不断开。

完成上述配置后，在图中，点击"接受"（Apply）按钮，提交当前页面的配置，如果网络部分参数已更改，提交过程可能需要约 25s；如果只修改串口功能配置，提交过程会很快完成。若点击"取消"（Cancel）按钮，将重载页面，已修改的配置将会丢失。

③ 应用举例　使用 WiFi 无线串口模块控制舵机转动。要求从网络往模块发送一个角度，数据范围为 0~180°，使舵机转到相应角度。读者可以自行扩展以控制多路舵机。

首先，将 WiFi 无线串口模块插入 Arduino UNO 板，舵机接 D9 引脚，硬件连接如图 5-49 所示。编写 WiFi 转串口控制舵机的程序，并将程序上传到 Arduino UNO 控制板上。

WiFi 转串口控制舵机代码清单如下：

```
#include<servo.h>
servo myservo; //创建一个 servo 对象
void setup()
{
  serial.begin(57600); //设置串口通信的波特率
  myservo.attach(9); //舵机引脚接 D9
}
void loop()
{
  string s; //储存串口接收的字符
  int angle; //舵机转动角度
  while(Serial.available()); //串口接受输入
  {
    S+=(char)serial.read();
    delay(2);
  }
  int len=s.length();
  if(len>0) //将输入的字符串转化为角度
  {
    switch(len)
    {
    case 1:
    angle=s[0]-48; //接收到个位数
    break;
    case 2: //接收到两位数
    angle=(s[0] -48)*10+s[1] -48;
    break;
    case 3: //接收到三位数
    angle=(s[0] -48)* 100+(s[0] -48)*10+s[1] -48;
    break;
    default;
    serial.println(input wrong);
    }
  }
  if(angle>100|80 ||angle<0) //如果数值超过舵机转动范围（0°~180°），则报警
```

```
    {
      serial,println(input wrong);
    }
    else
  {
    myservo\write(angle);
  }
  s=="";
}
```

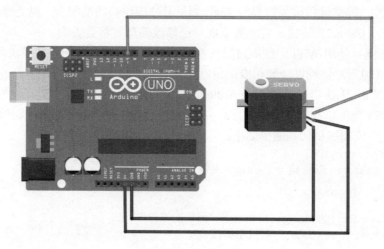

图 5-49　硬件连接图

　　然后，利用 TCP/UDP 网络端口调试工具 TCPUDPDbg 通过无线网络控制舵机，如图 5-50 所示。将 WiFi 转串口模块设置为 Server 模式；IP 地址设为 192.168.10.1；端口设为 8800；串口设置为 57600.8n.1。配置好后，点击"连接"按钮，使笔记本电脑与 WiFi 无线串口模块成功建立数据通信。在"数据发送窗口（文本模式）"中填写需要转动的角度，如 180°，点击"发送数据"按钮，则舵机转动到 180°。

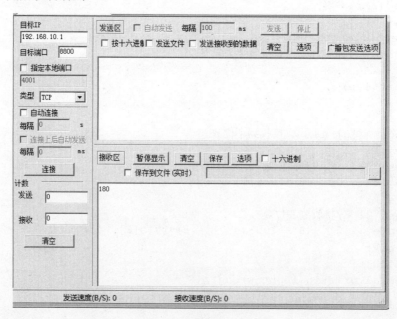

图 5-50　客户端连接界面

## 5.5　无线蓝牙通信

### 5.5.1　蓝牙技术简介

**（1）概述**　蓝牙技术是一种无线数据与语音通信的开放性标准，它以低成本的近距离无线连接为基础，为固定与移动设备通信环境建立一个特别连接。如果把蓝牙技术引入到移动电话和便携型电脑中，就可以去掉移动电话与便携型电脑之间令人讨厌的连接电缆而通过无线使其建立通信。打印机、PDA、桌上型电脑、传真机、键盘、游戏操纵杆及所有其他的数字设备都可以成为"蓝牙"技术系统的一部分。除此之外，蓝牙无线技术还为已存在的数字网络和外设提供通用接口以组建一个远离固定网络的个人特别连接设备群。

蓝牙技术在全球通用的 2.4GHz ISM（工业、科学、医学）频段内，蓝牙的数据速率为 1 Mbps。从理论上来讲，以 2.45GHz ISM 波段运行的技术能够使相距 30m 以内的设备互相连接，传输速率可达到 2Mbps，但实际上很难达到。应用了蓝牙技术的 link and play 的概念，有点类似"即插即用"的概念，任意蓝牙技术设备一旦搜寻到另一个蓝牙技术设备，马上就可以建立联系，而无须用户进行任何设置，可以解释成"即连即用"。在无线电环境非常嘈杂的环境下，它的优势就更加明显了。

蓝牙技术的另一大优势是它应用了全球统一的频率设定，这就消除了"国界"的障碍，而在蜂窝式移动电话领域，这个障碍已经困扰用户多年。

另外，ISM 频段是对所有无线电系统都开放的频段，因此使用其中的某个频段都会遇到不可预测的干扰源。例如某些家电、无绳电话、汽车房开门器、微波炉等，都可能是干扰。为此，蓝牙技术特别设计了快速确认和跳频方案以确保链路稳定。跳频技术是把频带分成若干个跳频信道（Hop Channel），在一次连接中，无线电收发器按一定的码序列不断地从一个信道跳到另一个信道，只有收发双方是按这个规律进行通信的，而其他的干扰不可能按同样的规律进行干扰；跳频的瞬时带宽是很窄的，但通过扩展频谱技术使这个窄带成倍地扩展成宽频带，使干扰可能的影响变得很小。与其他工作在相同频段的系统相比，蓝牙跳频更快，数据包更短，这使蓝牙技术比其他系统都更稳定。

**（2）蓝牙终端的连接**　蓝牙设备的最大发射功率可分为 3 级：100mW（20dB/m）、2.5mW（4dB/m）、1mW（0dB/m）。当蓝牙设备功率为 1mW 时，其传输距离一般为 0.1~10m。当发射源接近或是远离而使蓝牙设备接收到的电波强度改变时，蓝牙设备会自动地调整发射功率。当发射功率提高到 10mW 时，其传输距离可以扩大到 100m。蓝牙支持点对点和点对多点的通信方式，在非对称连接时，主设备到从设备的传输速率为 721kbps，从设备到主设备的传输速率为 57.6kbps;对称连接时，主从设备之间的传输速率各为 432.6kbps。蓝牙标准中规定了在连接状态下有保持模式（Hold Mode）、呼吸模式（Sniff Mode）和休眠模式（Park Mode）3 种电源节能模式，再加上正常的活动模式（Active Mode），一个使用电源管理的蓝牙设备可以处于这 4 种状态并进行切换，按照电能损耗由高到低的排列顺序为：活动模式、呼吸模式、保持模式、休眠模式，其中，休眠模式节能效率最高。蓝牙技术的出现，为各种移动设备和外围设备之间的低功耗、低成本、短距离的无线连接提供了有效途径。

① 主从关系　蓝牙技术规定每一对设备之间进行蓝牙通信时，必须一个为主角色，另一为从角色，然后才能进行通信，通信时，必须由主端进行查找，发起配对，建链成功后，双方

即可收发数据。理论上，一个蓝牙主端设备，可同时与 7 个蓝牙从端设备进行通信。一个具备蓝牙通信功能的设备，可以在两个角色间切换，平时工作在从模式，等待其他主设备来连接，需要时，转换为主模式，向其他设备发起呼叫。一个蓝牙设备以主模式发起呼叫时，需要知道对方的蓝牙地址，配对密码等信息，配对完成后，可直接发起呼叫。

② 呼叫过程　蓝牙主端设备发起呼叫，首先是查找，找出周围处于可被查找的蓝牙设备。主端设备找到从端蓝牙设备后，与从端蓝牙设备进行配对，此时需要输入从端设备的 PIN 码，也有设备不需要输入 PIN 码。配对完成后，从端蓝牙设备会记录主端设备的信任信息，此时主端即可向从端设备发起呼叫，已配对的设备在下次呼叫时，不再需要重新配对。已配对的设备，作为从端的蓝牙耳机也可以发起建链请求，但做数据通信的蓝牙模块一般不发起呼叫。链路建立成功后，主从两端之间即可进行双向的数据或语音通信。在通信状态下，主端和从端设备都可以发起断链，断开蓝牙链路。

③ 数据传输　蓝牙数据传输应用中，一对一串口数据通信是最常见的应用之一，蓝牙设备在出厂前即提前设好两个蓝牙设备之间的配对信息，主端预存有从端设备的 PIN 码、地址等，两端设备加电即自动建链，透明串口传输，无需外围电路干预。一对一应用中从端设备可以设为两种类型，一是静默状态，即只能与指定的主端通信，不被别的蓝牙设备查找；二是开发状态，既可被指定主端查找，也可以被别的蓝牙设备查找建链。

### ■ 5.5.2　BLK-MD-BC04-B 型蓝牙模块

BLK-MD-BC04-B 型蓝牙模块采用的是英国 CSR 公司的 BlueCore4-Ext 芯片，遵循 V2.1+EDR 蓝牙规范。该模块支持 UART,USB,SPI,PCM,SPDIF 等接口，并支持 SPP 蓝牙串口协议，具有成本低、体积小、功耗低、收发灵敏性高等优点，只需配备少许的外围元件就能实现其强大功能，广泛地应用于短距离的数据无线传输领域。可以方便地和 PC 机的蓝牙设备相连，也可以在两个模块之间进行数据互通。避免烦琐的线缆连接，能直接替代串口线。

**（1）技术规格**　BLK-MD-BC04-B 型蓝牙模块的具体参数如下。

① 蓝牙 V2.1+EDR。

② 蓝牙 Class2。

③ 内置 PCB 射频天线。

④ 内置 8Mbit Flash。

⑤ 支持 SPI 编程接口。

⑥ 支持 UART、USB、SPI、PCM 等接口。

⑦ 支持软硬件控制主从模块。

⑧ 3.3V 电源。

⑨ 支持连接 7 个从设备。

⑩ 支持波特率 1200 Baud、2400 Baud、4800 Baud、9600 Baud、14400 Baud、19200 Baud、38400 Baud、57600 Baud、115200 Baud、230400 Baud、460800 Baud 和 921600 Baud，串口常用波特率为 9600 Baud。

BLK-MD-BS04-B 型蓝牙模块的实物图如图 5-51 所示，电路原理图如图 5-52 所示。

图 5-51　BLK-MD-BC04-B 型蓝牙模块实物图

当拨码开关 1 向上时（ON），由软件设置主从模式，软件主从方式设置须参考蓝牙指令集。当开关 1 向下时，由硬件设置主从模式，当拨码开关 2 向上时（ON），为蓝牙主模式（主机），当开关 2 向下时，为从模式（从机）。

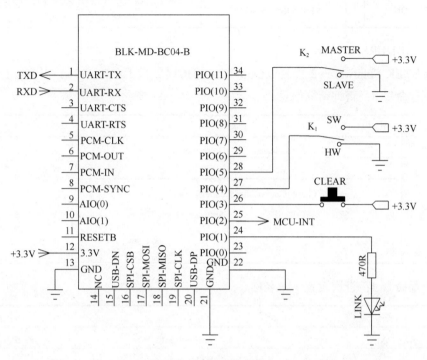

图 5-52　电路的原理图

**（2）各引脚功能**　如图 5-52 所示，模块背面是各个引脚的名称，各引脚的定义见表 5-13。

表 5-13　BLK-MD-BS04-B 型蓝牙模块引脚

| 引脚 | 定义 | 说明 |
|---|---|---|
| 1 | WAKEUP | 记忆清除键（短接），恢复默认值按键（长按 3s） |
| 2 | VCC | 5V 输入 |
| 3 | GND | 地 |
| 4 | RXD | URAT 输入口（TTL 电平）接单片机 TXD |
| 5 | TXD | URAT 输出口（TTL 电平）接单片机 RXD |
| 6 | STATE | 软/硬件主从设置口：置低（或悬空）为硬件设置主从模式，置 3.3V 高电平为软件设置主从模式 |

### 5.5.3　BLK-MD-BC04-B 型蓝牙模块 AT 指令集

新的蓝牙模块必须在配置设备名称、配对码和波特率之后，才能正常使用；下面讲解 BLK-MD-BC04-B 型蓝牙模块的 AT 指令集。

BLK-MD-BC04-B 蓝牙串口模块指令主要分为 Command（下行命令）和 Indication（上报指令）（注：AT 命令不分大小写，均以回车，换行字符结尾：\r\n）。

**（1）Command 命令集**　具体内容如下所示。

① 下行命令 1：测试连接命令。

| 下行命令 | 应答 | 参数 |
|---|---|---|
| AT | OK | 无 |

② 下行命令 2：查询——程序版本号。

| 下行命令 | 应答 | 参数 |
|---|---|---|
| AT+VERSION | VERSION=<Paral> | <Paral>固件版本号，蓝牙版本号，本地 HCI 版本，HCI 修订，LMP 版本号，LMP 子版本号 |

举例：AT-VERSION\r\n

+BOLUTEK Finmware v2.2、Bluctooth V2.1、HCI V2.1、HCIRcv37、LMPV4、LMPSubV37。

③ 下行命令 3：查询帮助信息。

| 下行命令 | 应答 | 参数 |
|---|---|---|
| AT+HELP | Command          Description<br><br>AT    Check if the command terminal work normally<br>AT+RESET          Software reboot<br>……<br>…… | 无 |

④ 下行命令 4：查询设置——名称。

| 下行命令 | 应答 | 参数 |
|---|---|---|
| AT+NAME | +NAME=<Paral> | <Paral>:设备名称 |
| AT+NAME=<Paral> | 1. +NAME=<Paral><br>OK——成功<br>2. EEROR=<Error-Code>——失败+ | 默认：BILUTEK |

注：<Error-Code>为错误代码。

⑤ 下行命令 5：恢复默认设置。

| 下行命令 | 应答 | 参数 |
|---|---|---|
| AT+DEEAULT | OK | 无 |

⑥ 下行命令 6：软件复位/重启。

| 下行命令 | 应答 | 参数 |
|---|---|---|
| AT+RESET | OK | 无 |

⑦ 下行命令 7：查询设置——配对码。

| 下行命令 | 应答 | 参数 |
|---|---|---|
| AT+PIN | +PIN=<Paral> | <Paral>:配对码 |
| AT+PIN<Paral> | 1. +PIN=<Paral><br>OK——成功<br>2. EEROR=<Error-Code>——失败 | 默认：1234 |

⑧ 下行命令 8：查询设置——波特率。

| 下行命令 | 应答 | 参数 |
|---|---|---|
| AT+VAUD | +BAUD=<Para1> | <Para1>:波特率 |
| | | 1—1200 |
| | | 2—2400 |
| | | 3—4800 |
| | | 4—9600 |
| | | 5—19200 |
| AT+BAUD<Paral> | 1. +BAUD=<Paral> OK——成功 2. EEROR=<Error-Code>——失败 | 6—38400 |
| | | 7—57600 |
| | | 8—115200 |
| | | 9—230400 |
| | | A—460800 |
| | | B—921600 |
| | | C—1382400 |
| | | 默认：1—9600 |

⚒ **注意** --------

波特率更改以后，如果不是默认的 9600，在以后参数设置或进行数据通信时，需使用所设置的波特率。

-------

⑨ 下行命令 9：查询设置——设备类型。

| 下行命令 | 应答 | 参数 |
|---|---|---|
| AT+COD | +COD=<Para1>.<Para2> | <Para1>：本地设备类型（长度必须为 6 个字节），在从模式生效，被对端检索 |
| AT+COD<Para1> | 1. +COD=<Para1>.<Para2> OK——成功 2. EEROR=<Error-Code>——失败 | <Para2>：过滤设备类型，在主模式生效，用于过滤搜索到的设备（如果设置 000000 则返回所有搜索到的设备）<br>默认：001f00, 000000 |

为了能有效地对周围诸多蓝牙设备实施过滤，并快速查询或被查询自定义蓝牙设备，用户可以将模块设置为非标准蓝牙设备类型，如 001f00（十六进制）。

⑩ 下行命令 10：查询设置——模块 SPP 主从模式。

| 下行命令 | 应答 | 参数 |
|---|---|---|
| AT+ROLE | +ROLE=<Para1> | <Para1>: |
| AT+ROLE<Para1> | 1. +ROLE=<Para1> OK——成功 2. EEROR=<Error-Code>——失败 | 0—从设备<br>1—主设备<br>默认：0—从设备 |

⚒ **注意** --------

在硬件设置主从模式状态时，可以用 AT+ROLE 查询，设置命令不能更改主从模式，在软件设置主从模式状态时，此命令设置主从模式在下一次上电时生效。

-------

⑪ 下行命令 11：查询设置——查询访问码。

| 下行命令 | 应答 | 参数 |
|---|---|---|
| AT+IAC | +IAC=<Para1> | <Para1>:查询访问码 |
| AT+IAC<Para1> | 1. +IAC=<Para1><br>OK——成功<br>2. EEROR=<Error-Code>——失败 | 默认：9e8b33 |

访问码设置为 GIAC（General Inquire AccessCode:0x9e8b33）通用查询访问码，可用来发现或被发现周围所有的蓝牙设备。为了能有效地在周围诸多蓝牙设备中快速查询或被查询自定义蓝牙设备，用户可以将模块查询访问码设置成 GIAC 和 LIAC 以外的数字，如 9e8b3f。

⑫ 下行命令 12：查询远端蓝牙设备名称。

| 下行命令 | 应答 | 参数 |
|---|---|---|
| AT+RNAME<Para1> | 1. OK——查询命令发送成功<br>2. EEROR=<Error-Code>——失败 | <Para1>:远端蓝牙设备地址 |

举例：模块蓝牙设备地址为"00：11：22：33：44：55"，设备名称为 BOLUTEK

AT+RNAME00，11，22，33，44，55、\r\n

OK

+ENAME=BOLUTEK

⑬ 下行命令 13：查询设置——查询访问模式。

| 下行命令 | 应答 | 参数 |
|---|---|---|
| AT+INQM | +INQM<Para1>.<Para2>.<Para3>. | <Para1>:查询模式<br>0: inqutry-mode-xtandard<br>1: inquiry-mode-rssi<br>2: inquiry-mode-eir<br>长度：1 字节 |
| AT+INQM<Para1>.<Para2>.<Para3>. | 1. +INQM<Para1>.<Para2>.<Para3>.<br>OK——成功<br>2. EEROR=<Error-Code>——失败 | <Para2>：最好蓝牙设备响应数长度：2 字节<br><Para3>：最大查询超时范围：1~30<br>（折合成时间：1.28~61.44s）长度：2 字节<br>默认：1，9，30（16 进制） |

RSSI 访问模式：根据周围接收信号强度进行访问，默认访问信号最强的蓝牙设备。

举例：

AT+INQM1，5，30——设置查询访问模式，按 RSSI 模式搜索，超过 5 个蓝牙设备响应则终止查询，设定超过时间为 48×128=61.44s。

+INQM=1，5，30

OK

⑭ 下行命令 14：查询设置——连接模式。

| 下行命令 | 应答 | 参数 |
|---|---|---|
| AT+CMODE | +CMODE<Para1> | <Para1>:<br>0: 指定蓝牙地址连接模式（指定蓝牙地址由 BIND 命令设置） |
| AT+CMODE<Para1> | 1. OK——查询命令发送成功<br>2. EEROR=<Error-Code>——失败 | 1: 任意蓝牙地址连接模式（不受 BIND 命令设置地址的约束）<br>默认值：1 |

绑定地址时，对于从设备，如果已经记忆地址，则不能被查询和配对，只能被它记忆的设备连接，对于主设备，如果已经记忆地址，则一直试着连接它记忆的设备。所以当绑定地址时，一旦设备记忆了地址，则连接只能在它与它记忆的设备之间建立，而不会与其他设备建立连接，所以，在绑定地址时，如果希望与其他设备建立连接，则必须消除记忆的地址。

不绑定地址时，从设备可以被查询和配对，主设备会一直连接记忆设备，直到消除记忆地址，主设备才开始重新查询和配对新的设备。

⑮ 下行命令 15：查询设置——绑定蓝牙地址。

| 下行命令 | 应答 | 参数 |
| --- | --- | --- |
| AT+BIND | +BIND<Para1> | <Para1>: |
| AT+BIND<Para1> | 1．+BIND<Para1><br>OK——成功<br>2．EEROR=<Error-Code>——失败 | 设置绑定蓝牙地址格式：11，22，33，44，55，66<br>回复蓝牙地址格式：11，22，33，44，55，66<br>默认值：00；00；00；00；00；00 |

当使用此命令设置了对方的蓝牙地址后，除非通过按键或者消除地址命令（AT+CLEAR）清除地址，作为主设备的蓝牙模块将一直试图连接地址直到成功。作为从设备的蓝牙模块如果不绑定地址，则可以被其他主设备连接。如果需要绑定地址，则通过该命令设置绑定的地址。

举例：在指定蓝牙地址连接模式下，绑定蓝牙设备地址：15：51：35:ef:cd:ab。

命令及响应如下：AT+BIND11，22，33，44，55，66\r\n

+BIND=11：22：33：44：55：66

OK

⑯ 下行命令 16：清除记忆地址。

| 下行命令 | 应答 | 参数 |
| --- | --- | --- |
| AT+CLEAR | OK | 无 |

当两个蓝牙模块匹配成功后，会记住对方的蓝牙地址，本命令用于清除记忆的蓝牙地址码（非绑定模式），或者绑定的蓝牙地址码（绑定模式）。

⑰ 下行命令 17：查询设置——串口通信模式。

| 下行命令 | 应答 | 参数 |
| --- | --- | --- |
| AT+UARTMODE | +UARTMODE<Para1>.<Para2>. | <Para1>:停止位 |
| | | 0：1 位停止位 |
| | | 1：2 位停止位 |
| AT+UARTMODE<Para1>.<Para2> | 1．+UARTMODE=<Para1>.<Para2><br>OK——成功<br>2．EEROR=<Error-Code>——失败 | <Para2>：校验位 |
| | | 0：无校验 |
| | | 1：奇校验 |
| | | 2：偶校验 |
| | | 默认：11：22：33：44：55：66 |

⑱ 下行命令 18：查询——本地蓝牙地址。

| 下行命令 | 应答 | 参数 |
| --- | --- | --- |
| AT+LADDR | +LADDR<Para1> | <Para1>:本地的蓝牙地址<br>例如：11：22：33：44：55：66<br>（折合成时间：1.28~61.44s）长度：2 字节<br>默认：1，9，30（16 进制） |

⑲ 下行命令 19：查询——蓝牙模块工作状态。

| 下行命令 | 应答 | 参数 |
|---|---|---|
| AT+STATE | +STATE<Para1>. | <Para1>:模块工作状态<br><br>返回值如下<br><br>0：INTTIALIZING——初始化状态<br>1：READY——准备状态<br>2：INQUIRING——查询状态<br>3：PAITABLE——配对状态<br>4：CONNECTING——连接中<br>5：CONNECTED——已连接 |

⑳ 下行命令 20：搜索远端蓝牙设备。

| 下行命令 | 应答 | 参数 |
|---|---|---|
| AT+INQ | OK | 无 |

🛠 注意

查询开始之后，设备会上报查询到的蓝牙地址码。具体格式参见上行指令 9（INQS，INQ：蓝牙地址，设备类型，RSSI 指示，INQE），RSSI 是返回，可以通过命令 AT+INQM 设置。

举例：

AT+IAC9e8b33\r\n——设置任意访问码的蓝牙设备

+IAC=9e8b33

OK

AT+COD001f00\r\n——设置蓝牙设备类型

+COD=001f\00

OK

AT+INQM1,9,30\r\n——设置模式：带 RSSI 信号强度指示，超过 9 个蓝牙设备响应则终止查询，设备超时为 61.44s

AT+INQ——搜索蓝牙设备

OK

+INQS

+INQ:11:22:33:44:55:66;001f00,–90——返回搜索到的蓝牙地址设备信息

+INQ:aa:bb:cc:dd:ee:ff,001f00, –71——返回搜索到的蓝牙地址设备信息

+INQE

㉑ 下行命令 21：查询设置——是否自动搜索远端蓝牙设备。

| 下行命令 | 应答 | 参数 |
|---|---|---|
| AT+AUTOINO | +AUTOINQ<Para1> | <Para1>:查询模式 |
| AT+AUTOINO<Para1> | 1. +AUTOINQ<Para1><br>　　OK——成功<br>2. ERROR=<Error-Code>——失败 | 0：不自动搜索<br>1：自动搜索<br>默认：1 |

举例：

AT+IAC9e8b33\r\n——设置自动搜索远端蓝牙设备

+AUTOINQ =1

OK

AT+INQ\r\n——搜索远端蓝牙设备

+INQS

+INQ:11:22:33:44:55:66;001f00，–90——返回搜索到的蓝牙地址设备信息

+INQ:aa:bb:cc:dd:ee:ff,001f00，–71——返回搜索到的蓝牙地址设备信息

+INQE

+INQS

+INQ：11：22：33：44：55：66；001f00，–90

+INQ:aa:bb:cc:dd:ee:ff,001f00，–71

INQE：

㉒ 下行命令 22：取消查询——远端蓝牙设备。

| 下行命令 | 应答 | 参数 |
| --- | --- | --- |
| AT+INQC | OK | 无 |

**注意**

该命令只有在主模式查询状态时生效，停止当前查询。

㉓ 下行命令 23：查询设置——是否自动连接远端蓝牙设备。

| 下行命令 | 应答 | 参数 |
| --- | --- | --- |
| AT+AUTOCONN | +AUTOCONN<Para1> | <Para1>: |
| AT+AUTOCONN<Para1> | 1. +AUTOCONN<Para1><br>OK——成功<br>2. ERROR=<Error-Code>——失败 | 0：不自动搜索<br>1：自动搜索<br>默认：1 |

㉔ 下行命令 24：连接远端蓝牙设备。

| 下行命令 | 应答 | 参数 |
| --- | --- | --- |
| AT+CONNECT<Para1> | 1. OK——成功<br>2. ERROR=<Error-Code>——失败 | <Para1>:<br>设置远端蓝牙地址格式：11，22，33，44，55，66<br>回复蓝牙地址格式：<br>11，22，33，44，55，66 |

**注意**

该命令只有 Ready 状态时生效。

举例：AT+CONNECT11，22，33，44，55，66——连接远端蓝牙设备

OK

+CONNECTING>>11:22:33:44:55:66——主动连接远端蓝牙设备过程中（主模式）

+CONNECTED

㉕ 下行命令 25：查询设置——寻呼扫描、查询扫描参数。

| 下行命令 | 应答 | 参数 |
|---|---|---|
| AT+IPSCAN | +IPSCAN<Para1><Para2><Para3><Para4> | <Para1>：查询时间间隔 |
| AT+IPSCAN<Para1><Para2><Para3><Para4> | 1. +IPSCAN<Para1><Para2><Para3><Para4><br>OK——成功<br>2. ERROR=<Error-Code>——失败 | <Para2>：查询持续时间<br><Para3>：寻呼时间间隔<br><Para4>：寻呼持续时间<br>上述参数均为十进制数，默认值：<br>400，200，400，200 |

㉖ 下行命令 26：查询设置——安全、加密模式。

| 下行命令 | 应答 | 参数 |
|---|---|---|
| AT+SENM | +SENM<Para1><Para2> | <Para1>：安全模式，取值如下（1 字节）<br>0——sec-mode()-off<br>1——sec-mode1-nom-secure<br>2——sec-mode2-service<br>3——sec-mode3-link<br>4——sec-mode4-ssp |
| AT+SENM<Para1><Para2> | 1. +SENM<Para1><Para2><br>OK——成功<br>2. ERROR=<Error-Code>——失败 | <Para2>：加密模式，取值如下（1 字节）<br>0——hci-enc-mode-off<br>1——hci-enc-mode-pt-to-pt<br>2——hci-enc-mode-pt-to-pt-and-bcast<br>默认值：0, 0 |

㉗ 下行命令 27：查询设置——低功耗模式。

| 下行命令 | 应答 | 参数 |
|---|---|---|
| AT+LOWPOWER | +LOWPOWER<Para1> | <Para1>： |
| AT+LOWPOWER<Para1> | 1. +LOWOWER<Para1>OK——成功<br>2. ERROR=<Error-Code>——失败 | 0：不支持低功耗<br>1：支持低功耗<br>默认值：1 |

㉘ 下行命令 28：查询设置——Sniff 节能方式。

| 下行命令 | 应答 | 参数 |
|---|---|---|
| AT+SNIFF | +SNIFF<Para1><Para2><Para3><Para4> | <Para1>：最大时间 |
| AT+SNIFF<Para1><Para2><Para3><Para4> | 1. +SNIFF<Para1><Para2><Para3><Para4><br>OK——成功<br>2. ERROR=<Error-Code>——失败 | <Para2>：最小时间<br><Para3>：尝试时间<br><Para4>：超时时间<br>默认值：1194, 1388, 5, 5 |

㉙ 下行命令 29：查询设置——Indication 上行指令。

| 下行命令 | 应答 | 参数 |
|---|---|---|
| AT+ENABLEIND | +ENABLEIND<Para1> | <Para1>： |
| AT+ENABLEIND<Para1> | 1. +ENABLEIND<Para1>OK——成功<br>2. ERROR=<Error-Code>——失败 | 0：关闭 indication<br>1：打开 indication 上行指令<br>默认值：1 |

**（2）Indication 上行指令集** 具体内容如下所示。

① 上行指令 1：已准备好状态。

| 上行指令 | 参数 |
| --- | --- |
| +READY | 无 |

② 上行指令 2：查询状态。

| 上行指令 | 参数 |
| --- | --- |
| +INQUIRING | 无 |

主模式特有，主动查询。

③ 上行指令 3：配对状态。

| 上行指令 | 参数 |
| --- | --- |
| +PAIRABLE | 无 |

从模式特有，被搜索。

④ 上行指令 4：连接中。

| 上行指令 | 参数 |
| --- | --- |
| +CONNECTING<Para1> | <Para1>:蓝牙地址码<br>格式如下<br>>>aa:bb:cc:dd:ee:ff（主模式）<br><<aa:bb:cc:dd:ee:ff（从模式） |

⑤ 上行指令 5：已连接。

| 上行指令 | 参数 |
| --- | --- |
| +CONNECTED | 无 |

⑥ 上行指令 6：连接失败。

| 上行指令 | 参数 |
| --- | --- |
| +CONNECTION FAILED | 无 |

⑦ 上行指令 7：连接断开。

| 上行指令 | 参数 |
| --- | --- |
| +DISC=<Para1> | <Para1>:连接断开原因<br>SUCCESS：正常断开<br>LINKLOSS：链接丢失断开<br>O-SLC：无 SLC 连接断开<br>TIMEOUT：超时断开<br>ERROR：因其他错误断开 |

⑧ 上行指令 8：上报远端蓝牙设备名。

| 上行指令 | 参数 |
| --- | --- |
| +RNAME=<Para1> | <Para1>:远端蓝牙设备名<br>例如：BOLUTEK |

**注意**

如果找到新设备，模块会自动上报该远端蓝牙设备名。

⑨ 上行指令 9：上报查询结果。

| 上行指令 | | 参数 |
|---|---|---|
| +INQS | 查询开始 | <Para1>:蓝牙地址 |
| +INQ=<Para1>.<Para2>.<Para3>. | | 格式：11，22，33，44，55，66 |
| …… | 查询到的设备信息 | <Para2>：设备类型 |
| +INQE | 查询完成 | <Para3>：RSSI 信号强度（正常为 10 进制，无效时返回 7fff） |

## （3）附录 AT 命令错误代码说明。

错误代码返回形式——ERROR=<Lrror-Codc>。

| Error-code(十进制) | 注释 |
|---|---|
| 101 | 设备名长度超过 40 字节 |
| 102 | 配对码长度超过 16 字节 |
| 103 | 波特率长度超过 1 字节 |
| 104 | 设备类型（COD）长度超过 6 字节 |
| 105 | 获取远程设备名地址码长度错误 |
| 106 | 主从模式设置长度超过 1 字节 |
| 107 | 连接模式长度超过 1 字节 |
| 108 | 设置绑定地址长度错误 |
| 109 | 设置 IAC 长度超过 6 字节 |
| 110 | 设置 INQN 长度错误 |
| 111 | 设置自动查询长度超过 1 字节 |
| 112 | 设置自动连接长度超过 1 字节 |
| 113 | 设置 SENM 长度错误 |
| 114 | 设置 IPSCAN 长度错误 |
| 115 | 设置 SNIFF 长度错误 |
| 116 | 设置 LOWPOWER 长度错误 |
| 117 | CONNFCT 连接命令输入地址码长度错误 |
| 118 | 设置 UARTMODE 长度错误 |
| 119 | 设置 ENABLEIND 长度错误 |
| 121 | 设置 REMOWEPOL 长度错误 |
| 201 | 波特率参数超出范围 |
| 202 | 设备类型（COD）输入值错误 |
| 203 | 取远程设备名地址码值错误 |
| 204 | 主从模式设置值错误 |
| 205 | 连接模式设置值错误 |
| 206 | 取远程设备名地址值错误 |
| 207 | 设置绑定地址值错误 |
| 208 | 设置 IAC 值输入错误 |
| 209 | 设置 INQM 值输入错误 |
| 210 | 设置自动查询值错误 |
| 211 | 设置自动连接值错误 |
| 212 | 设置 SENM 值输入错误 |
| 213 | 设置 IPSCAN 值输入错误 |
| 214 | 设置 SNIFF 值输入错误 |
| 215 | 设置 LOWPOWER 值输入错误 |
| 216 | CONNECT 连接命令输入地址码值错误 |
| 217 | 设置 UARTMODE 值错误 |
| 218 | 设置 ENABLEIND 值错误 |
| 220 | 设置 SUPERVISION 值错误 |
| 301 | IAC 值不在正常范围（0x9e8b00~0x9e8bb33） |

续表

| Error-code(十进制) | 注释 |
|---|---|
| 302 | 该命令只支持主模式 |
| 303 | Inquriy 命令只能在 Ready 状态下有效 |
| 304 | 取消 Inquiry 命令只能在 inquiring 状态下有效 |
| 305 | CONNECT 连接命令只能在 Ready 状态下有效 |

**注意**

① 如果波特率不是默认的 9600Baud，在以后设置参数或进行数据通信时，须使用更改后的波特率。

② 若设置为主从模式，则主机掉电后将无法保持主机模式，须重新设置。硬件主从模式可以设置为自动连接，使用之前先用 AT+BIND 命令绑定从机地址，掉电后重新加电可以自动连接从机。

③ 由于默认为自动搜索，此时工作在软件主从模式下，无法用主机去连接从机，须将主机模块用 AT+AUTOINQ0 命令设置为不自动搜索，同时从机须设置为自动搜索，重启后，再连接才可以成功。

④ 该模块的软件主从模式在掉电后，原配置信息会消失，即使原来设置为自动边接并进入透传模式，掉电后须在程序里重新进行配置，不能像硬件主从那样可以存储为自动连接并进入透传模式。

### 5.5.4　主从配置

**（1）软件主从配置**　首先将两个模块的开关 1 向上拨（拨到 ON），分别接入 USB 转串口模块，接好线后先后插入 PC。然后，打开两个串口助手，选择好端口，默认波特率为 9600 Baud，数据位为 8，停止位为 1，无奇偶检验位，详细配置如图 5-53 所示。

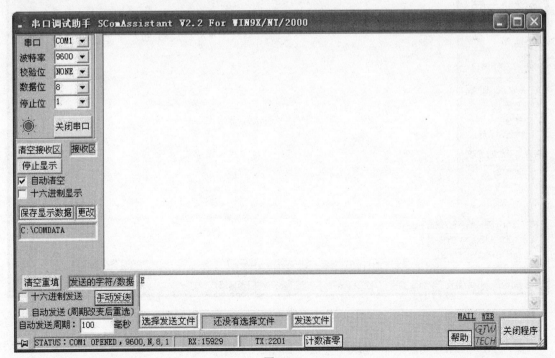

图 5-53

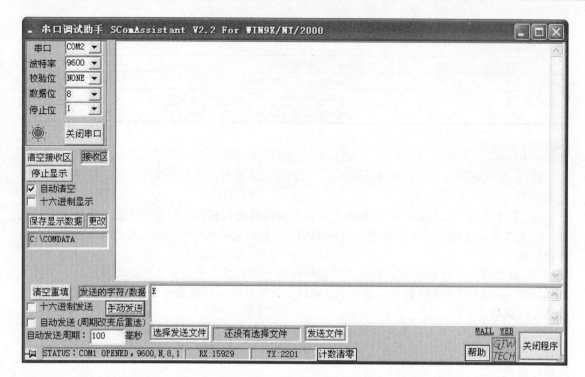

图 5-53 串口配置

在模块 1 的串口助手发送区里输入 AT+AUTOINQ0 并回车，设置为不自动搜索，如图 5-54 所示。

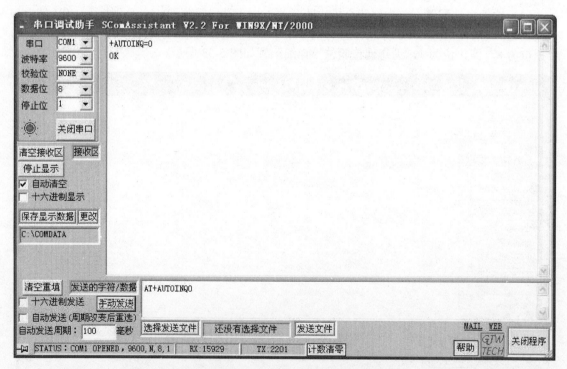

图 5-54 模块 1 设置为不自动搜索

输入 AT+RESET 并回车，模块 1 重启，如图 5-55 所示。

图 5-55　模块 1 重启

输入 AT+ROLE1 并回车，可以看见模块 1 被设置为主机模式，如图 5-56 所示。

在模块 2 的串口助手发送区域输入 AT+LADDR 并回车，可以看见从机模块地址为：00：76：71：00：3b：aa，如图 5-57 所示。

图 5-56　模块 1 被设置为主机模式

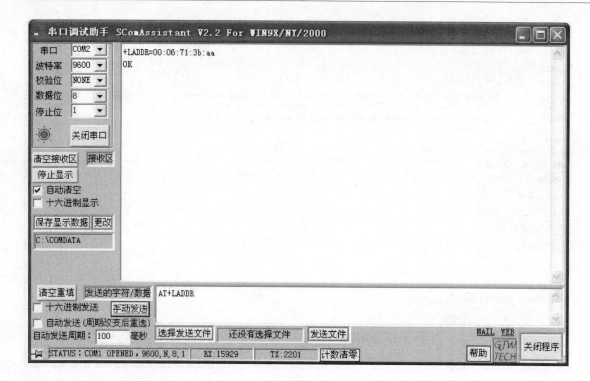

图 5-57 读取模块 2 地址

接着在模块 1 的串口助手发送区输入 AT+CONNECT00，06，71，00，3B，AA 并回车，点击 "发送数据" 按钮，两边串口助手接收区都出现+CONNECT 时，表明模块已经连接成功，如图 5-58 所示。

图 5-58 主机连接从机

　　此时双方进入了串口透传模式，可以互相发送数据了，如图 5-59 所示。

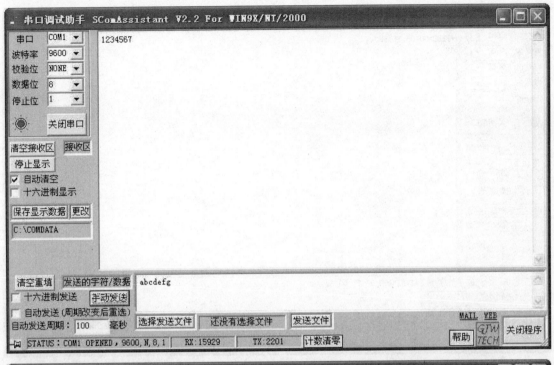

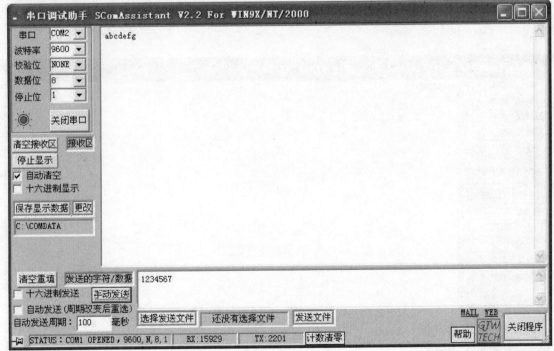

图 5-59　进入透传模式

　　（2）**硬件主从配置**　首先将模块 1 设置为主机模式，将开关 1 往下拨，开关 2 往上拨；将模块 2 设置为从机模式，将开关 1 往下拨。然后用串口助手设置好波特率。点击打开串口助手，在发送区输入 AT+BIND00，06，71，00，3B，AA 并回车，绑定从模块的地址，如图 5-60

所示。

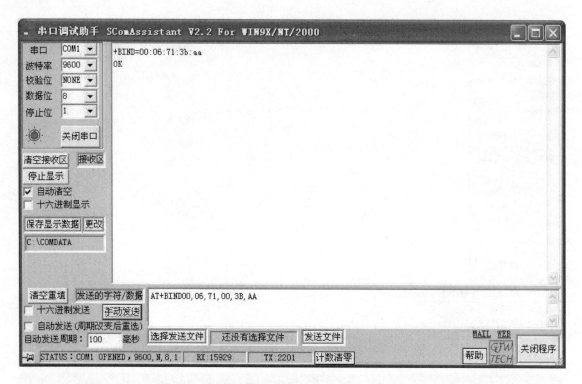

图 5-60  绑定从模块地址

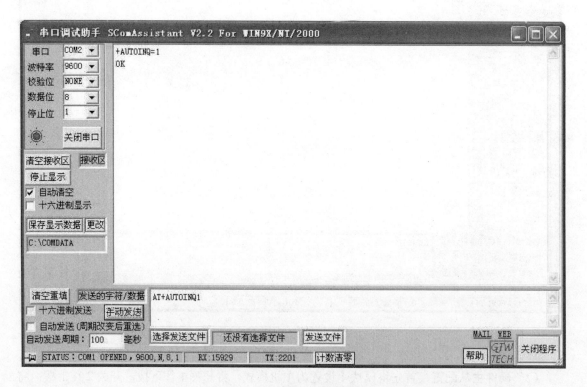

图 5-61  设置主模块自动搜索连接

图 5-62　主模块重启自动连接

然后输入 AT+AUTOINQ1 并回车，点击"发送文件"按钮，将主机模块设置为开机自动连接从机模块，如图 5-61 所示。

再输入 AT+RESET 并回车，此时，主模块重启后，马上连接从机模块（地址已经自动绑定），如图 5-62 所示，提示连接成功，进入透传模式。

此时，可以打开两个串口助手，两个模块可以对发数据，如图 5-63 所示。即使模块掉电，在重新接线后也会自动重连，而不需要重新配置。

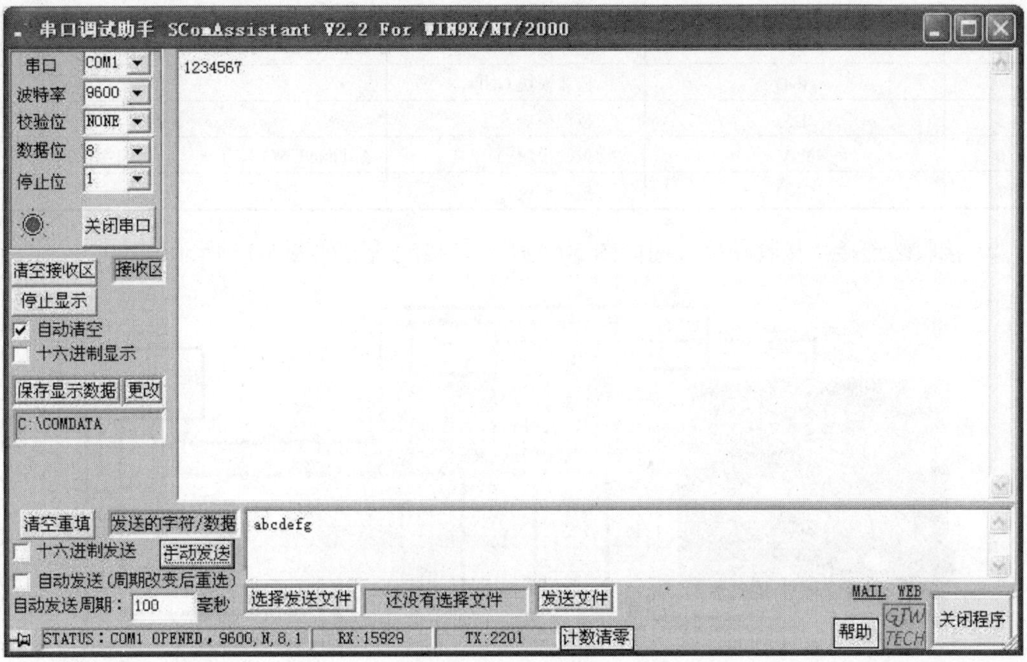

图 5-63　透传对发数据

### 5.5.5 蓝牙控制点亮 LED 试验

**（1）硬件连接** 本试验所需的硬件有：轻触按键模块 1 块，220 Ω 限流电阻 3 个，LED 发光二极管 3 个（红绿蓝各 1 个），BLK-MD-BC04-B 型蓝牙模块 1 块，Arduino UNO 开发板 2 块。

① 发送端连接 发送端接线图如图 5-64 所示，接线情况如表 5-14 所示。

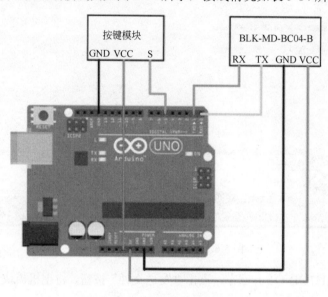

图 5-64 发送端接线图

表 5-14 发送端接线表

| 序号 | Arduino UNO 引脚 | 模块引脚 | 说明 |
| --- | --- | --- | --- |
| 1 | TX | 蓝牙模块 RX | D1 |
| 2 | RX | 蓝牙模块 TX | D0 |
| 3 | 5V | 蓝牙模块 5V | |
| 4 | GND | 蓝牙模块 GND | |
| 5 | D5 | 按键模块 S | |
| 6 | 3.3V | 按键模块+ | Arduino UNO 只有一个 5V，可用 3.3V 代替 |
| 7 | GND | 按键模块– | |

② 接收端连接 接收端接线图如图 5-65 所示，接线情况如表 5-15 所示。

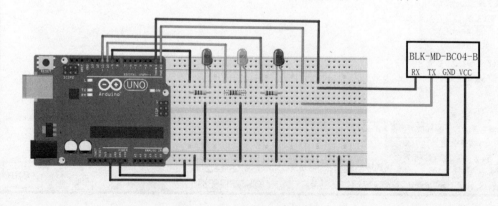

图 5-65 接收端接线图

表 5-15　接收端接线表

| 序号 | Arduino UNO 引脚 | 模块引脚 | 说明 |
|---|---|---|---|
| 1 | TX | 蓝牙模块 RX | D1 |
| 2 | RX | 蓝牙模块 TX | D0 |
| 3 | 5V | 蓝牙模块 5V | |
| 4 | GND | 蓝牙模块 GND | |
| 5 | D9 | LED 模块 R | |
| 6 | D10 | LED 模块 G | |
| 7 | D11 | LED 模块 B | |
| 8 | GND | GND | |

**（2）程序代码**

① 发送端程序　发送端程序如下所示。

```
int key=5; //按键 S 接第 5 脚
int LED=13; // UNO 板自带的 LED 引脚
int i=0; //记录按键按下的次数变量
/************************蓝牙设置函数*************************/
void setupBlueToothConection()
{
  serial.print(AT+ROLE1\r\n); //设置模块为主机
  delay(50);
  serial.print(AT+BIND00,06,71,00,38,AA\r\n); //绑定从机地址
  delay(50);
  serial.print(AT+AUTOINQ1\r\n); //上电自动配对
  delay(50);
  serial.print(AT+BAUD4\r\n); //更改波特率为 9600Baud
  delay(50);
  serial.print(AT+RESET1\r\n); //重启模块
  delay(50);
}
void setup()
{
  pinmode(key,INPUT); //设置按键引脚为输入
  pinmode(LED,OUTPUT); //设置 LED 引脚为输出
  serial.begin(9600); //串口波特率为 9600 Baud
  setupBlueToothConnection(); //设置蓝牙模块
}
void loop()
{
  if(digitalRead(key)==LOW) //当按键读取为低电平时
    { //（按键未按输出高电平）
      if(i<3)
        i++; //如果按键次数小于 3 则累加
      else
        i=0; //大于等于 3 则归 0
      serial.print(i); //输出按键值
      digitalWrite(LED,HIGH); //提示按键已经按下
    }
  else
    digitalWrite(LED,LOW); //提示按键松开
    delay(200);
```

```
}
```

② 接收端程序　接收端程序如下所示。

```
int Red=9; //红色引脚接 D9
int Green=10; //绿色引脚接 D10
int Blue=11; //蓝色引脚接 D11
/***************蓝牙设置函数****************/
void setupBlueToothConnection()
{
  serial.print(AT+ROLE0\r\n); //设置为从机模式
  delay(50);
  serial.print(AT+AUTOINQ1\r\n); //设置为自动配对
  delay(50);
  serial.print(AT+BAUD4\r\n) //设置波特率为 9600Baud
  delay(50);
  serial.print(AT+reset\r\n) //重启
  delay(2000);
}
void setup()
{
  pinMode(Red,OUTPUT); //红色引脚为输出模式
  pinMode(Green,OUTPUT); //绿色引脚为输出模式
  pinMode(Blue,OUTPUT); //蓝色引脚为输出模式
  serial.begin(9600); //波特率
  setupBlueToothConnection(); //蓝牙模块初始化设置
}
void loop()
{
  int  i=0;
  char a;
  while(serial.avalable())
  {
  a=(char)Serial.read(); //读取数值
  delay(2);
  i=a-48; //获取的是 ASCII 码，需要减去 48 得到数值
  switch(i)
  {
    case 1:analogWrite(Red,255); //输出红色
          analogWrite(Green,0);
          analogWrite(Blue,0);
          break;
    case 2: analogWrite(Red,0); //输出绿色
          analogWrite(Green,255);
          analogWrite(Blue,0);
          break;
    case 3:analogWrite(Red,0); //输出蓝色
           analogWrite(Green,0);
           analogWrite(Blue,255);
           break;
      case 1:analogWrite(Red,0); //有其他异常情况时全灭
          analogWrite(Green,0);
          analogWrite(Blue,0);
          break;
```

```
        }
      }
    }
```

（3）**试验结果**　一块开发板为发送端连接按键模块，另一块开发板连接 3 个 LED 发光二极管（红绿蓝各 1 个）为接收端；当按压发送端按键时，发送板就会通过蓝牙发送一个数据，接收板接收到这个数据后一次点亮红绿蓝三个 LED 发光管。

# 5.6　ZigBee 通信技术的应用

## 5.6.1　ZigBee 通信技术

（1）**概述**　ZigBee 是基于 IEEE802.15.4 标准的低功耗局域网协议。ZigBee 技术是一种近距离、低复杂度、低功耗、低速率、低成本的双向无线通信技术。主要用于距离短、功耗低且传输速率不高的各种电子设备之间进行数据传输以及典型的有周期性数据、间歇性数据和低反应时间数据传输的应用。这一名称（又称紫蜂协议）来源于蜜蜂的八字舞，是蜜蜂之间一种简单传达信息的方式。在此之前 ZigBee 也被称为"HomeRF Lite""RF- EasyLink"或"fireFly"无线电技术，统称为 ZigBee。

简单地说，ZigBee 是一种高可靠的无线数传网络，类似于 CDMA 和 GSM 网络。ZigBee 数传模块类似于移动网络基站。通信距离从标准的 75m 发展到了几百米、几公里，并且支持无限扩展。

ZigBee 是一个由可多到 65000 个无线数传模块组成的一个无线数传网络平台，在整个网络范围内，每一个 ZigBee 网络数传模块之间可以相互通信，每个网络节点间的距离可以从标准的 75m 无限扩展。

（2）**技术特点**　ZigBee 是一种无线连接，可工作在 2.4GHz(全球流行)、868MHz(欧洲流行)和 915 MHz(美国流行)3 个频段上，分别具有最高 250kbps、20kbps 和 40kbps 的传输速率，它的传输距离在 10~75m 的范围内，但可以继续增加。作为一种无线通信技术，ZigBee 具有如下特点。

① 低功耗: 由于 ZigBee 的传输速率低，发射功率仅为 1mW，而且采用了休眠模式，功耗低,因此 ZigBee 设备非常省电。据估算，ZigBee 设备仅靠两节 5 号电池就可以维持长达 6 个月到 2 年的使用时间,这是其他无线设备望尘莫及的。

② 成本低: ZigBee 模块的初始成本在 6 美元左右，估计很快就能降到 1.5~2.5 美元, 并且 ZigBee 协议是免专利费的。低成本对于 ZigBee 也是一个关键的因素。

③ 时延短: 通信时延和从休眠状态激活的时延都非常短，典型的搜索设备时延是 30ms,休眠激活的时延是 15ms, 活动设备信道接入的时延为 15ms。因此 ZigBee 技术适用于对时延要求苛刻的无线控制(如工业控制场合等)应用。

④ 网络容量大: 一个星形结构的 Zigbee 网络最多可以容纳 254 个从设备和一个主设备，一个区域内可以同时存在最多 100 个 ZigBee 网络，而且网络组成灵活。

⑤ 可靠: 采取了碰撞避免策略，同时为需要固定带宽的通信业务预留了专用时隙，避开了发送数据的竞争和冲突。MAC 层采用了完全确认的数据传输模式，每个发送的数据包都必须等待接收方的确认信息。如果传输过程中出现问题可以进行重发。

⑥ 安全: ZigBee 提供了基于循环冗余校验(CRC)的数据包完整性检查功能，支持鉴权和

认证，采用了 AES-128 的加密算法，各个应用可以灵活确定其安全属性。

## ■ 5.6.2 DRF1605H 型 ZigBee 无线模块的应用

图 5-66 模块实物图

（1）模块简介 DRF1605H 是一款廉价的串口（UARI）转 ZigBee 无线数据透明传输模块，它是基于 TI 公司 CC2530F256 芯片，运行 ZigBee2007/PRO 协议的 ZigBee 模块，它具有 ZigBee 协议的全部特点，与其他种类的 ZigBee 模块也有一些区别（可能不是运行 FullZigBee2007 协议，因为 ZigBee2007 协议的运行需要 256KB 的 FLASH 空间）。

该模块具有自动组网，上电即用的特点，使用起来十分方便。

模块实物图如图 5-66 所示。该模块的参数如表 5-16 所示。DRF1605H 模块的正视图如图 5-67 所示，其引脚定义如表 5-17 所示。

表 5-16　DRF1605H 模块参数表

| 输入电压 | 标准：DC3.3V，范围：2.6~3.6V |
|---|---|
| 温度范围 | –40~85℃ |
| 串口连接 | 38400bps（默认），可设置 9600 bps、19200 bps、38400 bps、57600 bps、115200 bps |
| 无线频率 | 2.4G（2460MHz），用户可通过串口指令更改频道（2405~2480MHz），步长：5MHz |
| 无线协议 | ZigBee2007 |
| 传输距离 | 可视，开阔，传输距离 1600m |
| 工作电流 | 发射：120mA(最大)，80mA（平均）　接收：45120mA(最大)<br>待机：80mA（最大） |
| 接收灵敏度 | –110dBm |
| 主芯片 | CC2530F256,256KFLASH,TI 公司最新一代 ZigBee SOC 芯片 |
| 可配置节点 | 可配置为 coordinator,Rorter<br>出厂默认值为：Rortter,PAN ID=0x199B,频道=22（2460MHz） |
| 接口 | UART　3.3V　TX-RX<br>内置 RS485 方向控制，可直接驱动 RS485 芯片<br>可直接驱动 RS232 芯片<br>可直接驱动 USB 转 RS232 芯片 |

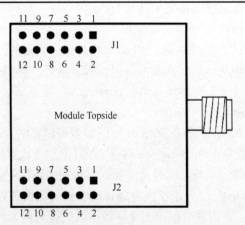

图 5-67　正视图

表 5-17　DRF1605H 模块常用引脚定义

| 引脚 | 定义 | 说明 | 引脚 | 定义 | 说明 |
|---|---|---|---|---|---|
| 1 | Reset-N | 重启复位引脚 | 5 | TX | 串口发送引脚 |
| 3 | SW1 | 测试引脚 | 11 | GND | 接地引脚 |
| 4 | RX | 串口接收引脚 | 12 | 3.3V IN | 电压输入引脚（3.3V） |

**（2）组网原理**　ZigBee 网络通常由三种节点构成：

● 协调器（Coordinator）：用来创建一个 ZigBee 网络，并为最初加入网络的节点分配地址，每个 ZigBee 网络需要且只需要一个协调器。

● 路由器（Router）：也称为 ZigBee 全功能节点，可以转发数据，起到路由的作用；也可以收发数据，充当一个数据节点；还能保持网络，为后加入的节点分配地址。

● 终端节点（End Device）：通常定义为使用电池供电的低功耗设备，通常只周期性发送数据，不接收数据。

DRF1605H 模块的主要功能是无线传输数据，即需要每个节点能随时发收数据，所以节点的配置只有协调器、路由器模式（默认为路由器模式，用户可通过软件或指令自行设置想要的节点类型），这样的网络通常也称为 MESH 网（即：无线风格网），如图 5-68 所示，每个节点均可以收发数据，同时也能充当其他节点的路由器，而且，所有的数据传输路由器都是自动计算的，无需用户干预。

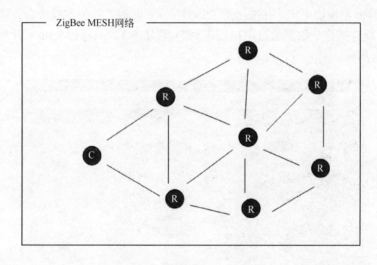

图 5-68　ZigBee MESH 网络

利用 DRF1605H 模块组建 ZigBee 无线网络的步骤如下。

① 将协调器模块通过串口连接至 PC，打开 TI Sensor Monitor 软件，选取协调器连接的串口号，并点击 RUN 图标 ，运行，此时可以看到代表协调器的图标变为了红色，如图 5-69 所示，即表示协调器与 PC 连接成功。

⚒ 注意 --------------------------------------------------

TI Sensor Monitor 软件只支持串口的波特率为 38400Baud。

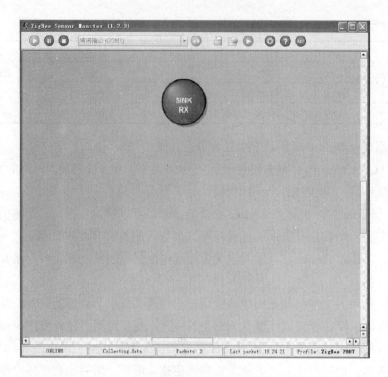

图 5-69 选取协调器

② 将一块路由器模块上电，并按一下 TEST 按钮，此时，路由器模块会发送一个模拟数据到协调器，协调器会把这个数据通过串口发送到 PC，并在 TI Sensor Monitor 软件里显示出网络结构，如图 5-70 所示。

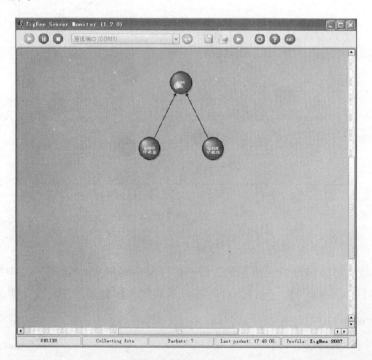

图 5-70 连接路由器

DRF1605H 的 TEST 按键是 J2 的第 3 脚（SW1），与地短接一下即可。

③ 同理，将其他的模块上电，则它们会自动寻找并加入这个网络，按下 TEST 按键，组网后的结构如图 5-71 所示。

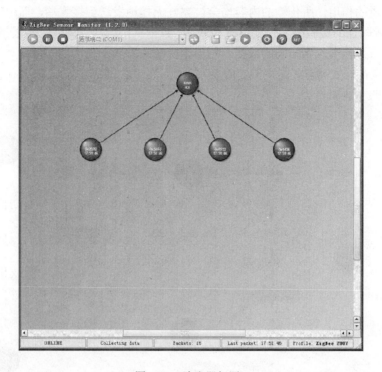

图 5-71　路由器组网

④ 协调器可直接绑定 6 块路由器模块，其他的路由器模块通过前面的路由器模块继续加入网络，每个路由器模块可接受其他 6 块路由器模块加入网络，并分配地址，如图 5-72 所示。

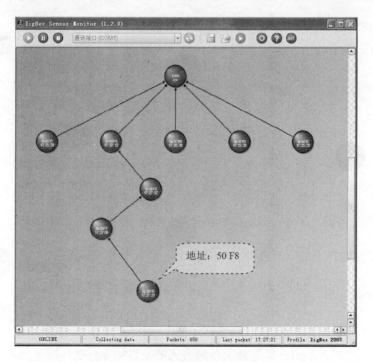

图 5-72　连接多级路由器

**（3）数据传输**　DRF 系列 ZigBee 模块数据传输功能非常简单易用，有两种数据传送方式：

① **数据透明传输方式**　所谓透明传输，就是指不管发送的是什么内容，所采用的设备只是充当一个通道的作用，所传输的内容均会被完好无损地发送到接收端，而中途无需添加任何帧头、帧尾或者附加的检验码。在 ZigBee 模块中，数据从协调器发往路由器采用透明传输模式，所有的路由器节点都会收到相同的数据，相当于广播式发送；同样地，由任一路由器所发送的数据，协调器也都会收到。如图 5-73、图 5-74 所示，分别是数据由协调器发往路由器和由路由器发往协调器的示意图。

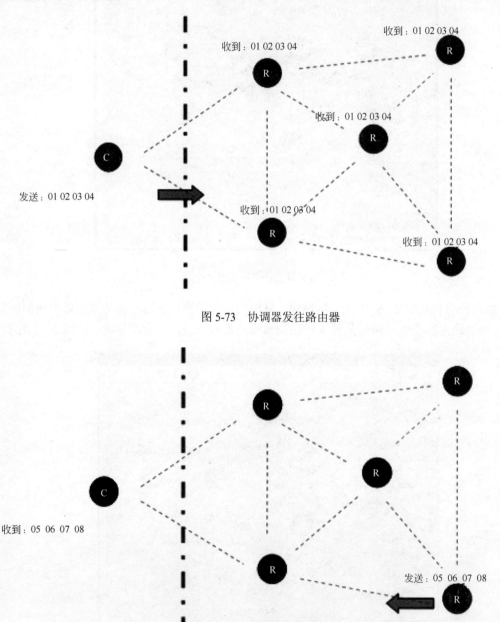

图 5-73　协调器发往路由器

图 5-74　路由器发往协调器

a. 发送指令格式。ZigBee 数据透明传输方式的发送指令格式如图 5-75 所示，即数据传送指令（0xFD）+数据长度+目标地址+数据（最多 32B），其中数据长度在 32B 内支持变长。

图 5-75　发送指令格式

如发送数据包：FD 0A 14 3E 01 02 03 04 05 06 07 08 09 10，其指令描述如下。

● FD：数据传输指令。

● 0A：数据区数据长度，共 10B。

● 143E：目标地地址。

● 01 02 03 04 05 06 07 08 09 10：数据。

b. 接收指令格式。ZigBee 数据透明传输方式的接收指令格式如图 5-76 所示，即数据传送指令（0xFD）+数据长度+目标地址+数据（最多 32 B）+来源地址。

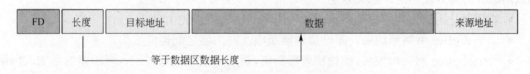

图 5-76　接收指令格式

如接收数据包：FD 0A 14 3E 01 02 03 04 05 06 07 08 09 10 50 F5。

其指令描述如下。

● FD：数据传输指令。

● 0A：数据区数据长度，共 10 B。

● 143E：发送方的目标地址，接收方地址。

● 01 02 03 04 05 06 07 08 09 10：数据。

● 50F5：发送方的短地址，即数据来源地址。

注意

如果数据包的头与设置指令一样（如数据包的头设置为 FD），则也会被当成数据透明传输，所以建议用户将数据透明传输的数据包的第一个字节设定为非 FE、FD 或 FC，如可设置为 AT 等。

② 点对点传输方式　如图 5-77 所示，点对点数据传输可在多网络内任意节点之间进行。点对点传输的特点如下：

● 即使协调器断电，也可在路由器之间通过点对点传输指令。

● 路由器加入网络后，短地址（Short Address）不会发生改变。

● 长度字节一定要等于数据区数据长度，否则数据传输出错（被当成透明传输发送给了路由器）。

● 数据区数据最多为 32B，否则数据传输出错（当成透明传输发送给了协调器）。

● 如目标责任制地址为 FF FF，则为广播发送，会发送至网络内的所有节点，如目标地址为 00 00，则发送给协调器。

ZigBee 使用规则：

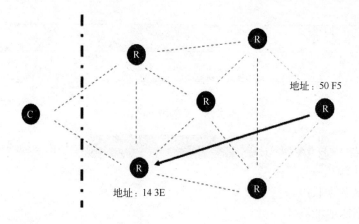

图 5-77 点对点传输示意图

● 每个协调器允许 6 个路由器加入网络，并为其分配地址，每个路由器又允许 6 个路由器加入网络并为其分配地址，总共 6 层深度，最多可支持 9330 个节点。

● 协调器是用来创建网络的，第一次使用时，协调器要先上电。

● 一个 ZigBee 网络形成后，即使协调器断电，路由器之间也能通信。

● 一个 ZigBee 网络形成后，即使协调器断电，新的节点也能通过已入网的路由器加入网络，由该路由器为其分配地址。

● ZigBee 网络创建完成后，这个网络内路由器的短地址（Short Address）是不变的，但是，如果这个节点加入到了其他的网络，则会由新的网络为其分配地址，其地址将发生改变，所以不建议将 Short Address 作为模块的标识。

● ZigBee 模块的 MAC 地址（IEEE 地址）是全球唯一的，可以作为模块的标识。

（4）配置说明 下面以 ZigBee Module Configure V5.1 工具为例，进行配置讲解。如图 5-78 所示是 DRF1605H 模块的设置界面，各项配置说明如下。

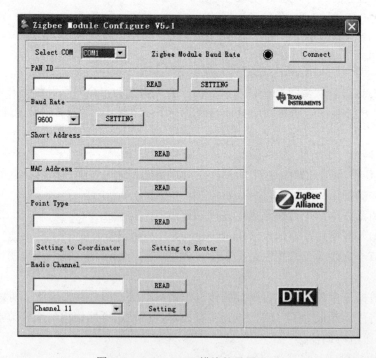

图 5-78 DRF1605H 模块的设置界面

① 个域网标识符（PAN ID）  ZigBee 协议使用一个 16 位的个域网标识符（PAN ID）来标识一个网络。同一个网络内的每个节点具有相同的 PAN ID，不同的网络之间 PAN ID 是不同的，在同一空间，两个不同 PAN ID 的网络是不会相互影响的，因此只需要将同一个网络的 PAN ID 设置为相同即可。

为协调器设定新的 PAN ID 后，则以前储存在 Coordinator 内的网络信息会被全部清空，重启后，协调器会重新创建一个网络。对于一个已经存在的网络，重新设定协调器的 PAN ID 为同样的值，重启，此时，协调器里的网络值会被全部清空，由于以前的网络仍然存在，此时，协调器的 PAN ID 会自动加工，避免 PAN ID 冲突。

对于路由器的设置需要注意以下几点：

a．设定新的 PAN ID，重启，如果读取的值为 FFEE，表示路由器还没有加入网络。

b．设定新的 PAN ID，重启，如果读取的值为新 PAN ID，表示路由器已经加入网络。

c．设定新的 PAN ID 为 FF FF，路由器会自动寻找网络并加入，在没有加入网络之前，读取的值为 FF FF。

② 波特率（Baud Rate）  这里是指与模块直接连接的设备的硬件波特率，在同一个网络内，多块 ZigBee 模块与多台设备连接时，并不需要全网具有同样的波特率，只要模块与设备之间具有相同的波特率即可。

③ 信道选择（Radio Channel）  ZigBee 使用了 3 个频段，定义了 27 个物理信道，其中 868MHz 频段定义了一个信道；915MHz 频段附近定义了 10 个信道（1~10），信道间隔为 2MHz；2.4GHz 频段定义了 16 个信道（11~26），信道间隔为 5MHz，其中在 2.4GHz 频段的物理层，数据传输速率为 250kbps；在 915MHz 频段的物理层，数据传输速度为 40kbps；在 868MHz 频段的物理层，数据传输速率为 20kbps。同一个网络中的模块须设置为相同信道，不同的网络须设置为不同信道，以避免冲突。

④ 物理地址（MAC Address）  出厂时写入设备的全球唯一物理地址，长度为 64 位，即 8B。

⑤ 短地址（Short Address）  由于物理地址比较占用空间，ZigBee 引入了 16 位短地址，ZigBee 协议规定在一个 ZigBee 网络中，每台设备都要有自己的短地址，这样是为了区分网络上的节点，由网络给设备分配唯一的端地址，提高了通信效率，除了协调器地址是 0x0000 外，其他节点的网络地址都不是一个固定的值。在设备加入 ZigBee 网络后，网络将会为所有加入网络的设备分配一个网络地址。网络地址值根据特定算法实现，根据不同设置可以由协调器统一分配，也可以由它所连接的路由器来分配。若 PAN ID 为 FF FE，则此节点是路由器，且未加入网络；若非以上值，则此节点是协调器，且已加入网络。

⑥ 节点类型（Point Type）  读取，设定块的节点类型，可以设置为协调器或者路由器。

📌 注意

通常仅需要按照这样的顺序，先设置节点类型，再设置信道，然后设置好 PAN ID，最后重启模块，设置生效后就可以使用了。

**（5）ZigBee 网络传输传感器数据试验**

① 硬件连接  本试验需要 Arduino UNO 开发板 3 块，红外测距传感器 1 个，超声波测距传感器 1 个，DRF1605H 无线模块 1 块。

将一块 ZigBee 模块设置为协调器模块，接入 Arduino UNO 串口，由 Arduino UNO 处理后接 PC 显示。将另外两块 ZigBee 模块均设置为路由器模式，各自接入两块 Arduino UNO 板，分别用于读取超声波数据和红外传感数据。

具体硬件连接如图 5-79、图 5-80、图 5-81 所示。

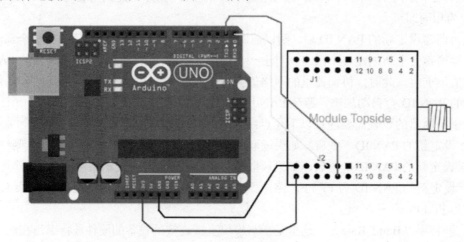

图 5-79　协调器模式连接图

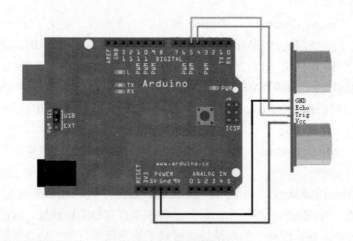

图 5-80　超声波传感器连接图

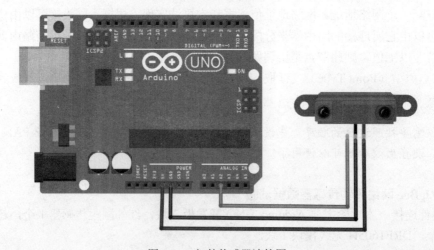

图 5-81　红外传感器连接图

② 程序代码　路由器采集超声波数据发送代码如下。

```
int inputpin=4; //接超声波 Echo 到数字引脚 D4
int outputpin=5; //接超声波 Trig 到数字引脚 D5
void setup()
{
  serial.begin(38400);
  pinMode(inputpin,INPUT);
  PinMode(outputpin,OUTPUT);
}
void loop()
{
  digitalWrite(outputpin,LOW);
  delayMicrosseconds(2);
  digitalWrite(outputpin,HIGH);//发出持续时间 10μs 到 trigger 脚驱动超声波检测
  delayMicrosseconds(10);
  digitalWrite(outputpin,LOW);
  int distance-pulseln(inputPin,HIGH); //接收脉冲的时间
  distance=distance/58; //将脉冲时间转化为距离值
  serial.print(00 02:);
  serial.println(distance); //输出距离值（单位：cm）
  delay(250);
}
```

通过 ZigBee 无线网络的路由器获取的超声波数据如图 5-82 所示。

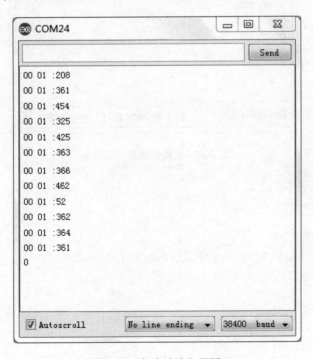

图 5-82　超声波读取界面

路由器采集红外传感器数据发送代码清单如下。

```
int sensorPin=2;
int value=0;
void setup()
{
```

```
    serial.begin(38400);
}
void loop()
{
  value=analogRead(sensorPin); //读取模拟端口 2
  serial.print(00  01☺;
  serial.println(value,DEC); //用十进制数显示结果并且换行
 delayY(250); //延时 50ms
}
```

通过 ZigBee 无线网络的路由器获取的红外传感器数据如图 5-83 所示。

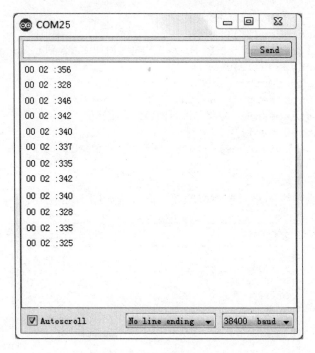

图 5-83　红外传感器读取界面

协调器接收代码清单如下。
```
String comdata==″
void setup()
{
   Serial.begin(38400); //设置波特率为 38400Baud
}
void loop()
{
  while (serial.avalable()>0);
  {
    comdata+=char(serial.read());
    delay(2);
  }
  if(comdata.length()>0)
  {
    serial.print(comdata);
    comdata=″″;
```

```
    }
    delay(50);
}
```

通过 ZigBee 无线网络的协调器获取的数据如图 5-84 所示。

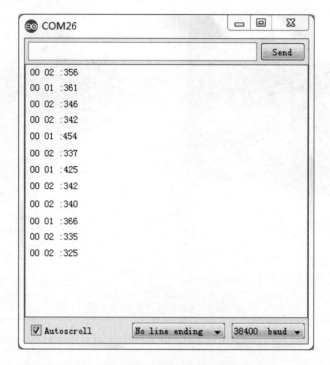

图 5-84　协调器读取界面

如图 5-84 所示，协调器读取从两个路由器发来的信息，经过 Arduino UNO 处理后交替出现在了调试界面上。

 注意

00 01 是路由器 1 发来的超声波数据，00 02 是路由器 2 发来的红外数据。

### 5.6.3　XBee-PRO 模块的应用

XBee-PRO OEM RF 模块是与 ZigBee/IEEE 802.15.4 兼容的模块，可以满足低成本、低功耗、无线传感网络的特殊需求。该模块易于使用，具有极低的功耗，以及可提供设备间关键数据的可靠传输。由于设计上的创新，XBee-PRO 在范围上可以超越标准 ZigBee 模块 2~3 倍。XBee-PRO 模块工作在 ISM 2.4 GHz 频率波段，而且与 MaxStream 公司的 XBee (1mW) Zigbee 模块引脚兼容。该模块在美国，加拿大，澳大利亚，以色列以及欧洲广泛使用。 建立 RF 通信不需要任何配置，该模块的默认配置支持宽范围的数据系统应用。也可以使用简单 AT 命令进行高级配置。 现在为 OEM 开发商提供 XBee 代码开发包，OEM 也可以自己开发与 MaxStream ZigBee/802.15.4 RF 模块协作的代码。利用 Arduino XBee 扩展板可以很方便地将 XBee 模块连接到 Arduino 上。

扩展板上应用了模块的最小连接方式（VCC、GND、DOUT、DIN），占用 Arduino 的引脚

0（RX）。模块可以在 ZingBee 网络中用作协调器或终端设备。图 5-85 为 XBee-PRO 模块插在 Arduino XBee 扩展板上的结构图，图 5-86 为 XBee-PRO 模块和 Arduino 开发板整体组装在一起的结构图。

图 5-85　XBee-PRO 模块插在 Arduino XBee 扩展板上　图 5-86　XBee-PRO 模块和 Arduino 开发板整体组装

**（1）规格参数**

① XBee 模块技术参数如表 5-18 所示。

表 5-18　XBee 模块的技术参数

| 项目 | XBee | XBee-PRO |
|---|---|---|
| 高性能指标 | 室内传输距离：30m<br>户外传输距离（开阔地）：100m<br>发射功率：1mW（0dBm 时）<br>接收灵敏度：−92dBm | 室内传输距离：100m<br>户外传输距离（开阔地）：1500m<br>发射功率：100mW（20dBm）<br>接收灵敏度：−100dBm |
| 低功率指标 | 发送电流：45mA（3.3V）<br>接收电流：50mA（3.3V）<br>掉电电流：<10mA | 发送电流：215mA（3.3V）<br>接收电流：55mA（3.3V）<br>掉电电流：<10mA |

② 引脚定义　XBee 及 XBee-PRO 模块顶部视图如图 5-87 所示。

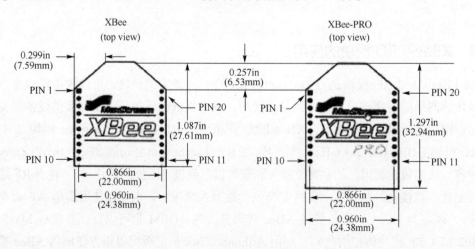

图 5-87　XBee 及 XBee-PRO 模块顶部视图

引脚定义如表 5-19 所示。

表 5-19   XBee 及 XBee-PRO 引脚定义

| 引脚 | 定义 | 说明 |
| --- | --- | --- |
| 1 | VCC | 电源（3.3V） |
| 2 | DOUT | UART 数据输出 |
| 3 | DIN/CONFIG | UART 数据输入 |
| 4 | DO8 | 数据输出 8 |
| 5 | RESET | 模块复位（复位脉冲必须至少 200ms） |

（2）参数设置   XBee 模块与 Arduino 之间其实就是通过串行接口（即 TX 和 RX 引脚）进行通信。对于简单的点对点通信来讲，只需要通过串行接口向 XBee 模块写数据就可以实现数据的发送。当 XBee 模块通过无线通道接收到数据时，通过读串行接口可以很方便地获得这些数据。

使用多块 Arduino XBee 模块，就可以实现多个节点组成的复杂网络，这里只研究最简单的两个节点的 ZigBee 网络。在使用 XBee 之前，需要先给 XBee 模块进行初始参数设置，对 XBee 模块的设置可以按照 XBee 手册里介绍的 AT 指令，通过串行终端完成，也可以借助 X-CTU 这一工具来完成，使用工具相对来说要方便点。

将 Arduino XBee 扩展板连接到 Arduino 母板上，然后将 Arduino XBee 扩展板上的两个跳线置于 USB 一端，如图 5-88 所示，这样 X-CTU 才能通过 Arduino 的 USB 接口对 XBee 模块进行配置。

图 5-88   Arduino XBee 扩展板上的跳线端子

注意

下面的步骤会用到 Arduino 的 USB 接口以及 TX 和 RX 引脚，所以请确保运行在 Arduion 上的工程里没有对串行接口的操作，或者将 AVR 芯片从 Arduino 板上取下之后再进行下面的步骤。

在用 USB 电缆将 Arduino 与 PC 机连接好之后，运行 X-CTU 软件。首先在 "PC Settings" 中里选择对应的通信端口，并设置好波特率等参数。XBee 模块出厂时默认的设置为 9600，8，N，1。如图 5-89 所示。

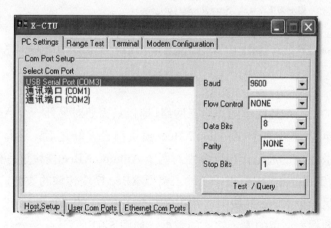

图 5-89   设置参数

此时可以单击"Test/Query"按钮，来测试是否能够正确地连接上 XBee 模块。如果一切正常，将看到如图 5-90 所示的对话框。如果通信参数设置都是正确的，但仍然无法与 XBee 模块通信上，则请检查 USB 连线和 Arduino XBee 扩展板上的跳线，必要的时候可以拔掉 Arduino 上的 ATmega 单片机再试。

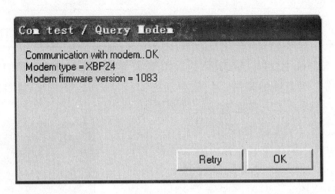

图 5-90　连接对话框

测试正常之后转到"Modem Configuration"。首先单击"Modem Parameters and Firmware"中的"Read"按钮读出 XBee 模块中的当前参数，接着在读出的"Networking & Security"中将"Channel"设为"C"，将"PAN ID"设置为"1234"。如图 5-91 所示。

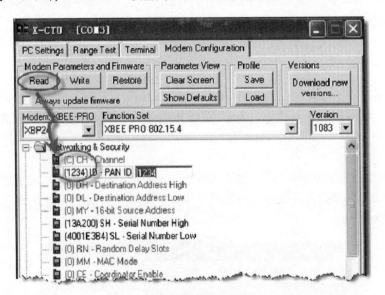

图 5-91　设置 PAN ID

在这里要实现的是一个最简单的点对点网络，所以只需要对另外一个 Arduino XBee 模块做完全相同的设置就可以了。两个 Arduino XBee 模块都设置好之后，运行两个 X-CTU 并在"PC Settings"中选择不同的通信接口，分别对两个 Arduino XBee 模块进行控制。

在 X-CTU 的"Terminal"中可以手工输入需要 XBee 模块传输的数据，这些数据在收到之后会被自动发送到另一个 XBee 模块中，并在另一个 X-CTU 的"Terminal"中显示出来。其中蓝色的表示发送的数据，红色的表示接收的数据，如图 5-92 所示。

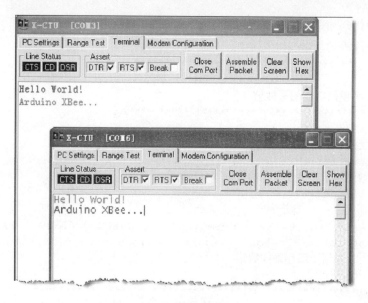

图 5-92　发送和接收数据

　　至此，基本说明 Arduino XBee 模块能够正常收发数据了，接下去要做的就是在 Arduino 工程里利用 XBee 进行无线数据的收发。通过上面的步骤不难看出，在 Arduino 工程中只需要将要发送的数据通过 Arduino 的串行通信接口发送给 XBee 模块，然后在另一个 Arduino 模块中通过串行接口读出来就可以了。但要想构建更加复杂的网络，就得仔细阅读 XBee 的使用手册，并好好了解 ZigBee 技术了。

图 5-93　开发板连接 XBee 模块

　　（3）应用 **XBee** 模块控制舵机试验　本试验需要 Arduino UNO 开发板 2 块，Arduino XBee 扩展板 2 块，XBee-PRO 模块 2 块，舵机 1 个。其中一块开发板连接 XBee-PRO 模块，用来定时发送数据，如图 5-93 所示；另一块开发板连接 XBee-PRO 模块，其中数字 I/O 8 脚连接舵机信号线，用来收到数据后改变舵机角度，舵机连接如图 5-94 所示。

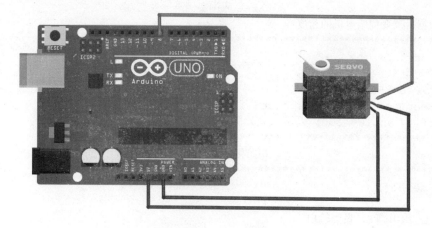

图 5-94　舵机连接图

本试验程序代码如下所示。

发送端程序代码如下。

```
/*********************************************
                            XBee 应用实例——发送端
每 1s 发送一个模拟口 5 的采样值
*********************************************/
#include<XBee.h>
//建立一个 XBee 的对象
XBee xBee=XBee();
//定义一个数组用于存储要发送的数据
Uint8_t payload[]={0,0};
//设置接收端的 SB+SL 地址
XBeeAddress64  addr64=XBeeAddress64(0x0013a200,0x403e0f30);
ZBTxRequest zbTx=ZBTzRequest(addr64,payload,sizeof(payload));
//定义变量 pin5 用于保存采样数据
int pin5 =0;
/************************************************************
                            初始化部分 setup 函数
************************************************************/
void setup()
{
  XBee.begin(9600);
}
/************************************************************
                            执行部分——loop 函数
************************************************/
void loop()
{
  Pin5=analogRead(5); //获取模拟口 5 的模拟量值，并进行 A/D 转换
  Payload[0]=pin5>>8&&0x03; //由于 Arduino 的 A/D 是 10 位的，所以将结果放入两个字
节中
  Payload[1]=pin5 & 0xff;
  Xbee.send(zbTx); //发送数据
  Delay(1000); //延时 1s
}
```

接收端程序代码如下。

```
/************************************************************
                            XBee 应用实例——发送端
收到数据后改变伺服电机的角度
************************************************************/
#include<XBee.h>
//建立一个 XBee 的对象
XBee xBee=XBee();
ZBRxResponse rx=XBRxResponse();
Uint16_t  angle=1500; //定义初始脉宽值
/************************************************************
                            初始化部分 setup 函数
************************************************************/
void setup()
{
//舵机占用引脚 8，设为输出
  pinMode(8,OUTPUT);
```

```
    XBee.begin(9600);
}
/***************************************************************
                    执行部分——loop 函数
***************************************************/
void loop()
{
    XBee.readPacket(0); //提取 XBee 接收到的数据包
        if (xBee.getResponse().isAcailable()); //如果收到数据包
        {
            if(xBee.getResponse().getApird()==XB-RX-RESPONSE)
            {
                XBee.getRseponse().getXBRxResponse(rx);
                angle=rx.getData(0)*256+rx.getData(1)+1000; //提取模拟量值并将数值
转化到 1000~2024
            }
        }
    digitalWrite(8,HIGH); //输出高电平
    delayMicroseconds(angle); //脉宽为 angle
    digitalWrite(8,LOW); //输出低电平
    delay(15); //低电平持续 15ms
}
```

# 5.7　无线数传模块的应用

前面几节介绍的几种无线通信技术，如 WiFi、蓝牙技术、ZigBee 等都是附带网络通信协议的，便于组网和远程控制。它们都各有优点，但成本普遍较高，如果只想进行点对点的通信，无线数传模块是个非常理想的选择，在本节将讲解两种无线数传模块的应用。

## 5.7.1　2.4GHz 无线数传模块的应用

（1）概述　nRF24L01 无线模块是一款新型单片射频收发器件，工作于 2.4～2.5 GHz ISM 频段，最大 0dBm 发射功率，免许可证使用支持六路通道的数据接收。内置频率合成器、功率放大器、晶体振荡器、调制器等功能模块，并融合了增强型 ShockBurst 技术，其中输出功率和通信频道可通过程序进行配置。模块具有很强的抗干扰能力，灵敏度高，体积小，功耗低，传输距离远的特点，可应用于非常广泛的领域。

（2）技术参数　nRF24L01 无线模块的实物如图 5-95 所示，该模块的技术参数如下。

2.4GHz 全球开放 ISM 频段，免许可证使用。

低工作电压：1.9～3.6V。

高速率：2Mbps，由于空中传输时间很短，极大地降低了无线传输中的碰撞现象（软件设置 1Mbps 或者 2Mbps 的空中传输速率）。

多频点：125 频点，满足多点通信和跳频通信需要。

超小型：内置 2.4GHz 天线，体积小巧，15mm×29mm（包括天线）。

低功耗：当工作在应答模式通信时，快速的空中传输及启动时间，极大地降低了电流消耗。

低应用成本：nRF24L01 集成了所有与 RF 协议相关的高速信号处理部分，比如：自动重发丢失数据包和自动产生应答信号等，nRF24L01 的 SPI 接口可以利用单片机的硬件 SPI 口连接或

用单片机 I/O 口进行模拟，内部有 FIFO 可以与各种高低速微处理器接口，便于使用低成本单片机。

便于开发：由于链路层完全集成在模块上，非常便于开发。

自动重发功能，自动检测和重发丢失的数据包，重发时间及重发次数可通过软件控制，自动存储未收到应答信号的数据包，并具有自动应答功能，在收到有效数据后，模块自动发送应答信号，无须另行编程载波检测。

固定频率检测。

内置硬件 CRC 检错和点对多点通信地址控制。

数据包传输错误计数器及载波检测功能可用于跳频设置，可同时设置六路接收通道地址，可有选择性地打开接收通道。

标准插针 Dip2.54mm 间距接口，便于嵌入式应用。

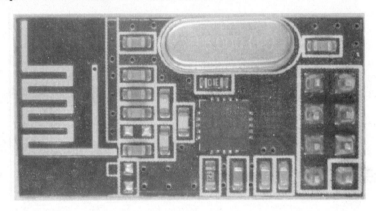

图 5-95　nRF24L01 无线模块实物图

（3）引脚功能　nR24L01 模块使用了 Nordic 公司的 nRF24L01 芯片，2.54mm 间距接口，DIP 封装，如图 5-96 所示，模块有 8 个引脚，引脚定义如表 5-20 所示。

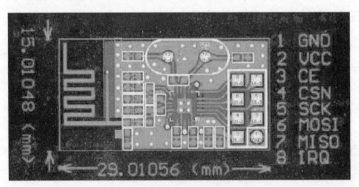

图 5-96　nR24L01 模块引脚图

表 5-20　nRF24L01 模块引脚定义

| 引脚 | 定义 | 说明 |
| --- | --- | --- |
| 1 | GND | 接地 |
| 2 | VCC | 电压范围为 1.9~3.6V，超过 3.6V 将会烧毁模块，推荐电压为 3.3V 左右 |
| 3 | CE | 使能发射或接收 |
| 4 | CSN | 片选信号 |

续表

| 引脚 | 定义 | 说明 |
|---|---|---|
| 5 | SCK | 时钟信号 |
| 6 | MOSI | 数据输入 |
| 7 | MISO | 数据输出 |
| 8 | IRQ | 中断标志位 |

**（4）工作原理**　通过配置寄存器可将 nRF24L01 配置为发射、接收、空闲（待机）及掉电四种工作模式，如表 5-21 所示。

表 5-21　nRF24L01 的四种工作模式

| 模式 | PWR-UP | PRM-RX | CE | FIFO 寄存器状态 |
|---|---|---|---|---|
| 接收模式 | 1 | 1 | 1 | — |
| 发射模式 | 1 | 0 | 1 | 数据在 TX FIFO 寄存器中 |
| 发射模式 | 1 | 0 | 1-0 | 停留在发送模式，直至数据发送完 |
| 待机模式 | 1 | 0 | 1 | TX FIFO 为空 |
| 待机模式 | 1 | — | 0 | 无数据传输 |
| 掉电模式 | 0 | — | — | — |

nRF241L01 的工作模式：

待机模式 1　主要用于降低电流损耗，在该模式下晶体振荡器仍然是工作的。

待机模式 2　则是在当 FIFO 寄存器为空且 CE=1 时进入此模式。

待机模式下，所有配置字仍然保留。在掉电模式下电流损耗最小，同时 nRF24L01 也不工作，但其所有配置寄存器的值仍然保留。

发射数据时，首先将 nRF24L01 配置为发射模式，接着把接收节点地址 TX_ADDR 和有效数据 TX_PLD 按照时序由 SPI 口写入 nRF24L01 缓存区，TX_PLD 必须在 CSN 为低时连续写入，而 TX_ADDR 在发射时写入一次即可，然后 CE 置为高电平并保持至少 $10\mu s$，延迟 $130\mu s$ 后发射数据。若自动应答开启，那么 nRF24L01 在发射数据后立即进入接收模式，接收应答信号（自动应答接收地址应该与接收节点地址 TX_ADDR 一致）。如果收到应答，则认为此次通信成功，TX_DS 置高，同时 TX_PLD 从 TX FIFO 中清除；若未收到应答，则自动重新发射该数据（自动重发已开启），若重发次数（ARC）达到上限，MAX_RT 置高，TX FIFO 中数据保留以便再次重发。MAX_RT 或 TX_DS 置高时，IRQ 变低，产生中断，通知 MCU。最后发射成功时，若 CE 为低则 nRF24L01 进入空闲模式 1；若发送堆栈中有数据且 CE 为高，则进入下一次发射；若发送堆栈中无数据且 CE 为高，则进入空闲模式 2。

接收数据时，首先将 nRF24L01 配置为接收模式，接着延迟 $130\mu s$ 进入接收状态等待数据的到来。当接收方检测到有效的地址和 CRC 时，就将数据包存储在 RX FIFO 中，同时中断标志位 RX_DR 置高，IRQ 变低，产生中断，通知 MCU 去取数据。若此时自动应答开启，接收方则同时进入发射状态回传应答信号。最后接收成功时，若 CE 变低，则 nRF24L01 进入空闲模式 1。

**（5）nRF24L01 无线模块数据传输试验**

① 硬件连接　本试验需要 LED 发光二极管 2 个，$220\Omega$ 限流电阻 2 个，Arduino UNO 开发板 1 块，Arduino Meag 2560 开发板 1 块。

发射板从计算机串口接收数据，当接收到"y"字符时，发送"1"到接收板，相应地，接收板的第 7 引脚置高电平，所连接的 LED 点亮；当接收到"n"字符时，则发送"0"到接收板，相应地，接收板的第 7 引脚置低电平，所连接的 LED 熄灭。

分别利用 Arduino UNO 和 Arduino Mega2560 进行 nRF21L01 模块的收发程序测试，其中，两种控制板与 nRF24L01 模块的接线情况分别如表 5-22 和表 5-23 所示。

表 5-22　**Arduino UNO 和 nRF21L01 模块接线表**

| 序号 | Arduino UNO | nRF24L01 模块 |
|---|---|---|
| 1 | GND | GND |
| 2 | 3.3V | VCC |
| 3 | D8 | CE |
| 4 | D9 | CSN |
| 5 | D13 | SCK |
| 6 | D11 | MOSI |
| 7 | D12 | MISO |
| 8 | D10（在本示例中没有用到，可以不接） | IRQ |
| 9 | D7 | 外部 LED |

表 5-23　**Arduino Mega2560 和 nRF21L01 模块接线表**

| 序号 | Arduino Mega2500 | nRF24L01 模块 |
|---|---|---|
| 1 | GND | GND |
| 2 | 3.3V | VCC |
| 3 | D8 | CE |
| 4 | D9 | CSN |
| 5 | D13 | SCK |
| 6 | D11 | MOSI |
| 7 | D12 | MISO |
| 8 | D10（在本示例中没有用到，可以不接） | IRQ |
| 9 | D7 | 外部 LED |

具体的硬件连接如图 5-97 和图 5-98 所示。

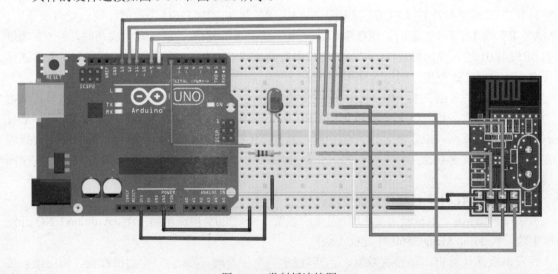

图 5-97　发射板连接图

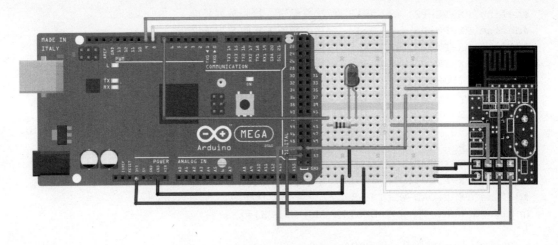

图 5-98　接收板连接图

② 程序代码　发射板程序代码清单如下。

```
#incude<SPI.h>
/********************************NRF24L01 指令字*******************/
#define READ REG       0x00 //读寄存器指令
#define WRITE-REG      0x20 //写寄存器指令
#define RD-RX-PLOAD    0x61 //读取接收数据指令
#define WR-TX-PLOAD    0xA0 //写待发数据指令
#define FLUSH-TX       0xE1 //发送 FIFO 指令
#define FLUSH-RX       0xE2 //接收 FIFO 指令
#define REUSE-TX-PL    0xE3 //定义重复装载数据指令
#define NOP            0xFF //保留字
/**************************************************************/
#define RX-DR          0x40
#define TX-DS          0x20
#define MAX-RT         0x10
/************************SPI(nRF24L01)//寄存器地址***************/
#define CONFIG         0x00 //配置收发状态，CRC 校验模式以及收发状态响应方式
#define EN-AA          0x01 //自动应答功能设置
#define EN-RXADDR      0x02 //可用信息设置
#define RETUP-AW       0x03 //收发地址宽度设置
#define SETUP-RETR     0x04 //自动重发功能设置
#define RF-CH          0x05 //工作频率设置（有 126 个频段可供选择）
#define RF-SETUP       0x06 //发射速度、功耗设置
#define STATUS         0x07 //状态寄存器
#define OBSERVE-TX     0x08 //发送监测功能
#define CD             0x09 //地址检测
#define RX-ADDR-P0     0x0A //频道 0 接收数据地址
#define RX-ADDR-P1     0x0B //频道 1 接收数据地址
#define RX-ADDR-P2     0x0C //频道 2 接收数据地址
#define RX-ADDR-P3     0x0D //频道 3 接收数据地址
#define RX-ADDR-P4     0x0E //频道 4 接收数据地址
#define RX-ADDR-P5     0x0F //频道 5 接收数据地址
#define TX-ADDR-P5     0x10 //发送地址寄存器
#define RX-PW-P0       0x11 //接收频道 0 接收数据长度
#define RX-PW-P1       0x12 //接收频道 1 接收数据长度
```

```
#define RX-PW-P2        0x13  //接收频道 2 接收数据长度
#define RX-PW-P3        0x14  //接收频道 3 接收数据长度
#define RX-PW-P4        0x15  //接收频道 4 接收数据长度
#define RX-PW-P5        0x16  //接收频道 5 接收数据长度
#define FIFO-STATUS     0x17  //FIFO 栈入栈出状态寄存器设置
/********************定义模块连接 Arduino UNO 的引脚***********/
#define CE              8  //使能发射或接收引脚
#define CSN             9  //SPI 片选引脚
#define IR              10 //中断引脚，用于屏蔽中断
/*********************************/
#define TX-ADR-WIDTH       5  //5 个字符的接收地址长度
#define TX-PLOAD-WIDTH     32 //32 字节发送缓冲
unsigned char TX-ADDRESS[TX-ADR-WIDTH]=
{
  0x34,0x43,0x10,0x10,0x04
};//定义一个静态发送地址
unsigned char rx-buf[TX-PLOAD-WIDTH]={0}; //接收值初始化
unsigned char rx-buf[TX-PLOAD-WIDTH]={0}; //发送值初始化
void setup()
{
Serial.begin(9600);
  pinMode(CE,OUTPUT);
  pinMode(CSN,OUTPUT);
  pinMode(IRQ,INPUT);
  SPI.begin();
  delay(50);
  init-io(); //初始化端口
  unsigned char sstatur=SPI-Read(STATUS);
  Serial.println("TX-Mode Start"); //提示发送模式已准备
  Serial.print("status=");
    Serial.println(sstatus,HEX); //输出模式状态寄存器的值，默认初始值是"E"
    TX-Mode(); //设置发送模式
  }
  void loop()
  {
 Send_Data(LED()) //发送 LED 的值
}
/************************发射主函数************************/
void Semd-Data(int a) //发射数据"a"
{
tx-buf[0]=a;
unsigned char sstatus=SPI-Read(STATUS); //读取离存器状态值
if(sstatus & TX-DS) //如果接收数据中断就绪（TX-DS）
{
   SPI-RW-Reg(FLUSH-TX,0);
   SPI-Write-Buf(WR-TX-PLOAD,tx-buf,TX-PLOAD-WIDTH); //写入 FIFO 缓冲
  }
  if(sstatus & MAX-RT)//如果接收数据中断就绪（MAX-RT）会重传而不是 SETUP-RETR 禁
止待机模式
  {
   SPI-RW-Reg(WRITE-REG+STATUS,sstatus);//清除 RX-DR 或 TX-DS AX-RT 中断标记
   delay(40);
```

```
}
/**********************************************/
//功能：端口初始化
//描述：闪烁 LED 一次，准备发送或接收数据，SPI 禁止，SPI 时钟始终初始化为高电平
void init-io(void)
{
    digitalWrite(IRQ,0);
    digitalWrite(CE,0); //片选允许
    digitalWrite(CSN,1); //SPI 禁止
}
/********************功能函数 SPI-RW()************************/
//描述：遵从 SPI 协议，写一个无符号的字节数据到 nRF24L01，并在写的同时读取一个无符号的
字节数据。
//并返回该值
unsigned char SPI-RW(unsigned char Byte)
{
    return  SPI.transfer(Byte);
}
/*****************功能函数 SPI-RW-Reg()*************/
//描述：写一个 value 值到寄存器 reg
unsigned char SPI-RW-Reg(unsigned char reg,unsigned char value)
{
    unsigned char status;
    digitalWrite(CSN,0 ); //CSN 置低电平，初始化 SPI 通信
    SPI-RW(reg); //选择寄存器
    SPI-RW(value); //写值进去
    digitalWrite(CSN,1); //CSN 再次置高电平
    return(statur); //返回 nRF24L01 状态值（无符号字符型）
}
/****************功能函数：SPI Read()*****************/
//描述：从 nRF24L01 寄存器读一个无符号字符型变量 "reg"
unsigned char SPI-Read(unsigned char reg)
{
    unsigned char reg_val;
    digitalWrite(CSN,0); //CSN 置低电平，初始化 SPI 通信
    SPI-RW (reg); //选择寄存器读取
    reg-val=SPI-RW(0); //读取寄存器的值
    digitalWrite(CSN,1); //CSN 置高电平，结束 SPI 通信
    return(reg_val); //返回寄存器的值
}
/***************功能函数：SPI-Read-Buf（）**************/
//描述：从寄存器 "reg" 读无符号字符型变量，通常用于读取 RX 有效，和 RX/TX 的地址
unsigned char SPI-Read-Buf(unsigned char reg,unsigned char pBuf,unsigned
char bytes)
{
unsigned char sstatus,1;
digitalWrite(CSN,0); //CSN 置低电平，初始化 SPI 通信
sstatus=SPI-RW(reg); //选择寄存器写入和读取状态（无符号字符型）
for(i=0;i<bytes;i++)
{
  pBuf[i]=SPI-RW(0); //执行 SPI-RW 从 nRF24L01 读取无符号字符型
}
```

```
        digitalWrite(CSN,1);  //再次恢复 CSN 为高电平
        return(sstatus);  //返回 nRF24L01 状态值（无符号字符型）
            }
    /*****************************************/
    /***************功能函数 SPI-Write-Buf()****************/
    //描述：将 nRF24L01 的内容写入缓冲区 "pBuf"，通常用来写 TX 有效和 RX/TX 地址
    unsigned char SPI-Write-Buf(unsigned char reg,unsigned char pBuf,unsigned
char bytes)
        {
          unsigned char sstatus,I;
          digitalWrite(CSN,0);  //CSN 置低电平，初始化 SPI 通信
          sstatus=SPI-RW(reg);  //选择寄存器写入和读取状态（无符号字符型）
          for(i=0;i<bytes;i++);  //然后将所有无符号字节型数据写入缓冲指针 "pBuf"
          {
            SPI-RW(pBuf++);
          }
          digitalWrite(CSN,1);  //再次设置 CSN 为高电平
          return(sstatus);  //返回 nRF24L01 状态值（无符号字符型）
        }
    /*************功能函数：TX-Mode()********************/
    //描述：这个函数初始化一个 nRF24L01 设备进入发送模式，设置发送地址，设置 RX 地址为自动
应答
    //(auto.ack)，填充 TX 使能，选择 RF 频段，数据速度和 TX 发射功率。电源启动 PWR-UP 设置，
    //CRC 校验码设置（2 个无符号字符型）。设置模式为发送（PRIM：TX）
    void TX-Mode(void)
        {
          digitalWrite(CE,0);
          SPI-Write-Buf(WRITE-REG+TX_ADDR,TX-ADDRESS,TX-ADR-WIDTH);//写 TX 地址到
nRF24L01
          SPI-Write-Buf(WRITE-REG+RX_ADDR-P0, TX-ADDRESS,TX-ADR-WIDTH);//RX 地址
（RX-Addr0）作为自动应答
          SPI-RW-Reg(WRITE-REG+EN-AA,0x01);  //允许自动应答：管道 0（pipe0）
          SPI-RW-Reg(WRITE-REG+EN-RXADDR,0x01);  //使能 pipe0
          SPI-RW-Reg(WRITE-REG+SETUP-RETR, 0x1a);  //设置自动重发间隔时间 500μs+86μs,
最大重发次数为 10 次
          SPI-RW-Reg(WRITE-REG+RF-CH, 40);  //选择 RF 频道 40
          SPI-RW-Reg(WRITE-REG+RF-SETUP,0x07);  //发射功率（TX-PWR）：0dBm,数据传输率：
1Mbps,低噪声放大增益使能（LNA：HCURR）
          SPI-RW-Reg(WRITE-REG+CONFIG,0x0e);//配置基本工作模式的参数：PWR-UP,EN-CRC,
16BIT-CRC,接收模式,开启所有中断
          SPI-Write-Buf(WR-TX-PLOAD,tx-buf,tx-PLOAD-WIDTH);
          digitalWrite(CE,1)  //设置 CE 为高电平，10μs 后启动发送
        }
    int LED()  //输入 y 返回 1；输入 n 返回 2
        {
        char a;
        a=Serial.read();
        if(a==y)
          return  1;
        else  if(a==n)
          return  2;
          else
```

```
            return  0;
}
```
接收板代码清单如下：
```
#include<SPI.h>
#define READ-REG     0x00  //读寄存器指令
#define WRITE-REG    0x20  //写寄存器指令
#define RD-RX-PLOAD  0x61  //读取接收数据指令
#define WR-TX-PLOAD  0xA0  //写待发数据指令
#define FLUSH-TX     0xE1  //发送 FIFO 指令
#define FLOSH-RX     0xE2  //接收 FIFO 指令
#define REUSE-TX-PL  0xE3  //定义重复装载数据指令
#define NOP          0xFF  //保留字
/***********************************************************/
#define RX-DR        0x40
#define TX-DS        0x20
#define MAX-RT       0x10
/*******************SPI(nRF24L01) 寄存器地址************/
#define CONFIG       0x00  //配置收发状态，CRC 校验模式以及收发状态响应方式
#define EN-AA        0x01  //自动应答功能设置
#define EN-RXADDR    0x02  //可用信道设置
#define SETUP-AW     0x03  //收发地址宽度设置
#define SETUP-RETR   0x04  //自动重发功能设置
#define RF-CH        0x05  //工作频率设置（有 126 个频段可供选择）
#define RF-SETUP     0x06  //发射速度、功能设置
#define STATUS       0x07  //状态寄存器
#define OBSERVE-TX   0x08  //发送监测功能
#define CD           0x09  //地址检测
#define RX-ADDR-P0   0x0A  //频道 0 接收数据地址
#define RX-ADDR-P1   0x0B  //频道 1 接收数据地址
#define RX-ADDR-P2   0x0C  //频道 2 接收数据地址
#define RX-ADDR-P3   0x0D  //频道 3 接收数据地址
#define RX-ADDR-P4   0x0E  //频道 4 接收数据地址
#define RX-ADDR-P5   0x0F  //频道 5 接收数据地址
#define TX-ADDR      0x10  //发送地址寄存器
#define RX-PW-P0     0x11  //接收频道 0 接收数据长度
#define RX-PW-P1     0x12  //接收频道 1 接收数据长度
#define RX-PW-P2     0x13  //接收频道 2 接收数据长度
#define RX-PW-P3     0x14  //接收频道 3 接收数据长度
#define RX-PW-P4     0x15  //接收频道 4 接收数据长度
#define RX-PW-P0     0x16  //接收频道 5 接收数据长度
#define FIFO-STATUS  0x17  //FIFO 栈入栈出状态寄存器设置
/***********定义模块连接 Arduino Mega2560 的引脚**********/
#define CE    8   //使能发射或接收引脚
#define CSN   9   //SPI 片选引脚
#define IR    10  //中断引脚，用于屏幕中断
/*******************************/
#define TX-ADR-WIDTH    5   //5 个字节的接收地址长度
#define TX-PLOAD-WIDTH  32  //32 字节发送缓冲
insigned char TX-ADDRESS(TX-ADR-WIDTH) =
{
  0x34,0x43,0x10,0x10,0x01
```

```
}; //定义一个静态发送地址
unsigned char rx-buf(TX-PLOAD-WIDTH)=0; //接收值初始化
unsigned char tx-buf(TX-PLOAD-WIDTH)=0; //发送值初始化
/*******************************/
void setup()
{
   Serial.begin(9600);
   pinMode(CE,OUTPUT);
   pinMode(CSN,OUTPUT);
   pinMode(IRQ,INPUT);
   SPI.begin();
   delay(50); //初始化端口
   init-io();
   unsigned char sstatus=SPI-Read(STATUS);
   Serial.println(RX-Mode Start); //提示接收模式已准备
   Serial.print("status=0"/
   Serial.println(sstatus,HEX); //输出模式状态寄存器的值，默认初始是"E"
   RX-Mode(); //设置接收模式
}
void loop()
{
   Revive-Data(); //接收主程序
   LED(rx-buf[0]); //执行 LED 处理函数
}
/***************接收主程序*****************/
void Recive-Data() //接收后的值赋给 rx-buf[0]
{
  unsigned char status=SPI-Read(STATUS); //读取寄存器状态值
  if(status & RX-DR) //如果接收数据准备完毕（RX-DR 中断响应）
  {
    SPI-Read-Buf(RD-RX-PLOAD,rx-buf,TX-PLOAD-WIDTH); //读数据到 rx-buf
    SPI-Rw-Reg(FLUSH-RX,0); //清除 EX-FIFO
  }
  SPI-RW-Reg(WRITE-REG+STATUS,status);//清除 RX-DR 或 TX-DS 或 MAX-RT 中断状态
  delay(40);
}
/*******************************/
//功能：端口初始化
//描述：闪烁 LED 一次，准备发送或接收数据；SPI 禁止，SPI 时钟始终初始化为高电平
void init-io(void)
{
  digitalWrite(IRQ,0 );
digitalWrite(CE,0); //芯片使能
digitalWrite(CSN,1); //SPI 禁止
}
/****************功能函数：SPI-RW（）****************/
//描述：遵从 SPI 协议，写一个无符号的字节数据到 nRF24L01，并在写的同时读取一个无符号的
字节数据，并返回该值
unsigned char SPI-RW(unsigned char Byte)
{
   return SPI.transfet(Byte);
}
```

```
/****************功能函数：SPI-RW-Reg（）*************/
//描述：写一个 value 值到寄存器 reg
unsigned char SPI-RW-Reg(unsigned char reg,unsigned char value)
{
  unsigned char status;
  digitalWrite(CSN,0); //CSN 置低电平，初始化 SPI 通信
  SPI-RW(reg); //选择寄存器
  SPI-RW(value); //写值进去
  digitalWrite(CSN,1); //CSN 再次置高电平
  return(status); //返回 nRF24L01 状态值（unsigned char 型）
}
/****************功能函数：SPI- Read（）*************/
//描述：从 nRF24L01 寄存器读一个无符号字符型变量"reg"
unsigned char SPI-Read(unsigned char reg)
{
  unsigned char reg-val;
  digitalWrite(CSN,0); //CSN 低电平，初始化 SPI 通信
  SPI-RW(reg); //选择寄存器读取
  reg-val=SPI-RW(0); //读取寄存器的值
  digitalWrite(CSN,1); //CSN 高电平，结束 SPI 通信
return(reg-val); //返回寄存器的值
  }
/****************功能函数：SPI-Read-Buf()*****************/
//描述：从寄存器"reg"读无符号字符型变量，通常用于读取 RX 有效和 TX/TX 的地址
unsigned char SPI-Read -Buf(unsigned char reg,unsigned char *pBuf,unsigned
char bytes)
{
  unsigned char sstatus,i;
  digitalWrite(CSN,0); //设置 CSN 低电平，初始化 SPI 通信
  sstatus=SPI-RW(reg); //选择寄存器写入和读取状态（无符号字符型）
  for(i=0;i<bytes;i++)
  {
    pBuf[i]=SPI-RW(0); //执行 SPI-RW 从 nRF24L01 读取无符号字符型
  }
  digitalWrite(CSN,1); //再次设置 CSN 为高电平
  return(sstatus); //返回 nRF24L01 状态值（无符号字符型）
}
/****************功能函数：SPI-Write-Buf()*******************/
//描述：将 nRF24L01 的内容写入缓冲区"*pBuf"，通常用来写 TX 有效和 RX/TX 地址
unsigned char SPI-Write-Buf(unsigned char reg,unsigned char*pBuf,unsigned
char bytes )
{
  unsigned char sstatus,i;
  digitalWrite(CSN,0); //CSN 置低电平，初始化 SPI 通信
  sstatus=SPI-RW(reg); //选择寄存器写入和读取状态（无符号字符型）
  for(i=0;i<bytes;i++); //然后将所有无符号字节型数据写入缓冲指针"pBuf"
  {
    SPI-RW(*pBuf++);
  }
digitalWrite(CSN,1); //再次设置 CSN 为高电平
return(sstatus); //返回 nRF24L01 状态值（无符号字符型）
  }
```

```
/******************功能函数：RX-Mode（）***********************/
//描述：这个函数初始化一个 nRF24L01 设备进入接收模式，设置 RX 地址，写 RX 数据宽度，选
择 RF 频道、波特率和 LNA HCURR，当 CE 变高后，即进入 RX 模式，并可以接收数据了
    void RX-Mode(void)
    {
    digitalWrite(CE,0)
    SPI-Write-Buf(write-reg+rx-ADDR-P0,TX-ADDRESS,TX-ADR-WIDTH);//写 RX 节点
地址，RX 设备采用与 TX 设备相同的地址
    SPI-RW-Reg(WRITE-REG+EN-AA,0x01); //使能通道 0 的自动应答
    SPI-RW-Reg(WRITE-REG+EN-READDR,0x01); //使能通道 0 地址
    SPI-RW-Reg(WRITE-REG+RF-CH,40); //选择 RF 频道 40
    SPI-RW-Reg(WRITE-REG+RX-FLOAD-WIDTH); //选择通道 0 的有效数据宽度
    SPI-RW-Reg(WRITE-REG+RF-SETUP,0x07); //设置 TX 定时参数，0dB 增益，1Mbps
    //低噪声放大增益开启
    SPI-RW-Reg(WRITE-REG+CONFIG,0x0f);//配置基本工作模式的参数；PWR-UP,EN-CRC,
16BIT-CRC，接收模式
    digitalWrite(CE,1); //设置 CE 为高电平，进入接收模式
    //该设备已经设置为从发送设备中准备接收 16 个无符号字符型的数据包
    //"2443101001"，将会自动应答，自动重发次数为 10 次
    }
    void LED(int a)  //接收到 1，亮；接收到 2，灭
    {
     switch(a)
      {
      case1:
        digitalWrite(7,1);
        serial.println("y");
        break;
      case2:
        digitalWrite(7,0);
        serial.println("y");
        break;
      default:
        break;
      }
      a=0;
    }
```

### ■ 5.7.2 APC220 无线数传模块的应用

图 5-99　APC220 模块

（1）APC220 无线数传模块　APC220 模块是高度集成半双工微功率无线数据传输模块，常嵌入高速单片机和高性能射频芯片。采用高效的循环交织纠检错编码，抗干扰和灵敏度都大大提高，最大可以纠 24bits 连续突发错误，达到业内的领先水平。APC220 模块提供了多个频道以供选择，可在线修改串口速率，发射功率，射频速率等各种参数。APC220 模块能够透明传输任何大小的数据，而用户无须编写复杂的设置与传输程序，同时小体积宽电压运行，较远传输距离，丰富便捷的软件编程设置功能，使之能够应用于非常广泛的领域。模块一般成对使用，实物如图 5-99 所示（最下方为模块连接电脑的适配座）。

① 性能参数　模块主要的性能指标如下。

a. 工作频率：415~455MHz(1MHz)。

b. 调制方式：GFSK。

c. 频率间隔：200kHz。

d. 发射功率：20mW（10 级可调）。

e. 接收灵敏率：117dBm/1200bps。

f. 容中传输速率：1200~19200bps。

g. 接口速率：1200~57600bps。

h. 接口效验方式：8E1/8N1/801。

i. 接口缓冲空间：512B。

j. 工作湿度：10%~90%（无冷凝）。

k. 工作温度：−20~70℃。

l. 电源：3.3~5.5V（±50mV 纹波）。

m. 发射电流：≤35m/10mW。

n. 接收电流：≤30mA。

o. 休眠电流：≤5μA。

p. 传输距离：1000m 传输距离（开阔的可视距离）。

q. 尺寸：37mm×17mm×6.5mm。

APC220 模块是新一代的多通道嵌入式无线数传模块，其可设置众多的频道，发射功率高达 20mW，而仍然具有较低的功耗，体积 37mm×17mm×6.5mm（不含天线座和引脚插头），为业内目前最小体积，非常方便客户嵌入系统之内。

APC220 模块采用了高效的循环交织纠检错编码，最大可以纠 24bis 连续突发错误，其编码增益高达近 3dBm，纠错能力和编码效率均达到业内的领先水平，远远高与一般的前向纠错编码，抗突发干扰和灵敏度都较大地改善了。同时编码也包含可靠检错能力，能够自动滤除错误及虚假信息，真正实现了透明的连接。所以 APC220 模块特别适合于在工业领域等强干扰的恶劣环境中使用。

512B 超大容量缓冲区，意味着用户在任何状态下都可以 1 次传输 512B 的数据，当设置空中波特率大于串口波特率时，可 1 次传输无限长度的数据，同时 APC220 模块提供标准的 UART/TTL 接口，1200bps、2400bps、4800bps、9600bps、19200bps、38400bps、57600bps 七种速率和三种接口校验方式。

传统无线模块使用跳线设置如串口速度，校验方式，频点等参数，这会带来接触不良，选项较少，不易设置等诸多不便。APC220 模块采用串口设置模块参数，具有丰富便便捷的软件编程设置选项，包括频点，空中速率，调制频偏，地址码，以及串口速率，校验方式，串口类型等都可设置，而完成设置只需通过本公司提供的设置软件 RF-ANET 利用 PC 串联可轻松实现，具体方法参见 APC 模块的参数设置章节。

在数据传输方式上，APC220 模块有两种数据传输方式：第一种是透明数据传输，透明数据传输能适应任何标准或非标准的用户协议，所收的数据就是所发的数据；第二种是分地址数据传输，此时所传内容的前两个字节为地址，后面为数据，若接收端接收到地址匹配的数据包，即将地址、数据传给终端设备，否则将丢弃，分地址数据传输主要用于组网以及中继的需求，使用这种方式可以减轻点位机的软件开销。

② 引脚定义　模块引脚定义如表 5-24 所示。

表 5-24　APC220 模块引脚定义

| 引脚 | 定义 | 说明 |
|---|---|---|
| 1 | GND | 地 0V |
| 2 | VCC | 3.3~5V |
| 3 | EN | 电源使能端，≥1.6V 或悬空使能，≤0.5V 休眠 |
| 4 | RXD | URAT 输入口，TTL 电平 |
| 5 | TXD | URAT 输出口，TTL 电平 |
| 6 | AUX | URAT 信号，接收为低，发送为高 |
| 7 | ECT | 设置参数，低电平有效 |

APC220 模块的外观如图 5-100 所示。

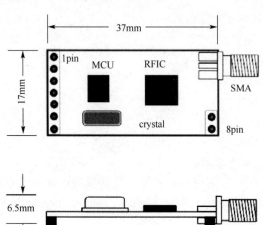

图 5-100　APC220 模块的外观尺寸

注：产品尺寸不包括天线座和引脚插头。

③ 应用说明　APC220 模块可直接应用 Input Shield 扩展板、XBee 传感器扩展板 V5 和 Interface shield 扩展板，占用 Arduino 引脚 0（RX）和引脚 1（TX），使用方法 与 Arduino 中串口通信使用方法相同。使用前先使用模块的设置软件 RF-ANET 对模块的参数进行设置，软件可以对串口参数，收发的参数，以及地址码进行设置，具体说明如表 5-25 所示。

APC220 模块连接电脑需使用图下方的 USB 适配座。对于一般的客户，软件设置的选项选择默认即可（出厂时为默认值），除非有特别的用途，否则选项中的空中速率、调制频偏、输出功率是不需要调整的。

表 5-25　APC220 模块参数设置说明

| 设置 | 选项 | 默认 |
|---|---|---|
| 收发频率（RF frequency） | 415~455MHz(步进 1kHz，精度±100Hz) | 434MHz |
| 空中速率（RF TRx Pate） | 1200bps,2400bps,4800bps,9600bps,19200bps | 9600bps |
| 输出功率（RF Power） | 0~9m | 9mW |
| 串口速率（NET ID） | 1200bps,2400bps,4800bps,9600bps,19200bps,38400bps,57600bps | 9600bps |
| 网络地址码（NODE ID） | 0~65535(16 位) | 12345 |
| 节点地址码（NODE ID） | 123456789012 | |
| 串口效验（Series Patity） | Disable,Odd Patity,Even Patity | Disable |

　　软件设置是通过模块的 UART/TTL 口完成的 (4,5PIN)，所以必须接到 UART/TTL T0 RS232 接口转换板或者 YSB T0 UART/TTL 接口转换板后再连接到 PC 完成设置。连接如图 5-101 所示，请注意红圈中的引脚需要外露。

　　设置方法是，首先接好通信线，打开 RF-ANET 软件，然后打开模块电源，最后插入模块到测试板，此时，软件的状态栏应显示 FoundDevice（发现模块），这时就可以进行相应的读写操作了。软件界面如图 5-102 所示。

图 5-101　转接板连接

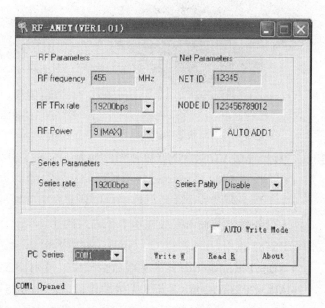

图 5-102　RF-ANET 软件界面

　　对于一般的客户，软件设置的选项选择默认即可（出厂时为默认值），除非有特别的用途，选项中的空中速率，调制频偏，输出功率是不需要调整的。

　　④ 注意事项　考虑到空中传输的复杂性，无线数据传输方式固有的一些特点，在模块的使用中需考虑以下几个问题。

　　a．无线通信中数据的延迟。由于无线通信发射端是从终端设备接收到一定数量的数据后，或等待一定的时间没有新的数据才开始发射的，无线通信发射端到无线通信接收端存在着几十到几百毫秒的延迟（具体延迟由串口速率，空中速率以及数据包的大小决定），另外从无线通信接收端到终端设备也需要一定的时间，但同样的条件下延迟时间是固定的。

　　b．数据流量的控制。APC220 模块虽然有 512B 大容量缓冲区，但若串口速率大于等于空中速率，则存在数据流量的问题，可能会出现数据溢出而导致的数据丢失的现象。在这种情况下，终端设备要保证串口平均速率不大于 60% 空中速率，如串口速率为 9600bps，空中速率为 4800bps，终端设备每次向串口发送 100B，那么终端设备每次向串口发送的时间约为 104ms，（104ms/0.6）×（9600/4800）=347ms，所以终端设备每次向串口发送 100B 时若每次间隔不小于 347ms，以上问题则不会出现。

　　c．差错控制。APC220 模块具有较强的抗干扰能力，在编码时已经包含了强大的纠检错能力。但在极端恶劣的条件下或接收地的场强已处于 APC220 模块接收的临界状态时，难免出现接收不到或丢包的状况。此时客户可增加对系统的链路层协议的开发，如增加类似 TCP/IP 中滑动窗口及丢包重发等功能，可大大提高无线网络的使用可靠性和灵活性。

　　d．天线的选择。天线是通信系统的重要组成部分，其性能的好坏直接影响通信系统的指

图 5-103 XBee 传感器扩展板 V5

标，用户在选择天线时必须首先注重其性能。一般有两个方面：第一选择天线类型；第二选择天线的电气性能。选择天线类型的意义是：所选天线的方向图是否符合系统设计中电波覆盖的要求，选择天线电气性能的要求是：选择天线的频率带宽、增益、额定功率等电气指标是否符合系统设计要求。因此，用户在选择天线时最好向厂家咨询，APC220 要求的天线阻抗为 50Ω。

（2）**Arduino XBee 传感器扩展板 V5** Xbee 传感器扩展板 V5 主要侧重于一些传感器、无线通信模块的接口扩展，扩展板如图 5-103 所示，具体接口如下。

- 扩展 14 个数字 I/O（12 个舵机接口）及电源，接口使用 VCC、GND 以及相应的数字引脚（引脚 0 和引脚 1 不能作为舵机控制接口）。

- 6 个模拟 I/O 口及电源，接口使用+5V、GND 以及相应的模拟引脚。

- 1 个数字端口外接线柱，数字端口外部供电和板载电源自动切换。

- 1 个外接电源输入接线柱和 1 个输入插针。

- RS485 接口，使用 VCC、GND、数字引脚 0、数字引脚 1 和数字引脚 2。

- XBee/Bluetooh Bee 蓝牙无线数传接口，使用+3.3V、GND、数字引脚 0 和数字引脚 1。

- APC220/Bluetooh V3 蓝牙无线数传接口，使用+5V、GND、数字引脚 0 和数字引脚 1。

- I IC/TTWI 接口，使用 VCC、GND、模拟引脚 4 和模拟引脚 5。

XBee 传感器扩展板 V5 的各接口位置及定义如图 5-104 所示。

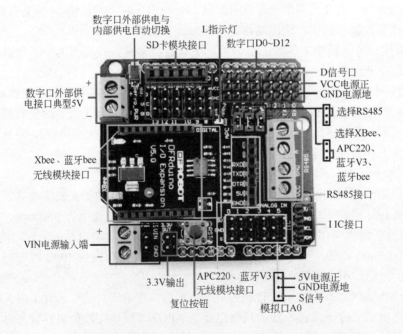

图 5-104 XBee 传感器扩展板 V5 的各接口位置及定义

（3）**APC220 无线模块无线控制试验** 本试验需要 Arduino 开发板 2 块，XBee 传感器扩展板 V5 2 块，按键开关模块 2 块，LED 模块 2 块。这个无线通信试验较简单，就是：按下与主机连接的开灯按钮或者关灯按钮，通过无线通信，控制从机上的 LED 灯亮灭。

① 安装驱动　首先要安装 CP210x_VCP_Win2K_XP_S2K3 USB 转 RS232 的驱动，安装完驱动，就可以用 RS232 串口协议进行无线通信了，该驱动软件安装到图 5-105 所示的这一步时，要把图中选项打勾，并按下"Finish"按钮。

图 5-105　CP210x_VCP_Win2K_XP_S2K3 USB 转 RS232 驱动安装界面

驱动安装后，插上套件自带的 USB 适配器，然后在 Window 的设备管理器中观察"USB转 RS232 的驱动"所生成的串口号，如图 5-106 所示。

图 5-106　查看串口

然后用厂家的 RF-ANET 软件给无线数传套件设置通信参数，注意要把这个套件的两个无线通信模块通过 USB 适配器设置，设置的参数可以一模一样，设置方法前面已经讲过，这里就不重复了。

② 硬件连接 本试验硬件连接十分简单，首先将扩展板安装到开发板上，然后将按键开关和 LED 模块插到扩展板对应接口，如图 5-107 所示；接着将 APC220 安装到扩展板对应接口上，如图 5-108 所示。

图 5-107 按键开关和 LED 模块的连接

图 5-108 APC220 模块插槽位置

③ 程序代码

```
//主机程序
int button_open =4;//开灯按钮连接数字端口 4
int button_close =5; //关灯按钮连接数字端口 5
char flag;//向从机发送灯的亮灭标志
void setup()
{
  pinMode(button_open, INPUT);
  pinMode(button_close, INPUT);
  Serial.begin(9600);//设置串行通信的波特率
}

void loop()
{
  //如果开灯按钮按下同时关灯按钮松开
  if( digitalRead(button_open)==LOW&&digitalRead(button_close)==HIGH)
  {
    flag='a';
    Serial.print(flag);//向从机发送灯亮标志
  }
  if(digitalRead(button_close)==LOW&&digitalRead(button_open)==HIGH)
  {
    flag='b';
    Serial.print(flag);//向从机发送灯灭标志
  }
  delay(20);//延时，等待数据发送成功
}
  //从机程序
int ledpin=9;//声明 LED 的数字接口编号
int val;//接受主机发来的 LED 灯状态标志
```

```
void setup()
{
  pinMode(ledpin,OUTPUT);//设置 LED 灯为输出
  digitalWrite(ledpin,HIGH);//初始化是 LED 灯熄灭
  Serial.begin(9600);//设置串行通信的波特率
}
void loop()
{
  if(Serial.available()>0)  //查询串口有无数据
  {
      val=Serial.read();//读取主机发送的数据
      if(val=='a')//如果主机发送字符'a'，则点亮 LED
      {
        digitalWrite(ledpin,LOW);//LED 点亮
      }
      if(val=='b')//如果主机发送字符'b'，则熄灭 LED
      {
        digitalWrite(ledpin,HIGH);//LED 熄灭
      }
  }
  //用 APC220 无限数传向上位机传数据不能太快
  //如果 delay(40)会出问题
  delay(80);
}
```

# 第**6**章
# 轮式机器人的制作

## 6.1 机器人基础知识

### 6.1.1 机器人的基本组成

机器人一般由执行机构、驱动装置、检测装置、控制系统和复杂机械等组成。下边来做一下简单的介绍。

**（1）执行机构** 即机器人本体，其臂部一般采用空间开链连杆机构，其中的运动副（转动副或移动副）常称为关节，关节个数通常即为机器人的自由度数。根据关节配置形式和运动坐标形式的不同，机器人执行机构可分为直角坐标式、圆柱坐标式、极坐标式和关节坐标式等类型。出于拟人化的考虑，常将机器人本体的有关部位分别称为基座、腰部、臂部、腕部、手部（夹持器或末端执行器）和行走部（对于移动机器人）等。

**（2）驱动装置** 是驱使执行机构运动的机构，按照控制系统发出的指令信号，借助于动力元件使机器人进行动作。它输入的是电信号，输出的是线、角位移量。机器人使用的驱动装置主要是电力驱动装置，如步进电机、伺服电机等，此外也可采用液压、气动等驱动装置。

**（3）检测装置** 实时检测机器人的运动及工作情况，根据需要反馈给控制系统，与设定信息进行比较后，对执行机构进行调整，以保证机器人的动作符合预定的要求。作为检测装置的传感器大致可以分为两类：一类是内部信息传感器，用于检测机器人各部分的内部状况，如各关节的位置、速度、加速度等，并将所测得的信息作为反馈信号送至控制器，形成闭环控制；一类是外部信息传感器，用于获取有关机器人的作业对象及外界环境等方面的信息，以使机器人的动作能适应外界情况的变化，使之达到更高层次的自动化，甚至使机器人具有某种"感觉"，向智能化发展，例如视觉、声觉等外部传感器给出工作对象、工作环境的有关信息，利用这些信息构成一个大的反馈回路，从而将大大提高机器人的工作精度。

**（4）控制系统** 一种是集中式控制，即机器人的全部控制由一台微型计算机完成。另一种是分散（级）式控制，即采用多台微机来分担机器人的控制，如当采用上、下两级微机共同完成机器人的控制时，主机常用于负责系统的管理、通信、运动学和动力学计算，并向下级微机发送指令信息；作为下级从机，各关节分别对应一个CPU，进行插补运算和伺服控制处理，实现给定的运动，并向主机反馈信息。根据作业任务要求的不同，机器人的控制方式又可分为点位控制、连续轨迹控制和力（力矩）控制。

## 6.1.2　机器人的分类

我国的机器人专家从应用环境出发，将机器人分为两大类，即工业机器人和特种机器人。所谓工业机器人就是面向工业领域的多关节机械手或多自由度机器人。而特种机器人则是除工业机器人之外的、用于非制造业并服务于人类的各种先进机器人，包括：服务机器人、水下机器人、娱乐机器人、军用机器人、农业机器人、机器人化机器等。在特种机器人中，有些分支发展很快，有独立成体系的趋势，如服务机器人、水下机器人、军用机器人、微操作机器人等。国际上的机器人学者，从应用环境出发将机器人也分为两类：制造环境下的工业机器人和非制造环境下的服务与仿人型机器人，这和我国的分类是一致的。按照机器人的智能程度一般分为以下几类：

**（1）操作型机器人**　由操作者根据实际的情况控制机器人的动作来完成相应的任务，机器人本身没有智能程序，仅仅是将操作者的指令转化成具体的机械动作。

**（2）程控型机器人**　机器人按照预先设计好的动作要求及顺序，依次控制机械结构动作，并能够自动重复执行。

**（3）示教再现型机器人**　由操作者控制机器人完成一遍应当执行的动作，在动作执行过程中机器人会自动将这一过程记录下来。当机器人单独工作时，能够再现操作者教给它的动作，并能自动重复执行。

**（4）感觉控制型机器人**　这类机器人对外界环境有一定的感知能力，具有听觉、视觉、触觉等功能。机器人工作时，根据感觉器官（传感器）获得信息，控制动作，调整自己的状态，保证在适应环境的情况下完成工作。

**（5）学习控制型机器人**　学习控制型机器人同样也具有一定的感知能力，能够根据感觉器官获得的信息控制自身的动作，但它具有一定的学习能力，能够在工作当中记录一些信息、"总结"一些"经验"，并将这些内容应用于以后的工作中。

**（6）智能机器人**　智能机器人是依靠人工智能技术决策行动的机器人，它们的感觉器官更多更灵敏，能够根据感受到的信息，进行独立思考、识别、推理，并做出判断和决策，不用人的参与就可完成一些复杂的工作。目前，智能机器人已有许多方面具有人类的特点，随着机器人技术不断发展和完善。机器人的智能水平将会越来越接近人类。

## 6.1.3　自律型移动机器人

自律型移动机器人可以简单定义为一种以智能方式将感知和动作连接在一起的可自移动设备。在这个定义中将智能作为机器人的一个主要特征，好像自律型移动机器人需要具备很好的独立思考、判断、决策能力，但事实上这里的智能仅仅是指将传感器信息处理成具有最低层次复杂度的信息输出。上一节中的后 3 类机器人（感觉控制型机器人，学习控制型机器人和智能机器人）都可以算作自律型机器人的范畴，只是其连接感知和执行的智能程度不同，一个自律型移动机器人一般要包含以下几个要素。

**（1）感知**　为了能够在未知的复杂环境中有效地工作，机器人必须能够实时收集相应的环境信息。传感器的作用就是为机器人提供这些信息。传感器是一种能将物理信号转化为电信号的器件，一旦这种电信号发生变化，机器人就能够知道外部环境发生了改变。

在机器人的世界里绝大多数的传感器都是被动工作的，它们等待着核心控制部分来询问外部环境的状态，比如"左前方是否有障碍物？"之类的。一旦被询问到，传感器就会返回当前环境状态所对应的电信号。机器人在工作过程当中可能会每秒数百次，数千次地询问同一个传感器相同的问题，对于这些问题的回答可以使机器人明确自己所处的环境状况。

在使用传感器的过程中，首先要搞清楚传感器的回答是什么，是否能作为判断环境状况的依据。比如使用红外接近开关传感器，那么传感器的回答就并不是前方是否有障碍物遮挡，而是它是否收到了反射回来的红外光。了解这一点后，就必须考虑是否还有别的因素会影响传感器的回答，是否还需要添加其他辅助的传感器等问题。清楚地明白传感器的回答，它有哪些缺陷以及在使用上的不足，对于制作一个适应能力更强的自律型移动机器人是有很大帮助的。

**（2）动作与结构**　当机器人感知到环境的状态，决定自己应该做什么后，就会发送或改变输出的电信号控制相应的器件动作，以便能够完成任务。这个过程与传感器工作的过程相反，是将电信号转换为相应的物理量。传感器不但可以将电信号转换成声、光、影，还可以转换成动能、势能、磁能。在自律型移动机器人的制作中就常需要将电信号转换成电机的转动。

机器人表现出的动作与外围的结构件有着非常紧密的联系，这些结构件通常体现为以下几种形式：杠杆、连轴、凸轮、皮带和齿轮等。不同的结构件所表现出的动作有很大的差异，比如同样是电机转动的动作，配合凸轮就能表现为水平或垂直方向的移动，配合齿轮就能表现为加速或减速的圆周运动。

这些结构的设计要简单、结实、动作顺畅，一般来说，结构件的设计需要较为丰富的结构设计经验，一个成熟的机器人产品的结构件都是经过了反复修改，并进行了大量的实验验证过的。

**（3）智能**　机器人不同于计算机，现在人们对计算机的抽象定义已经达成了共识，尽管各种计算机的处理速度和存储能力不一样，但从基本原理上来说，各种计算机基本上都是相同的。同一个程序，如果在昂贵的高级计算机上能解决某一个问题，那么它在一个 8 位的微处理器上也应该能够解决同样一个问题，然而对于机器人领域来说，几乎每个机器人都是不一样的，不同的机器人具有不同的感知能力和执行能力。

机器人设计、机器人的程序以及机器人的工作环境三者结合在一起决定了机器人的智能，如果忽略了使用传感器和机器人运动中可能存在的问题，那么这个机器人的制作注定是要失败的，正是由于这些问题以及机器人工作环境的未知性和多变性，才促成了自律型机器人的研究，使制作自律型机器人变成了一件既有趣又困难的事情。

自律型移动机器人所处的是一个动态的环境，看似坚硬平滑的地面永远是不平坦的，地面的材质会影响到机器人的移动速度，机器人的动作可能永远也无法执行到位，它必须不断检测目前的环境变化，分析自己的状态，一旦环境改变就立即做出反应。机器人的智能必须是由尽可能全面精确的传感器信号、合理灵活的结构设计、对环境因素的充分考虑再加上优秀的、逻辑性强的程序设计共同完成的。

## ■ 6.1.4　机器人的运动

随着机器人研究的迅速发展，研究人员希望找到一种运动形式能够适应各种复杂的环境，于是许多的机器人研究转向了生物学，研究对象是动物在自然界生存状态下的行为特征。生物学家大部分的研究工作是在野外自然环境中进行的，因为对于生物学家来说，一个生物本身与其所处的自然环境是密不可分的。机器人同样是在一个特定的环境中运行的，因此也应该到这个环境中寻找解决的办法，除此之外，至少还应进一步考虑希望机器人执行什么动作，想着越多越全面，那么离成功会越来越近。

**（1）机器人应用环境**　一般情况下，大部分的机器人都是基于室内环境而设计的，因为室内环境相对比较简单，大大降低了机器人的设计难度，比如迷宫中的墙壁、室内的箱子和比赛中的障碍物等。这些环境因素对机器人驱动装置设计的影响是固定的，无突发性的。再者就是室内的家具、人、宠物等典型的障碍物，以及门槛的高低、地毯的疏密、地板间的缝隙，甚至是地上的鞋子、儿童玩具等，这些障碍物对机器人设计的影响也是有限的。

室外环境相对于室内环境就复杂多了，除了要考虑机器人所执行任务时会遇到的特殊情况外，防尘防潮、气候影响及减振这几个方面也是不可忽视的。这些都会影响机器人的驱动装置，甚至影响控制板的正常工作，在室外环境中，工作的机器人可能不会知道自己将会遇到什么障碍，不能非常明确地知道自己当前的位置，并且随着自身的移动，这种不确定性会越来越严重。

以往的控制方式是通过解释环境中每个物体，建立环境模型，然后据此控制机器人执行相应的动作。这种方式效果很不好，由于每次执行动作之前需要进行大量的计算，使得机器人行动缓慢，反应迟钝。而人所处的环境在不断地变化，有时等到机器人执行完动作之后，外部的环境已经变得不符合执行动作的条件了。

现在研究人员尝试让机器人自己在环境中寻找物体，而不是让编程人员去告诉机器人会遇到什么情况。机器人通过传感器感知周围的环境，由于这个环境是在不断变化的，所以机器人不能仅对物体进行一次感知，而是要对环境中的事物进行连续实时的检测，一旦检测结果发生变化，就立即做出响应，这就是自律型机器人研究的重点。

**（2）机器人的动作控制**　目前控制机器人动作最广泛的两种方式是开环控制与闭环控制。

闭环控制是控制论的一个基本概念，指作为被控的输出以一定方式返回到作为控制的输入端，并对输入端施加影响的一控制关系。在控制论中，闭环通常指输出端通过"旁链"方式回馈到输入，输出端回馈到输入端并参与对输出端再控制，这才是闭环控制的目的，这种目的是通过反馈来实现的，正反馈和负反馈是闭环控制常见的两种基本形式，负反馈和正反馈从达到目的的角度讲具有相同的意义。从反馈实现的具体方式来看，正反馈和负反馈属于代数或者算术意义上的"加减"反馈方式，即输出量回馈到输入端后，与输入量进行加减后，作为新的控制输出去进一步控制输出量。

如果系统的输出端与输入端之间不存在反馈，也就是被控的输出量不对控制产生任何影响，这样的控制方式称开环控制。在开环控制方式中，不存在由输出端到输入端的反馈通路。因此，开环控制方式又称为无反馈控制方式。同闭环控制相比，开环控制的结构要简单得多，同时也比较经济。

开环控制与闭环控制的区别主要有两点：

- 有无反馈。
- 是否对当前控制起作用。

开环控制一般是在瞬间就完成的控制动作，而闭环控制一定会持续一定的时间，借此来修正输入端的控制。自律型机器人的控制一般都采用闭环控制，以适应不断变化的环境。

**（3）机器人的运动方式**

① 机器人的重量和尺寸　在一个未知的环境中，机器人的尺寸越小，重量越轻，它的适应能力就越差，所面临的问题也就越多，一个小纸盒就可能是一个无法逾越的高墙，地毯上的轻微褶皱就可能使轮子悬空，相对来说，尺寸较大的机器人受环境的影响要小很多，因为轮子较大，电机功率强劲，所以它能够轻易越过这些障碍，然而大尺寸的机器人也有其本身的问题。

机器人越大，所需要的驱动电机也越大，价格也越昂贵。

大型机器人所需的能量更多，这就导致了它的电池更大，质量更大。

机器人越重就越消耗功率，需要的电流更大，这就导致了一般的元器件可能无法满足要求。

大功率的电机输出的转矩大，这就要求联轴器、轴承等部件相应地能够承受大的负载，这将给机械设计带来很多麻烦。

② 车轮和履带　直观上来看，履带式机器人应该能够更好地应对复杂的地形，但是履带结构对于机械设计来说是一个头疼的问题，履带机器人要有 3 个必备的组件：驱动链轮、空转链轮和履带。图 6-1 为履带结构组成示意图，驱动链轮连接着机器人的驱动装置，空转链轮与驱动链轮看起来一样，不过它的作用仅仅是旋转，使履带张紧。

制作履带机器人时，可能会碰到牵引效果不好的情况。设计时应该考虑轮胎与路面是否充分接触，如果选择很长的履带，则某一时刻有可能大部分履带都不与路面接触，即履带未能紧贴路面，与路面存在间隙，这时就需要安装载重轮，如图 6-2 所示。载重轮有助于将机器人的重力转移到履带上，使履带紧贴路面，最好在给定的空间里使用尽可能多的载重轮。

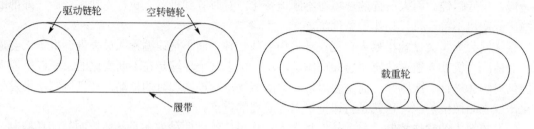

图 6-1　履带的组成　　　　　　　　　图 6-2　有载重轮的履带

履带机器人在行驶过程中，沿着行进方向上履带具有很强的附着力，而在与行进垂直的方向上附着力则很小。也就是说，履带机器人笔直行进时牵引效果很好，但在经过斜面时就有可能沿着斜坡滑到坡底。

另一个问题是在高摩擦路面上而使用高摩擦的履带时，履带经常会脱落，这是转弯时的打滑所造成的，打滑时所产生的力量最后都施加到了履带面上。在高摩擦路面上，这些力量大到足够使履带脱落。同时路面上任何细小的碎片都可能嵌入到履带中，造成履带脱落。

抛开履带机器人，目前大多数机器人还是围绕轮式结构来设计的，由于需要机器人能够适应苛刻的地形条件，许多商业或探测机器人都有 4 个或更多的轮子，而且车身离开地面有足够的高度。然而使用直径车轮的问题也随之而来，轮子越大，其转动惯量也相应增加，从而需要更大的转矩来驱动。

③ 关节型机器人　尽管关节的设计在机械结构上远比车轮与履带复杂很多，但依靠腿型关节实现运动的机器人依然受到了广泛的关注，也许是因为只有步行机器人才符合人们心中对机器人的想象。

理论上讲，关节型机器人适应苛刻地形的能力应该是最强的。然而事实上，想靠人工制作出与现实世界中的关节具有相同自由度数的机械关节还是有相当大的难度的。

# 6.2　轮式机器人的制作

## ■ 6.2.1　动力机构

**(1) 电机和车轮**　在轮型机器人中，直流电机负责给机器人提供移动或是转向的动力，带动车轮正转或反转。简单的轮型机器人中直流电机的使用一般分为两种情况：第一种情况是一个直流电机控制驱动轮的前进、后退，另一个直流电机控制转向轮的角度决定机器人移动的方向；第二种情况是两个直流电机分别控制两个驱动轮的运动，通过两个车轮之间的速度与方向的差异来实现机器人的前后左右的移动。由于第二种方式能够使机器人完成原地的转向，所以只介绍两个直流电机分别控制两个驱动轮的情况。

一般情况下，直流电机外部需要再安装一个减速箱，因为如果没有减速箱的话，直流电机的转速直接给到车轮上，会使轮型机器人的移动速度相当快。虽然可以通过降低电压来降低直流电机的转速，但这样同时也会导致输出转矩下跌，因此通过减速箱的齿轮降低转速是一个比较好的方式。

考虑到直流电机减速箱以及与车轮连接的问题，这里选用一款较为常见的直流电机、减速箱以及车轮的套装，直流电机及减速箱和车轮的外观如图6-3、图6-4所示。

图6-3　直流电机及减速箱

图6-4　车轮

直流电机是最普通的那种，型号为KFF-130-16125-38，在6V的额定电压下，直流电机的转速为19500（1±8%）r/min，空载电流小于240mA。

减速箱的减速比为1∶120，直流电机加上减速箱后输出转速大约为160 r/min，其外形尺寸如图6-5所示。

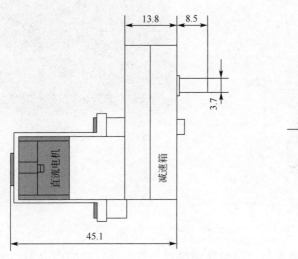

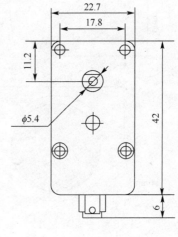

图6-5　减速箱及电机的尺寸

轮子的安装孔可直接安装到减速箱的输出轴上，轮子的直径为66mm，宽度为26.6mm。安装上轮子之后减速箱边沿距轮子边沿的距离为21.65mm，如图6-6所示。

**（2）万向轮和电池盒**　由于两个直流电机分别控制两个驱动轮，调节两个直流电机之间的速度与方向就能够实现机器人的转向，所以第3个轮子只需采用一个万向轮就可以了。根据底板安装在减速箱的位置不同，所选用的万向轮大小也不同。若板安装在减速箱的上沿，那么就需要选择一个高度为 44.35mm 的万向轮（21.65mm+22.7mm）；若底板安装在减速箱的下沿，那么就只需要选择一个高度在 20mm 左右的万向轮（需要考虑底板的厚度）。这里选用体积较小，较为灵活的牛眼轮，如图 6-7 所示。外形尺寸如图 6-8 所示，高为 20mm。采用底板安装在减速箱下沿的方式。

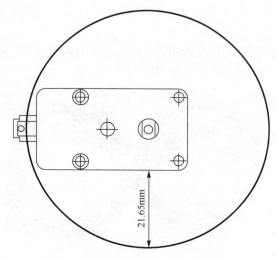

图 6-6 减速箱边沿距轮子边沿的距离

图 6-7 牛眼轮外观

在设计制作底板之前还有一个需要考虑的部分就是电池盒，采用可装 5 节 5 号电池的电池盒，如图 6-9 所示，在使用充电电池时电压能够达到 6V，使用 AA 电池时，电压能够达到 7.5V。

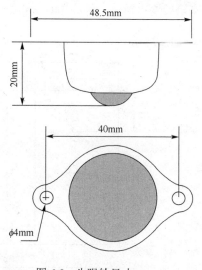

图 6-8 牛眼轮尺寸

图 6-9 电池盒

由图可以看出电池盒的安装孔位于第一节电池和最后一节电池安装槽的中间，孔间距为61mm，安装孔的直径为 4mm。

### ■ 6.2.2 组装底盘

Arduino 轮式机器人底盘在网上很容易买到，但如果用户具有一定的动手能力则可以自己制作，这样既可以节省一部分成本，又可以享受 DIY 的快乐。

**（1）底盘设计** 有了以上的直流电机、减速箱、轮子、万向轮的外形尺寸数据之后，就可以来设计底板了。

首先减速箱的安装需要一个垂直于底板的侧板，其次是轮子的着力点应该在底板上远离万向轮的一端，然后考虑直流电机安装时应注意的平衡、对称、同轴等因素，最终设计完成的底板如图 6-10 中右下角所示，在底板的两侧设计了两块垂直于底板的侧板方便安装直流电机与减速箱，其上的安装孔与减速箱上的安装孔一致。安装车轮的豁口宽度为 70mm，大于车轮的宽度 66mm，底板上的圆孔用于安装牛眼轮，牛眼轮下方的两个带螺纹的螺钉孔用于安装电池盒。底板为安装传感器设计了一些弧形的开口。底板各个方向的视图如图 6-10 所示。

另外还设计了一个长方形的安装板用来安装寻线传感器，设计图如图 6-11 所示。

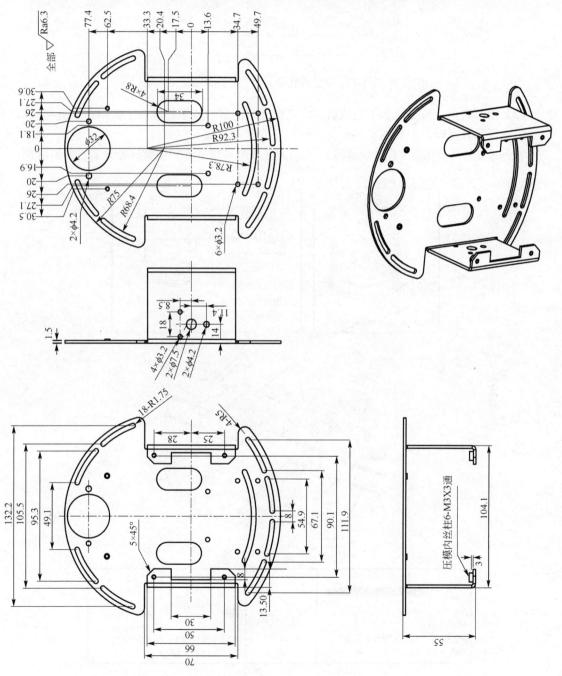

图 6-10 底板尺寸图（单位：mm）

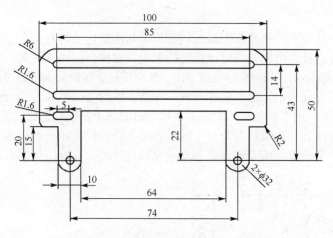

图 6-11 寻线传感器支架（单位：mm）

**（2）组装底盘** 待底板加工完成后，将之前介绍的器件安装到底板上。图片中所示底板与设计的底板稍有不同，但基本安装孔及器件的安装方式一致。

首先来安装直流电机（包含减速箱），安装方法如图 6-12 所示，安装好的效果如图 6-13 所示。

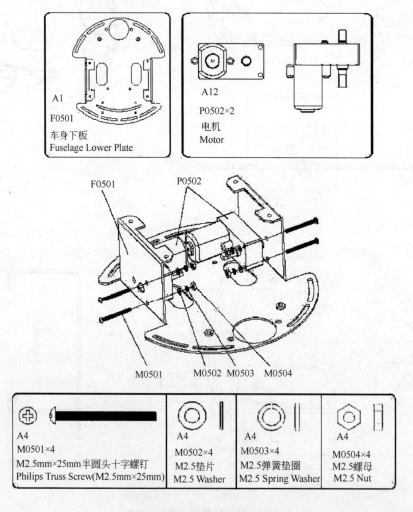

图 6-12 直流电机安装方法

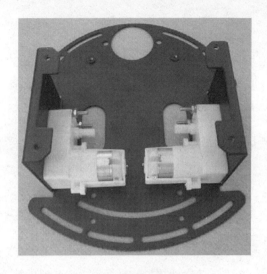

图 6-13　安装好电机的底盘

　　直流电机和减速箱安装完后，接下来安装万向轮和车轮，安装方法见图 6-14，安装好的效果如图 6-15 所示。

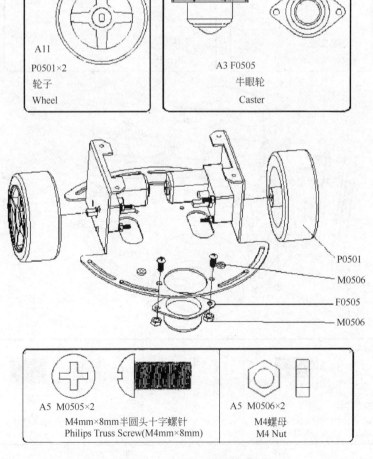

图 6-14　安装万向轮和车轮

图 6-15　安装好万向轮和车轮的底盘

最后来安装电池盒和寻线器支架，如图 6-16 所示，安装好的底盘如图 6-17 所示。

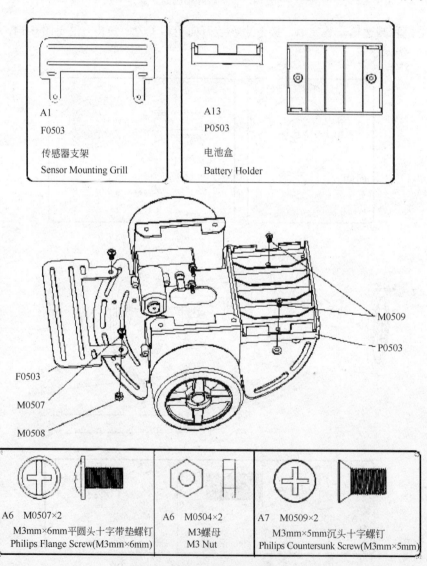

图 6-16　安装电池盒和寻线器支架

图 6-17    安装好电池盒和寻线器支架的底盘

## 6.2.3    组装上盖

在组装上盖之前先要把电气连线焊接好。首先来焊接每个直流电机上的正负连线（上面是正极，下面是负极），导线要留出一定的长度，以便和控制板连接，如图 6-18 所示。

然后来焊接开关和充电孔、电池盒之间的连线，如图 6-19 所示。

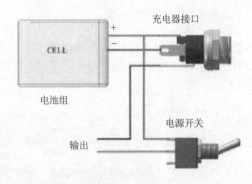

图 6-18    焊接直流电机连线        图 6-19    开关和充电孔、电池盒之间的连线示意图

接下来，把开关和充电孔安装到上盖上，并在上盖上安装 3 个铜柱，以便安装控制板。安装好上盖的轮式机器人如图 6-20 所示。

最后，把接近开关支架安装到上盖上，如图 6-21 所示。

图 6-20    安装好上盖的轮式机器人        图 6-21    安装好接近开关支架

### ■ 6.2.4 安装控制板

（1）把 Arduino 控制板安装到上盖上面的铜柱上，如图 6-22 所示。

（2）将 L293Motor Shied 电机驱动板插在控制板上，L293 电机控制板是 Arduino 专用控制板，驱动 1A 电流，叠层设计，可与其他模块配合使用，占用数字端口 PIN4，PIN5，PIN6，PIN7，驱动部分电源电压：7~12V；驱动部分工作电流 $I_o$：≤1A；驱动形式：双路大功率 H 桥驱动。

安装好的电机驱动板如图 6-23 所示。

图 6-22 安装好的控制板　　　　　　　　图 6-23 安装好的电机驱动板

（3）将直流电机的 4 根线插在驱动板上，左轮的正负极插在 M1+、M1–上，右轮的正负极插在 M2+、M2–上，如图 6-24 所示。

图 6-24 直流电机接线

### ■ 6.2.5 安装传感器

（1）安装 XBee 传感器扩展板 V5。Arduino 是一款开源的控制板，非常适合爱好电子制作的朋友制作互动作品，但对于一些不熟悉电子技术的人，要在 Arduino 上添加电路是一个比较麻烦的事，所以用了一块传感器扩展板，能使大部分传感器轻松地和 Arduino 控制板连接，如

图 6-25 所示。

（2）将电源正负极线插在扩展板的 VIN、GND 上，如图 6-26 所示。

图 6-25　安装好的传感器扩展板　　　　　　　图 6-26　传感器扩展板连接电源

（3）安装寻线传感器　安装寻线传感器，并将 3 个寻线传感器的连接线分别插在扩展板的数字 10、11、12 接口上，如图 6-27 所示。

（a）寻线传感器模块　　　　　　　　　　　（b）安装好的寻线传感器

（c）寻线传感器接线位置一　　　　　　　　（d）寻线传感器接线位置二

图 6-27　安装寻线传感器

（4）安装红外接近开关　安装红外接近开关，并将左边、中间、右边接近开关的连接线分别插在扩展板的数字 2、3、8 口上，如图 6-28 所示。

安装好的红外接近开关传感器

红外接近开关接线位置

图 6-28　安装红外接近开关

# 6.3　轮式机器人运动试验

## 6.3.1　车轮驱动调试

编写两个调试程序，分别对左轮和右轮的控制进行测试。L293Motor Shied 扩展板占用 Arduino 的引脚 4、5、6、7。本试验达到的效果是：当引脚 5 输出高电平时，引脚 4 输出高电平，左轮直流电机正转（控制机器人向右前方前进），引脚 4 输出低电平，左轮直流电机反转（控制机器人向右后方运动）；当引脚 7 输出高电平时，引脚 6 输出高电平，右轮直流电机反转（控制机器人向左前方前进），引脚 6 输出低电平，左轮直流电机正转（控制机器人向左后方运动）。两个调试程序代码如下。

```
/*********************************/
左轮直流电机调试程序
占用引脚 4、5
当引脚 5 输出高电平时
引脚 4 输出高电平，左轮直流电机正转（控制机器人向右前方前进）
引脚 4 输出低电平，左轮直流电机反转（控制机器人向右后方运动）
/***********************************/
            初始化部分——setup 函数
***********************************/
void setup()
{
pinMode(4,OUTPUT); //设置 4 号引脚为输出，控制直流电机正反转
pinMode(5,OUTPUT); //设置 5 号引脚为输出，控制直流电机正反转
}
/*****************************/
            执行部分——loop 函数
*****************************/
void loop()

        digitalWrite(1,HIGH); //引脚 4 输出高电平，直流电机正转
```

```
              digitalWrite(5,HIGH); //引脚 5 输出高电平，直流电机正转
              delay(5000);
              digitalWrite(5,LOW); //停止直流电机的转动
              digitalWrite(4,LOW); //引脚 4 输出低电平，直流电机反转
              digitalWrite(5,HIGH); //引脚 5 输出高电平
              delay(5000);
              digitalWrite(5,LOW); //停止直流电机的转动
}
/**********************************************/
```

右轮直流电机调试程序
占用引脚 7、引脚 6
当引脚 7 输出高电平时
引脚 6 输出高电平，右轮直流电机反转（控制机器人向左前方前进）
引脚 6 输出低电平，左轮直流电机正转（控制机器人向左后方运动）

```
/**********************************/
                  初始化部分——setup 函数
*********************************/
void setup()
{
              pinMode(7,OUTPUT); //设置 7 号引脚为输出，控制直流电机正反转
              pinMode(6,OUTPUT); //设置 6 号引脚为输出，控制直流电机转速
}
/******************************************/
                  执行部分——loop 函数
******************************************/
void loop()
{
              digitalWrite(7,HIGH); //引脚 7 输出高电平，直流电机反转
              digitalWrite(6,HIGH); //引脚 6 输出高电平，直流电机正转
              delay(5000);
              digitalWrite(6,LOW); //停止直流电机的转动
              digitalWrite(7,LOW); //引脚 7 输出低电平，直流电机正转
              digitalWrite(6,HIGH); //引脚 5 输出高电平
              delay(5000);
              digitalWrite(6,LOW); //停止直流电机的转动
}
```

注：如果说轮子转动方向与程序设定方向相反，可调整连接直流电机的 M+ 和 M– 的位置。

### 6.3.2 运动程序设计

在调整好机器人的硬件连接之后，可以构建几个驱动子函数，以方便后面使用，子函数包括 turnLeft、turnRight、forward、back、turnLeftOrigin、turnRightOrigin 以及 stop，分别用于实现机器人的左转、右转、前进、后退、原地左转、原地右转和停止。

前进子函数代码如下。

```
/**********************************************
forward 子函数——前进子函数
入口功能：控制机器人前进
入口参数：_speed——前进速度，范围 0~255
**********************************************/
void forward(int_speed)
{
              digitalWrite(7,HIGH); //引脚 7 输出高电平，右轮前进
```

```
                digitalWrite(4,HIGH); //引脚4输出高电平，左轮前进
                analogWrite(6,_speed); //引脚6输出PWM，PWM值由_speed决定
                analogWrite(5,_speed); //引脚5输出PWM，PWM值由_speed决定
}
```

后退子函数代码如下。

```
/********************************************
back子函数——后退子函数
函数功能：控制机器人后退
入口参数：_speed——后退速度，范围0~255
*******************************************/
void back(int_speed)
{
                digitalWrite(7,LOW); //引脚7输出高电平，右轮后退
                digitalWrite(4,LOW); //引脚4输出高电平，左轮后退
                analogWrite(6,_speed); //引脚6输出PWM，PWM值由_speed决定
                analogWrite(5,_speed); //引脚5输出PWM，PWM值由_speed决定
}
```

左转子函数代码如下。

```
/*******************************************
back子函数——左转子函数
函数功能：控制机器人后退
入口参数：_speed——后退速度，范围0~255
*******************************************/
void back(int_speed)
{
                digitalWrite(7,HIGH); //引脚7输出高电平，右轮前进
                analogWrite(6,_speed); //引脚6输出PWM，PWM值由_speed决定
                analogWrite(5,0); //引脚5输出PWM，PWM值为0，表示左轮静止不转
}
```

原地左转子函数代码如下。

```
/*********************************************
turnLeftOrigin子函数——原地左转子函数
函数功能：控制机器人原地左转
入口参数：_speed——速度，范围0~255
*******************************************/
void turnLeftOrigin(int_speed)
{
                digitalWrite(7,HIGH); //引脚7输出高电平，右轮前进
                digitalWrite(4,LOW); //引脚4输出高电平，左轮后退
                analogWrite(6,_speed); //引脚6输出PWM，PWM值由_speed决定
                analogWrite(5,_speed); //引脚5输出PWM，PWM值由_speed决定
}
```

原地右转子函数代码如下。

```
/**********************************************
turnLeftOrigin子函数——原地右转子函数
函数功能：控制机器人原地右转
入口参数：_speed——速度，范围0~255
**********************************************/
void turnLeftOrigin(int_speed)
{
                digitalWrite(4,HIGH); //引脚4输出高电平，左轮前进
```

```
            digitalWrite(7,LOW); //引脚 7 输出高电平，右轮后退
            analogWrite(6,_speed); //引脚 6 输出 PWM，PWM 值由 _speed 决定
            analogWrite(5,_speed); //引脚 5 输出 PWM，PWM 值由 _speed 决定
}
```

停止函数代码如下。

```
/***************************************
stop 子函数——停止子函数
函数功能：控制履带车停止
入口参数：无
****************************************/
void speed()
{
            analogWrite(6,0); //引脚 6 输出低
            analogWrite(5,0); //引脚 5 输出低

}
```

### ■ 6.3.3  机器人运动试验

编写 setup 函数和 loop 函数对以上的子函数进行测试，看机器人能否按预想的方式运动。
程序代码如下，将以上的子函数放在 setup 函数和 loop 函数之前：

```
/**********************************
直流电机控制子函数测试程序
占用引脚 4、5、6、7
机器入前进 2s
机器人后退 2s
左转 2s
右转 2s
原地左转 2s
原地右转 2s

停止 2s
//添加直流电机驱动子函数
/**********************************
                  初始化部分——setup 函数
**********************************/
void setup()
{
      pinMode(4,OUTPUT);
      pinMode(5,OUTPUT);
      pinMode(6,OUTPUT);
      pinMode(7,OUTPUT);
}
/**********************************
                  执行部分——loop 函数
**********************************/
void loop()
{
      forward(250);//前进子函数
      delay(2000);

      back(250);   //后退子函数
```

```
        delay(2000);

        turnLeft(250);   //左转子函数
        delay(2000);
        turnLeft(250);   //右转子函数
        delay(2000);

        turnLeftOrigin(250);//原地左转子函数
        delay(2000);

        turnLeftOrigin(250);//原地右转子函数
        delay(2000);
}
//添加直流电机驱动子函数
/************************************
                初始化部分——setup 函数
**********************************/
void setup()
{
        pinMode(4,OUTPUT);
        pinMode(5,OUTPUT);
        pinMode(6,OUTPUT);
        pinMode(7,OUTPUT);
}
/*******************************************
                执行部分——loop 函数
*******************************************/
void loop()
{
        forward(250);//前进子函数
        delay(2000);

        back(250);    //后退子函数
        delay(2000);

        turnLeft(250);   //左转子函数
        delay(2000);
        turnLeft(250);   //右转子函数
        delay(2000);

        turnLeftOrigin(250);//原地左转子函数
        delay(2000);

        turnLeftOrigin(250);//原地右转子函数
        delay(2000);
    stop();//停止子函数
    delay(2000);
}
```

## 6.3.4　程序简化

（1）**Motor Car 类函数**　为了更加方便地对机器人进行控制，可以将以上的运动子函数封装成一个类——MotorCar 类。MotorCar 类的定义包含变量和成员函数两部分。变量定义为私有的（private），成员函数定义为公有的（public），包括 forward（）前进、back（）后退、turnLeft()
左转、turnRnght()右转、turnLeftOrigin()原地左转、turnRightOrigin()原地右转、stop()停止以及
构造函数。由此得到 MotorCar 类的定义如下。

```
*********************************/
#define MotorCaer_h
#define MotorCarr_h

class MotorCar
{
private: //定义为私有
        int    _speedLeftPin; //定义控制左转速度的引脚
        int    _speedRightPin; //定义控制右转速度的引脚
        int    _dirLeftPin; //定义控制左轮方向的引脚
        int    _dirRightPin; //定义控制右轮方向的引脚
  public: //定义为公有
  MotorCar(int _slpin,int _dlpin,int_srpin,int_drpin); //构造函数
  void forward(int _speed); //前进函数
      void back(int _speed); //后退函数
      void turnLeft(int _speed); //左转函数
      void turnRight(int _speed); //右转函数
      void turnLeftOrigin(int _speed); //原地左转函数
      void turnRightOrigin(int _speed); //原地右转函数
      void stop(int _speed); //停止函数
};
#endif
```

各成员函数的定义如下。

**MotorCar 类的构造函数：**

```
/**********************************
MotorCar 类构造函数
函数功能：定义用于控制直流电机的引脚
入口参数：       _slPin，表示控制左轮速度的引脚
               _dlPin，表示控制左轮方向的引脚
               _srPin，表示控制右轮速度的引脚
               _drPin，表示控制右轮方向的引脚
***********************************/
MotorCar::MotorCar(int _slPin,int_dlPin,int_srPin,int _drPin)
{
  _speedLeftPin=_slPin;
  _speedRightPin=_srPin;
  _dirLeftPin=_dlPin;
  _dirRightPin=_drPin;
  pinMode(_speedLeftPin,OUTPUT);
  pinMode(_speedRightPin,OUTPUT);
  pinMode(_speedLeftPin,OUTPUT);
  pinMode(_speedRightPin,OUTPUT);
}
```

前进子函数代码如下。

```
/*********************************
forward 子函数——前进子函数
函数功能：控制机器人前进
入口参数：_speed——前进速度，范围 0~255
```

```
*************************************/
void MotorCar:: forward(int _speed)
{
     digitalWrite(_dirRightPin,HIGH); //引脚_dirRightPin 输出高电平，右轮前进
     digitalWrite(_dirLeftPin,HIGH); //引脚_dirLeftPin 输出高电平，左轮前进
     analogWrite(_speedRightPin, _speed);//引脚_speedRightPin 输出 PWM，PWM
值由_speed 决定
```

后退子函数代码如下。

```
/**********************************
back 子函数——后退子函数
函数功能：控制机器人前进
入口参数：_speed——前进速度，范围 0~255
**********************************/
void MotorCar:: back(int _speed)
{
     digitalWrite(_dirRightPin,HIGH); //引脚_dirRightPin 输出高电平，右轮后退
     digitalWrite(_dirLeftPin,HIGH); //引脚_dirLeftPin 输出高电平，左轮后退
     analogWrite(_speedRightPin, _speed); //引脚_speedRightPin 输出 PWM，PWM
值由_speed 决定
     analogWrite(_speedRightPin, _speed); //引脚_speedLeftPin 输出 PWM，PWM
值由_speed 决定
}
```

左转子函数代码如下。

```
/***********************************
turnLeft 子函数——前进子函数
函数功能：控制机器人左转
入口参数：_speed——前进速度，范围 0~255
***********************************/
void MotorCar:: turnLeft(int _speed)
{
     digitalWrite(_dirRightPin,HIGH); //引脚_dirRightPin 输出高电平，右轮前进
     analogWrite(_speedRightPin, _speed);//引脚_speedRightPin 输出 PWM，PWM
值由_speed 决定
     analogWrite(_speedLeftPin,0); //引脚_speedLeftPin 输出 PWM，PWM 值为 0，
表示左轮静止不转
}
```

右转子函数代码如下。

```
/************************************
turnLeft 子函数——前进子函数
函数功能：控制机器人右转
入口参数：_speed——前进速度，范围 0~255
************************************/
void MotorCar:: turnRight(int _speed)
{
     digitalWrite(_dirLeftPin,HIGH); //引脚_dirLeftPin 输出高电平，左轮前进
     analogWrite(_speedRightPin,0); //引脚_speedRightPin 输出 PWM，PWM 值为
0,表示右轮静止不转
     analogWrite(_speedLeftPin, _speed); //引脚_speedLeftPin 输出 PWM，PWM
值由_speed 决定
}
```

原地左转子函数代码如下。

```
/******************************************
turnLeftOrigin 子函数——原地左转子函数
函数功能: 控制机器人原地左转
入口参数: _speed——速度, 范围 0~255
******************************************/
void MotorCar:: turnLeftOrigin(int _speed)
{
        digitalWrite(_dirRightPin,HIGH); //引脚_dirRightPin 输出高电平, 右轮前进
        digitalWrite(_dirLeftPin,LOW); //引脚_dirLeftPin 输出高电平, 左轮前进
        analogWrite(_speedRightPin, _speed); //引脚_speedRightPin 输出 PWM, PWM
值由_speed 决定

        analogWrite(_speedLeftPin, _speed); //引脚_speedLeftPin 输出 PWM, PWM
值由_speed 决定
}
```

原地右转子函数代码如下。

```
/******************************************
turnRightOrigin 子函数——原地右转子函数
函数功能: 控制机器人原地右转
入口参数: _speed——速度, 范围 0~255
******************************************/
void MotorCar:: turnRightOrigin(int _speed)
{
        digitalWrite(_dirLeftPin,LOW); //引脚_dirLeftPin 输出高电平, 左轮前进
        digitalWrite(_dirRightPin,HIGH); //引脚_dirRightPin 输出高电平, 右轮后退
        analogWrite(_speedRightPin, _speed); //引脚_speedRightPin 输出 PWM, PWM
值由_speed 决定
        analogWrite(_speedLeftPin, _speed); //引脚_speedLeftPin 输出 PWM, PWM
值由_speed 决定
}
```

停止函数代码如下。

```
/******************************************
stop 子函数——停止子函数
函数功能: 控制机器人停止
入口参数: 无
******************************************/
void MotorCar:: speed
{
        analogWrite(_speedRightPin,0); //引脚_speedRightPin 输出低
        analogWrite(_speedLeftPin,0); //引脚_speedLeftPin 输出低
}
```

编写类的代码后将 MotorCar 库的文件夹放在 Arduino 开发环境目录下的 libraries 文件夹中。

（2）应用 **MotorCar 类**  生成一个 MotorCar 类的对象 Motor, 分别对成员函数左转、右转、前进、后退、原地左转、原地右转和停止进行测试。

```
/******************************
直流电机控制子函数测试程序
占用引脚 4、5、6、7
机器人前进 2s
机器人后退 2s
左转 2s
右转 2s
```

原地左转 2s
原地右转 2s
停止 2s

```
#include"MotorCar.h" //包含头文件 MotorCar.h
//定义 MotorCar 类的对象 Motor
MotorCar  Motor (5, 4, 6, 7);
/**********************************
                初始化部分——setup 函数
**********************************/
void setup()
{
}
/**********************************
                执行部分——loop 函数
**********************************/
void loop()
{
    Motor.forward(250);//前进子函数
    delay(2000);

    Motor.back(250);//后退子函数
    delay(2000);

    Motor.turnLeft(250);//左转子函数
    delay(2000);

    Motor.turnRight(250);//右转子函数
    delay(2000);

    Motor.turnLeftOrigin250);//原地左转子函数
    delay(2000);

    Motor.turnRightOrigin(250);//原地右转子函数
    delay(2000);

    Motor.stop(250);//停止子函数
    delay(2000);
}
```

# 6.4 机器人避障

　　下面要做的试验是防止机器人撞到前面的物体，例如墙壁，这样就不用担心机器人"四处碰壁"了，程序设计左边的红外接近开关检测到障碍物时，机器人原地右转；右边的接近开关检测到障碍物时，机器人原地左转；当中间的接近开关检测到障碍物时，机器人停止前进。代码如下。

```
/**********************************
加装红外接近开关后机器人的避障程序
左边的红外接近开关检测到有障碍物时（占用引脚 2），机器人原地右转
右边的红外接近开关检测到有障碍物时（占用引脚 3），机器人原地左转
中间的红外接近开关检测到障碍物时（占用引脚 8），机器人原地停止
```

```
#include "MotorCar.h" //包含头文件 MotorCar.h
//定义 MotorCar 类的对象 Motor
MotorCar Motor (5,4,6,7);
/***************************************
                初始化部分——setup 函数
***************************************/
void setup()
{
     pinMode(2,INPUT);
     pinMode(3,INPUT);
     pinMode (8, INPUT);
}
/***************************************
                执行部分——loop 函数
***************************************/
void loop()
{
    Motor.forward(250); //前进子函数
       if(LOW==digitalRedd(2 )) //左前方检测到有障碍物
       {
          Motor.stup(); //停止子函数
          Motor.turnRightOringin(250); //原地右转子函数
       delay(1000);
       }
        if(LOW==digitalRedd(3 )) //右前方检测到有障碍物
       {
          Motor.stup(); //停止子函数
          Motor.turnLeft(250); //原地左转子函数
       delay(1000);
       }
       if(LOW==digitalRedd(8 )) //正前方检测到有障碍物
         {
          Motor.stup(); //停止子函数
       delay(1000);
         }
}
```

机器人避障程序也可以设计成左边的红外接近开关检测到有障碍物时，机器人后退一段距离，再右转，右边的红外接近开关检测到有障碍物时，机器人后退一段距离，再左转。程序代码如下。

```
/*********************************************
加装红外接近开关后机器人的避障程序
左边的红外接近开关检测到有障碍物时，机器人后退一段距离，再右转
右边的红外接近开关检测到有障碍物时，机器人后退一段距离，再左转
//#include "MotorCar.h" //包含头文件 MotorCar.h
//定义 MotorCar 类的对象 Motor
MotorCar Motor (5,4,6,7);
/*********************************************
                初始化部分——setup 函数
*********************************************/
void setup()
{
     pinMode(2,INPUT);
```

```
pinMode(3,INPUT);
}
/*****************************************
                执行部分——loop 函数
*****************************************/
void loop()
{
   Motor.forward(250); //前进子函数
       if(LOW==digitalRedd(2 ))  //左前方检测到有障碍物
         {
           Motor.back(250); //后退子函数
           Celay(1000);
           Motor.stop(); //停止子函数
           Motor.turnRight (250); //原地右转子函数
         delay(1000);
         }
        if(LOW==digitalRedd(3 ))  //右前方检测到有障碍物
         {
           Motor.back(250); //后退子函数
           celay(1000);
           Motor.stop(); //停止子函数
           Motor.turnLeft(250); //原地左转子函数
         delay(1000);
       {
```

## 6.5  机器人寻线运动

本试验要实现的目的是机器人自己沿着白色平面上的黑线智能行走，白色平面可以是白色的泡沫板或是浅色的地板，黑线可以用黑色的电工胶带来制作。

本试验的程序代码如下。

```
/*****************************************
机器人寻线程序
左侧寻线传感器（占用引脚 11），检测到黑线使机器人向左行驶
右侧寻线传感器（占用引脚 12），检测到黑线使机器人向右行驶
中间寻线传感器（占用引脚 13），检测到黑线使机器人直行
//#include "MotorCar.h"  //包含头文件 MotorCar.h
//定义 MotorCar 类的对象 Motor
MotorCar Motor (5,4,6,7);
/*****************************************
                初始化部分——setup 函数
*****************************************/
void setup()
{
     pinMode(11,INPUT);
     pinMode(12,INPUT);
     pinMode (13, INPUT);
}
/*****************************************
                执行部分——loop 函数
*****************************************/
```

```
void loop()
{
    Motor.forward(250); //前进子函数
        if(LOW= =digitalLeft(11) ) //左侧传感器检测到黑线
        {
    Motor.turnLeft(250); //左转子函数
        {
    if(LOW= =digitalRead(13)) //中间传感器检测到黑线
        {

    Motor.forward(250); //前进子函数
        if(LOW= =digitalRead(12) ) //右侧检测到黑线
        {
    Motor.turnRight(250); //右转子函数
}
```

# 6.6　机器人电脑遥控试验

为了实现遥控履带车的目的，本节通过添加无线模块使履带车能够接收到电脑发送的控制报文，使履带车能够在遥控状态下运动。这里选用之前介绍的 APC220 模块进行无线通信。

## ■ 6.6.1　硬件连接

本试验需要 APC220 无线模块 2 块，USB TO UART/TTL 接口转换适配座 1 个。

使用 USB TO UART/TTL 接口转换适配座将模块连到电脑上，分别将两个 APC220 模块的参数设置为：收发频率 434MHz、空中速率 9600bps、输出功率 9 级、串口速率 9600bps、串口效验 Dissble。设置界面如图 6-29 所示。

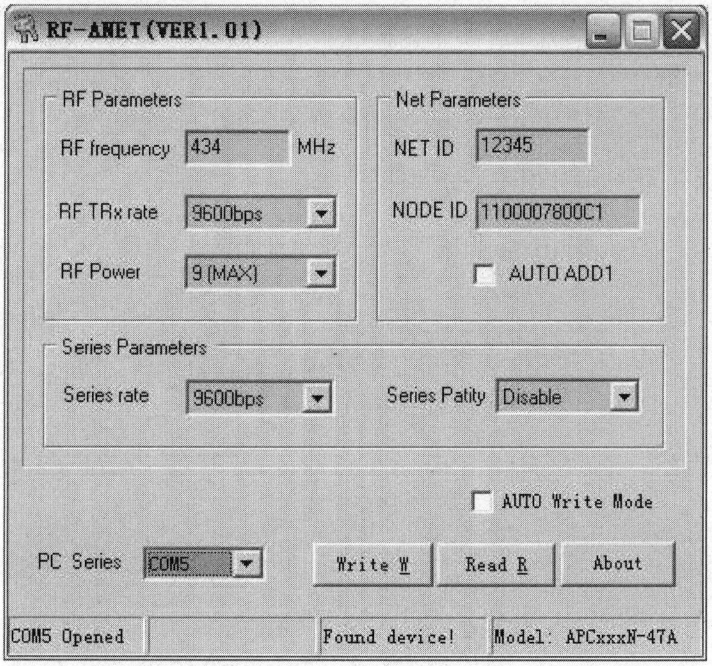

图 6-29　APC220 模块设置

将一个 APC220 模块插接在 XBee 传感器扩展板 V5 的对应端口上，另一个依然连在电脑上。电脑和机器人之间的无线通信通道就接通了。

## 6.6.2 程序代码

在电脑端使用串口调试工具分别发送 "w、a、d、s、t、q、e" 7 个字母，分别表示前进、原地左转、原地右转、后退、停止、左转和右转。机器人要对这 7 个字母做出响应，同时还要有它自己的判断力，当前方有故障时就停止，无论是左前方还是右前方。程序代码如下。

```
/******************************
加装红外接近开关和APC220无线模块后机器人的程序
在电脑端使用串口调试工具分别发送 "w、a、d、s、t、q、e" 7 个字母
分别表示前进、原地左转、原地右转、后退、停止、左转和右转
当前方有故障时机器人就停止
//#include "MotorCar.h" //包含头文件 MotorCar.h
//定义 MotorCar 类的对象 Motor
MotorCar Motor (5,4,6,7);
int comtemp //定义一个变量来存储串口收到的数据
/******************************
                    初始化部分——setup 函数
******************************/
void setup()
{
    //红外接近开关传感器使用的引脚
    pinMode(2,INPUT);
    pinMode(3,INPUT);
    pinMode (8, INPUT);

    serial.begin(9600); //波特率 9600Baud
}
/******************************
                执行部分——loop 函数
******************************/
void loop()
    {
        if (Seria;.available())
        {
                Comptemp=Serial.read();
            Switch(comtemp)
            {
            case "w" :
                Motor.forward(250);   //前进子函数
                break;
            case "s" :
                Motor.back(250);      //后退子函数
                break;
            case "a" :
                Motor.turnLeftOrigin(250);//原地左转子函数
                break;
            case "d" :
                Motor.turnRightOrigin(250);//原地右转子函数
                break;
```

```
            case "q":
                    Motor.turnLeft(250);  //左转子函数
                    break;
            case "e":
                    Motor.turnRight(250);  //右转子函数
                    break;
            case "t":
                    Motor.stop(250);      //停止子函数
                    break;
            default:
                    Motor.stop(250);  //停止子函数
                    break;
            }
        }
    if(LOW==digitalRead(2 ))& &(w==comtemp)  //左前方检测到有障碍物
    {
            Motor.stop();  //停止子函数
     }
    if(LOW==digitalRead(3 ))& &(w==comtemp)  //右前方检测到有障碍物
    {
            Motor.stop();  //停止子函数
     }
    if(LOW==digitalRead(8 ))& &(w==comtemp)  //正前方检测到有障碍物
    {
            Motor.stop();  //停止子函数
     }
}
```

程序下载完成后，就可以通过电脑端使用串口调试工具发送控制命令控制机器人动作了。

# 6.7　使用无线遥控器控制机器人试验

### 6.7.1　摇杆扩展板

Input Shield 是一款带有摇杆和按键的输入扩展板，同时预留了无线通信模块接口，采用堆叠设计，可用于 Arduino 的交互设计当中，模块如图 6-30 所示。

如图 6-31 所示，Input Shield 扩展板具有一个摇杆（含一个按键）、两个大圆帽按键和 1 个复位按键，同时预留有一个无线通信模块接口。摇杆可以理解为一个两轴的可调电位器，它能输出两个模拟信号，以实现上下左右的控制，分别占用 Arduino 控制板的模拟口 0 和模拟口 1，摇杆按键占用 Arduino 控制板的数字引脚 5；B 圆帽按键（即 Input Shield 上的红色按键）占用数字引脚 3；C 圆帽按键（即 Input Shield 上的蓝色按键）占用数字引脚 4；无线通信模块接口占用数字引脚 0 和 1。

图 6-30　Input Shield

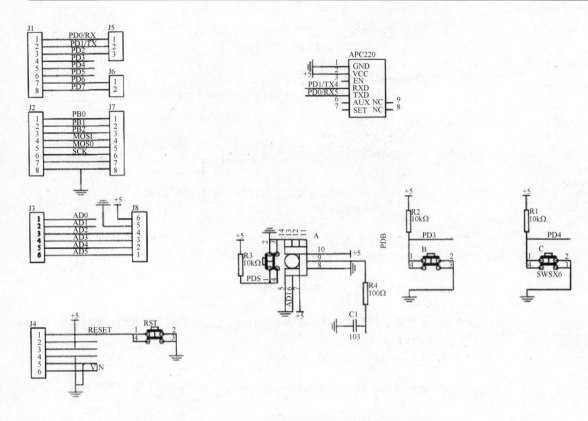

图 6-31　Input Shield 原理图

## 6.7.2　制作无线遥控器

**（1）硬件连接**　本试验需要 Arduino 开发板 1 块，Input Shield 摇杆扩展板 1 块，APC220 无线模块 1 块，电池盒 1 个（可装 4 节 5 号电池），5 号电池 4 节。

将 Input Shield 扩展板插接在 Arduino 控制板上，再将 APC220 模块插接在 Input Shield 扩展板上，最后给 Arduino 通电。硬件连接完成后的效果如图 6-32 所示。

**（2）程序代码**　使用 Arduino 采集摇杆上下方向和左右方向的模拟量数值，根据数值的范围确定发送给机器人的控制命令。程序代码如下。

```
/*************************
遥控器实例程序
采集摇杆的上下方向和左右方向的模拟量数值，根据数值
的范围确定发送给机器人的控制命令
摇杆上下方向和左右方向分别占用 Arduino 的模拟口 0
和模拟口 1
int     valueHori; //左右方向模拟量数值
int     valueVerti; //上下方向模拟量数值
int     comtemp;
int     oldComTemp;
/***********************************
              初始化部分——setup 函数
```

图 6-32　Arduino 遥控器

```
***************************************/
void setup()
{
        //设置串口波特率为 9600Baud
                Serial.begin(9600);
  }
/***************************************
                执行部分——loop 函数
***************************************/
void loop()
{
                valueHori=analogRead(1); //保存左右方向的模拟量数值
                valueVerti=analogRead(0); //保存上下方向的模拟量数值
                if(valueVerti<230) //摇杆向上
                 {
                        if(valueHori<230) //摇杆向右
                        {
                                comTemp=e; //右转
                        }
                        else if(valueHori>800) //摇杆向左
                        {
                                comTemp=q; //左转
                        }
                        else
                        {
                                comTemp=w //前进
                        }
                }
                else  (valueVerti>800) //摇杆向下
                {
                                comTemp=s; //后退
                }
                else //摇杆在中间位置
                        {
                        if(valueHori<230) //摇杆向右
                        {
                                comTemp=d; //原地右转子函数
                        }
                        else if(valueHori>800) //摇杆向左
                        {
                                comTemp=a; //原地左转子函数
                        }
                        else
                        {
                                comTemp=t; //停止子函数
                        }
                }
                if(comTemp ! =oldComTemp) //当命令不同时才发送命令
                {
                        Serial.print(comTemp,BYTE);//发送命令
                        oldComTemp=(comTemp);
                }
  }
```

程序下载完成后，将机器人和遥控器都通电，控制摇杆就能够实现机器人的前进后退等动作。

## ■ 6.7.3 遥控机器人调速试验

**（1）试验原理** 在编写的直流电机驱动部分子函数中用到了一个参数_speed，用以控制直流电机转动的速度，但是在之前的应用中没有发挥这个参数的功能。本节中将编写机器人和遥控器的程序，根据采集到的摇杆的模拟量值来改变机器人的运行速度。

**（2）程序代码** 程序设计包括机器人和遥控器两部分，遥控器要将模拟量的数据发送给机器人，而不像之前的只是发送前进"w"、后退"s"等命令信息，机器人在收到模拟量值后要控制直流电机的转速。发送的数据格式如下：

"C"+命令字（q、w、e、a、s、d、t)[_speed 参数值]

遥控器的程序代码如下。

```
/*****************************************
遥控器实例程序——发送速度参数
采集摇杆的上下方向和左右方向的模拟量数值，根据采集到的摇杆的模拟量值来改变机器人的运行
速度，数据格式："C"+命令字（q、w、e、a、s、d、t)+-speed 参数值
摇杆上下方向和左右方向分别占用 Arduino 的模拟口 0 和模拟口 1
int     valueHori; //左右方向模拟量数值
int     valueVerti; //上下方向模拟量数值
int     comtemp;
int     oldComTemp;
/*****************************************
                    初始化部分——setup 函数
*****************************************/
void setup()
{
        //设置串口波特率为 9600Baud
                Serial.begin(9600);
  }
/*****************************************
            执行部分——loop 函数
*****************************************/
void loop()
valueHori=analogRead(1); //保存左右方向的模拟量数值
                valueVerti=analogRead(0); //保存上下方向的模拟量数值
                if(valueVerti<230)  //摇杆向上
                {
                        if(valueHori<230)  //摇杆向右
                        {
                                comTemp=e;  //右转
                        }
                        else if(valueHori>800)  //摇杆向左
                        {
                                comTemp=q;  //左转
                        }
                        else
                        {
                                comTemp=w  //前进
                        }
```

```
            else  (valueVerti>800) //摇杆向下
            {
                      comTemp=s ; //后退
            }
            else //摇杆在中间位置
            {
            if(valueHori<230) //摇杆向右
            {
                      comTemp=d; //原地右转子函数
            }
            else if(valueHori>800)  //摇杆向左
            {
                      comTemp=a; //原地左转子函数
            }
            else
            {
                      comTemp=t; //停止子函数
            }
            }

            if(comTemp ! =oldComTemp)  //当命令不同时才发送命令
            {
                 Serial.print(comTemp,BYTE);//发送命令
                 oldComTemp=(comTemp);
            }
//当 comTemp 和 oldComTemp 的值都为 t 时不发送命令
if(!((comTemp = =t)& & (oldComTemp==t)))
{
     Serial.print (C); //发送命令起始标记 C
     Serial.print(comTemp,BYTE); //发送参数
     if(comTemp==w)
{
     Serial.print((255-9valueVerti/2),BYTE;  //发送参数
     //摇杆向上时采样模拟量值在 0~512 之间，越向上值越小
     //通过公式变换为速度参数值
}
else if(comTemp==s)
{
     Serial.print(((valueVerti-512)/2,BYTE); //发送参数
     //摇杆向下时采样模拟量值在 512~1024 之间，越向下值越大
     //通过公式变换为速度参数值
}
else if ((comTemp==q) | (comTemp==a))
{
     Serial.print((255-9valueHori/2),BYTE;  //发送参数
     //摇杆向上时采样模拟量值在 512~1024 之间，越向上值越大
     //通过公式变换为速度参数值
}
else if ((comTemp==e) | (comTemp==d))
{
     Serial.print(((255-(valueHori/2,BYTE); //发送参数
```

```
            //摇杆向下时采样模拟量值在 0~512 之间，越向下值越小
            //通过公式变换为速度参数值
        }
        else
        {serial.print(0,BYTE);}
        Old ComTemp=comTemp;
    }
    delay(200);延时 200ms 之后再采样
}
```

机器人的程序代码如下。

```
/*********************************
```

加装红外接近开关和 APC220 无线模块后机器人的程序——可调速

采集摇杆的上下方向和左右方向的模拟量数值，根据采集到的摇杆的模拟量值来改变机器人的运行速度，数据格式："C"+命令字（q、w、e、a、s、d、t）+-speed 参数值

当前方有故障时机器人就停止

```
#include "MotorCar.h" //包含头文件 MotorCar.h
//定义 MotorCar.h 类的对象 Motor
MotorCar Motor(5,4,6,7);
int   comtemp; //定义一个变量用来存储串口收到的数据
int   speedtemp;
/*********************************
              初始化部分——setup 函数
*********************************/
void setup()
{
        //红外接近开关传感器使用的引脚
        pinMode(2,INPUT);
        pinMode(3,INPUT);
        pinMode (8, INPUT);

        serial.begin(9600); //波特率 9600Baud
}
/*********************************
              执行部分——loop 函数
*********************************/
void loop()
    {
            if(serial.available());
            {
                if(C==Serial.read())
                {
                    while(! Serial.available());//提取数据中的命令字
                    Comtemp=Serial.read();

                  while(! Serial.available());//提取数据中的-speed 参数
                    speedtemp=Serial.read();
                    switch(comtemp)
                    {
            case "w"
                Motor.forward(speedtemp); //前进子函数
                break;
            case "s"
```

```
                    Motor.back(speedtemp); //后退子函数
                    break;
            case "a"
                                                    //原地左转子函数
                    Motor.turnLeftOriginspeedtemp);
                    break;
            case "d"
                                                    //原地右转了函数
                    Motor.turnRightOrigin(speedtemp);
                    break;
            case "q"
                    Motor.turnLeft(speedtemp); //左转子函数
                    break;
            case "e"
                    Motor.tunrRight(speedtemp); //右转子函数
                    break;
             case "t"
                    Motor.stop(); //停止子函数
                    break;
            default:
                    Motor.stop(); //停止子函数
                    break;
        }
    }
if(LOW==digitalRead(2 ))& &(w==comtemp) //左前方检测到有障碍物
{
        Motor.stop(); //停止子函数
}
if(LOW==digitalRead(3 ))& &(w==comtemp) //右前方检测到有障碍物
{
        Motor.stop(); //停止子函数
}
if(LOW==digitalRead(8 ))& &(w==comtemp) //正前方检测到有障碍物
{
        Motor.stop(); //停止子函数
}
```

# 参 考 文 献

[1] [美] Michael Margolis. 杨昆云译. Arduino 权威指南第 2 版. 北京：人民邮电出版社，2015.

[2] 赵志. Arduino 开发实战指南. 北京：机械工业出版社，2015.

[3] 毛勇. 机器人的天空. 北京：清华大学出版社，2014.

[4] 陈吕洲. Arduino 程序设计基础. 北京：北京航空航天大学出版社，2015.

[5] 宋楠，韩广义. Arduino 开发从零开始学. 北京：清华大学出版社，2014.